TensorFlow 项目实战 2.X

李金洪◎著

电子工业出版社

Publishing House of Electronics Industry

北京·BEIJING

内 容 简 介

本书基于 TensorFlow 2.1 版本进行编写。书中内容分为 4 篇。

第 1 篇包括 TensorFlow 的安装、使用方法。这部分内容可以使读者快速上手 TensorFlow 工具。

第 2 篇包括数据集制作、特征工程等数据预处理工作，以及与数值分析相关的模型（其中包括 wide_deep 模型、梯度提升树、知识图谱、带有 JANET 单元的 RNN 等模型）。

第 3 篇从自然语言处理、计算机视觉两个应用方向介绍了基础的算法原理和主流的模型。具体包括：TextCNN 模型、带有注意力机制的模型、带有动态路由的 RNN 模型、BERTology 系列模型、EfficientNet 系列模型、Anchor-Free 模型、YOLO V3 模型等。

第 4 篇介绍了生成式模型和零次学习两种技术，其中系统地介绍了信息熵、归一化、f-GAN、最优传输、Sinkhorn 算法，以及变分自编码、DeblurGAN、AttGAN、DIM、VSC 等模型。

本书结构清晰、案例丰富、通俗易懂、实用性强，适合对人工智能、TensorFlow 感兴趣的读者作为自学教程。另外，本书也适合社会培训学校作为培训教材，还适合计算机相关专业作为教学参考书。

未经许可，不得以任何方式复制或抄袭本书之部分或全部内容。

版权所有，侵权必究。

图书在版编目（CIP）数据

TensorFlow 2.X 项目实战 / 李金洪著. —北京：电子工业出版社，2020.10
ISBN 978-7-121-39706-6

Ⅰ. ①T… Ⅱ. ①李… Ⅲ. ①人工智能－算法 Ⅳ. ①TP18

中国版本图书馆 CIP 数据核字(2020)第 189454 号

责任编辑：吴宏伟
印　　刷：三河市良远印务有限公司
装　　订：三河市良远印务有限公司
出版发行：电子工业出版社
　　　　　北京市海淀区万寿路 173 信箱　邮编：100036
开　　本：787×980　1/16　印张：32.75　字数：734 千字
版　　次：2020 年 10 月第 1 版
印　　次：2022 年 1 月第 2 次印刷
定　　价：119.00 元

凡所购买电子工业出版社图书有缺损问题，请向购买书店调换。若书店售缺，请与本社发行部联系，联系及邮购电话：(010) 88254888，88258888。

质量投诉请发邮件至 zlts@phei.com.cn，盗版侵权举报请发邮件至 dbqq@phei.com.cn。

本书咨询联系方式：010-51260888-819，faq@phei.com.cn。

前　言

> 关注并访问公众号"xiangyuejiqiren",在公众号中回复"深 2"得到相关资源的下载链接。
>
>
>
> 由大蛇智能官网提供与本书内容有关的技术支持。在阅读过程中,如有不理解的技术点,可以到论坛 https://bbs.aianaconda.com 发帖进行提问。

　　TensorFlow 是目前使用最广泛的机器学习框架,能满足广大用户的需求。如今 TensorFlow 已经更新到 2.X 版本,具有更强的易用性。

本书特色

1. 基于 2.X 版本,提供了大量的编程经验

本书中的实例全部基于 TensorFlow 2.1 版本,同时也包括了许多该版本的使用技巧和经验。

2. 覆盖了 TensorFlow 的大量接口

TensorFlow 是一个非常庞大的框架,内部有很多接口可以满足不同用户的需求。合理使用现有接口可以在开发过程中得到事半功倍的效果。然而,由于 TensorFlow 的代码迭代速度太快,有些接口的配套文档并不是很全。作者花了大量的时间与精力,对一些实用接口的使用方法进行摸索与整理,并将这些方法写到书中。

3. 提供了高度可重用代码,公开了大量的商用代码片段

本书实例中的代码大多来自作者的商业项目,这些代码的易用性、稳定性、可重用性都很强。读者可以将这些代码提取出来直接用在自己的项目中,加快开发进度。

4. 书中的实战案例可应用于真实场景

本书中大部分实例都是当前应用非常广泛的通用任务,包括图片分类、目标识别文本分类、图像生成、识别未知分类等多个方向。读者可以在书中介绍的模型的基础上,利用自己的业务

数据集快速实现 AI 功能。

5. 从工程角度出发，覆盖工程开发全场景

本书以工程实现为目标，全面覆盖开发实际 AI 项目中所涉及的知识，并全部配有实例，包括开发数据集、训练模型、特征工程、开发模型、分布式训练。其中，特征工程部分全面讲解了 TensorFlow 中的特征列接口。该接口可以使数据在特征处理阶段就以图的方式进行加工，从而保证了在训练场景下和使用场景下模型的输入统一。

6. 提供了大量前沿论文链接地址，便于读者进一步深入学习

本书使用的 AI 模型，参考了一些前沿的技术论文，并做了一些结构改进。这些实例具有很高的科研价值。读者可以参考这些论文，进一步深入学习更多的前沿知识，再配合本书的实例进行充分理解，达到融会贯通。本书也可以帮助 AI 研究者进行学术研究。

7. 注重方法与经验的传授

本书在讲解知识时，更注重传授方法与经验。全书共有几十个"提示"标签，其中的内容都是含金量很高的成功经验分享与易错事项总结，有关于经验技巧的，也有关于风险规避的，可以帮助读者在学习的路途上披荆斩棘，快速进步。

本书读者对象

- 人工智能爱好者
- 人工智能专业的高校学生
- 人工智能专业的教师
- 人工智能初学者
- 人工智能开发工程师
- 使用 TensorFlow 框架的工程师
- 集成人工智能的开发人员

关于作者

本书的内容由李金洪主笔编写，书中的大部分代码由许青帮忙调试和整理，在此表示感谢。

许青，NLP 算法工程师，南京航空航天大学硕士毕业，取得若干计算机视觉相关专利，作为核心开发人员参与过多个领域的 AI 项目。

李金洪
2020 年 6 月

目　录

第1篇　准备

第1章　学习准备 2
1.1　什么是 TensorFlow 框架 2
1.2　如何学习本书 3

第2章　快速上手 TensorFlow 5
2.1　配置 TensorFlow 环境 5
2.1.1　准备硬件 5
2.1.2　准备开发环境 6
2.1.3　安装 TensorFlow 7
2.1.4　查看显卡的命令及方法 8
2.1.5　创建虚环境 11
2.2　训练模型的两种方式 13
2.2.1　"静态图"方式 13
2.2.2　"动态图"方式 14
2.3　实例1：用静态图训练模型，使其能够从一组数据中找到 $y≈2x$ 规律 15
2.3.1　开发步骤与代码实现 15
2.3.2　模型是如何训练的 22
2.3.3　生成检查点文件 22
2.3.4　载入检查点文件 23
2.3.5　修改迭代次数，二次训练 23
2.4　实例2：用动态图训练一个具有保存检查点功能的回归模型 24
2.4.1　代码实现：定义动态图的网络结构 24
2.4.2　代码实现：在动态图中加入保存检查点功能 25
2.4.3　代码实现：在动态图中训练模型 26

2.4.4 运行程序，显示结果 26

第 3 章 TensorFlow 2.X 编程基础 28

3.1 动态图的编程方式 28
3.1.1 实例 3：在动态图中获取参数 28
3.1.2 实例 4：在静态图中使用动态图 31
3.1.3 什么是自动图 32

3.2 掌握估算器框架接口的应用 33
3.2.1 了解估算器框架接口 33
3.2.2 实例 5：使用估算器框架 34
3.2.3 定义估算器中模型函数的方法 40
3.2.4 用 tf.estimator.RunConfig 控制更多的训练细节 42
3.2.5 用 config 文件分配硬件运算资源 42
3.2.6 通过热启动实现模型微调 43
3.2.7 测试估算器模型 45
3.2.8 使用估算器模型 46
3.2.9 用钩子函数（Training_Hooks）跟踪训练状态 47
3.2.10 实例 6：用钩子函数获取估算器模型的日志 48

3.3 实例 7：将估算器模型转化成静态图模型 49
3.3.1 代码实现：复制网络结构 49
3.3.2 代码实现：重用输入函数 51
3.3.3 代码实现：创建会话恢复模型 52
3.3.4 代码实现：继续训练 52

3.4 实例 8：用估算器框架实现分布式部署训练 54
3.4.1 运行程序：修改估算器模型，使其支持分布式 54
3.4.2 通过 TF_CONFIG 变量进行分布式配置 55
3.4.3 运行程序 56
3.4.4 扩展：用分布策略或 KubeFlow 框架进行分布式部署 58

3.5 掌握 tf.keras 接口的应用 58
3.5.1 了解 Keras 与 tf.keras 接口 58
3.5.2 实例 9：用调用函数式 API 进行开发 59
3.5.3 实例 10：用构建子类模式进行开发 63
3.5.4 使用 tf.keras 接口的开发模式总结 66

	3.5.5	保存模型与加载模型	67
	3.5.6	模型与 JSON 文件的导入/导出	68
	3.5.7	了解 tf.keras 接口中训练模型的方法	69
	3.5.8	Callbacks()方法的种类	71
3.6	分配运算资源与使用分布策略		72
	3.6.1	为整个程序指定具体的 GPU 卡	72
	3.6.2	为整个程序指定所占的 GPU 显存	73
	3.6.3	在程序内部，调配不同的 OP（操作符）到指定的 GPU 卡	73
	3.6.4	其他配置相关的选项	74
	3.6.5	动态图的设备指派	74
	3.6.6	使用分布策略	74
3.7	用 tfdbg 调试 TensorFlow 模型		75
3.8	用自动混合精度加速模型训练		75
	3.8.1	自动混合精度的原理	75
	3.8.2	自动混合精度的实现	76
	3.8.3	自动混合精度的常见问题	76

第 2 篇　基础

第 4 章	用 TensorFlow 制作自己的数据集		80
4.1	数据集的基本介绍		80
	4.1.1	TensorFlow 中的数据集格式	80
	4.1.2	数据集与框架	81
	4.1.3	什么是 TFDS	81
4.2	实例 11：将模拟数据制作成内存对象数据集		82
	4.2.1	代码实现：生成模拟数据	82
	4.2.2	代码实现：定义占位符	83
	4.2.3	代码实现：建立会话，并获取数据	84
	4.2.4	代码实现：将模拟数据可视化	84
	4.2.5	运行程序	85
	4.2.6	代码实现：创建带有迭代值并支持乱序功能的模拟数据集	85
4.3	实例 12：将图片制作成内存对象数据集		88

4.3.1 样本介绍 88
4.3.2 代码实现：载入文件名称与标签 89
4.3.3 代码实现：生成队列中的批次样本数据 91
4.3.4 代码实现：在会话中使用数据集 92
4.3.5 运行程序 93
4.4 实例13：将Excel文件制作成内存对象数据集 94
4.4.1 样本介绍 94
4.4.2 代码实现：逐行读取数据并分离标签 94
4.4.3 代码实现：生成队列中的批次样本数据 95
4.4.4 代码实现：在会话中使用数据集 96
4.4.5 运行程序 98
4.5 实例14：将图片文件制作成TFRecord数据集 98
4.5.1 样本介绍 98
4.5.2 代码实现：读取样本文件的目录及标签 99
4.5.3 代码实现：定义函数生成TFRecord数据集 100
4.5.4 代码实现：读取TFRecord数据集，并将其转化为队列 101
4.5.5 代码实现：建立会话，将数据保存到文件 102
4.5.6 运行程序 104
4.6 实例15：将内存对象制作成Dataset数据集 104
4.6.1 如何生成Dataset数据集 105
4.6.2 如何使用Dataset接口 106
4.6.3 tf.data.Dataset接口所支持的数据集变换操作 106
4.6.4 代码实现：以元组和字典的方式生成Dataset对象 111
4.6.5 代码实现：对Dataset对象中的样本进行变换操作 112
4.6.6 代码实现：创建Dataset迭代器 113
4.6.7 代码实现：在会话中取出数据 114
4.6.8 运行程序 114
4.6.9 使用tf.data.Dataset.from_tensor_slices接口的注意事项 116
4.7 实例16：将图片文件制作成Dataset数据集 117
4.7.1 代码实现：读取样本文件的目录及标签 117
4.7.2 代码实现：定义函数，实现图片转换操作 117
4.7.3 代码实现：用自定义函数实现图片归一化 118
4.7.4 代码实现：用第三方函数将图片旋转30° 119

4.7.5　代码实现：定义函数，生成 Dataset 对象 120
　　　4.7.6　代码实现：建立会话，输出数据 120
　　　4.7.7　运行程序 122
　　　4.7.8　扩展：使用 Addons 模块完善代码 123
　4.8　实例 17：在动态图中读取 Dataset 数据集 123
　　　4.8.1　代码实现：添加动态图调用 124
　　　4.8.2　制作数据集 124
　　　4.8.3　代码实现：在动态图中显示数据 124
　4.9　实例 18：在不同场景中使用数据集 125
　　　4.9.1　代码实现：在训练场景中使用数据集 125
　　　4.9.2　代码实现：在应用模型场景中使用数据集 127
　　　4.9.3　代码实现：在训练与测试混合场景中使用数据集 128
　4.10　tf.data.Dataset 接口的更多应用 129

第 5 章　数值分析与特征工程 130
　5.1　什么是特征工程 130
　　　5.1.1　特征工程的作用 130
　　　5.1.2　特征工程的方法 131
　　　5.1.3　离散数据特征与连续数据特征 131
　　　5.1.4　连续数据与离散数据的相互转换 132
　5.2　什么是特征列接口 132
　　　5.2.1　实例 19：用 feature_column 模块处理连续值特征列 132
　　　5.2.2　实例 20：将连续值特征列转换成离散值特征列 136
　　　5.2.3　实例 21：将离散文本特征列转换为 one-hot 编码与词向量 139
　　　5.2.4　实例 22：根据特征列生成交叉列 147
　　　5.2.5　了解序列特征列接口 148
　　　5.2.6　实例 23：使用序列特征列接口对文本数据预处理 149
　5.3　实例 24：用 wide_deep 模型预测人口收入 153
　　　5.3.1　认识 wide_deep 模型 154
　　　5.3.2　模型任务与数据集介绍 154
　　　5.3.3　代码实现：探索性数据分析 157
　　　5.3.4　代码实现：将样本转换为特征列 159
　　　5.3.5　代码实现：生成估算器模型 162

5.3.6　代码实现：定义输入函数 163
5.3.7　代码实现：定义用于导出冻结图文件的函数 164
5.3.8　代码实现：定义类，解析启动参数 165
5.3.9　代码实现：训练和测试模型 166
5.3.10　代码实现：使用模型 168
5.3.11　代码实现：调用模型进行预测 169

5.4　实例25：梯度提升树（TFBT）接口的应用 170
5.4.1　梯度提升树接口介绍 170
5.4.2　代码实现：为梯度提升树模型准备特征列 170
5.4.3　代码实现：构建梯度提升树模型 171
5.4.4　训练并使用模型 172

5.5　实例26：基于知识图谱的电影推荐系统 173
5.5.1　模型任务与数据集介绍 173
5.5.2　预处理数据 174
5.5.3　代码实现：搭建MKR模型 174
5.5.4　训练模型并输出结果 182

5.6　实例27：预测飞机发动机的剩余使用寿命 182
5.6.1　模型任务与数据集介绍 183
5.6.2　循环神经网络介绍 184
5.6.3　了解RNN模型的基础单元LSTM 184
5.6.4　认识JANET单元 188
5.6.5　代码实现：预处理数据——制作数据集的输入样本与标签 188
5.6.6　代码实现：构建带有JANET单元的多层动态RNN模型 193
5.6.7　代码实现：训练并测试模型 194
5.6.8　运行程序 196

第3篇　进阶

第6章　自然语言处理 200

6.1　BERT模型与NLP的发展阶段 200
6.1.1　基础的神经网络阶段 200
6.1.2　BERTology阶段 200

6.2 实例28：用TextCNN模型分析评论者是否满意 201
6.2.1 什么是卷积神经网络 201
6.2.2 模型任务与数据集介绍 202
6.2.3 熟悉模型：了解TextCNN模型 202
6.2.4 数据预处理：用preprocessing接口制作字典 203
6.2.5 代码实现：生成NLP文本数据集 206
6.2.6 代码实现：定义TextCNN模型 208
6.2.7 运行程序 210
6.3 实例29：用带有注意力机制的模型分析评论者是否满意 210
6.3.1 BERTology系列模型的基础结构——注意力机制 210
6.3.2 了解带有位置向量的词嵌入模型 212
6.3.3 了解模型任务与数据集 213
6.3.4 代码实现：将tf.keras接口中的IMDB数据集还原成句子 214
6.3.5 代码实现：用tf.keras接口开发带有位置向量的词嵌入层 216
6.3.6 代码实现：用tf.keras接口开发注意力层 218
6.3.7 代码实现：用tf.keras接口训练模型 221
6.3.8 运行程序 222
6.3.9 扩展：用Targeted Dropout技术进一步提升模型的性能 223
6.4 实例30：用带有动态路由的RNN模型实现文本分类任务 224
6.4.1 了解胶囊神经网络与动态路由 224
6.4.2 模型任务与数据集介绍 230
6.4.3 代码实现：预处理数据——对齐序列数据并计算长度 230
6.4.4 代码实现：定义数据集 231
6.4.5 代码实现：用动态路由算法聚合信息 231
6.4.6 代码实现：用IndyLSTM单元搭建RNN模型 234
6.4.7 代码实现：建立会话，训练网络 235
6.4.8 扩展：用分级网络将文章（长文本数据）分类 236
6.5 NLP中的常见任务及数据集 236
6.5.1 基于文章处理的任务 237
6.5.2 基于句子处理的任务 237
6.5.3 基于句子中词的处理任务 238
6.6 了解Transformers库 239
6.6.1 什么是Transformers库 240

6.6.2 Transformers 库的安装方法 241
6.6.3 查看 Transformers 库的安装版本 241
6.6.4 Transformers 库的 3 层应用结构 242
6.7 实例 31：用管道方式完成多种 NLP 任务 243
6.7.1 在管道方式中指定 NLP 任务 243
6.7.2 代码实现：完成文本分类任务 244
6.7.3 代码实现：完成特征提取任务 246
6.7.4 代码实现：完成完形填空任务 247
6.7.5 代码实现：完成阅读理解任务 248
6.7.6 代码实现：完成摘要生成任务 250
6.7.7 预训练模型文件的组成及其加载时的固定名称 251
6.7.8 代码实现：完成实体词识别任务 251
6.7.9 管道方式的工作原理 252
6.7.10 在管道方式中应用指定模型 255
6.8 Transformers 库中的自动模型类（TFAutoModel） 255
6.8.1 了解各种 TFAutoModel 类 255
6.8.2 TFAutoModel 类的模型加载机制 256
6.8.3 Transformers 库中其他的语言模型（model_cards） 257
6.9 Transformers 库中的 BERTology 系列模型 259
6.9.1 Transformers 库的文件结构 259
6.9.2 查找 Transformers 库中可以使用的模型 263
6.9.3 更适合 NLP 任务的激活函数（GELU） 264
6.9.4 实例 32：用 BERT 模型实现完形填空任务 266
6.10 Transformers 库中的词表工具 269
6.10.1 了解 PreTrainedTokenizer 类中的特殊词 270
6.10.2 PreTrainedTokenizer 类中的特殊词使用方法举例 271
6.10.3 向 PreTrainedTokenizer 类中添加词 275
6.10.4 实例 33：用手动加载 GPT2 模型权重的方式将句子补充完整 276
6.10.5 子词的拆分原理 280
6.11 BERTology 系列模型 281
6.11.1 Transformer 模型之前的主流模型 281
6.11.2 Transformer 模型 283
6.11.3 BERT 模型 285

- 6.11.4 BERT 模型的缺点 288
- 6.11.5 GPT-2 模型 289
- 6.11.6 Transformer-XL 模型 289
- 6.11.7 XLNet 模型 290
- 6.11.8 XLNet 模型与 AE 和 AR 间的关系 294
- 6.11.9 RoBERTa 模型 294
- 6.11.10 ELECTRA 模型 295
- 6.11.11 T5 模型 296
- 6.11.12 ALBERT 模型 296
- 6.11.13 DistillBERT 模型与知识蒸馏 299
- 6.12 用迁移学习训练 BERT 模型来对中文分类 300
  - 6.12.1 样本介绍 300
  - 6.12.2 代码实现：构建并加载 BERT 预训练模型 301
  - 6.12.3 代码实现：构建数据集 302
  - 6.12.4 BERT 模型类的内部逻辑 303
  - 6.12.5 代码实现：定义优化器并训练模型 305
  - 6.12.6 扩展：更多的中文预训练模型 306

第 7 章 机器视觉处理 307

- 7.1 实例 34：使用预训练模型识别图像 307
  - 7.1.1 了解 ResNet50 模型与残差网络 307
  - 7.1.2 获取预训练模型 308
  - 7.1.3 使用预训练模型 310
  - 7.1.4 预训练模型的更多调用方式 311
- 7.2 了解 EfficientNet 系列模型 311
  - 7.2.1 EfficientNet 系列模型的主要结构 312
  - 7.2.2 MBConv 卷积块 313
  - 7.2.3 什么是深度可分离卷积 314
  - 7.2.4 什么是 DropConnect 层 317
  - 7.2.5 模型的规模和训练方式 317
  - 7.2.6 随机数据增强（RandAugment） 319
  - 7.2.7 用对抗样本训练的模型——AdvProp 319
  - 7.2.8 用自训练框架训练的模型——Noisy Studet 321

                7.2.9　主流卷积模型的通用结构——单调设计 322
                7.2.10　什么是目标检测中的上采样与下采样 323
                7.2.11　用八度卷积替换模型中的普通卷积 323
                7.2.12　实例35：用EfficientNet模型识别图像 324
        7.3　实例36：在估算器框架中用tf.keras接口训练ResNet模型，识别
                图片中是橘子还是苹果 325
                7.3.1　样本准备 325
                7.3.2　代码实现：准备训练与测试数据集 326
                7.3.3　代码实现：制作模型输入函数 326
                7.3.4　代码实现：搭建ResNet模型 327
                7.3.5　代码实现：训练分类器模型 328
                7.3.6　运行程序：评估模型 329
                7.3.7　扩展：全连接网络的优化 330
                7.3.8　在微调过程中如何选取预训练模型 330
        7.4　基于图片内容的处理任务 331
                7.4.1　了解目标识别任务 331
                7.4.2　了解图片分割任务 331
                7.4.3　什么是非极大值抑制（NMS）算法 332
                7.4.4　了解Mask R-CNN模型 333
                7.4.5　了解Anchor-Free模型 335
                7.4.6　了解FCOS模型 336
                7.4.7　了解focal损失 337
                7.4.8　了解CornerNet与CornerNet-Lite模型 338
                7.4.9　了解沙漏（Hourglass）网络模型 338
                7.4.10　了解CenterNet模型 340
        7.5　实例37：用YOLO V3模型识别门牌号 341
                7.5.1　模型任务与样本介绍 341
                7.5.2　代码实现：读取样本数据并制作标签 342
                7.5.3　YOLO V3模型的样本与结构 347
                7.5.4　代码实现：用tf.keras接口构建YOLO V3模型并计算损失 349
                7.5.5　代码实现：训练模型 354
                7.5.6　代码实现：用模型识别门牌号 358
                7.5.7　扩展：标注自己的样本 360

第 4 篇 高级

第 8 章 生成式模型——能够输出内容的模型 364

8.1 快速了解信息熵（information entropy）............364
- 8.1.1 信息熵与概率的计算关系 365
- 8.1.2 联合熵（joint entropy）及其公式介绍 367
- 8.1.3 条件熵（conditional entropy）及其公式介绍 367
- 8.1.4 交叉熵（cross entropy）及其公式介绍 368
- 8.1.5 相对熵（relative entropy）及其公式介绍 369
- 8.1.6 JS 散度及其公式介绍 370
- 8.1.7 互信息（mutual information）及其公式介绍 370

8.2 通用的无监督模型——自编码与对抗神经网络 372
- 8.2.1 了解自编码网络模型 372
- 8.2.2 了解对抗神经网络模型 373
- 8.2.3 自编码网络模型与对抗神经网络模型的关系 373

8.3 实例 38：用多种方法实现变分自编码神经网络 373
- 8.3.1 什么是变分自编码神经网络 374
- 8.3.2 了解变分自编码模型的结构 374
- 8.3.3 代码实现：用 tf.keras 接口实现变分自编码模型 375
- 8.3.4 代码实现：训练无标签模型的编写方式 380
- 8.3.5 代码实现：将张量损失封装成损失函数 382
- 8.3.6 代码实现：在动态图框架中实现变分自编码 383
- 8.3.7 代码实现：以类的方式封装模型损失函数 384
- 8.3.8 代码实现：更合理的类封装方式 385

8.4 常用的批量归一化方法 386
- 8.4.1 自适应的批量归一化（BatchNorm）算法 387
- 8.4.2 实例归一化（InstanceNorm）算法 387
- 8.4.3 批次再归一化（ReNorm）算法 387
- 8.4.4 层归一化（LayerNorm）算法 388
- 8.4.5 组归一化（GroupNorm）算法 388
- 8.4.6 可交换归一化（SwitchableNorm）算法 388

8.5 实例 39：构建 DeblurGAN 模型，将模糊照片变清晰 388
- 8.5.1 图像风格转换任务与 DualGAN 模型 388

        8.5.2 模型任务与样本介绍...389
        8.5.3 准备 SwitchableNorm 算法模块...390
        8.5.4 代码实现：构建 DeblurGAN 中的生成器模型.......................................390
        8.5.5 代码实现：构建 DeblurGAN 中的判别器模型.......................................392
        8.5.6 代码实现：搭建 DeblurGAN 的完整结构...394
        8.5.7 代码实现：引入库文件，定义模型参数...394
        8.5.8 代码实现：定义数据集，构建正反向模型...395
        8.5.9 代码实现：计算特征空间损失，并将其编译到生成器模型的训练模型中.....397
        8.5.10 代码实现：按指定次数训练模型..399
        8.5.11 代码实现：用模型将模糊图片变清晰..401
        8.5.12 练习题...403
        8.5.13 扩展：DeblurGAN 模型的更多妙用..404
    8.6 全面了解 WGAN 模型...404
        8.6.1 GAN 模型难以训练的原因...404
        8.6.2 WGAN 模型——解决 GAN 模型难以训练的问题..................................405
        8.6.3 WGAN 模型的原理与不足之处...406
        8.6.4 WGAN-gp 模型——更容易训练的 GAN 模型......................................407
        8.6.5 WGAN-div 模型——带有 W 散度的 GAN 模型...................................409
    8.7 实例 40：构建 AttGAN 模型，对照片进行加胡子、加头帘、
        加眼镜、变年轻等修改..411
        8.7.1 什么是人脸属性编辑任务...411
        8.7.2 模型任务与样本介绍...412
        8.7.3 了解 AttGAN 模型的结构...414
        8.7.4 代码实现：实现支持动态图和静态图的数据集工具类...............................415
        8.7.5 代码实现：将 CelebA 做成数据集..417
        8.7.6 代码实现：构建 AttGAN 模型的编码器...421
        8.7.7 代码实现：构建含有转置卷积的解码器模型..422
        8.7.8 代码实现：构建 AttGAN 模型的判别器模型部分...................................424
        8.7.9 代码实现：定义模型参数，并构建 AttGAN 模型...................................426
        8.7.10 代码实现：定义训练参数，搭建正反向模型..429
        8.7.11 代码实现：训练模型...434
        8.7.12 为人脸添加不同的眼镜...438
        8.7.13 扩展：AttGAN 模型的局限性...439

8.8 散度在神经网络中的应用 440
8.8.1 了解 f-GAN 框架 440
8.8.2 基于 f 散度的变分散度最小化方法 440
8.8.3 用 Fenchel 共轭函数实现 f-GAN 441
8.8.4 f-GAN 中判别器的激活函数 443
8.8.5 了解互信息神经估计模型 445
8.8.6 实例 41：用神经网络估计互信息 447
8.8.7 稳定训练 GAN 模型的技巧 451
8.9 实例 42：用最大化互信息（DIM）模型做一个图片搜索器 453
8.9.1 了解 DIM 模型的设计思想 453
8.9.2 了解 DIM 模型的结构 454
8.9.3 代码实现：加载 MNIST 数据集 457
8.9.4 代码实现：定义 DIM 模型 458
8.9.5 实例化 DIM 模型并进行训练 461
8.9.6 代码实现：提取子模型，并用其可视化图片特征 461
8.9.7 代码实现：用训练好的模型来搜索图片 462

第 9 章 识别未知分类的方法——零次学习 464
9.1 了解零次学习 464
9.1.1 零次学习的原理 464
9.1.2 与零次学习有关的常用数据集 467
9.1.3 零次学习的基本做法 468
9.1.4 直推式学习 468
9.1.5 泛化的零次学习任务 469
9.2 零次学习中的常见难点 469
9.2.1 领域漂移问题 469
9.2.2 原型稀疏性问题 470
9.2.3 语义间隔问题 470
9.3 带有视觉结构约束的直推 ZSL（VSC 模型） 472
9.3.1 分类模型中视觉特征的本质 472
9.3.2 VSC 模型的原理 472
9.3.3 基于视觉中心点学习的约束方法 474
9.3.4 基于倒角距离的视觉结构约束 475

9.3.5 什么是对称倒角距离 475
9.3.6 基于二分匹配的视觉结构约束 475
9.3.7 什么是指派问题与耦合矩阵 476
9.3.8 基于 W 距离的视觉结构约束 477
9.3.9 什么是最优传输 478
9.3.10 什么是 OT 中的熵正则化 479

9.4 详解 Sinkhorn 迭代算法 481
9.4.1 Sinkhorn 算法的求解转换 481
9.4.2 Sinkhorn 算法的原理 482
9.4.3 Sinkhorn 算法中ε的原理 483
9.4.4 举例 Sinkhorn 算法过程 484
9.4.5 Sinkhorn 算法中的质量守恒 486
9.4.6 Sinkhorn 算法的代码实现 489

9.5 实例 43：用 VSC 模型识别图片中的鸟属于什么类别 490
9.5.1 模型任务与样本介绍 490
9.5.2 用迁移学习的方式获得训练集分类模型 492
9.5.3 用分类模型提取图片的视觉特征 492
9.5.4 代码实现：训练 VSC 模型，将类属性特征转换成类视觉特征 493
9.5.5 代码实现：基于 W 距离的损失函数 494
9.5.6 加载数据并进行训练 495
9.5.7 代码实现：根据特征距离对图片进行分类 496

9.6 提升零次学习精度的方法 497
9.6.1 分析视觉特征的质量 497
9.6.2 分析直推式学习的效果 499
9.6.3 分析直推模型的能力 499
9.6.4 分析未知类别的聚类效果 500
9.6.5 清洗测试数据集 502
9.6.6 利用可视化方法进行辅助分析 503

后记——让技术更好地商业化落地 505

第1篇 准备

第 1 章

学习准备

本章将介绍一些基本概念和常识,以及学习本书的方法。

1.1 什么是 TensorFlow 框架

TensorFlow 框架支持多种开发语言,可以在多种平台上部署。
- 在代码领域:可以支持 C、JavaScript、Go、Java、Python 等多种编程语言。
- 在应用平台领域:可以支持 Windows、Linux、Android、Mac 等。
- 在硬件应用领域:可以支持 X86 平台、ARM 平台、MIPS 平台、树莓派、iPhone、Android 手机平台等。
- 在应用部署领域:可以支持 Hadoop、Spark、Kubernetes 等大数据平台。

1. 在哪些领域可以应用 TensorFlow

从应用角度来看,用 TensorFlow 几乎可以搭建出来 AI 领域所能触及的各种网络模型。其中包括:
- NLP(自然语言处理)领域的分类、翻译、对话、摘要生成、模拟生成等。
- 图片处理领域的图片识别、像素语义分析、实物检测、模拟生成、压缩、超清还原、图片搜索、跨域生成等。
- 数值分析领域的异常值监测、模拟生成、时间序列预测、分类等。
- 语音领域的语音识别、声纹识别、TTS(语音合成)模拟合成等。
- 视频领域的分类识别、人物跟踪、模拟生成等。
- 音乐领域的生成音乐、识别类型等。

甚至还可以实现跨领域的文本转图像、图像转文本、根据视频生成文本摘要等。

2. 本书中有哪些内容

作为深度学习领域应用广泛的框架,TensorFlow 集成了多种高级接口,可以方便地进行开发、调试和部署。

本书先介绍这些高级接口的使用方法与技巧，再从应用角度介绍 TensorFlow 在数值应用、NLP 任务、机器视觉处理领域的应用实例。

> 提示：
>
> TensorFlow 2.X 版本相对于 TensorFlow 1.X 版本有了很大调整，并且二者不互相兼容。本书的代码是基于 TensorFlow 2.1 版本的。

3．Python 和 TensorFlow 的关系

随着人工智能的兴起，Python 语言越来越受关注。到目前为止，使用 Python 语言开发 AI 项目已经成为一种行业趋势。

综合来看，在 TensorFlow 框架中用 Python 进行开发，是保持自己技术不被淘汰的上选。

1.2 如何学习本书

本书从实用角度讲述如何用 TensorFlow 开发人工智能项目。本书配有大量的实例，从样本制作到网络模型的导入、导出，覆盖了日常工作中的所有环节。

随着智能化时代的到来，AI 的工程化与理论化逐渐分离的特点越来越明显。所以，如果想学好 TensorFlow，则需要先搞清楚自己的定位——是偏工程应用，还是偏理论研究。

1．对于偏工程应用的读者

如果是偏工程应用的读者，就目前的各种集成 API 来看，主要需要编程技术与调试能力。

推荐先从 Python 基础开始，将基础知识掌握扎实，可以让后面的开发事半功倍。

> 提示：
>
> 推荐作者的《Python 带我起飞——入门、进阶、商业实战》一书。该书涵盖了在 TensorFlow 开发过程中可能会遇到的各种 Python 语法，同时又去除了在深度学习中不常用的知识点，并配有 47 段教学视频，可以让零基础的读者以最少的时间迅速掌握语法。

接下来就是 TensorFlow 的基本 API 和基本网络模型的实现。推荐先阅读作者的另一本书《深度学习之 TensorFlow——入门、原理与进阶实战》。

最后就是对本书的学习了。本书中的例子和知识更偏重于端到端的工程交付，几乎涵盖了 AI 领域的各大主流应用，也分享了许多来源于实际项目的经验与技巧。读者在打牢基础后，将有能力修改本书中的例子，并将它们运用到真实项目中。学会本书中的内容，可以让自己的职

场身价有一个质的飞跃。

2. 对于偏理论研究的读者

研究工作者推动了社会的进步、行业的发展，值得人们尊敬。要想成为一名优秀的研究人员，付出的精力会远远大于工程应用人员。本书并不能引导读者如何成为一个研究人员，但是可以在工作中起到催化器的作用。

本书中把深度学习实践过程中的很多细节和各种情况都进行了拆分和归类，并用代码实现。研究者可以通过将这些代码拼凑起来，迅速地将自己的理论转化为代码实现，并验证结果。本书可以大大提升研究者将理论落地的进度。

如果是刚入行的研究者，同样也是建议先把编程基础打扎实。这个过程与偏工程应用的读者是一样的，没有捷径可走。编程基础对于开发相对底层的神经网络算法，以及开发自己的深度学习框架会很有帮助。

第 2 章

快速上手 TensorFlow

本章将介绍如何配置 TensorFlow 2.1 版本的开发环境,以及训练模型的两种方法,并介绍了两个训练实例。

2.1 配置 TensorFlow 环境

在学习 TensorFlow 之前,需要先将 TensorFlow 安装到本机。具体方法如下。

2.1.1 准备硬件

本书中的实例大都是较大的模型,所以建议读者准备一个带有 GPU 的机器,并使用和 GPU 相配套的主板及电源。

> **提示:**
> 在已有的主机上直接添加 GPU(尤其是在原有服务器上添加 GPU),需要考虑以下问题:
> - 主板的插槽是否支持。例如,需要 PCIE x16(16 倍数)的插槽。
> - 芯片组是否支持。例如,需要 C610 系列或是更先进的芯片组。
> - 电源是否支持。GPU 的功率一般都会很大,必须采用配套的电源。如果驱动程序已安装正常,但在系统中却找不到 GPU,则可以考虑是否是由于电源供电不足导致的。

如果不想准备硬件,则可以用云服务的方式训练模型。云服务是需要单独购买的,且按使用时间收费。如果不需要频繁训练模型,则推荐使用这种方式。

读者在学习本书的过程中,需要频繁训练模型。如果使用云服务,则会花费较高的成本。建议直接购买一台带有 GPU 的机器会好一些。

1. 如何选择 GPU

(1) 如果是个人学习使用。

推荐选择英伟达公司生产的 GPU，型号最好高于 GTX1070。选择 GPU 还需要考虑显存的大小。推荐选择显存大于 8GB 的 GPU。这一点很重要，因为在运行大型神经网络时，系统默认将网络节点全部载入显存。如果显存不足，则会显示资源耗尽提示，导致程序不能正常运行。

（2）如果企业级使用。

应根据运算需求量、具体业务，以及公司资金情况来综合考虑。

2. 是否需要安装多块 GPU

（1）如果是个人学习使用。

不建议在一台机器上安装多块 GPU。可以直接用两块卡的资金购买一块高性能的 GPU，这种方式更为划算。

（2）如果是用于企业级使用。

如果一块高配置的 GPU 无法满足运算需求，则可以使用多块 GPU 协同计算。不过 TensorFlow 多卡协同机制并不能完全智能地将整体性能发挥出来，有时会出现只有一个 GPU 的运算负荷较大，而其他卡的运算不饱和的情况（这种问题在 TensorFlow 新版本中也逐步得到了改善）。通过定义运算策略或是手动分配运算任务的方式，可以让多 GPU 协同的运算效率更高。

如果一台服务器上的多卡协同计算仍然满足不了需求，则可以考虑分布式并行运算。当然，也可以将现有的机器集群起来，进行分布式运算。

2.1.2 准备开发环境

下面来详细介绍 Anaconda 的下载及安装方法。

1. 下载 Anaconda 开发工具

来到 Anaconda 官网的软件下载页面，如图 2-1 所示。其中有 Linux、Windows、MacOSX 的各种版本，可以任意选择。

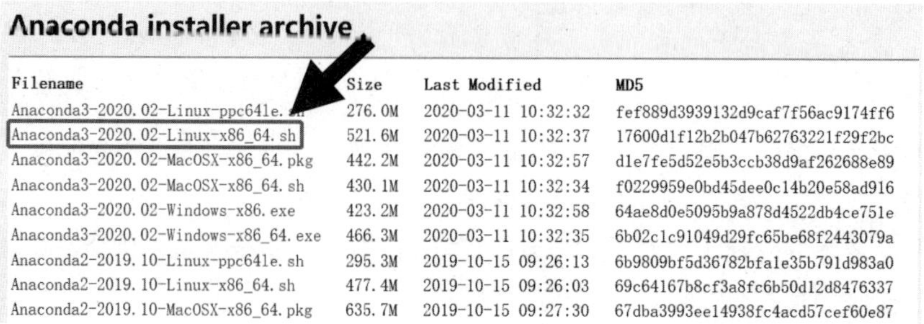

Anaconda installer archive

Filename	Size	Last Modified	MD5
Anaconda3-2020.02-Linux-ppc64le.sh	276.0M	2020-03-11 10:32:32	fef889d3939132d9caf7f56ac9174ff6
Anaconda3-2020.02-Linux-x86_64.sh	521.6M	2020-03-11 10:32:37	17600d1f12b2b047b62763221f29f2bc
Anaconda3-2020.02-MacOSX-x86_64.pkg	442.2M	2020-03-11 10:32:57	d1e7fe5d52e5b3ccb38d9af262688e89
Anaconda3-2020.02-MacOSX-x86_64.sh	430.1M	2020-03-11 10:32:34	f0229959e0bd45dee0c14b20e58ad916
Anaconda3-2020.02-Windows-x86.exe	423.2M	2020-03-11 10:32:58	64ae8d0e5095b9a878d4522db4ce751e
Anaconda3-2020.02-Windows-x86_64.exe	466.3M	2020-03-11 10:32:35	6b02c1c91049d29fc65be68f2443079a
Anaconda2-2019.10-Linux-ppc64le.sh	295.3M	2019-10-15 09:26:13	6b9809bf5d36782bfa1e35b791d983a0
Anaconda2-2019.10-Linux-x86_64.sh	477.4M	2019-10-15 09:26:03	69c64167b8cf3a8fc6b50d12d8476337
Anaconda2-2019.10-MacOSX-x86_64.pkg	635.7M	2019-10-15 09:27:30	67dba3993ee14938fc4acd57cef60e87

图 2-1　下载列表（部分）

以 Linux 64 位下的 Python 3.7 版本为例，可以选择对应的安装包为 `Anaconda3-2020.02-Linux-x86_64.sh`（见图 2-1 中的标注）。

> **提示：**
> 本书的实例均使用 Python 3.7 版本来实现。
>
> 虽然 Python 3 以上的版本算作同一阶段的，但是版本间也会略有区别（例如：Python 3.5 与 Python 3.6），并且没有向下兼容。在与其他的 Python 软件包整合使用时，一定要按照所要整合软件包的说明文件找到完全匹配的 Python 版本，否则会带来不可预料的麻烦。
>
> 另外，不同版本的 Anaconda 默认支持的 Python 版本是不一样的：支持 Python 2 的版本 Anaconda 统一以"Anaconda 2"为开头来命名；支持 Python 3 的版本 Anaconda 统一以"Anaconda 3"为开头来命名。本书使用的版本为 Anaconda 2020.02，其可以支持 Python 3.7 版本。

2. 安装 Anaconda

这里以 Ubuntu 16.04 版本的操作系统为例。

首先下载 Anaconda3-2020.02-Linux-x86_64.sh 安装包，然后输入以下命令对安装包添加可执行权限，并进行安装：

```
chmod u+x Anaconda3-2020.02-Linux-x86_64.sh
./ Anaconda3-2020.02-Linux-x86_64.sh
```

在安装过程中会有各种交互性提示，有的需要按 Enter 键，有的需要输入"yes"，按照提示来即可。

> **提示：**
> 如果在安装过程中意外中止，导致本机有部分残留文件进而影响再次安装，则可以使用以下命令进行覆盖安装：
>
> ./Anaconda3-2020.02-Linux-x86_64.sh -u

在 Windows 下安装 Anaconda 软件的方法与安装一般软件的方法相似：右击安装包，在弹出的快捷菜单中选择"以管理员身份运行"命令即可。这里不再详述。

2.1.3 安装 TensorFlow

安装 TensorFlow 的方式有多种。这里只介绍一种最简单的方式——使用 Anaconda 进行安装。

1. 查看 TensorFlow 的版本号

在 Ananonda 软件中集成的 TensorFlow 安装包有多个版本。这些安装包的版本号可以通过如下命令查看：

```
anaconda search -t conda tensorflow
```

2. 用 Anaconda 安装 TensorFlow

在装好 Anaconda 后就可以使用 pip 命令安装 TensorFlow 了。这个步骤与系统无关，保持电脑联网状态即可。

（1）如果想安装 TensorFlow 的 GPU 版本，则在命令行里输入如下命令：

```
conda install tensorflow-gpu
```

执行上面命令后，系统会将支持 GPU 的 TensorFlow Release 版本安装包下载到机器上并进行安装。系统会自动把该安装包以及对应的 NVIDIA 工具包（CUDA 和 cuDNN）安装到本机。

> **提示：**
> conda 命令只能管理操作系统中处于用户层面的开发包，并不能对内核层面的 NVIDIA 驱动程序做更新。在安装 TensorFlow 时，最好先更新本机驱动程序到最新版本，以免底层的就版本驱动无法支持上层的高级 API 调用。

（2）如果想安装 TensorFlow 的 CPU 版本，则在命令行里输入如下命令：

```
conda install tensorflow-cpu
```

（3）如果想安装指定版本的 TensorFLow，则在命令后面加上版本号：

```
conda install tensorflow-gpu==2.1.0
```

该命令执行后，系统会将指定版本（2.1.0 版本）的 TensorFlow 安装到本机。

2.1.4 查看显卡的命令及方法

这里介绍几个小命令，它可以帮助读者定位在安装过程遇到的问题。

1. 用 nvidia-smi 命令查看显卡信息

nvidia-smi 指的是 NVIDIA System Management Interface。该命令用于查看显卡的信息及运行情况。

（1）在 Windows 系统中使用 nvidia-smi 命令。

在安装完成 NVIDIA 显卡驱动后，对于 Windows 用户而言，DOS 窗口中还无法识别 nvidia-smi 命令，需要将相关环境变量添加进去。如果将 NVIDIA 显卡驱动安装在默认位置，则 nvidia-smi 命令所在的完整路径是：

```
C:\Program Files\NVIDIA Corporation\NVSMI
```

将上述路径添加进 Path 系统环境变量中。之后在 DOS 窗口中运行 nvidia-smi 命令，可以看到如图 2-2 所示界面。

```
+-----------------------------------------------------------------------------+
| NVIDIA-SMI 376.53                 Driver Version: 376.53                    |
|-------------------------------+----------------------+----------------------+
| GPU  Name            TCC/WDDM | Bus-Id        Disp.A | Volatile Uncorr. ECC |
| Fan  Temp  Perf  Pwr:Usage/Cap|         Memory-Usage | GPU-Util  Compute M. |
|===============================+======================+======================|
|   0  GeForce GTX 1070    WDDM | 0000:01:00.0      On |                  N/A |
| 59%   64C    P2    48W / 151W |   6997MiB / 8192MiB  |      1%      Default |
+-------------------------------+----------------------+----------------------+

+-----------------------------------------------------------------------------+
| Processes:                                                       GPU Memory |
|  GPU       PID  Type  Process name                               Usage      |
|=============================================================================|
|    0      1248  C+G   Insufficient Permissions                   N/A        |
|    0      3768    C   C:\local\Anaconda3\python.exe              N/A        |
|    0      5376  C+G   C:\Windows\explorer.exe                    N/A        |
|    0      5668  C+G   ...ost_cw5n1h2txyewy\ShellExperienceHost.exe N/A      |
|    0      6460  C+G   ...oftEdge_8wekyb3d8bbwe\MicrosoftEdgeCP.exe N/A      |
|    0      7104  C+G   ...iles (x86)\Internet Explorer\iexplore.exe N/A     |
|    0      8260  C+G   ...osoftEdge_8wekyb3d8bbwe\MicrosoftEdge.exe N/A      |
|    0      8620  C+G   ...indows.Cortana_cw5n1h2txyewy\SearchUI.exe N/A      |
+-----------------------------------------------------------------------------+
```

图 2-2　Windows 系统的显卡信息

图 2-2 中第 1 行是作者的驱动信息，第 3 行是显卡信息"GeForce GTX 1070"，第 4 行和第 5 行是当前使用显卡的进程。

如果这些信息都存在，则表示当前的安装是成功的。

 提示：

在安装 CUDA 时，建议将本机的 NVIDIA 显卡驱动程序更新到最新版本，否则在执行 nvidia-smi 命令时有可能出现如下错误：

C:\Program Files\NVIDIA Corporation\NVSMI>nvidia-smi.exe
NVIDIA-SMI has failed because it couldn't communicate with the NVIDIA driver. Make sure that the latest NVIDIA driver is installed and running. This can also be happening if non-NVIDIA GPU is running as primary display, and NVIDIA GPU is in WDDM mode.

该错误表明本机的 NVIDIA 显卡驱动程序版本过老，不支持当前的 CUDA 版本。将驱动程序更新后再运行"nvidia-smi"命令即可恢复正常。

（2）在 Linux 系统中使用"nvidia-smi"命令。

在 Linux 系统中，可以通过在命令行里输入"nvidia-smi"来显示显卡信息，显示的信息如图 2-3 所示。

图 2-3　Linux 系统的显卡信息

> **提示：**
> 还可以用"nvidia-smi -l"命令实时查看显卡状态。

2. 查看 CUDA 的版本

在装完 CUDA 后，可以通过以下命令来查看具体的版本：

```
nvcc -V
```

在 Windows 与 Linux 系统中的操作都一样，直接在命令行里输入命令即可，如图 2-4 所示。

图 2-4　查看 CUDA 版本

3. 查看 cuDNN 的版本

在装完 cuDNN 后，可以通过查看 include 文件夹下的 cudnn.h 文件的代码中找到具体的版本。

（1）在 Windows 系统中查看 cuDNN 版本。

在 Windows 系统中找到 CUDA 安装路径下的 include 文件夹，打开 cudnn.h 文件，在里面如果找到以下代码，则代表当前是 7 版本。

```
#define CUDNN_MAJOR 7
```

（2）在 Linux 系统中查看 cuDNN 版本。

在 Linux 系统中，默认的安装路径是"/usr/local/cuda/include/cudnn.h"，在该路径下打开文件即可查看。

也可以使用以下命令：

```
root@user-NULL:~# cat /usr/local/cuda/include/cudnn.h | grep CUDNN_MAJOR -A 2
```

显示内容如图 2-5 所示。

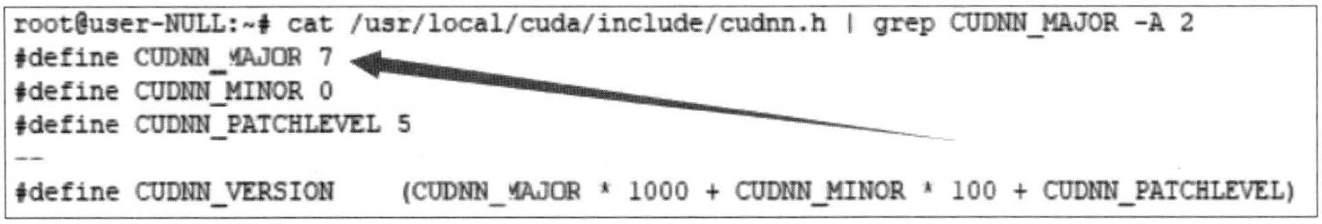

```
root@user-NULL:~# cat /usr/local/cuda/include/cudnn.h | grep CUDNN_MAJOR -A 2
#define CUDNN_MAJOR 7
#define CUDNN_MINOR 0
#define CUDNN_PATCHLEVEL 5
--
#define CUDNN_VERSION    (CUDNN_MAJOR * 1000 + CUDNN_MINOR * 100 + CUDNN_PATCHLEVEL)
```

图 2-5　查看 cuDNN 版本

4．用代码测试安装环境

在配置好环境后，可以打开 Spyder 编辑器输入如下代码进行测试：

```
import tensorflow as tf                        #导入TensorFlow库
gpu_device_name = tf.test.gpu_device_name()    #获取GPU的名称
print(gpu_device_name)                         #输出GPU的名称
tf.test.is_gpu_available()                     #测试GPU是否有效
```

代码运行后输出如下结果：

```
/device:GPU:0
True
```

输出结果的第 1 行中有 GPU 的名称，第 2 行的 True 表明 GPU 有效。

2.1.5　创建虚环境

由于 TensorFlow 的 1.X 版本与 2.X 版本差异较大。在 1.X 版本上实现的项目，有些并不能直接运行在 2.X 版本上。而新开发的项目推荐使用 2.X 版本。这就需要解决 1.X 版本与 2.X 版本共存的问题。

如果用 Anaconda 软件创建虚环境，则可以在同一个主机上安装不同版本的 TensorFlow。

1．查看 Python 虚环境及 Python 的版本

在装完 Anaconda 软件后，默认会创建一个虚环境。该虚环境的名字是"base"，是当前系

统的运行主环境。可以用"conda info --envs"命令进行查看。

（1）在 Linux 系统中查看所有的 Python 虚环境。

以 Linux 系统为例，查看所有的 Python 虚环境。具体命令如下：

```
(base) root@user-NULL:~# conda info -envs
```

该命令执行后，会显示如下内容：

```
# conda environments:
#
base                  *  /root/anaconda3
```

在显示结果中可以看到，当前虚环境的名字是"base"，这是 Anaconda 默认的 Python 环境。

（2）在 Linux 系统中查看当前 Python 的版本

可以通过"python --version"命令查看当前 Python 的版本。具体命令如下：

```
(base) root@user-NULL:~# python --version
```

执行该命令后会显示如下内容：

```
Python 3.7.1 :: Anaconda, Inc.
```

在显示结果中可以看到，当前 Python 的版本是 3.7.1。

2．创建 Python 虚环境

创建 Python 虚环境的命令是"conda create"。在创建时，应指定好虚环境的名字和需要使用的版本。

（1）在 Linux 系统中创建 Python 虚环境。

下面以在 Linux 系统中创建一个 Python 版本为 3.7.1 的虚环境为例（在 Windows 系统中，创建方法完全一致）。具体命令如下：

```
(base) root@user-NULL:~# conda create --name tf21 python=3.7.1
```

创建完成后，可以使用如下命令来激活或取消激活虚拟坏境：

```
conda activate tf21              #将虚拟环境 tf21 作为当前的 Python 环境
conda deactivate                 #使用默认的 Python 环境
```

 提示：

在 Windows 中，激活和取消激活虚拟环境的命令如下：

activate tf21

deactivate

（2）检查 Python 虚环境是否创建成功。

再次输入"conda info --envs"命令，查看所有的 Python 虚环境：

```
(base) root@user-NULL:~# conda info --envs
```

该命令执行后，会显示如下内容：

```
# conda environments:
#
base                  *  /root/anaconda3
tf21                     /root/anaconda3/envs/tf21
```

可以看到虚环境中出现了一个"tf21"，表示创建成功。

（3）删除 Python 虚环境。

如果想删除已经创建的虚环境，则可以使用"conda remove"命令：

```
(base) root@user-NULL:~# conda remove --name tf21 --all
```

该命令执行后没有任何显示。可以再次通过"conda info --envs"命令查看 Python 虚环境是否被删除。

3. 在 Python 虚环境中安装 TensorFlow

先激活新创建的虚拟环境"tf21"，然后安装 TensorFlow。具体命令如下：

```
(base) root@user-NULL:~# conda activate tf21                       #激活 tf21 虚拟环境
(tf21) root@user-NULL:~# conda install tensorflow-gpu==2.1.0 #安装 TensorFlow 2.1.0 版本
```

2.2 训练模型的两种方式

训练模型是深度学习中的主要内容。训练模型是指，通过程序的反复迭代来修正神经网络中各个节点的值，从而实现具有一定拟合效果的算法。

在 TensorFlow 中有两种训练模型的方式——"静态图"方式和"动态图"方式。具体介绍如下。

2.2.1 "静态图"方式

"静态图"是 TensorFlow 1.X 版本中张量流的主要运行方式。其运行机制是将"定义"与"运行"相分离。相当于：先用程序搭建起一个结构（即在内存中构建一个图），然后让数据（张量流）按照图中的结构顺序进行计算，最终计算出结果。

1. 了解静态图方式

静态图方式可以分为两个过程：模型构建和模型运行。
- 模型构建：从正向和反向两个方向搭建好模型。
- 模型运行：在构建好模型后，通过多次迭代的方式运行模型，实现训练过程。

在 TensorFlow 中，每个静态图都可以被理解成一个任务。所有的任务都要通过会话（session）才能运行。

2. 在 TensorFlow 1.X 版本中使用静态图

在 TensorFlow 1.X 版本中使用静态图的步骤如下：
（1）定义操作符（调用 tf.placeholder 函数）。
（2）构建模型。
（3）建立会话（调用 tf.session 之类的函数）。
（4）在会话里运行张量流并输出结果。

3. 在 TensorFlow 2.X 版本中使用静态图

在 TensorFlow 2.X 版本中使用静态图的步骤与在 TensorFlow 1.X 版本中使用静态图的步骤完全一致。但由于静态图不是 TensorFlow 2.X 版本中的默认工作模式，所以在使用时还需要注意两点：

（1）在代码的最开始处，用 tf.compat.v1.disable_v2_behavior 函数关闭动态图模式。
（2）将 TensorFlow 1.X 版本中的静态图接口替换成 tf.compat.v1 模块下的对应接口。例如：
- 将函数 tf.placeholder 替换成函数 tf.compat.v1.placeholder。
- 将函数 tf.session 替换成函数 tf.compat.v1.session。

2.2.2 "动态图"方式

"动态图"（eager）是在 TensorFlow 1.3 版本之后出现的。到了 1.11 版本时，它已经变得较完善。在 TensorFlow 2.X 版本中，它已经变成了默认的工作方式。

1. 了解动态图的编程方式

所谓的动态图是指，代码中的张量可以像 Python 语法中的其他对象一样直接参与计算，不再需要像静态图那样用会话（session）对张量进行运算。

动态图主要是在原始的静态图上做了编程模式的优化。它使得使用 TensorFlow 变得更简单、更直观。

例如，调用函数 tf.matmul 后，动态图与静态图中的区别如下：
- 在动态图中，程序会直接得到两个矩阵相乘的值。

- 在静态图中，程序只会生成一个 OP（操作符）。该 OP 必须在绘画中使用 run()方法才能进行真正的计算，并输出结果。

2．在 TensorFlow 2.X 版本中使用动态图

在 TensorFlow 2.X 版本中已经将动态图设为默认的工作模式，直播使用动态图编写代码即可。

TensorFlow 1.X 中的 tf.enable_eager_execution 函数在 TensorFlow 2.X 版本中已经被删除，另外在 TensorFlow 2.X 版本中还提供了关闭动态图与启用动态图的两个函数。

- 关闭动态图的函数：tf.compat.v1.disable_v2_behavior。
- 启用动态图的函数：tf.compat.v1.enable_v2_behavior。

3．动态图的原理及不足

在创建动态图的过程中，默认也建立了一个会话（session）。所有的代码都在该会话中进行，而且该会话具有与进程相同的生命周期。这表示：在当前程序中只能有一个会话，并且该会话一直处于打开状态，无法被关闭。

动态图的不足之处是：在动态图中无法实现多会话操作。

对于习惯了多会话开发模式的用户而言，需要先将静态图中的多会话逻辑转为单会话逻辑，然后才可以将其移植到动态图中。

2.3 实例 1：用静态图训练模型，使其能够从一组数据中找到 $y \approx 2x$ 规律

本实例属于一个回归任务。回归任务是指，对输入数据进行计算，并输出某个具体值的任务。与之相对的还有分类任务，它们都是深度学习中最常见的任务模式。

2.3.1 开发步骤与代码实现

在实现过程中，需要完成的具体步骤如下：（1）生成模拟样本；（2）搭建全连接网络模型；（3）训练模型。在第（3）步中需要完成对检查点文件的生成和载入。具体过程如下。

1．生成模拟样本

这里使用 $y=2x$ 这个公式作为主体，通过加入一些干扰噪声让其中的"等于"变成"约等于"。

具体代码如下：

- 导入头文件，然后生成-1~1 之间的 100 个数作为 x。

- 将 x 乘以 2,再加上一个[-1,1]区间的随机数乘以 0.3,即 $y=2\times x+a\times 0.3$,其中 a 是属于[-1,1]的随机数。

代码 2-1　用静态图训练一个具有保存检查点功能的回归模型

```
01 import tensorflow as tf
02 import numpy as np
03 import matplotlib.pyplot as plt
04 print(tf.__version__)
05 tf.compat.v1.disable_v2_behavior()
06 #生成模拟数据
07 train_X = np.linspace(-1, 1, 100)
08 train_Y = 2 * train_X + np.random.randn(*train_X.shape) * 0.3 #y=2x,但是加
   入了噪声
09 #显示为图形
10 plt.plot(train_X, train_Y, 'ro', label='Original data')
11 plt.legend()
12 plt.show()
```

运行上面代码会显示如图 2-6 所示结果。

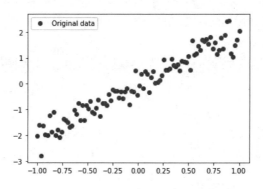

图 2-6　准备好的线性回归数据集

2. 搭建全连接网络模型

模型搭建分为两个方向:正向和反向。

(1)搭建正向模型。

在具体操作之前,先来了解一下模型的样子。

神经网络是由多个神经元组成的,单个神经元的网络模型如图 2-7 所示。

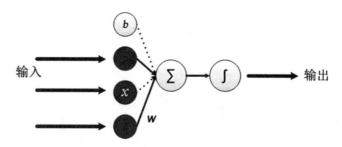

图 2-7 神经元模型

其计算公式见式(2.1)。

$$z = \sum_{i=1}^{n} w_i \times x_i + b = w \cdot x + b \tag{2.1}$$

式中,z 为输出的结果,x 为输入,w 为权重,b 为偏执值。

z 的计算过程是将输入的 x 与其对应的 w 相乘,然后把结果相加,再加上偏执值 b。

比如,有 3 个输入 x_1、x_2、x_3,分别对应与 w_1、w_2、w_3,则 $z=x_1 \times w_1 + x_2 \times w_2 + x_3 \times w_3 + b$。这个过程,在线性代数中正好可以用两个矩阵来表示,于是就可以写成(矩阵 **W**)×(矩阵 **X**)$+b$,见式(2.2)。

$$\{w_1 \quad w_2 \quad w_3\} \times \begin{Bmatrix} x_1 \\ x_2 \\ x_3 \end{Bmatrix} = x_1 \times w_1 + x_2 \times w_2 + x_3 \times w_3 \tag{2.2}$$

上面的式(2.2)表明:形状为 1 行 3 列的矩阵与 3 行 1 列的矩阵相乘,结果的形状为 1 行 1 列的矩阵,即(1,3)×(3,1)=(1,1)。

> **提示:**
> 如果想得到两个矩阵相乘后的形状,则可以将第 1 个矩阵的行与第 2 个矩阵的列组合起来。

在神经元中,w 和 b 可以理解为两个变量。模型每次的"学习"都是调整 w 和 b 以得到一个更合适的值。最终,这个值配合上运算公式所形成的逻辑就是神经网络的模型。具体代码如下。

代码 2-1 用静态图训练一个具有保存检查点功能的回归模型(续)

```
13  # 创建模型
14  X = tf.compat.v1.placeholder("float")# 占位符
15  Y = tf.compat.v1.placeholder("float")
16  # 模型参数
17  W = tf.Variable(tf.compat.v1.random_normal([1]), name="weight")
```

```
18  b = tf.Variable(tf.zeros([1]), name="bias")
19  # 正向结构
20  z = tf.multiply(X, W)+ b
```

下面说明一下代码。

- X 和 Y：占位符，使用了 placeholder 函数来定义。一个代表 x 的输入，另一个代表对应的真实值 y。占位符的意思是输入变量的载体。也可以将其理解成定义函数时的参数，它是静态图的一种数据注入方式。程序运行时，通过占位符向模型中传入数据。
- W 和 b：前面说的参数。W 被初始化成[-1, 1]的随机数，形状为一维的数字；b 的初始化为 0，形状也是一维的数字。
- Variable：定义变量。
- tf.multiply：两个数相乘的意思，结果再加上 b 就等于 z 了。

（2）搭建反向模型。

神经网络在训练的过程中数据流向有两个方向，即通过正向生成一个值，然后观察与真实值的差距，再通过反向过程调整里面的参数，接着再次正向生成预测值并与真实值进行对比。这样循环下去，直到将参数调整到合适为止。

正向传播比较好理解，反向传播会引入一些算法来实现对参数的正确调整。具体代码如下。

代码 2-1 用静态图训练一个具有保存检查点功能的回归模型（续）

```
21  global_step = tf.Variable(0, name='global_step', trainable=False)
22  #反向优化
23  cost =tf.reduce_mean( tf.square(Y - z))
24  learning_rate = 0.01
25  optimizer =
    tf.compat.v1.train.GradientDescentOptimizer(learning_rate).minimize(cost
    ,global_step) #梯度下降
26
27  # 初始化所有变量
28  init = tf.compat.v1.global_variables_initializer()
29  # 定义学习参数
30  training_epochs = 20
31  display_step = 2
32
33  savedir = "log/"
34  saver = tf.compat.v1.train.Saver(tf.compat.v1.global_variables(),
    max_to_keep=1)  #生成saver。 max_to_keep=1 表明最多只保存一个检查点文件
35
36  #定义生成loss值可视化的函数
```

```
37 plotdata = { "batchsize":[], "loss":[] }
38 def moving_average(a, w=10):
39     if len(a) < w:
40         return a[:]
41     return [val if idx < w else sum(a[(idx-w):idx])/w for idx, val in
    enumerate(a)]
```

代码第 23 行定义一个 cost，它等于生成值与真实值的平方差。

代码第 24 行定义一个学习率，代表调整参数的速度。这个值一般小于 1。这个值越大，则表明调整的速度越大，但不精确；值越小，则表明调整的精度越高，但速度慢。这个就好比念书时生物课上的显微镜调试，显微镜上有两个调节焦距的旋转钮——粗调钮和细调钮。

代码第 25 行 GradientDescentOptimizer 函数是一个封装好的梯度下降算法，其中的参数 learning_rate 被叫作"学习率"，用来指定参数调节的速度。如果将"学习率"比作显微镜上不同档位的"调节钮"，则梯度下降算法可以理解成"显微镜筒"，它会按照学习参数的速度来改变显微镜上焦距的大小。

在代码第 34 行，定义了一个 saver 张量。在会话运行中，用 saver 对象的 save() 方法来生成检查点文件。

3. 训练模型

在建立好模型后，可以通过迭代来训练模型了。TensorFlow 中的运行任务是通过 session 来进行的。

在下面的代码中，先进行全局初始化，然后设置训练迭代的次数并启动 session 开始运行任务。

代码 2-1　用静态图训练一个具有保存检查点功能的回归模型（续）

```
42 with tf.compat.v1.Session() as sess:
43     sess.run(init)
44     kpt = tf.train.latest_checkpoint(savedir)
45     if kpt!=None:
46         saver.restore(sess, kpt)
47
48     # 向模型输入数据
49     while global_step.eval()/len(train_X) < training_epochs:
50         step = int( global_step.eval()/len(train_X) )
51         for (x, y) in zip(train_X, train_Y):
52             sess.run(optimizer, feed_dict={X: x, Y: y})
53
54         #显示训练的详细信息
```

```
55        if step % display_step == 0:
56            loss = sess.run(cost, feed_dict={X: train_X, Y:train_Y})
57            print ("Epoch:", step+1, "cost=", loss,"W=", sess.run(W), "b=", sess.run(b))
58            if not (loss == "NA" ):
59                plotdata["batchsize"].append(global_step.eval())
60                plotdata["loss"].append(loss)
61            saver.save(sess, savedir+"linermodel.cpkt", global_step)
62
63    print (" Finished!")
64    saver.save(sess, savedir+"linermodel.cpkt", global_step)
65
66    print ("cost=", sess.run(cost, feed_dict={X: train_X, Y: train_Y}), "W=", sess.run(W), "b=", sess.run(b))
67
68    #显示模型
69    plt.plot(train_X, train_Y, 'ro', label='Original data')
70    plt.plot(train_X, sess.run(W) * train_X + sess.run(b), label='Fitted line')
71    plt.legend()
72    plt.show()
73
74    plotdata["avgloss"] = moving_average(plotdata["loss"])
75    plt.figure(1)
76    plt.subplot(211)
77    plt.plot(plotdata["batchsize"], plotdata["avgloss"], 'b--')
78    plt.xlabel('Minibatch number')
79    plt.ylabel('Loss')
80    plt.title('Minibatch run vs. Training loss')
81
82    plt.show()
```

在上面的代码中，通过 sess.run 来进行网络节点的运算，通过 feed 机制将真实数据灌到占位符对应的位置（feed_dict={X: x, Y: y}），另外，每执行一次都会将网络结构中的节点打印出来。

运行代码后将输出如下信息：

```
Epoch: 5 cost= 0.068201326 W= [1.9001628] b= [0.05935569]
Epoch: 7 cost= 0.06531468 W= [1.9611242] b= [0.03599149]
Epoch: 9 cost= 0.0651572 W= [1.9768896] b= [0.0299421]
Epoch: 11 cost= 0.0651559 W= [1.9809667] b= [0.02837759]
Epoch: 13 cost= 0.0651582 W= [1.9820203] b= [0.02797326]
```

```
Epoch: 15 cost= 0.06515897 W= [1.9822932] b= [0.02786848]
Epoch: 17 cost= 0.06515919 W= [1.9823637] b= [0.02784149]
Epoch: 19 cost= 0.06515924 W= [1.9823813] b= [0.02783464]
Finished!
cost= 0.065159254 W= [1.9823848] b= [0.02783331]
```

可以看出，cost 的值在不断地变小，w 和 b 的值也在不断地调整。同时，程序又输出了训练过程中的两幅图，如图 2-8、图 2-9 所示。

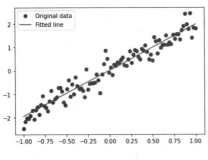

图 2-8　可视化模型

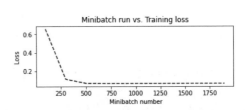

图 2-9　可视化训练 loss

图 2-8 中的斜线是模型中的参数 w 和 b 为常量所组成的关于 x 与 y 的直线方程。可以看到它是一条近乎 $y=2x$ 的直线（w=1.982 384 8 接近 2，b=0.027 833 31 接近 0）。

从图 2-9 中可以看到刚开始损失值一直在下降，直到最后趋近平稳。

> **提示：**
> 本实例中的模型非常简单，且输入批次为 1。实际工作中的模型会比这个复杂得多，且每批次都会同时处理多条数据。在计算网络输出时，更多的是用矩阵相乘。
> 例如：
> ```
> a = tf.constant([1, 2, 3, 4, 5, 6], shape=[2, 3])      #a 为 [[ 1, 2, 3 ], [ 4, 5, 6 ]]
> b = tf.constant([7, 8, 9, 10, 11, 12], shape=[3, 2])   #b 为 [[ 7,  8 ], [ 9, 10 ], [ 11, 12 ]]
> c = tf.matmul(a, b)                                    #a 和 b 矩阵相乘
> print("c",c.numpy() )                                  #输出 c [[ 58, 64 ], [ 139, 154 ]]
> #也可以写成：
> c = a@b
> print("c",c.numpy() )                                  #输出 c [[ 58, 64 ], [ 139, 154 ]]
> ```

上面代码运行完后，除有显示信息外，还会在 log 文件夹下多了几个以"linermodel.cpkt–2000"开头的文件。它们就是检查点文件。

其中，"2000"表示该文件是运行优化器第 2000 次后生成的检查点文件。

在代码 2-1 的第 30 行中设置了 training_epochs 的值为"20"，表示将整个数据集迭代 20 次。每迭代一次数据集，需要运行 100 次优化器。

> **提示：**
>
> 在检查点文件中有一个扩展名为.meta 的文件是网络节点名称文件，可以将其删掉，不会影响模型恢复。
>
> 这里介绍一个小技巧：在生成模型检查点文件时（代码第 61、64 行），代码可以写成以下样子，让模型不再生成 meta 文件，这样可以减小模型所占的磁盘空间：
>
> saver.save(sess, savedir+"linermodel.cpkt", global_step,write_meta_graph=False)

2.3.2 模型是如何训练的

在训练神经网络的过程中，数据的流向有两个：正向和反向。

- 正向负责预测生成结果，即沿着网络节点的运算方向一层一层地计算下去。
- 反向负责优化调整模型参数,即用链式求导将误差和梯度从输出节点开始一层一层地传递归去，对每层的参数进行调整。

训练模型的完整步骤如下：

（1）通过正向生成一个值，然后计算该值与真实标签之间的误差。

（2）利用反向求导的方式将误差从网络的最后一层传到前一层。

（3）对前一层中的参数求偏导，并按照偏导结果的方向和大小来调整参数。

（4）通过循环的方式，不停地执行（1）（2）（3）这 3 步操作。从整个过程中可以看到，步骤（1）的误差越来越小。这表示模型中的参数需要调整的幅度越来越小，模型的拟合效果越来越好。

在反向的优化过程中，除简单的链式求导外，还可以加入一些其他的算法，以使训练过程更容易收敛。

在 TensorFlow 中，反向传播的算法已经被封装到具体的函数中，读者只需要明白各种算法的特点即可。在使用时，可以根据适用的场景直接调用对应的 API，不再需要手动实现。

2.3.3 生成检查点文件

生成检查点文件的步骤如下。

1. 生成 saver 对象

saver 对象是由 tf.train.Saver 类的实例化方法生成的。该方法有很多参数，常用的有以下几个。

- var_list：指定要保存的变量。
- max_to_keep：指定要保留检查点文件的个数。
- keep_checkpoint_every_n_hours：指定间隔几小时保存一次模型。

实例代码如下：

```
saver = tf.train.Saver(tf.compat.v1.global_variables(), max_to_keep=1)
```

该代码表示将全部的变量保存起来，最多只保存一个检查点文件（一个检查点文件包含 3 个子文件）。

2. 生成检查点文件

调用 saver 对象的 save()方法生成保存检查点文件。实例代码如下：

```
saver.save(sess, savedir+"linermodel.cpkt", global_step=epoch)
```

该代码运行后，系统会将检查点文件保存到 savedir 目录中，也将迭代次数 global_step 的值放到检查点文件的名字中。

2.3.4 载入检查点文件

首先用 tf.train.latest_checkpoint()方法找到最近的检查点文件，接着用 saver.restore()方法将该检查点文件载入。代码如下：

```
kpt = tf.train.latest_checkpoint(savedir)     #找到最近的检查点文件
    if kpt!=None:
        saver.restore(sess, kpt)              #载入检查点文件
```

2.3.5 修改迭代次数，二次训练

将数据集的迭代次数调大到 28（修改代码第 30 行 training_epochs 的值），再次运行，输出以下结果：

```
INFO:tensorflow:Restoring parameters from log/linermodel.cpkt-2000
Epoch: 21 cost= 0.088184044 W= [2.0288355] b= [0.00869429]
Epoch: 23 cost= 0.08760502 W= [2.0110996] b= [0.00945178]
Epoch: 25 cost= 0.087475054 W= [2.0058548] b= [0.01136262]
Epoch: 27 cost= 0.08744553 W= [2.004488] b= [0.01188545]
Finished!
```

```
cost= 0.08744063 W= [2.0042534] b= [0.01197556]
```

可以看到，输出结果的第 1 行代码直接从检查点文件（以"linermodel.cpkt-2000"开头的文件）中读出上次训练的次数（20），并从这个次数继续向下训练。

读取检查点文件对应的代码逻辑如下：

（1）查找最近生成的检查点文件（见代码 2-1 中的第 44 行）。

（2）判断检查点文件是否存在（见代码 2-1 中的第 45 行）。

（3）如果存在，则将检查点文件的值恢复到张量图中（见代码 2-1 中的第 46 行）。

在程序内部是通过张量 global_step 的载入、载出来记录迭代次数的。

> **提示：**
> 静态图是 TensorFlow 的基础操作，但在 TensorFlow 2.X 版本中已经不再推荐使用它。所以这里没有详细讲解。

2.4 实例 2：用动态图训练一个具有保存检查点功能的回归模型

下面实现一个简单的动态图实例。使用动态图训练模型要比使用静态图训练模型简单得多，不再需要建立会话，直接将数据传入模型即可。

模拟数据集的制作过程与 2.3 节实例一致，这里直接从定义网络结构开始。

2.4.1 代码实现：定义动态图的网络结构

定义动态图的网络结构与定义静态图的网络结构有所不同，动态图不支持占位符的定义。具体代码如下。

代码 2-2 用动态图训练一个具有保存检查点功能的回归模型（片段）

```
01  # 定义学习参数
02  W = tf.Variable(tf.random.normal([1]),dtype=tf.float32, name="weight")
03  b = tf.Variable(tf.zeros([1]),dtype=tf.float32, name="bias")
04
05  global_step = tf.compat.v1.train.get_or_create_global_step()
06
07  def getcost(x,y):#定义函数以计算loss值
08      # 正向结构
```

```
09    z = tf.cast(tf.multiply(np.asarray(x,dtype = np.float32), W)+ b,dtype =
   tf.float32)
10    cost =tf.reduce_mean( tf.square(y - z))#loss 值
11    return cost
12
13 learning_rate = 0.01
14 # 定义优化器
15 optimizer =
   tf.compat.v1.train.GradientDescentOptimizer(learning_rate=learning_rate)
```

2.4.2 代码实现：在动态图中加入保存检查点功能

在动态图中可以使用 tf.compat.v1.train.Saver 类操作检查点文件，因为动态图中没有"会话"和"图"的概念，所以不支持用 tf.global_variables 函数获取所有参数。必须手动指定要保存的参数，具体步骤如下：

（1）实例化一个对象 saver，手动指定参数[W, b]进行保存。
（2）将会话（session）有关的参数设为 None。
具体代码如下。

代码 2-2 用动态图训练一个具有保存检查点功能的回归模型（续）

```
16 #定义 saver，演示两种方法处理检查点文件
17 savedir = "logeager/"
18
19 saver = tf.compat.v1.train.Saver([W,b], max_to_keep=1)#生成 saver。
   max_to_keep=1 表明最多只保存 1 个检查点文件
20
21 kpt = tf.train.latest_checkpoint(savedir)      #找到检查点文件
22 if kpt!=None:
23     saver.restore(None, kpt)                   #两种加载方式都可以
24
25 training_epochs = 10                           #迭代训练次数
26 display_step = 2
```

在复杂模型中，模型的参数会非常多。用手动指定变量的方式来保存模型（见代码第 19 行）会显得过于麻烦。

动态图框架一般会与 tf.keras 接口配合使用。利用 tf.keras 接口，可以很容易地将参数放到定义时的 saver 对象中。

> **提示：**
> 在 TensorFlow 2.X 版本中，推荐用 tf.train.Checkpoint()方法操作检查点文件。TensorFlow 1.X 版本中的 tf.train.Saver 类在 2.X 版本中不被推荐使用。在使用 tf.train.Checkpoint()方法时，必须将网络结构封装成类，否则无法调用。

2.4.3 代码实现：在动态图中训练模型

迭代训练过程的代码是最容易理解的。它是动态图的真正优势所在，使张量程序像 Python 的普通程序一样运行。

在动态图程序中，可以对每个张量的 numpy()方法进行取值，不再需要使用 run 函数与 eval()方法。

在反向传播过程中，动态图使用了 tf.GradientTape()方法跟踪自动微分（automatic differentiation）之后的梯度计算工作。具体代码如下。

代码 2-2 用动态图训练一个具有保存检查点功能的回归模型（续）

```
27 plotdata = { "batchsize":[], "loss":[] }#收集训练参数
28
29 while global_step/len(train_X) < training_epochs: #迭代训练模型
30     step = int( global_step/len(train_X) )
31     with tf.GradientTape() as tape:
32         cost_=getcost(train_X,train_Y)
33     gradients=tape.gradient(target=cost_,sources=[W,b])   #计算梯度
34     optimizer.apply_gradients(zip(gradients,[W,b]),global_step)
35 …
```

使用 tf.GradientTape 函数可以对梯度做更精细化的控制（可以自由指定需要训练的变量），代码第 33 行调用 tape.gradient 函数生成梯度 gradients。在迭代训练的反向传播过程中，gradients 会被传入优化器的 apply_gradients()方法中对模型的参数进行优化。

2.4.4 运行程序，显示结果

代码运行后输出以下结果：

```
TensorFlow 版本: 2.1.0
Eager execution: True
```

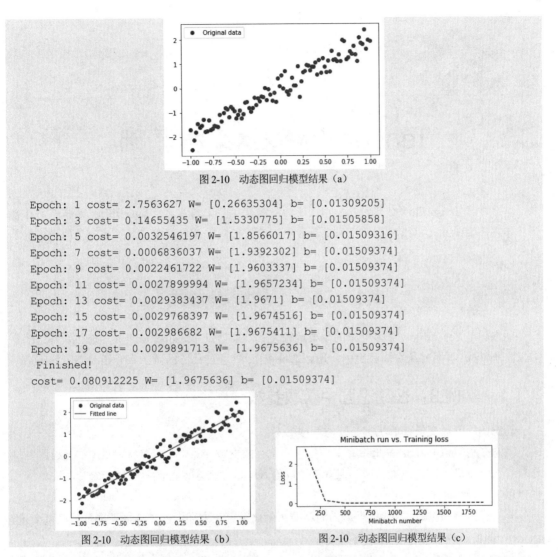

图 2-10 动态图回归模型结果(a)

```
Epoch: 1 cost= 2.7563627 W= [0.26635304] b= [0.01309205]
Epoch: 3 cost= 0.14655435 W= [1.5330775] b= [0.01505858]
Epoch: 5 cost= 0.0032546197 W= [1.8566017] b= [0.01509316]
Epoch: 7 cost= 0.0006836037 W= [1.9392302] b= [0.01509374]
Epoch: 9 cost= 0.0022461722 W= [1.9603337] b= [0.01509374]
Epoch: 11 cost= 0.0027899994 W= [1.9657234] b= [0.01509374]
Epoch: 13 cost= 0.0029383437 W= [1.9671] b= [0.01509374]
Epoch: 15 cost= 0.0029768397 W= [1.9674516] b= [0.01509374]
Epoch: 17 cost= 0.002986682 W= [1.9675411] b= [0.01509374]
Epoch: 19 cost= 0.0029891713 W= [1.9675636] b= [0.01509374]
Finished!
cost= 0.080912225 W= [1.9675636] b= [0.01509374]
```

图 2-10 动态图回归模型结果(b)　　　图 2-10 动态图回归模型结果(c)

图 2-10(c)显示的是 loss 值经过移动平均算法的结果。用移动平均算法可以使生成的曲线更加平滑,便于看出整体趋势。

第 3 章

TensorFlow 2.X编程基础

本章学习 TensorFlow 2.X 的基础语法及功能函数。学完本章后，TensorFlow 的代码对你来讲将不再陌生，你可以很轻易看懂网上和书中例子的代码，并可以尝试写一些简单的模型和算法。

3.1 动态图的编程方式

动态图是 TensorFlow 2.X 框架的主要运行模式。要学好 TensorFlow 2.X，则必须将这部分知识牢牢掌握。下面就从实际应用中所遇到的场景出发,通过具体的例子来介绍动态图的应用。

3.1.1 实例3：在动态图中获取参数

动态图的参数变量存放机制与静态图截然不同。

动态图用类似 Python 变量生命周期的机制来存放参数变量，不能像静态图那样通过图的操作获得指定变量。但在训练模型、保存模型等场景中，如何在动态图里获得指定变量呢？这里提供以下两种方法。

- 方法一：将模型封装成类，借助类的实例化对象在内存中的生命周期来管理模型变量，即使用模型的 variables 成员变量。
- 方法二：用 variable_scope.EagerVariableStore()方法将动态图的变量保存到全局容器里，然后通过实例化的对象取出变量。这种方式更加灵活，编程人员不必以类的方式来实现模型。

下面将演示方法二。

代码 3-1 从动态图种获取变量（片段）

```
01  …#生成模拟数据（与 2.3.1 节中的生成模拟数据部分一致）
02  from tensorflow.python.ops import variable_scope
03  #建立数据集
```

```
04  dataset =
    tf.data.Dataset.from_tensor_slices( (np.reshape(train_X,[-1,1]),np.resha
    pe(train_X,[-1,1])) )
05  dataset = dataset.repeat().batch(1)
06  global_step = tf.compat.v1.train.get_or_create_global_step()
07  container = variable_scope.EagerVariableStore()#container 进行了改变
08  learning_rate = 0.01
09  # 用随机梯度下降法作为优化器
10  optimizer =
    tf.compat.v1.train.GradientDescentOptimizer(learning_rate=learning_rate)
11
12  def getcost(x,y):#定义函数以计算 loss 值
13      # 正向结构
14      with container.as_default():#将动态图使用的层包装起来，以得到变量
15          z = tf.compat.v1.layers.dense(x,1, name="l1")
16      cost =tf.reduce_mean( input_tensor=tf.square(y - z))#loss 值
17      return cost
18
19  def grad( inputs, targets):
20      with tf.GradientTape() as tape:
21          loss_value = getcost(inputs, targets)
22      return tape.gradient(loss_value,container.trainable_variables())
23
24  training_epochs = 20   #迭代训练次数
25  display_step = 2
26
27  #迭代训练模型
28  for step,value in enumerate(dataset) :
29      grads = grad( value[0], value[1])
30      optimizer.apply_gradients(zip(grads, container.trainable_variables()),
    global_step=global_step)
31      if step>=training_epochs:
32          break
33  …
```

上面代码的主要流程解读如下：

（1）代码第 4 行，将模拟数据做成了数据集。TensorFlow 官方推荐采用 tf.data.Dataset 接口的数据集。

（2）代码第 7 行，实例化 variable_scope.EagerVariableStore 类，得到 container 对象。

（3）代码第 14 行，计算损失值函数 getcost。在该函数中，通过 with container.as_default 作

用域将网络参数保存在 container 对象中。

（4）代码第 20、21 行，计算梯度函数 grad。其中使用了 tf.GradientTape()方法，并通过 container.trainable_variables()方法取得需要训练的参数，然后将该参数传入 tape.gradient()方法中计算梯度。

（5）代码第 30 行，再次通过 container.trainable_variables()方法取得需要训练的参数，并将其传入优化器的 apply_gradients()方法中，以更新权重参数。

代码运行后输出以下结果：

```
TensorFlow 版本: 2.1.0
Eager execution: True
Epoch: 1 cost= 0.11828259153554481
Epoch: 3 cost= 0.09272109443044181
Epoch: 5 cost= 0.07258319799191404
Epoch: 7 cost= 0.05665282399104451
Epoch: 9 cost= 0.04400892987470931
Epoch: 11 cost= 0.033949746009501354
Epoch: 13 cost= 0.025937515234633546
Epoch: 15 cost= 0.01955791804589977
Epoch: 17 cost= 0.014490085910067178
Epoch: 19 cost= 0.010484296911198973
 Finished!
cost= 0.010484296911198973
l1/bias:0 [-0.08494885]
l1/kernel:0 [[0.71364929]]
```

在输出结果的倒数第 5 行可以看到，在模型迭代训练了 19 次后，损失值 cost 降到了 0.01。

在输出结果的最后两行可以看到，在训练出的模型中包含两个权重——"l1/bias:0"和"l1/kernel:0"。这表示使用 tf.layers.dense 函数构建的全连接网络模型，与代码文件"2-2　用动态图训练一个具有保存检查点功能的回归模型.py"中手动构建的模型具有相同的结构（两个权重）。只不过两者的权重名字不同而已（本实例中的权重名称是 l1/bias 和 l1/kernel，而代码文件"2-2　用动态图训练一个具有保存检查点功能的回归模型.py"中模型的权重名称是 W 和 b）。

 提示：

在本实例中，container 对象还可以用 container.variables()方法来获得全部的变量，以及用 container. non_trainable_variables()方法获得不需要训练的变量。

tf.layers 接口是 TensorFlow 中一个较为底层的接口。tf.keras 接口就是在 tf.layers 接口之上开发的。

3.1.2 实例 4：在静态图中使用动态图

在整体训练时，动态图对 loss 值的处理部分显得比静态图烦琐一些。但是在正向处理时，使用动态图却更直观、方便。

下面介绍一种在静态图中使用动态图的方法——"正向用动态图，反向用静态图"。这样可以使程序兼顾二者的优势。

用 tf.py_function 函数可以实现在静态图中使用动态图的功能。tf.py_function 函数可以将正常的 Python 函数封装起来，在动态图中进行张量运算。

修改 2.3.1 小节中的静态图代码，在其中加入动态图部分。具体代码如下。

代码 3-2 在静态图中使用动态图

```
01 import tensorflow as tf
02 import numpy as np
03 import matplotlib.pyplot as plt
04
05 …
06 tf.compat.v1.reset_default_graph()
07
08 def my_py_func(X, W,b):        #将网络中的正向张量图用函数封装起来
09    z = tf.multiply(X, W)+ b
10    print(z)
11    return z
12 …
13 X = tf.compat.v1.placeholder("float")
14 Y = tf.compat.v1.placeholder("float")
15 #模型参数
16 W = tf.Variable(tf.random_normal([1]), name="weight")
17 b = tf.Variable(tf.zeros([1]), name="bias")
18 #正向结构
19 z = tf.py_function(my_py_func, [X, W,b], tf.float32) #将静态图改成动态图
20 global_step = tf.Variable(0, name='global_step', trainable=False)
21 #反向优化
22 cost =tf.reduce_mean( tf.square(Y - z))
23 …
24     print ("cost=", sess.run(cost, feed_dict={X: train_X, Y: train_Y}), "W=",
   sess.run(W), "b=", sess.run(b))
25     #显示模型
26     plt.plot(train_X, train_Y, 'ro', label='Original data')
27     v = sess.run(z, feed_dict={X: train_X})           #再次调用动态图，生成 y 值
28     plt.plot(train_X, v, label='Fitted line')         #将其显示出来
```

```
29        plt.legend()
30        plt.show()
```

代码第19行,用tf.py_function函数对自定义函数my_py_func进行了封装。这样,my_py_func函数里的张量便都可以在动态图中运行了。

在my_py_func函数中,张量z可以像Python中的数值对象一样直接被使用(见代码第10行,可以通过print函数将其内部的值直接输出)。在静态图中用动态图的方式可以使模型的调试变得简单。

代码运行后可以看到以下结果:

```
...
  1.8424727  1.8831174  1.923762   1.9644067 ], shape=(100,), dtype=float32)
Epoch: 33 cost= 0.07197194 W= [2.0119123] b= [-0.04750564]
tf.Tensor([-2.059418], shape=(1,), dtype=float32)
tf.Tensor([-2.025845], shape=(1,), dtype=float32)
```

上面截取的结果是训练过程中的一个片段。在结果的最后两行输出了z的值。可以看到,虽然z还是张量,但是已经有值。

代码第10行也可以用print(z.numpy())代码来代替,该代码可以直接将z的具体值打印出来。

3.1.3 什么是自动图

在TensorFlow 1.X版本中,要开发基于张量控制流的程序,则必须使用tf.conf、tf.while_loop之类的专用函数。这增加了开发的复杂度。

在TensorFlow 2.X版本中,可以通过自动图(AutoGraph)功能将普通的Python控制流语句转成基于张量的运算图。这大大简化了开发工作。

在TensorFlow 2.X版本中,可以用tf.function装饰器修饰Python函数,将其自动转化成张量运算图。示例代码如下:

```
import tensorflow as tf                          #导入TensorFlow
@tf.function
def autograph(input_data):                       #用自动图修饰的函数
    if tf.reduce_mean(input_data) > 0:
        return input_data                        #返回整数类型
    else:
        return input_data // 2                   #返回整数类型
a =autograph(tf.constant([-6, 4]))
b =autograph(tf.constant([6, -4]))
print(a.numpy(),b.numpy())                       #在TensorFlow 2.X上运行,输出:[-3 2] [ 6 -4]
```

从上面代码的输出结果中可以看到，程序运行了控制流"tf.reduce_mean(input_data) > 0"语句的两个分支。这表明被装饰器 tf.function 修饰的函数具有张量图的控制流功能。

> **提示：**
> 在使用自动图功能时，如果在被修饰的函数中有多个返回分支，则必须确保所有的分支都返回相同类型的张量，否则会报错。

3.2 掌握估算器框架接口的应用

估算器框架接口（Estimators API）是 TensorFlow 中的一种高级 API。它提供了一整套训练模型、测试模型的准确率及生成预测的方法。

3.2.1 了解估算器框架接口

在估算器框架内部会自动实现整体的数据流向搭建，其中包括：检查点文件的导出与恢复、保存 TensorBoard 的摘要、初始化变量、异常处理等操作。在使用估算器框架进行开发模型时，只需要实现对应的方法即可。

> **提示：**
> TensorFlow 2.X 版本可以完全兼容 TensorFlow 1.X 版本的估算器框架代码。用估算器框架开发模型代码，不需要考虑版本移植的问题。

1. 估算器框架的组成

估算器框架是在 tf.layers 接口上构建而成的。估算器框架可以分为 3 个主要部分。

- 输入函数：主要由 tf.data.Dataset 接口组成，可以分为训练输入函数（train_input_fn）和测试输入函数（eval_input_fn）。前者用于输出数据和训练数据，后者用于输出验证数据和测试数据。
- 模型函数：由模型（tf.layers 接口）和监控模块（tf.metrics 接口）组成，主要用来实现训练模型、测试（或验证）模型、监控模型参数状况等功能。
- 估算器模型：将深度学习开发过程中模型的注入、正反向传播、结果输出、评估、测试等各个基础部分"粘合"起来，控制数据在模型中的流动与变换，并控制模型的各种行为（运算）。它类似于计算机中的操作系统。

2. 估算器框架中的预置模型

估算器框架除支持自定义模型外，还提供了一些封装好的常用模型，例如：基于线性的回归和分类模型（LinearRegressor、LinearClassifier）、基于深度神经网络的回归和分类模型（DNNRegressor、DNNClassifier）等。直接使用这些模型可以省去大量的开发时间。

3. 基于估算器框架开发的高级模型

在 TensorFlow 中，还有两个基于估算器开发的高级模型框架——TFTS 与 TF-GAN。
- TFTS：专用于处理序列数据的通用框架。
- TF-GAN：专用于处理对抗神经网络（GAN）的通用框架。

4. 估算器框架的利与弊

估算器框架的价值主要是，对模型的训练、使用等流程化的工作做了高度集成。它适用于封装已经开发好的模型代码。它会使整体的工程代码更加简洁。该框架的弊端是：由于对流程化的工作集成度太高，导致在开发模型过程中无法精确控制某个具体的环节。

综上所述，估算器框架不适用于调试模型的场景，但适用于对成熟模型进行训练、使用的场景。

3.2.2 实例 5：使用估算器框架

估算器框架（Estimators API）属于 TensorFlow 中的一个高级 API。由于它对底层代码实现了高度封装，使得开发模型过程变得更加简单。但在带来便捷的同时，也带来了学习成本。

本节就来使用估算器框架将 2.3 节的实例重新实现一遍——从一堆数据中找出 $y \approx 2x$ 的规律。通过本实例，读者可以掌握估算器框架的基本开发方法。

1. 生成样本数据集

为了使代码更为规范，这里将 2.3 节的数据集生成部分封装起来。代码如下：

代码 3-3　用估算器框架训练一个回归模型

```
01  import tensorflow as tf
02  import numpy as np
03  tf.compat.v1.disable_v2_behavior()
04  #在内存中生成模拟数据
05  def GenerateData(datasize = 100 ):
06      train_X = np.linspace(-1, 1, datasize)      #train_X 为-1~1 之间连续的 100 个浮点数
07      train_Y = 2 * train_X + np.random.randn(*train_X.shape) * 0.3    #y=2x,但是加入了噪声
```

```
08      return train_X, train_Y           #以生成器的方式返回
09
10 train_data = GenerateData()             #生成原始的训练数据集
11 test_data = GenerateData(20)            #生成20个测试数据集
12 batch_size=10
13 tf.compat.v1.reset_default_graph()   #清空运行图中的所有张量
```

2. 设置日志级别

可以通过 tf.compat.v1.logging.set_verbosity()方法来设置日志的级别。

- 当设成 INFO 时,则所有级别高于 INFO 的日志都可以显示。
- 当设置成其他级别时(例如 ERROR),则只显示级别比 ERROR 高的日志,INFO 将不显示。

代码 3-3 用估算器框架训练一个回归模型(续)

```
14 tf.compat.v1.logging.set_verbosity(tf.compat.v1.logging.INFO)  #能够控制输
   出信息
```

代码第 14 行设置了程序运行时的输出日志级别。在 TensorFlow 中的日志级别有:ERROR、FATAL、INFO、WARN 等。

3. 实现估算器框架的输入函数

估算器框架的输入函数实现起来很简单:将原始的数据源转化成为 tf.data.Dataset 接口的数据集并返回。

在本实例中创建了两个输入函数:

- train_input_fn 函数用于训练使用,对数据集做了乱序,并且支持对数据的重复读取。
- eval_input_fn 函数用于测试模型及使用模型进行预测,支持不带标签的输入。

具体代码如下:

代码 3-3 用估算器框架训练一个回归模型(续)

```
15 def train_input_fn(train_data, batch_size):    #定义训练数据集的输入函数
16     #构造数据集,该数据集由特征和标签组成
17     dataset =
   tf.data.Dataset.from_tensor_slices( ( train_data[0],train_data[1]) )
18     dataset = dataset.shuffle(1000).repeat().batch(batch_size)  #将数据集乱序、
   设为重复读取、按批次组合
19     return dataset                   #返回数据集
20 #定义在测试或使用模型时数据集的输入函数
21 def eval_input_fn(data,labels, batch_size):
22     #batch 不允许为空
```

```
23      assert batch_size is not None, "batch_size must not be None"
24
25      if labels is None:                              #如果是评估,则没有标签
26          inputs = data
27      else:
28          inputs = (data,labels)
29      #构造数据集
30      dataset = tf.data.Dataset.from_tensor_slices(inputs)
31
32      dataset = dataset.batch(batch_size)             #按批次组合
33      return dataset                                  #返回数据集
```

4．估算器模型函数中的网络结构

在估算器模型函数中定义网络结构的方法，与在正常的静态图中定义网络结构的方法几乎一样。估算器框架支持 TensorFlow 中的各种网络模型 API，其中包括 tf.layers、tf.keras 等。

因为估算器框架本来就是在 tf.layers 接口上构建的，所以在模型中使用 tf.layers 的 API 会更加方便。

下面通过一个最基本的模型来介绍估算器框架的使用方法。具体代码如下。

代码 3-3　用估算器框架训练一个回归模型（续）

```
34  def my_model(features, labels, mode, params):#自定义模型函数
35      #定义网络结构
36      W = tf.Variable(tf.random.normal([1]), name="weight")
37      b = tf.Variable(tf.zeros([1]), name="bias")
38      #正向结构
39      predictions = tf.multiply(tf.cast(features,dtype = tf.float32), W)+ b
40
41      if mode == tf.estimator.ModeKeys.PREDICT: #预测处理
42          return tf.estimator.EstimatorSpec(mode, predictions=predictions)
43
44      #定义损失函数
45      loss = tf.compat.v1.losses.mean_squared_error(labels=labels,
    predictions=predictions)
46
47      meanloss = tf.compat.v1.metrics.mean(loss)#添加评估输出项
48      metrics = {'meanloss':meanloss}
49
50      if mode == tf.estimator.ModeKeys.EVAL: #测试处理
51          return tf.estimator.EstimatorSpec(  mode, loss=loss,
    eval_metric_ops=metrics)
```

```
52
53      #训练处理
54      assert mode == tf.estimator.ModeKeys.TRAIN
55      optimizer = tf.compat.v1.train.AdagradOptimizer(
                        learning_rate=params['learning_rate'])
56      train_op = optimizer.minimize(loss,
                        global_step=tf.compat.v1.train.get_global_step())
57      return tf.estimator.EstimatorSpec(mode, loss=loss, train_op=train_op)
```

代码第 51 行，在返回 EstimatorSpec 对象时传入了 eval_metric_ops 参数。eval_metric_ops 参数会使模型在评估时多显示一个 meanloss 指标（见代码第 48 行）。eval_metric_ops 参数是通过 tf.metrics 函数创建的，它返回的是一个元组类型对象。

如果需要只显示默认的评估指标，则可以将第 51 行代码改为：

```
return tf.estimator.EstimatorSpec(mode, loss=loss)
```

即，不向 EstimatorSpec() 方法中传入 eval_metric_ops 参数。

5．指定硬件的运算资源

在默认情况下，估算器框架会占满全部显存。如果不想让估算器框架占满全部显存，则可以用 tf.GPUOptions 类限制估算器模型使用的 GPU 显存。具体做法如下。

代码 3-3　用估算器框架训练一个回归模型（续）

```
58 gpu_options = tf.compat.v1.GPUOptions(
per_process_gpu_memory_fraction=0.333)    #构建 gpu_options，防止显存被占满
59 session_config=tf.compat.v1.ConfigProto(gpu_options=gpu_options)
```

代码第 58 行，生成了 tf.compat.v1.GPUOptions 类的实例化对象 gpu_options。该对象用来控制当前程序，使其只占用 33.3% 的 GPU 显存。

代码第 59 行，用 gpu_options 对象对 tf.compat.v1.ConfigProto 类进行实例化，生成 session_config 对象。session_config 对象就是用于指定硬件运算的变量。

6．定义估算器模型

在下面的代码第 61 行中，用 tf.estimator.Estimator() 方法生成一个估算器模型（estimator）。该估算器模型的参数如下：

- 模型函数 model_fn 的值为 my_model 函数。
- 训练时输出的模型路径是 "./myestimatormode"。
- 将学习率 learning_rate 放到 params 字典里，并将字典 params 传入模型。
- 通过 tf.estimator.RunConfig() 方法生成 config 配置参数，并将 config 配置参数传入模型。

代码 3-3　用估算器框架训练一个回归模型（续）

```
60  #构建估算器模型
61  estimator =
    tf.estimator.Estimator( model_fn=my_model,model_dir='./myestimatormode',
    params={'learning_rate': 0.1},
    config=tf.estimator.RunConfig(session_config=tf.compat.v1.ConfigProto(gp
    u_options=gpu_options))
62              )
```

在代码第 61 行中，params 里的学习率（learning_rate）会在 my_model 函数中被使用（见代码第 55 行）。

估算器模型的定义主要通过 tf.estimator.Estimator 函数来完成。其初始化函数如下：

```
def __init__(self,           #类对象实例（属于Python类相关的语法，在类中默认传值）
    model_fn,                #自定义的模型函数
    model_dir=None,          #训练时生成的模型目录
    config=None,             #配置文件，用于指定运算时的附件条件
    params=None,             #传入自定义模型函数中的参数
    warm_start_from=None):   #热启动的模型目录
```

在上述参数中，热启动（warm_start_from）表示将网络节点的权重从指定目录下的文件参数或 WarmStartSettings 对象中恢复到内存中。该功能类似于在二次训练时载入检查点文件，常在对原有模型进行微调时使用。

7．用估算器框架训练模型

通过调用 estimator.train()方法可以训练模型。该方法的定义如下：

```
def train(self,
    input_fn,                #输入函数
    hooks=None,              #钩子函数（优先级比estimator中的钩子的优先级高）
    steps=None,              #训练的次数
    max_steps=None,          #最大训练次数，为一个累积值
    saving_listeners=None):  #保存的回调函数
```

其中：
- self 是 Python 语法中的类实例对象。
- 输入函数 input_fn 没有参数。
- hooks 是 SessionRunHook 类型的列表。
- 如果 Steps 为 None，则一直训练不停止。
- saving_listeners 是一个 CheckpointSaverListener 类型的列表，用于在保存模型过程中的前、中、后环节对指定的函数进行回调。

在本实例中，传入了指定数据集的输入函数与训练步数。具体代码如下。

代码 3-3　用估算器框架训练一个回归模型（续）

```
63 estimator.train(lambda: train_input_fn(train_data, batch_size),steps=200) #
   训练200次
64
65 tf.compat.v1.logging.info("训练完成.")            #输出：训练完成
```

代码运行后，输出以下信息：

```
INFO:tensorflow:Using config: {'_model_dir': './myestimatormode', '_tf_random_
seed': None, '_save_summary_steps': 100, '_save_checkpoints_steps': None, '_save_
checkpoints_secs': 600, '_session_config': gpu_options {
  per_process_gpu_memory_fraction: 0.333
}
, '_keep_checkpoint_max': 5, '_keep_checkpoint_every_n_hours': 10000,
'_log_step_count_steps': 100, '_train_distribute': None, '_service': None,
'_cluster_spec': <tensorflow.python.training.server_lib.ClusterSpec object at
0x000002C53AA769B0>, '_task_type': 'worker', '_task_id': 0, '_global_id_in_cluster':
0, '_master': '', '_evaluation_master': '', '_is_chief': True, '_num_ps_replicas': 0,
'_num_worker_replicas': 1}
INFO:tensorflow:Calling model_fn.
INFO:tensorflow:Done calling model_fn.
INFO:tensorflow:Create CheckpointSaverHook.
INFO:tensorflow:Graph was finalized.
INFO:tensorflow:Running local_init_op.
INFO:tensorflow:Done running local_init_op.
INFO:tensorflow:Saving checkpoints for 1 into ./myestimatormode\model.ckpt.
INFO:tensorflow:loss = 2.0265186, step = 0
INFO:tensorflow:global_step/sec: 648.135
INFO:tensorflow:loss = 0.29844713, step = 100 (0.156 sec)
INFO:tensorflow:Saving checkpoints for 200 into ./myestimatormode\model.ckpt.
INFO:tensorflow:Loss for final step: 0.15409622.
INFO:tensorflow:训练完成.
```

在输出信息中，以"INFO"开头的输出信息都可以通过 tf.compat.v1.logging.set_verbosity() 方法来设置。最后一行的输出结果是通过 tf.compat.v1.logging.info() 方法实现的（见代码第 65 行）。

在以"INFO"开头的结果信息中，可以看到第 1 行是估算器框架的配置项信息。该信息中包含估算器框架训练时的所有详细参数，可以通过调节这些参数来更好地控制训练过程。

> **提示：**
> 在代码第 63 行的 estimator.train()方法中，第 1 个参数是样本输入函数，它使用了匿名函数的方法进行封装。
> 由于框架支持的输入函数要求没有参数，而自定义的输入函数 train_input_fn 是有参数的，所以这里用一个匿名函数给原有的输入函数 train_input_fn 包上一层，这样就可以将输入函数 train_input_fn 传入 estimator.train 中。还可以通过偏函数或装饰器技术来实现对输入函数 train_input_fn 的包装。例如：
> （1）偏函数的形式：
> ```
> from functools import partial
> estimator.train(input_fn=partial(train_input_fn, train_data=train_data, batch_size=batch_size),
>     steps=200)
> ```
> （2）装饰器的形式：
> ```
> def wrapperFun(fn):                    #定义装饰器函数
>     def wrapper():                     #包装函数
>         return fn(train_data=train_data, batch_size=batch_size)  #调用原函数
>     return wrapper
>
> @wrapperFun
> def train_input_fn2(train_data, batch_size):   #定义训练数据集输入函数
>     #构造数据集
>     dataset = tf.data.Dataset.from_tensor_slices( ( train_data[0],train_data[1]) )
>     #将数据集乱序、设为重复读取、按批次组合
>     dataset = dataset.shuffle(1000).repeat().batch(batch_size)
>     return dataset                     #返回数据集
> estimator.train(input_fn=train_input_fn2, steps=200)
> ```

代码的第 63 行是将 Dataset 数据集转化为输入函数。在 3.2.7 小节测试模型时，还会演示一种更简单的方法——直接将 Numpy 变量转化为输入函数。

3.2.3　定义估算器中模型函数的方法

在 3.2.2 节的实例中，用估算器模型函数 my_model 来实现模型的封装。在定义估算器模型函数时，函数名可以任意起，但函数的参数与返回值的类型必须是固定的。

1．估算器模型函数中的固定参数

估算器模型函数中有以下 4 个固定的参数。

- features：用于接收输入的样本数据。
- labels：用于接收输入的标签数据。
- mode：指定模型的运行模式，分为 tf.estimator.ModeKeys.TRAIN（训练模式）、tf.estimator.ModeKeys.EVAL（测试模型）、tf.estimator.ModeKeys.PREDICT（使用模型）3 个值。
- params：用于传递模型相关的其他参数。

2．估算器模型函数中的固定返回值

估算器模型函数的返回值有固定要求：必须是一个 tf.estimator.EstimatorSpec 类型的对象。该对象的初始化方法如下：

```
def __new__(cls,                        #类实例（属于 Python 类相关的语法，在类中默认传值）
    mode,                               #使用模式
    predictions=None,                   #返回的预测值节点
    loss=None,                          #返回的损失函数节点
    train_op=None,                      #训练的 OP
    eval_metric_ops=None,               #测试模型时需要额外输出的信息
    export_outputs=None,                #导出模型的路径
    training_chief_hooks=None,          #分布式训练中的主机钩子函数
    training_hooks=None,                #训练中的钩子函数（如果是分布式，则将在所有的机器上生效）
    scaffold=None,                      #使用自定义的操作集合，可以进行自定义初始化、摘要、检查点文件等
    evaluation_hooks=None,              #评估模型时的钩子函数
    prediction_hooks=None):             #预测时的钩子函数
```

在本实例中，用函数 my_model 作为模型函数。传入不同的 mode，会返回不同的 EstimatorSpec 对象，即：

- 如果 mode 等于 ModeKeys.PREDICT 常量，此时模型类型为预测，则返回带有 predictions 的 EstimatorSpec 对象。
- 如果 mode 等于 ModeKeys.EVAL 常量，此时模型类型为评估，则返回带有 loss 的 EstimatorSpec 对象。
- 如果 mode 等于 ModeKeys.TRAIN 常量，此时模型类型为训练，则返回带有 loss 和 train_op 的 EstimatorSpec 对象。

> 提示：
> EstimatorSpec 对象初始化参数中的钩子函数，可以用于监视或保存特定内容，或在图形和会话中进行一些操作。

3.2.4 用 tf.estimator.RunConfig 控制更多的训练细节

在 3.2.2 实例代码第 61 行中，tf.estimator.Estimator()方法中的 config 参数接收的是一个 tf.estimator.RunConfig 对象。该对象还有更多关于模型训练的设置项。具体代码如下：

```
def __init__(self,
             model_dir=None,                      #指定模型的目录（优先级比 estimator 的优先级高）
             tf_random_seed=None,                 #初始化的随机种子
             save_summary_steps=100,              #保存摘要的频率
             save_checkpoints_steps=_USE_DEFAULT,       #生成检查点文件的步数频率
             save_checkpoints_secs=_USE_DEFAULT,        #生成检查点文件的时间频率
             session_config=None,                 #接收 tf.compat.v1.ConfigProto 的设置
             keep_checkpoint_max=5,               #保留检查点文件的个数
             keep_checkpoint_every_n_hours=10000, #生成检查点文件的频率
             log_step_count_steps=100,            #训练过程中同级 loss 值的频率
             train_distribute=None):              #通过 tf.contrib.distribute.
DistributionStrategy 指定的一个分布式运算实例
```

其中，参数 save_checkpoints_steps 和 save_checkpoints_secs 不能同时设置，只能设置一个。
- 如果都没有指定，则默认 10 分钟保存一次模型。
- 如果都设置为 None，则不保存模型。

在本实例中都采用的是默认设置。读者可以用具体的参数来调整模型，以掌握各个参数的意义。

> 提示：
> 在分布式训练时，keep_checkpoint_max 可以设置得大一些，否则超过 keep_checkpoint_max 的检查点文件会被系统提前收回，而导致其他 work 在同步估算模型时找不到对应的模型。

3.2.5 用 config 文件分配硬件运算资源

在 3.2.2 节实例代码第 59 行中，用 session_config 对象指定了硬件的运算资源。这种方法也同样适用于会话（session）。一般使用以下方式创建会话（session）：

```
with tf.compat.v1.Session(config=session_config) as sess:
```

1. 估算器模型占满全部显存所带来的问题

如果不对显存加以限制，一旦当前系统中还有其他程序也在占用 GPU，则会报以下错误：

```
InternalError: Blas GEMV launch failed: m=1, n=1
  [[Node: linear/linear_model/x/weighted_sum = MatMul[T=DT_FLOAT, transpose_a=false, transpose_b=false,
```

```
_device="/job:localhost/replica:0/task:0/device:GPU:0"](linear/linear_model/x/Resha
pe, linear/linear_model/x/weights/part_0/read/_35)]]
```

为了避免类似问题发生,一般都会对使用的显存加以限制。当多人共享一台服务器进行训练时可以使用该方法。

2. 限制显存的其他方法

在 3.2.2 节的实例中,第 58 行代码还可以写成以下形式:

```
config = tf.compat.v1.ConfigProto()
config.gpu_options.per_process_gpu_memory_fraction = 0.333 #占用33.3%的GPU显存
```

除指定显存占比外,还可用 allow_growth 项让 GPU 占用最小的显存。例如:

```
config = tf.compat.v1.ConfigProto()
config.gpu_options.allow_growth = True
```

3.2.6 通过热启动实现模型微调

本节将通过代码演示热启动的实现,接着 3.2.2 节的实例完成如下具体步骤:
(1)重新定义一个估算器模型 estimator2。
(2)将事先构造好的 warm_start_from 传入 tf.estimator.Estimator()方法中。
(3)将路径 "./myestimatormode" 中的检查点文件恢复到估算器模型 estimator2 中。
(4)对估算器模型 estimator2 进行继续训练,并将训练的模型保存在 "./myestimatormode3" 中。

具体代码如下。

代码 3-3　用估算器框架训练一个回归模型(续)

```
66 #热启动
67 warm_start_from = tf.estimator.WarmStartSettings(
68         ckpt_to_initialize_from='./myestimatormode',
69         )
70 #重新定义带有热启动的估算器模型
71 estimator2 =
   tf.estimator.Estimator( model_fn=my_model,model_dir='./myestimatormode3'
   ,warm_start_from=warm_start_from,params={'learning_rate': 0.1},
72
   config=tf.estimator.RunConfig(session_config=session_config)  )
73 estimator2.train(lambda: train_input_fn(train_data, batch_size),steps=200)
```

代码第 67 行,用 tf.estimator.WarmStartSettings 类的实例化来指定热启动文件。在模型启动后,将通过 tf.estimator.WarmStartSettings 类实例化的对象读取"./myestimatormode"下的模型文件,并为当前模型的权重赋值。

该类的初始化参数有 4 个,具体如下。

- ckpt_to_initialize_from:指定模型文件的路径。系统会从该路径下加载模型文件,并将其中的值赋给当前模型中的指定权重。
- vars_to_warm_start:指定将模型文件中的哪些变量赋值给当前模型。该值可以是一个张量列表,也可以是指定的张量名称,还可以是一个正则表达式。当该值为正则表达式时,系统会在模型文件里用正则表达式过滤出对应的张量名称。默认值为".*"。
- var_name_to_vocab_info:该参数是一个字典形式。用于将模型文件恢复到 tf.estimator.VocabInfo 类型的张量。默认值都为 None。tf.estimator.VocabInfo 是对词嵌入的二次封装,支持将原有的词嵌入文件转化为新的词嵌入文件并进行使用。
- var_name_to_prev_var_name:该参数是一个字典形式。当模型文件中的变量符号与当前模型中的变量不同时,则可以用该参数进行转换。默认值为 None。

这种方式常用于加载词嵌入文件的场景,即将训练好的词嵌入文件加载到当前模型中指定的词嵌入变量中进行二次训练。

代码运行后生成以下结果(实际输出中并没有序号):

```
 1. INFO:tensorflow:Using config: {'_model_dir': './myestimatormode',
'_tf_random_seed': None,
 2. ……
 3. INFO:tensorflow:Saving checkpoints for 200 into ./myestimatormode\model.ckpt.
 4. INFO:tensorflow:Loss for final step: 0.14718035.
 5. INFO:tensorflow:训练完成.
 6. INFO:tensorflow:Using config: {'_model_dir': './myestimatormode3',
 '_tf_random_seed': None, '_save_summary_steps': 100, '_save_checkpoints_steps':
None, '_save_checkpoints_secs': 600, '_session_config': gpu_options {
 7. per_process_gpu_memory_fraction: 0.333
 8. }
 9. ……
 10. INFO:tensorflow:Warm-starting with WarmStartSettings:
WarmStartSettings(ckpt_to_initialize_from='./myestimatormode',
vars_to_warm_start='.*', var_name_to_vocab_info={}, var_name_to_prev_var_name={})
 11. INFO:tensorflow:Warm-starting from: ('./myestimatormode',)
 12. INFO:tensorflow:Warm-starting variable: weight; prev_var_name: Unchanged
 13. INFO:tensorflow:Initialize variable weight:0 from checkpoint ./myestimatormode
with weight
 14. INFO:tensorflow:Warm-starting variable: bias; prev_var_name: Unchanged
 15. INFO:tensorflow:Initialize variable bias:0 from checkpoint ./myestimatormode
with bias
```

```
16. INFO:tensorflow:Create CheckpointSaverHook.
17. ……
18. INFO:tensorflow:Saving checkpoints for 200 into ./myestimatormode3\model.ckpt.
19. INFO:tensorflow:Loss for final step: 0.08332317.
```

下面介绍输出结果。

- 第 3 行，显示了模型的保存路径是 "./myestimatormode\model.ckpt"。
- 第 5 行，显示了估算器模型 estimator 的训练结束。
- 从第 6 行开始，是估算器模型 estimator2 的创建过程。在第 2 个省略号的下一行，可以看到屏幕输出了 "INFO:tensorflow:Warm-starting"，这表示 estimator2 实现了热启动模式，正在从 "./myestimatormode\model.ckpt" 中恢复参数。
- 第 16 行，显示模型恢复完参数后开始继续训练。
- 第 18 行，显示估算器模型 estimator2 将训练的结果保存到 "./myestimatormode3\model.ckpt" 下，完成了微调模型的操作。

> **提示：**
> 这里介绍了一个使用 tf.estimator.WarmStartSettings 类时的代码调试技巧。
> 由于 tf.estimator 属于高集成框架，所以，如果使用了带有正则表达式的 tf.estimator.WarmStartSettings 类，则一旦代码出错会非常难调试。
> 如果在估算器模型代码中引入了 warm_starting_util 模块，则可以对 WarmStartSettings 类的正则表达式进行独立调试，以确保热启动环节正常运行，从而降低 tf.estimator 框架的复杂度。

3.2.7 测试估算器模型

测试估算器模型的代码与训练的代码非常相似，直接调用 estimator 的 evaluate()方法并传入输入函数即可。

接着 3.2.2 节的实例，使用估算器模型的另一个输入函数——tf.compat.v1.estimator.inputs.numpy_input_fn 完成对模型的测试。

tf.compat.v1.estimator.inputs.numpy_input_fn 函数可以直接把 Numpy 变量的数据包装成一个输入函数返回。

具体代码如下。

代码 3-3　用估算器框架训练一个回归模型（续）

```
74 test_input_fn = tf.compat.v1.estimator.inputs.numpy_input_fn(
```

```
     test_data[0],test_data [1],batch_size=1,shuffle=False)
75 train_metrics = estimator.evaluate(input_fn=test_input_fn)
76 print("train_metrics",train_metrics)
```

代码第 74 行,将 Numpy 类型变量制作成估算器模型的输入函数。与该方法类似,还可以用 tf.estimator.inputs.pandas_input_fn 函数将 Pandas 类型变量制作成估算器模型的输入函数。

代码运行后,输出以下结果:

```
…
  INFO:tensorflow:Saving dict for global step 200: global_step = 200, loss = 0.08943534, meanloss = 0.08943534
  train_metrics {'loss': 0.08943534, 'meanloss': 0.08943534, 'global_step': 200}
```

在输出结果的最后一行可以看到"meanloss"这一项,该信息就是代码第 48 行中添加的输出信息。

3.2.8　使用估算器模型

调用 estimator 的 predict()方法,分别将测试数据集和手动生成的数据传入模型中进行预测。
- 在使用测试数据集时,调用输入函数 eval_input_fn(见 3.2.2 小节代码第 21 行),并传入值为 None 的标签。
- 在使用手动生成的数据时,用函数 tf.estimator.inputs.numpy_input_fn 生成输入函数 predict_input_fn,并将输入函数 predict_input_fn 传入估算器模型的 predict()方法。

具体代码如下。

代码 3-3　用估算器框架训练一个回归模型(续)

```
77 predictions = estimator.predict(input_fn=lambda:
   eval_input_fn(test_data[0],None,batch_size))
78 print("predictions",list(predictions))
79 #定义输入数据
80 new_samples = np.array( [6.4, 3.2, 4.5, 1.5], dtype=np.float32)
81 predict_input_fn = tf.compat.v1.estimator.inputs.numpy_input_fn(
   new_samples,num_epochs=1, batch_size=1,shuffle=False)
82 predictions = list(estimator.predict(input_fn=predict_input_fn))
83 print( "输入, 结果: {} {}\n".format(new_samples,predictions))
```

函数 estimator.predict 的返回值是一个生成器类型。需要将其转化为列表才能打印出来(见代码第 82 行)。

代码运行后,输出以下结果:

```
...
INFO:tensorflow:Restoring parameters from ./myestimatormode\model.ckpt-200
INFO:tensorflow:Running local_init_op.
INFO:tensorflow:Done running local_init_op.
predictions [-1.8394374, -1.6450617, -1.4506862, -1.2563106, -1.061935, -0.8675593,
-0.6731837, -0.4788081, -0.28443247, -0.09005685, 0.10431877, 0.29869437, 0.49307,
0.68744564, 0.8818213, 1.0761969, 1.2705725, 1.4649482, 1.6593237, 1.8536993]
...
INFO:tensorflow:Restoring parameters from ./myestimatormode\model.ckpt-200
INFO:tensorflow:Running local_init_op.
INFO:tensorflow:Done running local_init_op.
输入, 结果: [6.4 3.2 4.5 1.5] [11.825169, 5.91615, 8.316689, 2.7769835]
```

从输出结果中可以看出,两种数据都有正常的输出。

如果是在生产环境中,则还可以将估算器模型保存成冻结图文件,通过 TF Serving 模块来部署。

3.2.9　用钩子函数(Training_Hooks)跟踪训练状态

在 TensorFlow 中有一个 Training_Hooks 接口,它实现了钩子函数的功能。该接口由多种 API 组成。在程序中使用 Training_Hooks 接口,可以跟踪模型在训练、运行过程中各个环节的具体的状态。该接口的说明见表 3-1。

表 3-1　Training_Hooks 接口的说明

接口名称	描　　述
tf.train.SessionRunHook	所有钩子函数的基类。如果想自定义钩子函数,则可以集成该类
tf.train.LoggingTensorHook	按照指定步数输出指定张量的值。这是非常常用的钩子函数
tf.train.StopAtStepHook	在指定步数后停止跟踪
tf.train.CheckpointSaverHook	按照指定步数或时间生成检查点文件。还可以用 tf.train.CheckpointSaverListener 函数监听生成检查点文件的操作,并可以在操作过程的前、中、后 3 个阶段设置回调函数
tf.train.StepCounterHook	按照指定步数或时间计数
tf.train.NanTensorHook	指定要监视的 loss 张量。如果 loss 为 NaN,则停止运行
tf.train.SummarySaverHook	按照指定步数保存摘要信息
tf.train.GlobalStepWaiterHook	直到 Global step 的值达到指定值后才开始执行
tf.train.FinalOpsHook	获取某个张量在会话(session)结束时的值
tf.train.FeedFnHook	指定输入,并获取输入信息的钩子函数
tf.train.ProfilerHook	捕获硬件运行时的分配信息

表 3-1 中的钩子(Hook)类一般会配合 tf.train.MonitoredSession()方法一起使用,有时也会

配合估算器框架一起使用。在本书 3.2.10 节会通过详细实例来演示其用法。

3.2.10 实例 6：用钩子函数获取估算器模型的日志

将代码文件"3-3 用估算器框架训练一个回归模型.py"复制一份，并在其内部添加日志钩子函数，将模型中的 loss 值按照指定步数输出。

1. 在模型中添加张量

在模型函数 my_model 中，用 tf.identity 函数复制张量 loss，并将新的张量命名为"loss"。具体代码如下。

代码 3-4　为估算器模型添加钩子

```
01 def my_model(features, labels, mode, params):#自定义模型函数
02     …
03         return tf.estimator.EstimatorSpec(mode, predictions=predictions)
04
05     #定义损失函数
06     loss = tf.compat.v1.losses.mean_squared_error(labels=labels, predictions=predictions)
07     lossout = tf.identity(loss, name="loss")           #复制张量用于显示
08     meanloss = tf.compat.v1.metrics.mean(loss)          #添加评估输出项
09     …
10     return tf.estimator.EstimatorSpec(mode, loss=loss, train_op=train_op)
```

2. 定义钩子函数，并将其加入训练中

在调用训练模型方法 estimator.train() 之前，用函数 tf.train.LoggingTensorHook 定义好钩子函数，并将生成的钩子函数 logging_hook 放入 estimator.train() 方法中。

具体代码如下。

代码 3-4　为估算器模型添加钩子（续）

```
11 …
12 tensors_to_log = {"钩子函数输出": "loss"}    #定义要输出的内容
13 logging_hook = tf.estimator.LoggingTensorHook( tensors=tensors_to_log,
    every_n_iter=1)
14
15 estimator.train(lambda: train_input_fn(train_data, batch_size),steps=200,
16                 hooks=[logging_hook])
17 tf.compat.v1.logging.info("训练完成。")#输出"训练完成"
```

代码第 13 行用 tf.train.LoggingTensorHook 函数生成了钩子函数 logging_hook。该函数中的

参数 every_n_iter 表示，在迭代训练中每训练 every_n_iter 次就调用一次钩子函数，输出参数 tensors 所指定的信息。

代码执行后输出如下结果：

```
…
INFO:tensorflow:钩子函数输出 = 0.0732526 (0.004 sec)
INFO:tensorflow:钩子函数输出 = 0.09113709 (0.004 sec)
INFO:tensorflow:Saving checkpoints for 4200 into ./estimator_hook\model.ckpt.
INFO:tensorflow:Loss for final step: 0.09113709.
INFO:tensorflow:训练完成。
```

从结果中可以看出，程序每迭代训练一次就输出一次钩子信息。

在本书配套资源中还有一个关于自定义 hook 配合 tf.train.MonitoredSession 使用的例子，具体请见代码文件"3-5 自定义 hook.py"。

3.3 实例 7：将估算器模型转化成静态图模型

对于使用者来说，估算器框架在带来便捷的同时也带来了不方便。如果要对模型做更为细节的调整和改进，则优先使用静态图或动态图框架。

本实例参照 3.2.2 节代码进行开发，将估算器框架代码改写成静态图代码。实现步骤如下。

（1）复制网络结构：将 3.2.2 节实例代码中 my_model 函数中的网络结构重新复制一份，作为静态图的网络结构。

（2）重用输入函数：将输入函数生成的数据集作为静态图的输入数据源。

（3）创建会话恢复模型：在会话里载入检查点文件。

（4）继续训练。

3.3.1 代码实现：复制网络结构

作为程序的开始部分，在复制网络结构之前需要引入模块，并把模拟生成数据集函数一起移植过来。

在复制网络结构时，还需要额外处理几个地方。

- 定义输入占位符（features、labels）：在 3.2.2 节的 my_model 函数中，features、labels 是估算器模型传入的迭代器变量，在静态图中已经不再适合，所以需要手动定义输入占位符。
- 定义全局计步器（global_step）：估算器框架会在内部生成一个 global_step，但是普通的静态图模型并不会自动创建 global_step，所以需要手动定义一个 global_step。

- 定义保存文件对象（saver）：在估算器框架中，saver 是内置的。在静态图中，需要创建 saver。

具体代码如下。

代码 3-6　将估算器模型转为静态图模型

```
01  import tensorflow as tf
02  import numpy as np
03  import matplotlib.pyplot as plt
04  tf.compat.v1.disable_v2_behavior()
05  #在内存中生成模拟数据
06  def GenerateData(datasize = 100 ):
07      train_X = np.linspace(-1, 1, datasize)    #train_X是-1~1之间连续的100个浮点数
08      train_Y = 2 * train_X + np.random.randn(*train_X.shape) * 0.3
09      return train_X, train_Y          #以生成器的方式返回
10
11  train_data = GenerateData()
12
13  batch_size=10
14
15  def train_input_fn(train_data, batch_size):   #定义训练数据集的输入函数
16      #构造数据集的组成：一个是特征输入，另一个是标签输入
17      dataset = tf.data.Dataset.from_tensor_slices( ( train_data[0],train_data[1]) )
18      dataset = dataset.shuffle(1000).repeat().batch(batch_size) #将数据集乱序、设为重复读取、按批次组合
19      return dataset                   #返回数据集
20
21  #定义生成loss值可视化的函数
22  plotdata = { "batchsize":[], "loss":[] }
23  def moving_average(a, w=10):
24      if len(a) < w:
25          return a[:]
26      return [val if idx < w else sum(a[(idx-w):idx])/w for idx, val in enumerate(a)]
27
28  tf.compat.v1.reset_default_graph()
29
30  features = tf.compat.v1.placeholder("float",[None])  #重新定义占位符
31  labels = tf.compat.v1.placeholder("float",[None])
32
```

```
33  #其他网络结构不变
34  W = tf.Variable(tf.random_normal([1]), name="weight")
35  b = tf.Variable(tf.zeros([1]), name="bias")
36  predictions = tf.multiply(tf.cast(features,dtype = tf.float32), W)+ b#正向
    结构
37  loss = tf.compat.v1.losses.mean_squared_error(labels=labels,
    predictions=predictions)#定义损失函数
38
39  global_step = tf.compat.v1.train.get_or_create_global_step() #重新定义
    global_step
40
41  optimizer = tf.compat.v1.train.AdagradOptimizer(learning_rate=0.1)
42  train_op = optimizer.minimize(loss, global_step=global_step)
43
44  saver = tf.compat.v1.train.Saver(tf.compat.v1.global_variables(),
    max_to_keep=1)#重新定义 saver
```

代码第 39 行，用函数 tf.train.get_or_create_global_step 生成张量 global_step。这样做的好处是：不用再考虑自定义的 global_step 与估算器框架中 global_step 的类型匹配问题。

> **提示：**
> 定义保存文件对象（saver）必须在网络定义的最后一步创建，否则在其后面定义的变量将不会被 saver 对象保存到检查点文件中。
> 原因：在生成 saver 对象时，系统会用 tf.compat.v1.global_variables 函数获得当前图中的所有变量，并将这些变量保存到 saver 对象的内部空间中，用于保存或恢复。如果生成 saver 对象的代码在定义网络结构的代码之前，则 tf.compat.v1.global_variables 函数将无法获得在当前图中定义的变量。

3.3.2 代码实现：重用输入函数

直接使用在 3.2.2 节中实现的输入函数 train_input_fn，该函数将返回一个 Dataset 类型的数据集。从该数据集中取出张量元素，用于输入模型。

具体实现见以下代码。

代码 3-6 将估算器模型转为静态图模型（续）

```
45  #定义学习参数
46  training_epochs = 500   #设置迭代次数为 500
47  display_step = 2
```

```
48
49  dataset = train_input_fn(train_data, batch_size)#复用输入函数train_input_fn
50  one_element =
    tf.compat.v1.data.make_one_shot_iterator(dataset).get_next()#获得输入数据的
    张量
```

3.3.3 代码实现：创建会话恢复模型

估算器框架生成的检查点文件，与一般静态图的模型文件完全一致。只要在载入模型值前保证当前图的结构与模型结构一致即可（3.3.1节所做的事情）。具体见以下代码。

代码3-6 将估算器模型转为静态图模型（续）

```
51  with tf.compat.v1.Session() as sess:
52
53      #恢复估算器模型的检查点
54      savedir = "myestimatormode/"
55      kpt = tf.train.latest_checkpoint(savedir)        #找到检查点文件
56      print("kpt:",kpt)
57      saver.restore(sess, kpt)                         #恢复检查点数据
```

3.3.4 代码实现：继续训练

该部分代码没有新知识点。具体代码如下。

代码3-6 将估算器模型转为静态图模型（续）

```
58  #向模型中输入数据
59  while global_step.eval() < training_epochs:
60      step = global_step.eval()
61      x,y =sess.run(one_element)
62
63      sess.run(train_op, feed_dict={features: x, labels: y})
64
65      #显示训练中的详细信息
66      if step % display_step == 0:
67          vloss = sess.run(loss, feed_dict={features: x, labels: y})
68          print ("Epoch:", step+1, "cost=", vloss)
69          if not (vloss == "NA" ):
70              plotdata["batchsize"].append(global_step.eval())
71              plotdata["loss"].append(vloss)
72          saver.save(sess, savedir+"linermodel.cpkt", global_step)
```

```
73
74      print (" Finished!")
75      saver.save(sess, savedir+"linermodel.cpkt", global_step)
76
77      print ("cost=", sess.run(loss, feed_dict={features: x, labels: y}))
78
79      plotdata["avgloss"] = moving_average(plotdata["loss"])
80      plt.figure(1)
81      plt.subplot(211)
82      plt.plot(plotdata["batchsize"], plotdata["avgloss"], 'b--')
83      plt.xlabel('Minibatch number')
84      plt.ylabel('Loss')
85      plt.title('Minibatch run vs. Training loss')
86
87      plt.show()
```

运行代码后输出以下结果：

```
...
Epoch: 483 cost= 0.08857741
Epoch: 485 cost= 0.07745837
Epoch: 487 cost= 0.07305251
Epoch: 489 cost= 0.14077939
Epoch: 491 cost= 0.035170306
Epoch: 493 cost= 0.025990102
Epoch: 495 cost= 0.07111463
Epoch: 497 cost= 0.08413558
Epoch: 499 cost= 0.074357346
 Finished!
cost= 0.07475543
```

显示的损失值曲线如图 3-1 所示。

图 3-1　静态图对估算器框架生成的模型进行二次训练

从结果和损失曲线可以看出，程序运行正常。

> **练习题:**
> 在 TensorFlow 2.X 版本中,动态图框架变得更加常用。读者可以根据本节的方法,结合动态图的特性(见 2.4 节、3.1 节),自己尝试将估算器框架代码改写成动态图代码。

3.4 实例 8:用估算器框架实现分布式部署训练

在大型的数据集上训练神经网络,需要的运算资源非常大,而且还要花上很长时间才能完成。

为了缩短训练时间,可以用分布式部署的方式将一个训练任务拆成多个小任务,将这些小任务分配到不同的计算机上来完成协同运算。这样用计算机群运算来代替单机运算,可以使训练时间大大变短。

TensorFlow 1.4 版本之后的估算器框架具有 train_and_evaluate 函数。该函数可以使分布式训练的实现变得更为简单。只需要修改 TF_CONFIG 环境变量(或在程序中指定 TF_CONFIG 变量),即可实现分布式部署中不同的角色的协同合作,本实例使用与 3.2.2 节一样的数据与模型进行分布式演示。

3.4.1 运行程序:修改估算器模型,使其支持分布式

将 3.2.2 节中第 63 行及前面的代码全部复制过来,并在后面用 tf.estimator.train_and_evaluate() 方法分布式训练模型。具体代码如下。

代码 3-7 用估算器框架进行分布式训练

```
...
64 estimator =
   tf.estimator.Estimator( model_fn=my_model,model_dir='myestimatormode',params={'learning_rate': 0.1},
   config=tf.estimator.RunConfig(session_config=session_config) )
65
66 #创建 TrainSpec 与 EvalSpec
67 train_spec = tf.estimator.TrainSpec(input_fn=lambda:
   train_input_fn(train_data, batch_size), max_steps=1000)
68 eval_spec = tf.estimator.EvalSpec(input_fn=lambda:
   eval_input_fn(test_data,None, batch_size))
69
70 tf.estimator.train_and_evaluate(estimator, train_spec, eval_spec)
```

3.4.2 通过 TF_CONFIG 变量进行分布式配置

通过添加 TF_CONFIG 变量实现分布式训练的角色配置。添加 TF_CONFIG 变量有两种方法。
- 方法一：直接将 TF_CONFIG 变量添加到环境变量里。
- 方法二：在程序运行前加入 TF_CONFIG 变量的定义。例如在命令行里输入：

```
TF_CONFIG='内容' python xxxx.py
```

从上面的两种方法中任选其一即可。在添加完 TF_CONFIG 变量后，还要为其指定内容。具体格式如下。

1. TF_CONFIG 变量内容的格式

TF_CONFIG 变量的内容是一个字符串。该字符串用于描述分布式训练中各个角色（chief、worker、ps）的信息。每个角色都由 task 里面的 type 来指定。具体代码如下。

（1）chief 角色：分布式训练的主计算节点。

```
TF_CONFIG='{
   "cluster": {
      "chief": ["主机0-IP:端口"],
      "worker": ["主机1-IP:端口", "主机2-IP:端口", "主机3-IP:端口"],
      "ps": ["主机4-IP:端口", "主机5-IP:端口"]
   },
   "task": {"type": "chief", "index": 0}
}'
```

（2）worker 角色：分布式训练的一般计算节点。

```
TF_CONFIG='{
   "cluster": {
      "chief": ["主机0-IP:端口"],
      "worker": ["主机1-IP:端口", "主机2-IP:端口", "主机3-IP:端口"],
      "ps": ["主机4-IP:端口", "主机5-IP:端口"]
   },
   "task": {"type": "worker", "index": 0}
}'
```

（3）ps 角色：分布式训练的服务端。

```
TF_CONFIG='{
   "cluster": {
      "chief": ["主机0-IP:端口"],
      "worker": ["主机1-IP:端口", "主机2-IP:端口", "主机3-IP:端口"],
```

```
            "ps": ["主机4-IP:端口","主机5-IP:端口"]
        },
        "task": {"type": "ps", "index": 0}
    }'
```

2. 代码实现: 定义 TF_CONFIG 变量的环境变量

本实例只是一个演示程序,将3种角色放在了同一台机器上运行。具体步骤如下:

(1) 将 TF_CONFIG 变量的环境变量放到代码里。

(2) 将代码文件复制成3份,分别代表 chief、worker、ps 三种角色。

其中,代表 ps 角色的具体代码如下。

代码 3-8　用估算器框架分布式训练 ps

```
01 TF_CONFIG='''{
02     "cluster": {
03         "chief": ["127.0.0.1:2221"],
04         "worker": ["127.0.0.1:2222"],
05         "ps": ["127.0.0.1:2223"]
06     },
07     "task": {"type": "ps", "index": 0}
08 }'''
09
10 import os
11 os.environ['TF_CONFIG']=TF_CONFIG
12 print(os.environ.get('TF_CONFIG'))
…
```

该代码是 ps 角色的主要实现。将第7行中的 ps 改为 chief,得到代码文件"3-9　用估算器框架进行分布式训练 chief.py"(完整代码在本书的配套资源中),用于创建 chief 角色。具体代码如下:

```
    "task": {"type": "chief", "index": 0}
```

再将第7行中的 ps 改为 chief,得到代码文件"3-10　用估算器框架进行分布式训练 worker.py"(完整代码在本书的配套资源中),用于创建 worker 角色。具体代码如下:

```
    "task": {"type": "worker", "index": 0}
```

3.4.3　运行程序

在运行程序之前,需要打开3个 Console(控制台),如图3-2所示。第1个是 ps 角色,第2个是 chief 角色,第3个是 worker 角色。

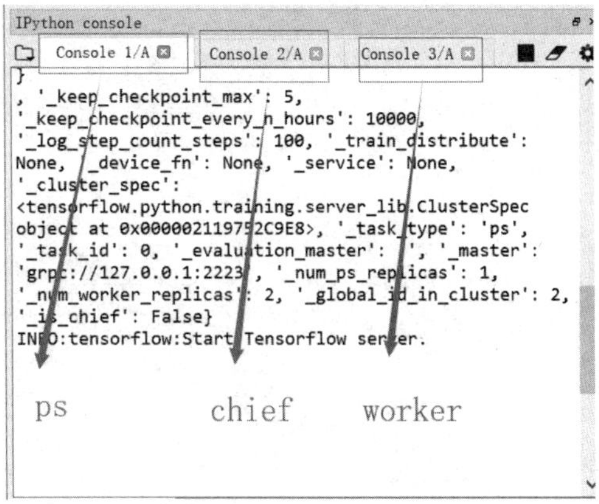

第 3 章　TensorFlow 2.X 编程基础 | 57

图 3-2　打开 3 个控制台

按照图 3-2 中控制台的具体顺序，依次运行每个角色的代码文件。生成的结果如下：

（1）控制台 Console1：用于展示 ps 角色。启动后等待 chief 与 worker 的接入。

```
…
'_cluster_spec': <tensorflow.python.training.server_lib.ClusterSpec object at 0x000002119752C9E8>, '_task_type': 'ps', '_task_id': 0, '_evaluation_master': '', '_master': 'grpc://127.0.0.1:2223', '_num_ps_replicas': 1, '_num_worker_replicas': 2, '_global_id_in_cluster': 2, '_is_chief': False}
INFO:tensorflow:Start Tensorflow server.
```

（2）控制台 Console2：用于展示 chief 角色。在训练完成后保存模型。

```
…
'_cluster_spec': <tensorflow.python.training.server_lib.ClusterSpec object at 0x0000025AD5B8B9E8>, '_task_type': 'chief', '_task_id': 0, '_evaluation_master': '', '_master': 'grpc://127.0.0.1:2221', '_num_ps_replicas': 1, '_num_worker_replicas': 2, '_global_id_in_cluster': 0, '_is_chief': True}
…
INFO:tensorflow:loss = 0.13062291, step = 2748 (0.367 sec)
INFO:tensorflow:global_step/sec: 565.905
INFO:tensorflow:global_step/sec: 532.612
INFO:tensorflow:loss = 0.11379747, step = 2953 (0.372 sec)
INFO:tensorflow:global_step/sec: 578.003
INFO:tensorflow:global_step/sec: 578.006
INFO:tensorflow:loss = 0.11819798, step = 3157 (0.353 sec)
INFO:tensorflow:global_step/sec: 574.74
INFO:tensorflow:global_step/sec: 558.949
…
INFO:tensorflow:loss = 0.09850123, step = 5814 (0.424 sec)
INFO:tensorflow:global_step/sec: 572.337
```

```
INFO:tensorflow:global_step/sec: 439.875
INFO:tensorflow:Saving checkpoints for 6002 into myestimatormode\model.ckpt.
INFO:tensorflow:Loss for final step: 0.04346009.
```

（3）控制台 Console3：用于展示 worker 角色。只负责训练。

```
...
<tensorflow.python.training.server_lib.ClusterSpec object at 0x00000209A423D9E8>,
'_task_type': 'worker', '_task_id': 0, '_evaluation_master': '', '_master':
'grpc://127.0.0.1:2222', '_num_ps_replicas': 1, '_num_worker_replicas': 2,
'_global_id_in_cluster': 1, '_is_chief': False}
...
INFO:tensorflow:loss = 0.22635186, step = 2292 (0.408 sec)
INFO:tensorflow:loss = 0.07718446, step = 2457 (0.329 sec)
...
INFO:tensorflow:loss = 0.1483176, step = 5982 (0.405 sec)
INFO:tensorflow:Loss for final step: 0.08431114.
```

从输出结果的（2）和（3）部分中可以看到，训练的具体步数（step）并不是连续的，而是交叉进行的。这表示，chief 角色与 worker 角色二者在一起进行了协同训练。

3.4.4 扩展：用分布策略或 KubeFlow 框架进行分布式部署

在实际场景中，还可以用分布策略或 KubeFlow 框架进行分布式部署。其中，分布策略的方法介绍可以参考 3.5 节。

3.5 掌握 tf.keras 接口的应用

tf.keras 接口是 TensorFlow 中支持 Keras 语法的高级 API。它可以将用 Keras 语法实现的代码程序移植到 TensorFlow 中来运行。

3.5.1 了解 Keras 与 tf.keras 接口

Keras 是一个用 Python 编写的高级神经网络接口。它是目前最通用的前端神经网络接口。

基于 Keras 开发的代码可以在 TensorFlow、CNTK、Theano 等主流的深度学习框架中直接运行。在 TensorFlow 2.X 版本中，用 tf.keras 接口在动态图中开发模型是官方推荐的主流方法之一。

> **提示:**
> 用 tf.keras 接口开发模型代码,不需要考虑版本移植的问题。TensorFlow 2.X 版本可以完全兼容 TensorFlow 1.X 版本的估算器框架代码。

2. 如何学习 Keras

与 TensorFlow 不同的是,Keras 的帮助文档做得特别详细,并带有代码实例。可以直接在其官网上学习。

另外,Keras 还推出了中文的在线文档,读者可以自己去查找阅读。在 Keras 的帮助文档中介绍了 Keras 的特点和由来,以及数据预处理工具、可视化工具、集成的数据集等常用工具。另外还有详细的教程讲解了 Keras 中常用函数的使用方法,并用实例进行演示。

在 TensorFlow 的官网中也有 tf.keras 接口的详细教程。

3. 如何在 TensorFlow 中使用 Keras

在 TensorFlow 中,除可以使用 tf.keras 接口外,还可以直接使用 Keras。

在本机安装完 TensorFlow 后,通过以下命令行安装 keras。

```
pip install keras
```

这时使用的 Keras 代码,会默认将 TensorFlow 作为后端来进行运算。

4. Keras 与 tf.keras 接口

在开发过程中,所有的 Keras 都可以用 tf.keras 接口来无缝替换(具体细节略有一点差别,可以忽略)。

在开发算法原型时,可以直接用 tf.keras 接口中集成的数据集(如 BOSTON_HOUSING、CIFAR10、CIFAR100、FASHION_MNIST、IMDB、MNIST、REUTERS 等)来快速验证模型的效果。

当然,在实际开发中,每种不同的高级接口都有它的学习成本。读者应根据自己对某个 API 的熟练程度来选取适合自己的 API。

3.5.2 实例 9:用调用函数式 API 进行开发

调用函数式 API 模式是使用函数组合的方式来定义网络模型的,可以实现多输出模型、有向无环图模型、带有共享层的模型等。

1. 调用函数式 API 的代码示例

本节就来使用 tf.keras 接口中的调用函数式 API,将 2.3 节的实例重新实现一遍——从一堆数据中找出 $y \approx 2x$ 规律。具体代码如下:

代码 3-11　keras 回归模型

```python
01 import numpy as np              # 引入基础模块
02 import random
03 from tensorflow.keras.layers import Dense, Input
04 from tensorflow.keras.models import Model
05
06 # 生成训练数据 y=2x+随机数
07 x_train = np.linspace(0, 10, 100)          # 100 个数
08 y_train_random = -1 + 2 * np.random.random(100)   # -1~1 之间的随机数
09 y_train = 2 * x_train + y_train_random      # y=2x +随机数
10 print("x_train \n", x_train)
11 print("y_train \n", y_train)
12
13 # 生成测试数据
14 x_test = np.linspace(0, 10, 100)            # 100 个数
15 y_test_random = -1 + 2 * np.random.random(100)    # -1~1 之间的随机数
16 y_test = 2 * x_test + y_test_random         # y=2x +随机数
17 print("x_test \n", x_test)
18 print("y_test \n", y_test)
19
20 # 预测数据
21 x_predict = random.sample(range(0, 10), 10)    # 10 个数
22
23 # 定义网络层,1 个输入层,3 个全连接层
24 inputs = Input(shape=(1,))           # 定义输入张量
25 x = Dense(64, activation='relu')(inputs)     # 第 1 个全连接层
26 x = Dense(64, activation='relu')(x)          # 第 2 个全连接层
27 predictions = Dense(1)(x)                    # 第 3 个全连接层
28
29 # 编译模型,指定训练的参数
30 model = Model(inputs=inputs, outputs=predictions)
31 model.compile(optimizer='rmsprop',           # 定义优化器
32               loss='mse',                    # 损失函数是均方差
33               metrics=['mae'])               # 定义度量,绝对误差均值
34
35 # 训练模型,指定训练超参数
36 history = model.fit(x_train,
37                     y_train,
38                     epochs=100,              # 迭代训练 100 次
39                     batch_size=16)           # 训练的每批数据量
40
```

```
41  # 测试模型
42  score = model.evaluate(x_test,
43                         y_test,
44                         batch_size=16)              # 测试的每批数据量
45  # 打印误差值和评估标准值
46  print("score \n", score)
47
48  # 模型预测
49  y_predict = model.predict(x_predict)
50  print("x_predict \n", x_predict)
51  print("y_predict \n", y_predict)
```

上面这段代码搭建了一个 3 层全连接网络模型，其结构如图 3-3 所示。

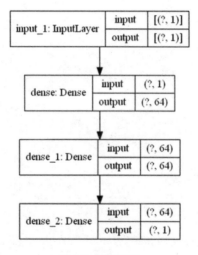

图 3-3　模型结构

该模型实现了函数 $y \approx 2x$ 的回归拟合。

代码中有 3 种类型的数据集，分别是训练数据集、测试数据集、预测数据集。其中，训练数据集、测试数据集分为样本特征和样本标签，预测数据集只有样本特征没有标签。具体如下：

- 训练数据集特征 x_train 是用函数 np.linspace 生成的 0~10 之间的 100 个数，每一个数表示一个有 1 个特征的样本，一共有 100 个样本。
- 训练数据集标签 y_train 是 x_train 的两倍再加上 –1～1 之间的随机数得到的。
- 测试数据集特征 x_test 与 x_train 的生成方法相同。
- 测试数据集标签 y_test 是 x_test 的两倍再加上 –1～1 之间的随机数得到。

- 预测数据集特征 x_predict 是 0~9 之间的 10 个随机数,表示要预测是 10 个样本特征。运行该代码,过程如下。

```
x_train
 [ 0.  0.1010101  0.2020202 … 9.7979798  9.8989899 10. ]
y_train
[-8.81099740e-01 6.88462798e-03 … 1.89161457e+01 2.07285211e+01]
x_test
 [ 0.  0.1010101  0.2020202 … 9.7979798  9.8989899 10. ]
y_test
 [ 4.84016349e-01 8.61420451e-03 … 1.97950098e+01 1.90439088e+01]
Epoch 1/100
100/100 [==============================] - 1s 7ms/step - loss: 93.6648 - mean_absolute_error: 8.2897
Epoch 2/100
100/100 [==============================] - 0s 80us/step - loss: 53.3397 - mean_absolute_error: 6.2249
…
100/100 [==============================] - 0s 90us/step - loss: 0.4380 - mean_absolute_error: 0.5704
Epoch 100/100
100/100 [==============================] - 0s 100us/step - loss: 0.3908 - mean_absolute_error: 0.5520
```

代码第 46 行 print("score \n", score)的打印结果是:

```
score
[0.3462614142894745, 0.5025795]
```

其中第 1 个数 "0.4922257089614868" 表示测试误差值,第 2 个数 "0.5998018312454224" 表示模型的评估标准值。

代码第 50 行 print("x_predict \n", x_predict) 打印出的输入数据是:

```
x_predict
 [5, 6, 1, 4, 8, 3, 0, 9, 7, 2]
```

代码第 51 行 print("y_predict \n", y_predict) 打印出的预测结果是:

```
y_predict
 [[10.17544   ]
 [12.194451  ]
 [ 2.0995815 ]
 [ 8.156428  ]
 [16.232473  ]
 [ 6.137417  ]
```

```
[ 0.23318775]
[18.251486  ]
[14.213463  ]
[ 4.1184864 ]]
```

从预测结果可以看出，y_predict≈2 × x_predict。

2．用调用函数式 API 进行开发的步骤

从这个例子可以看出用调用函数式 API 进行开发的步骤是：
（1）定义网络层。
（2）调用 compile()方法编译模型，并指定训练的参数。
（3）调用 fit()方法训练模型，并指定训练超参数。
（4）调用 evaluate()方法测试模型。
（5）用训练的模型调用 predict 函数对新数据进行预测。

3.5.3 实例 10：用构建子类模式进行开发

构建子类模式是自定义网络层的一种方式，可以继承于 Layer 网络层类。

1．构建子类模式的开发步骤

构建子类模式的具体步骤如下：
（1）自定义一个类，并继承类 Layer。
（2）定义该类的初始化方法__init__()。
（3）在该类中定义 build()方法，实现权重的计算逻辑。
（4）在该类中定义 call()方法，编写各层的计算逻辑。
（5）如果层更改了输入张量的形状，则需要定义方法 compute_output_shape()，以实现形状变化的逻辑。

2．构建子类模式的代码举例

本节就来使用 tf.keras 接口中的构建子类模式，将 2.3 节的实例重新实现一遍——从一堆数据中找出 y≈2x 规律。具体代码如下。

代码 3-12　keras 回归模型 2

```
01 import tensorflow as tf      # 引入基础模块
02 import tensorflow.keras
03 import numpy as np
04 from tensorflow.keras.layers import Dense, Input, Layer
05 from tensorflow.keras.models import Model
```

```
06  import random
07
08  class MyLayer(Layer):
09      # 自定义一个类,继承自 Layer
10      def __init__(self, output_dim, **kwargs):
11          self.output_dim = output_dim
12          super(MyLayer, self).__init__(**kwargs)
13
14      # 定义 build()方法用来创建权重
15      def build(self, input_shape):
16          shape = tf.TensorShape((input_shape[1], self.output_dim))
17          # 定义可训练变量
18          self.weight = self.add_weight(name='weight',
19                                        shape=shape,
20                                        initializer='uniform',
21                                        trainable=True)
22          super(MyLayer, self).build(input_shape)
23
24      # 实现父类的 call()方法,实现层功能逻辑
25      def call(self, inputs):
26          return tf.matmul(inputs, self.weight)
27
28      # 如果层更改了输入张量的形状,则需要定义形状变化的逻辑
29      def compute_output_shape(self, input_shape):
30          shape = tf.TensorShape(input_shape).as_list()
31          shape[-1] = self.output_dim
32          return tf.TensorShape(shape)
33
34      def get_config(self):
35          base_config = super(MyLayer, self).get_config()
36          base_config['output_dim'] = self.output_dim
37          return base_config
38
39      @classmethod
40      def from_config(cls, config):
41          return cls(**config)
42
43  # 单元测试程序
44  if __name__ == '__main__':
45      # 生成训练数据 y=2x
46      x_train = np.linspace(0, 10, 100)      # 100 个数
47      y_train_random = -1 + 2 * np.random.random(100)  # -1~1 之间的随机数
```

```
48    y_train = 2 * x_train + y_train_random    # y=2x + 随机数
49    print("x_train \n", x_train)
50    print("y_train \n", y_train)
51
52    # 生成测试数据
53    x_test = np.linspace(0, 10, 100)      # 100个数
54    y_test_random = -1 + 2 * np.random.random(100)
55    y_test = 2 * x_test + y_test_random    # y=2x + 随机数
56    print("x_test \n", x_test)
57    print("y_test \n", y_test)
58
59    # 预测数据
60    x_predict = random.sample(range(0, 10), 10)  # 10个数
61
62    # 定义网络层,1个输入层,3个全连接层
63    inputs = Input(shape=(1,))                      # 定义输入张量
64    x = Dense(64, activation='relu')(inputs)        # 第1个全连接层
65    x = MyLayer(64)(x)                              # 第2个全连接层,是自定义的层
66    predictions = Dense(1)(x)                       # 第3个全连接层
67
68    # 编译模型,指定训练的参数
69    model = Model(inputs=inputs, outputs=predictions)
70    model.compile(optimizer='rmsprop',    # 定义优化器
71                  loss='mse',             # 定义损失函数,绝对误差均值
72                  metrics=['mae'])        # 定义度量
73
74    # 训练模型,指定训练超参数
75    history = model.fit(x_train,
76                        y_train,
77                        epochs=100,           # 迭代训练100次
78                        batch_size=16)        # 训练的每批数据量
79
80    # 测试模型
81    score = model.evaluate(x_test,
82                           y_test,
83                           batch_size=16)     # 测试的每批数据量
84    # 打印误差值和评估标准值
85    print("score \n", score)
86
87    # 模型预测
88    y_predict = model.predict(x_predict)
```

```
89    print("x_predict \n", x_predict)
90    print("y_predict \n", y_predict)
```

上面这段代码搭建的网络模型与图 3-3 完全一致，只是把第 2 个全连接层换成自定义的层 MyLayer。

该代码运行后，对应于第 85 行 print("score \n", score)的打印结果是：

```
score
[0.3562994647026062, 0.4992482]
```

其中，第 1 个数"0.3562994647026062"表示测试误差值，第 2 个数"0.4992482"表示模型的评估标准值。

代码第 89 行 print("x_predict \n", x_predict)的打印预测数据是：

```
x_predict
[3, 5, 6, 4, 7, 0, 9, 2, 8, 1]
```

代码第 90 行 print("y_predict \n", y_predict)的打印预测结果是：

```
y_predict
[[ 6.2013574 ]
 [10.223148  ]
 [12.234042  ]
 [ 8.212253  ]
 [14.244938  ]
 [ 0.17312957]
 [18.266727  ]
 [ 4.1904626 ]
 [16.255835  ]
 [ 2.179567  ]]
```

该结果是模型预测的标签值。

从预测结果可以看出，该神经网络拟合出 $y=2x$。

3.5.4　使用 tf.keras 接口的开发模式总结

还可以用 tf.keras 接口中的 function 函数搭建更简洁的模型。被 function 函数组合起来的模型更加轻便，适合嵌套在其他模型中。

function 函数只有模型的组合功能，没有 compile 之类的高级方法。它与 Model 的用法非常相似：直接指定好输入节点和输出节点即可。

用 tf.keras 接口构建深度学习模型有调用函数式 API 和构建子类两种方法。调用函数式 API

这种方法简单易用，可以快速实现大部分的网络模型。

构建子类这种方法经常用来自定义网络层，需要自定义类并继承某些层，是一种完全面向对象的编程思想。

在理论研究或工程实践中，通用的方法是：
- 将 tf.keras 接口中没有的网络层用构建子类的方式来实现。
- 将重用度高的模型片段用 function 函数封装成简洁模型。

用调用函数式 API 这种方法将所有网络层连接起来，将形成最终的模型。

3.5.5 保存模型与加载模型

tf.keras 接口保留了 Keras 框架中保存模型的格式，可以生成扩展名为"h5"的模型文件，也可以生成 TensorFlow 检查点格式的模型文件。

1. 生成及载入 h5 模型文件

在模型训练好后，可以用 save()方法进行保存。保存后的模型文件可以通过函数 load_model 进行载入。

生成模型文件的代码如下：

```
model.save('my_model.h5')          #保存模型
```

上面代码运行时，会在本地代码的同级目录下生成模型文件"my_model.h5"。

载入模型文件的代码如下：

```
del model                #删除当前模型
model = tf.keras.models.load_model('my_model.h5')   #加载模型
a = model.predict(x_predict)
```

代码被载入后，便可以对输入数据进行预测。

 提示：

"h5"模型文件属于 h5py 类型，可以直接手动调用 h5py 进行解析。例如，下列代码可以将模型中的节点显示出来：

  import h5py
  f=h5py.File('my_model.h5')
  for name in f:
    print(name)

运行代码后，会输出以下结果：

```
model_weights          #模型的权重
optimizer_weights      #优化器的权重
```

2. 生成 TensorFlow 检查点格式的模型文件

调用 save_weights()方法，可以生成 TensorFlow 检查点格式的模型文件。在 save_weights()方法中，可以根据 save_format 参数对应的格式生成指定的模型文件。

参数 save_format 的取值有两种："tf"与"h5"。前者是 TensorFlow 检查点文件格式，后者是"h5"模型文件格式。

在没有指定参数 save_format 值的情况下，如果传入 save_weights 中的文件名不是以".h5"或".keras"结尾的，则参数 save_format 的取值为"tf"，否则其值为"h5"。具体代码如下：

```
#生成tf格式的文件
model.save_weights('./keraslog/kerasmodel')  #默认生成tf格式的文件
#生成tf格式的文件，手动指定
os.makedirs("./kerash5log", exist_ok=True)
model.save_weights('./kerash5log/kerash5model',save_format = 'h5')# 可 以 指 定
save_format是h5或tf来生成对应的格式
```

代码运行后，系统会在本地的 keraslog 文件夹下生成 TensorFlow 检查点格式的文件，在本地的 kerash5log 文件夹下生成 Keras 框架格式的模型文件"kerash5model"（虽然没有扩展名，但它是"h5"格式的）。

 提示：

将 Keras 框架格式的模型文件转化成 TensorFlow 检查点的模型文件，这个过程是单向的。TensorFlow 的 2.1 版本中还没有提供将 TensorFlow 检查点格式的模型文件转化成 Keras 框架格式的模型文件的方法。

3.5.6 模型与 JSON 文件的导入/导出

在 TensorFlow 的检查点文件中包含模型的符号及对应的值，而在 Keras 框架中生成的检查点文件（扩展名为"h5"的文件）中只包含模型的值。

在 tf.keras 接口中，可以将模型符号转化为 JSON 文件再进行保存。具体代码如下：

```
json_string = model.to_json()  #模型JSON化,等价于 json_string = model.get_config()
open('my_model.json','w').write(json_string)

#加载模型数据和weights
model_7 = tf.keras.models.model_from_json(open('my_model.json').read())
model_7.load_weights('my_model.h5')
```

```
a = model_7.predict(x_predict)
print("加载后的测试",a[:10])
```

上述代码实现的逻辑如下：

（1）将模型符号保存到 my_model.json 文件中。
（2）从 my_model.json 文件中载入权重到模型 model_7 中。
（3）为模型 model_7 恢复权重。
（4）用模型 model_7 进行预测。

> **提示：**
> 用 tf.keras 接口开发模型时，常会把模型文件分成 JSON 和 "h5" 两种格式存储，用于不同的场景：
> - 在使用场景中，直接载入 "h5" 格式模型文件。
> - 在训练场景中，同时载入 JSON 与 "h5" 两种格式模型文件。
>
> 这样可以让模型训练场景与使用场景分离。通过隐藏源码的方式保证代码版本的唯一性（防止使用者修改模型而产生多套模型源码，难以维护），是合作项目中很常见的技巧。

3.5.7　了解 tf.keras 接口中训练模型的方法

原生的 tf.keras 接口训练模型的方法有 fit()、fit_generator()和 train_on_batch()，这 3 个方法都可以通过模型对象进行调用。

- fit()：模型对象的普通训练方法。支持从内存数据、tf.Data.dataset 数据集对象中读取数据进行训练。
- fit_generator()：模型对象的迭代器训练方法。支持从迭代器对象中读取数据进行训练。
- train_on_batch()：模型对象的单次训练方法，这是一个相对底层的 API 方法。在使用时，可以手动在外层构建循环并获取数据，然后将这些数据传入模型中进行训练。

fit()方法与 fit_generator()方法的功能及参数都很相似，只是传入的输入数据不同。而 train_on_batch()相对比较底层，使用起来更加灵活可控。

下面以 fit()方法为例进行介绍，其他方法中的参数与 fit()方法大致雷同，读者可以参考官方的帮助文档。

> **提示：**
> 在 TensorFlow 2.1 之后版本的 tf.keras 接口中，已经将 fit_generator()方法的处理功能合并到 fit()方法中。所以，直接将迭代器对象传入 fit()方法也可以正常运行。即，可以完全用 fit()

方法取代 fit_generator()方法。有关用迭代器作为输入并用 fit()方法进行训练的例子请参考本书 8.8.6 节。

1. fit()方法的定义

fit()方法的作用是以固定数量的轮次（数据集上的迭代）训练模型。

该方法的原型如下：

```
fit(x=None,y=None,batch_size=None,epochs=1,verbose=1, callbacks=None, validation_split=0.0, validation_data=None, shuffle=True, class_weight=None, sample_weight=None, initial_epoch=0,steps_per_epoch=None, validation_steps=None)
```

该方法的具体参数解释如下。

- x：训练模型的样本数据。该参数可以接收 Numpy 数组、tf.Data.dataset 数据集对象、TensorFlow 中的张量、Python 的内存对象（字典、列表类型）。
- y：训练模型的目标（标签）数据。该参数可以接收的数据类型与 x 一样。
- batch_size：每一批次输入数据的样本数。默认值是 32。
- epochs：模型迭代训练的最终次数。模型迭代训练到第 epochs 次后会停止训练。
- verbose：日志信息的显示模式。可以取值 0（安静模式，不输出日志信息）、1（进度条模式）、2（每个 epoch 显示一行日志信息）。
- callbacks：向训练过程注册的回调函数，以便在某个训练环节中实现指定的操作。
- validation_split：用于验证集的训练数据的比例。模型将拆分出一部分不参与训练的验证数据，并将在每一轮结束后评估这些验证数据的误差和模型的任何其他指标。取值为 0～1。
- validation_data：输入的验证数据集。形状为元组（x_val, y_val）或元组（x_val, y_val, val_sample_weights）。该数据专用来评估损失，以及在每轮结束后模型的任何度量指标。模型不会在该验证数据集上进行训练。这个参数会覆盖 validation_split。
- shuffle：布尔值（是否在每轮迭代之前打乱数据）或者字符串（batch）。batch 是处理 HDF5 数据格式的特殊选项，它对一个 batch 内部的数据进行打乱。当 steps_per_epoch 不是 None 时，这个参数无效。
- class_weight：可选的字典，用来映射类索引（整数）到权重（浮点）值，用于加权损失函数（仅在训练期间）。当训练数据中不同类别的样本数量相差过大时，可以使用该参数进行调节。当该值为"auto"时，模型会对每个类别的样本进行自动调节。
- sample_weight：训练样本的可选 Numpy 权重数组，用于对损失函数进行加权（仅在训练期间）。可以传递与输入样本长度相同的平坦 Numpy 数组（权重和样本之间是 1：1 映射，即 1D）；或者在时序数据的情况下，传递尺寸为（samples, sequence_length）的

2D 数组,以对每个样本的每个时间步长施加不同的权重(在这种情况下,应该确保在 compile()方法中指定了 sample_weight_mode="temporal")。
- initial_epoch:开始训练的轮次,有助于恢复之前的训练。
- steps_per_epoch:定义每轮训练的总步数。在使用 TensorFlow 数据张量等输入张量进行训练时,默认值 None 等于数据集中样本的数量除以批次的大小。
- validation_steps:只有在指定了 steps_per_epoch 时才有用。停止前要验证的总步数(样本批次)。

3.5.8 Callbacks()方法的种类

Callbacks()方法是指在被调用的函数或方法里回调其他函数的技术。即:由调用函数提供回调函数的实现,由被调用函数选择时机去执行。

3.5.7 节所介绍的 fit()方法与 fit_generator()方法,使训练模型的操作变得简单。但其背后的实现流程却很复杂。它要实现创建循环、从迭代器中取出数据、传入模型、计算损失等一系列的动作。

在设计接口时,对于高度封装的方法,一般都会对外提供一个回调方法,以保证使用该接口时的灵活性。tf.keras 接口也不例外,模型对象的 fit()方法和 fit_generator()方法都支持 Callbacks 参数。在使用 tf.keras 接口训练模型时,可以通过设置 Callbacks 参数来实现 Callbacks()方法。有了 Callbacks()方法,便可以对模型训练过程中的各个环节进行控制。

1. 常用的 Callbacks 类

在 tf.keras 接口中定义了很多实用的 Callbacks 类。在使用时,会将这些 Callbacks 类实例化,并传入 fit()方法或 fit_generator()方法的 Callbacks 参数中。下面介绍几个常用的 Callbacks 类。
- ProgbarLogger 类可以将训练过程中的指定数据输出到屏幕上。指定的输出数据需要放到 Metrics 中。
- TensorBoard 类是 TensorFlow 框架中一个可视化训练信息的工具,可以将训练过程中的概要日志以 Web 页面的方式多维度地展现出来。
- ModelCheckpoint 类可以保存训练过程中的检查点文件。
- EarlyStopping 类实现模型的"早停"功能,即在训练次数没到指定的迭代次数之前,可以根据训练过程中的监测信息判断是否需要提前停止训练。
- ReduceLROnPlateau 类可以实现在评价指标不再提升时减少学习率。

2. 自定义 Callbacks()方法

通过继承 keras.callbacks.Callback 类,可以实现自定义的 Callbacks()方法。自定义 Callbacks()

方法可以更灵活地控制训练过程。

keras.callbacks.Callback 类将训练过程的调用时机封装到成员函数中。在实现子类时，只需要重载对应的成员函数，即可在指定的时机实现自定义方法的调用。这些成员函数如下。

- on_epoch_begin：在每个 epoch 开始时调用。
- on_epoch_end：在每个 epoch 结束时调用。
- on_batch_begin：在每个 batch 开始时调用。
- on_batch_end：在每个 batch 结束时调用。
- on_train_begin：在训练开始时调用。
- on_train_end：在训练结束时调用。

3.6 分配运算资源与使用分布策略

在 TensorFlow 中，分配 GPU 的运算资源是很常见的事情。大体可以分为 3 种情况：
- 为整个程序指定具体的 GPU 卡。
- 为整个程序指定其所占用的 GPU 显存大小。
- 在程序内部调配不同的 OP（操作符）到指定的 GPU 卡。

通过指定硬件的运算资源，可以提高系统的运算性能，从而缩短模型的训练时间。在实现时，既可以调用底层的接口进行手动调配，也可以调用上层的高级接口进行分布策略的应用。具体的做法如下。

3.6.1 为整个程序指定具体的 GPU 卡

这种方法主要是通过设置 CUDA_VISIBLE_DEVICES 变量来实现的。例如：

```
CUDA_VISIBLE_DEVICES=1        #代表只使用序号（device）为 1 的卡
CUDA_VISIBLE_DEVICES=0,1      #代表只使用序号（device）为 0 和 1 的卡
CUDA_VISIBLE_DEVICES="0,1"    #代表只使用序号（device）为 0 和 1 的卡
CUDA_VISIBLE_DEVICES=0,2,3    #代表只使用序号（device）为 0、2、3 的卡，序号为 1 的卡不可见
CUDA_VISIBLE_DEVICES=""       #代表不使用 GPU 卡
```

设置该变量有以下两种方式。

（1）命令行方式。

在通过命令行运行程序时，可以在"python"前加上"CUDA_VISIBLE_DEVICES"，如下所示：

```
root@user-NULL:~/test# CUDA_VISIBLE_DEVICES=1  python 要运行的Python 程序.py
```

（2）在程序中设置。

在程序的最开始处添加以下代码：

```
import os
os.environ["CUDA_VISIBLE_DEVICES"] = "0"
```

CUDA_VISIBLE_DEVICES 的值可以是字符串类型，也可以是数值类型。

 提示：

设置 CUDA_VISIBLE_DEVICES，主要是为了让程序对指定的 GPU 卡可见，这时系统只会对可见的 GPU 卡编号。在运行时，这个编号并不代表 GPU 卡的真正序列号。

例如，设置 CUDA_VISIBLE_DEVICES=1，则运行程序后会显示当前任务是在 device:GPU:0 上运行的。见下面的输出信息：

2018-06-24 06:24:53.535524: I tensorflow/core/common_runtime/gpu/gpu_device.cc:1053] Created TensorFlow device (/job:localhost/replica:0/task:0/device:GPU:0 with 10764 MB memory) -> physical GPU (device: 0, name: Tesla K80, pci bus id: 0000:86:00.0, compute capability: 3.7)

这说明，当前程序会把系统中的序号为"1"的卡当作自己的第"0"块卡来使用。

3.6.2 为整个程序指定所占的 GPU 显存

在 TensorFlow 中，为整个程序分配 GPU 显存的方式，主要是靠构建 tf.compat.v1.ConfigProto 类来实现的。tf.compat.v1.ConfigProto 类可以被理解成一个容器。可以在 TensorFlow 源码中 protobuf/config.proto 里找到该类的定义。

在源码文件 protobuf/config.proto 里可以看到各种定制化选项的定义。这些定制化选项，都可以放置到 tf.compat.v1.ConfigProto 类中，例如 RPCOptions、RunOptions、GPUOptions、graph_options 等。

可以通过定义 GPUOptions 来控制运算时的硬件资源分配，例如：使用哪个 GPU、需要占用多大缓存等。

3.6.3 在程序内部，调配不同的 OP（操作符）到指定的 GPU 卡

在代码前使用 tf.device 语句，可以指定当前的语句在哪个设备上运行。例如：

```
with tf.device('/cpu:0'):
```

这表示当前代码在第 0 块 CPU 上运行。

3.6.4 其他配置相关的选项

其他与指派设备的选项如下。

（1）自动选择运行设备：allow_soft_placement。

如果 tf.device 指派的设备不存在或者不可用，为防止程序发生等待或异常，则可以设置 tf.compat.v1.ConfigProto 中的参数 allow_soft_placement=True，表示允许 TensorFlow 自动选择一个存在并且可用的设备来运行操作。

（2）记录设备指派情况：log_device_placement。

设置 tf.compat.v1.ConfigProto 中参数 log_device_placement = True，可以得到 operations 和 Tensor 被指派到哪个设备（几号 CPU 或几号 GPU）上的运行信息，并在终端显示。

3.6.5 动态图的设备指派

在动态图中，也可以用 with tf.device()方法对硬件资源进行指派。以下面代码为例：

```
import tensorflow as tf
import tensorflow.python.eager import context
print(context.num_gpus())        #获取当前系统中 GPU 的个数

x = tf.random.normal([10, 10])   #定义一个张量

with tf.device('/gpu:0'):
    _ = tf.matmul(x, x)          #在第 0 号 GPU 上运行乘法
```

3.6.6 使用分布策略

分配运算资源的最简单方式是使用分布策略。使用分布策略也是 TensorFlow 官方推荐的主流方式。该方式针对几种常用的训练场景，将资源分配的算法封装成不同的分布策略。用户在训练模型时，只需要选择对应的分布策略即可。在运行时，系统会按照该策略中的算法进行资源分配，这样可以让机器的运算性能最大程度地发挥出来。

（1）具体的分布策略及对应的场景如下。

- MirroredStrategy（镜像策略）：该策略适用于"一机多 GPU"的场景，将计算任务均匀地分配到每块 GPU 上。
- CollectiveAllReduceStrategy（集合规约策略）：该策略适用于分布训练场景，用多台机器训练一个模型任务。先将每台机器上使用 MirroredStrategy 策略进行训练，再将多台机器的结果进行规约合并。

- **ParameterServerStrategy**（参数服务器策略）：适用于分布训练场景。也是用多台机器来训练一个模型任务。在训练过程中，使用参数服务器来统一管理每个 GPU 的训练参数。

（2）使用方式。

分布策略的使用方式非常简单。需要实例化一个分布策略对象，并将其作为参数传入训练模型中。以 MirroredStrategy 策略为例，实例化的代码如下：

```
distribution = tf.distribute.MirroredStrategy()
```

实例化后的对象 distribution 可以传入 tf.keras 接口中 model 类的 fit() 方法中用于训练。例如：

```
model.compile(loss='mean_squared_error',
              optimizer=tf.train.GradientDescentOptimizer(learning_rate=0.2),
              distribute=distribution)
```

也可以传入估算器框架的 RunConfig() 方法中，生成配置对象 config，并将该对象传入估算器框架的 Estimator() 方法中进行模型的构建。例如：

```
config = tf.estimator.RunConfig(train_distribute=distribution)
classifier = tf.estimator.Estimator(model_fn=model_fn, config=config)
```

在使用多机训练的分布策略时，还需要指定网络中的角色关系。

3.7 用 tfdbg 调试 TensorFlow 模型

在 TensorFlow 中提供了可以调试程序的 API——tfdbg。用 tfdbg 可以轻松地对原生的 TensorFlow 程序、Estimators 程序、tf.keras 程序进行调试。官网上提供了详细的文档教程。教程中介绍了用 tfdbg 调试一个训练过程中生成 inf 和 nan 值的例子。这也是 tfdbg 的重要价值所在。由于篇幅原因，这里不再详细介绍。读者可以跟着官网上的教程自行学习。

TensorFlow 中还提供了配合 tfdbg 的可视化插件，该插件可以被集成到 Tensorboard 中进行使用。

3.8 用自动混合精度加速模型训练

自动混合精度训练方法，是一种在 GPU 底层计算的基础上所实现的一种加速训练神经网络模型的方法。该方法既可以提升模型的训练速度，又可以减小模型训练时所占用的显存。

3.8.1 自动混合精度的原理

在训练过程中，神经网络的参数和中间结果绝大部分都是用单精度浮点数（Float32）进行存储和计算的。当网络变得超级大时,使用较低精度的浮点数(比如使用半精度浮点数),会大大提高计算速度。使用低精度浮点数训练模型,在带来速度提升的同时,还会导致模型的精度下降。

自动混合精度方法使用了以下 3 种特殊的处理,以减小使用低精度浮点数训练模型下的精度损失。

- 权重备份(master weights):在模型的正向传播和梯度计算时使用半精度浮点数(Float16),在存储网络参数的梯度时使用单精度浮点数(Float32)。
- 损失放缩(loss scaling):如果在梯度计算过程中使用的是半精度浮点数,则得到的梯度精度会下降,从而使得训练出的模型精度发生下降。损失放缩是指:在计算梯度前对参数进行放大,在计算出梯度之后再将结果还原。这种做法可以减少梯度精度的下降。
- 保持特殊运算的精度(precison of ops):对于特殊的运算,使用原有的精度(单精度浮点数)进行运算。神经网络中的大部分运算都可以使用半精度浮点数进行运算。但对于输出结果远远大于输入数据的运算(例如指数、对数等),则需要使用单精度浮点数进行运算,但可以将其运算结果转换为半精度浮点数来存储。

3.8.2 自动混合精度的实现

自动混合精度的实现非常简单,具体步骤如下。
(1)在代码最前端加上如下环境变量:

```
import os
os.environ['TF_AUTO_MIXED_PRECISION_GRAPH_REWRITE_IGNORE_PERFORMANCE'] = '1'
```

(2)在定义优化器之后添加如下代码:

```
opt = tf.train.experimental.enable_mixed_precision_graph_rewrite(opt)
```

代码中的 opt 是指优化器对象,例如可以用如下代码定义 opt:

```
opt = tf.keras.optimizers.Adam()      #keras 接口的编码形式
opt = tf.compat.v1.train.AdamOptimizer #运行图接口的编码形式
```

3.8.3 自动混合精度的常见问题

在英伟达系列 GPU 中,自动混合精度图形优化器仅适用于 Volta 一代(SM 7.0)或更高版本的 GPU。如果当前的 GPU 是 Titan 版本或是 Volta 之前的版本,则在运行过程中会提示找不到匹配的 GPU,内容如下:

```
tensorflow/core/grappler/optimizers/auto_mixed_precision.cc:1892] No (suitable)
GPUs detected, skipping auto_mixed_precision graph optimizer
```

这表明当前 GPU 的型号不匹配，不能使用自动混合精度的方式训练模型。需要更换更新的 GPU 硬件才可以使用自动混合精度的方式训练模型。

第 2 篇　基础

第 4 章 用TensorFlow制作自己的数据集

本章会通过多个实例介绍TensorFlow中多种数据集的使用方法。建议读者：
- 简单了解内存对象数据集、TFRecord数据集的使用方法，达到能读懂代码的程度即可。
- 重点掌握Dataset数据集。在TensorFlow 2.X之后，主要推荐使用Dataset数据集。
- 熟悉使用tf.keras接口数据集，tf.keras接口对数据预处理的一些方法进行了封装，并集成了许多常用的数据集，这些数据集都有对应的载入函数，可以直接调用它们。

4.1 数据集的基本介绍

数据集是样本的集合。在深度学习中，数据集用于模型训练。在用TensorFlow框架开发深度学习模型之前，需要为模型准备好数据集。在训练模型环节，程序需要从数据集中不断地将数据注入模型，模型通过对注入数据的计算来学习特征。

4.1.1 TensorFlow中的数据集格式

TensorFlow中有4种数据集格式。
- 内存对象数据集：直接用字典变量feed_dict，通过注入模式向模型输入数据。该数据集适用于少量的数据集输入。
- TFRecord数据集：用队列式管道（tfRecord）向模型输入数据。该数据集适用于大量的数据集输入。
- Dataset数据集：通过性能更高的输入管道（tf.data）向模型输入数据。该数据集适用于TensorFlow 1.4之后的版本。
- tf.keras接口数据集：支持tf.keras语法的数据集接口。该数据集适用于TensorFlow 1.4之后的版本。

4.1.2 数据集与框架

数据集的使用方法跟框架的模式有关。在 TensorFlow 中，大体可以分为 5 种框架。
- 静态图框架：一种"定义"与"运行"相分离的框架，是 TensorFlow 最原始的框架，也是最灵活的框架。定义的张量，必须要在会话（session）中调用 run()方法才可以获得其具体值。
- 动态图框架：更符合 Python 语言的框架。即在代码被调用的同时便开始计算具体值，不需要再建立会话来运行代码。
- 估算器框架：一个集成了常用操作的高级 API。在该框架中进行开发，代码更为简单。
- Keras 框架：一个支持 Keras 接口的框架。
- Swift 框架：一个可以在 iOS 系统中使用 Swift 语言开发 TensorFlow 模型的框架，使用了动态图机制。

本章重点讲解的是数据集的制作。为了配合数据集，还会介绍框架方面的知识。

静态图框架是 TensorFlow 中最早的框架，也是最基础的框架，本书中的大多实例都是基于该框架实现的。当然，在少数实例中也会使用其他框架。每个框架的具体使用方法，会伴随实例进行详细讲解。

另外，Swift 框架不在本书的介绍范围之内。有兴趣的读者可以查找相关资料自行研究。

4.1.3 什么是 TFDS

TFDS 是 TensorFlow 中的数据集集合模块。该模块将常用的数据集封装起来，实现自动下载与统一的调用接口，为开发模型提供了便利。

1. 安装 TFDS

TFDS 模块要求当前的 TensorFlow 版本在 1.12 或者 1.12 之上。在满足这个条件后，可以使用以下命令进行安装：

```
pip install tensorflow-datasets
```

2. 用 TFDS 加载数据集

在安装好 TFDS 模块后，可以编写代码从该模块中加载数据集。以 MNIST 数据集为例，具体代码如下：

```
import tensorflow_datasets as tfds
print(tfds.list_builders())          #查看有效的数据集
ds_train, ds_test = tfds.load(name="mnist", split=["train", "test"])  #加载数据集
```

```
    ds_train = ds_train.shuffle(1000).batch(128).prefetch(10)#用 tf.data.Dataset 接口处
理数据集
    for features in ds_train.take(1):
     image, label = features["image"], features["label"]
```

在上面代码中,用 tfds.load()方法实现数据集的加载。还可以用 tfds.builder()方法实现更灵活的操作。

在 tfds 接口中还支持 as_numpy()方法,该方法会将数据集以生成器对象的形式返回,该生成器对象的类型为 Numpy 数组。

3. 在 TFDS 模块中添加自定义数据集

TFDS 模块还支持自定义数据集的添加。具体方法可以参考 GitHub 网站中 TensorFlow 项目的 datasets 模块说明。

4.2 实例 11:将模拟数据制作成内存对象数据集

本实例将用内存中的模拟数据来制作成数据集。生成的数据集被直接存放在 Python 内存对象中。这种做法的好处是——数据集的制作可以独立于任何框架。

当然,由于本实例没有使用 TensorFlow 中的任何框架,所以,所有需要特征转换的代码都得手动编写,这会增加很大的工作量。

本实例将生成一个模拟 $y \approx 2x$ 的数据集,并通过静态图的方式显示出来。

为了演示一套完整的操作,在生成数据集后,还要在静态图中建立会话,将数据显示出来。本实例的实现步骤如下:

(1)生成模拟数据。
(2)定义占位符。
(3)建立会话(session),获取并显示模拟数据。
(4)将模拟数据可视化。
(5)运行程序。

4.2.1 代码实现:生成模拟数据

在样本制作过程中,最忌讳的是一次性将数据都放入内存中。如果数据量很大,这样容易造成内存用尽。即使是模拟数据,也不建议将数据全部生成后一次性放入内存中。

一般常用的做法是:
(1)创建一个模拟数据生成器。

（2）每次只生成指定批次的样本（见 4.2.2 节）。

这样在迭代过程中，就可以用"随用随制作"的方式来获得样本数据。

下面定义 GenerateData 函数来生成模拟数据，并将 GenerateData 函数的返回值设为以生成器方式返回。这种做法使内存被占用得最少。具体代码如下。

代码 4-1　将模拟数据制作成内存对象数据集

```
01  import tensorflow as tf
02  import numpy as np
03  import matplotlib.pyplot as plt
04  tf.compat.v1.disable_v2_behavior()
05  #在内存中生成模拟数据
06  def GenerateData(batchsize = 100):
07      train_X = np.linspace(-1, 1, batchsize)    #生成-1~1之间的100个浮点数
08      train_Y = 2 * train_X + np.random.randn(*train_X.shape) * 0.3   #y=2x,
        但是加入了噪声
09      yield train_X, train_Y                     #以生成器的方式返回
```

代码第 9 行，用关键字 yield 修饰函数 GenerateData 的返回方式，使得函数 GenerateData 以生成器的方式返回数据。生成器对象只使用一次，之后便会自动销毁。这样做可以为系统节省大量的内存。

> **提示：**
> 有关生成器的更多知识，请参考《Python 带我起飞——入门、进阶、商业实战》一书中 5.8 节"迭代器"与 6.8 节"生成器"部分的内容。

4.2.2　代码实现：定义占位符

在正常的模型开发中，这个环节应该是定义占位符和网络结构。在训练模型时，系统会将数据集的输入数据用占位符来代替，并使用静态图的注入机制将输入数据传入模型，进行迭代训练。

因为本实例只需要从数据集中获取数据，所以只定义占位符，不需要定义其他网络节点。具体代码如下。

代码 4-1　将模拟数据制作成内存对象数据集（续）

```
10  #定义模型结构部分，这里只有占位符张量
11  Xinput = tf.compat.v1.placeholder("float",(None))    #定义两个占位符
12  Yinput = tf.compat.v1.placeholder("float",(None))
```

代码第 11 行的 Xinput 用于接收 GenerateData 函数的 train_X 返回值。
代码第 12 行的 Yinput 用于接收 GenerateData 函数的 train_Y 返回值。

> 提示:
> 关于静态图和注入机制的更多内容,建议参考《深度学习之 TensorFlow——入门、原理与进阶实战》一书的第 4 章内容。

4.2.3 代码实现:建立会话,并获取数据

首先定义数据集的迭代次数,接着建立会话(session)。在 session 中,使用了两层 for 循环:第 1 层是按照迭代次数来循环;第 2 层是对 GenerateData 函数返回的生成器对象进行循环,并将数据打印出来。

因为 GenerateData 函数返回的生成器对象只有一个元素,所以第 2 层循环也只运行一次。

代码 4-1 将模拟数据制作成内存对象数据集(续)

```
13  #建立会话,获取并输出数据
14  training_epochs = 20        #定义需要迭代的次数
15  with tf.compat.v1.Session() as sess:     #建立会话(session)
16      for epoch in range(training_epochs):  #迭代数据集20遍
17          for x, y in GenerateData():       #通过for循环打印所有的点
18              xv,yv = sess.run([Xinput,Yinput],feed_dict={Xinput: x, Yinput: y})
    #通过静态图注入的方式传入数据
19          #打印数据
20          print(epoch,"| x.shape:",np.shape(xv),"| x[:3]:",xv[:3])
21          print(epoch,"| y.shape:",np.shape(yv),"| y[:3]:",yv[:3])
```

代码第 14 行,定义了数据集的迭代次数。这个参数在训练模型时才会用到。本实例中,变量 training_epochs 代表读取数据的次数。

4.2.4 代码实现:将模拟数据可视化

为了使本实例的结果更加直观,下面把取出的数据以图的方式显示出来。具体代码如下。

代码 4-1 将模拟数据制作成内存对象数据集(续)

```
22  #显示模拟数据点
23  train_data =list(GenerateData())[0]       #获取数据
24  plt.plot(train_data[0], train_data[1], 'ro', label='Original data') #生成
    图像
```

```
25 plt.legend()              #添加图例说明
26 plt.show()                #显示图像
```

图像显示部分不是本实例重点,读者了解一下即可。

4.2.5 运行程序

代码运行后,输出以下结果:

```
0 | x.shape: (100,) | x[:3]: [-1.         -0.97979796 -0.959596  ]
0 | y.shape: (100,) | y[:3]: [-2.0518072 -1.7162607 -1.9215399]
1 | x.shape: (100,) | x[:3]: [-1.         -0.97979796 -0.959596  ]
1 | y.shape: (100,) | y[:3]: [-1.7399402 -1.8851279 -1.8028339]
...
18 | x.shape: (100,) | x[:3]: [-1.         -0.97979796 -0.959596  ]
18 | y.shape: (100,) | y[:3]: [-2.1623547 -2.1738577 -2.6779299]
19 | x.shape: (100,) | x[:3]: [-1.         -0.97979796 -0.959596  ]
19 | y.shape: (100,) | y[:3]: [-2.2008154 -1.9220618 -1.3616668]
```

程序循环运行了 20 次,每次都会生成 100 个 x 与 y 对应的数据。

输出结果的第 1、2 行可以看到,在第 1 次循环时,取出了 x 与 y 的内容。每行数据的内容被"|"符号被分割成 3 段,依次为:迭代次数、数据的形状、前 3 个元素的值。

同时,程序又生成了数据的可视化结果,如图 4-1 所示。

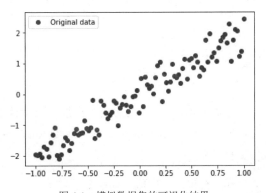

图 4-1　模拟数据集的可视化结果

4.2.6　代码实现:创建带有迭代值并支持乱序功能的模拟数据集

下面对本实例的代码做更进一步的优化:

(1)将数据集与迭代功能绑定在一起,让代码变得更简洁。

(2)对数据集进行乱序操作,让生成的 x 数据无规则。

通过对数据集的乱序，可以消除样本中无用的特征，从而大大提升模型的泛化能力。
下面详细介绍具体实现方法。

1. 修改 GenerateData 函数，生成带有多个元素的生成器对象，并对其进行乱序操作

在函数 GenerateData 的定义中传入参数 training_epochs，并按照 training_epochs 的循环次数生成带有多个元素的生成器对象。具体代码如下。

> 提示：
> 在乱序操作部分使用的是 sklearn.utils 库中的 shuffle()方法。要使用该方法需要先安装 sklearn 库。具体命令如下：
> pip install sklearn

代码 4-2　带迭代的模拟数据集
```
01 import tensorflow as tf
02 import numpy as np
03 import matplotlib.pyplot as plt
04 from sklearn.utils import shuffle      #导入sklearn库
05 tf.compat.v1.disable_v2_behavior()
06 #在内存中生成模拟数据
07 def GenerateData(training_epochs ,batchsize = 100):
08     for i in range(training_epochs):
09         train_X = np.linspace(-1, 1, batchsize)   #train_X是-1~1之间连续的100个浮点数
10         train_Y = 2 * train_X + np.random.randn(*train_X.shape) * 0.3 #y=2x,但是加入了噪声
11         yield shuffle(train_X, train_Y),i
```

在代码第 8 行中，加入了 for 循环，按照指定的迭代次数生成带有多个元素的迭代器对象。在代码第 11 行中，将生成的变量 train_X、train_Y 传入 shuffle 函数中进行乱序，这样得到的样本 train_X、train_Y 的顺序会被打乱。

2. 修改 session 处理过程，直接遍历生成器对象获取数据

在 session 中，用 for 循环来遍历函数 GenerateData 返回的生成器对象（见代码第 18 行）。具体代码如下。

代码 4-2　带迭代的模拟数据集（续）
```
12 Xinput = tf.compat.v1.placeholder("float",(None))   #定义两个占位符，以接收参数
13 Yinput = tf.compat.v1.placeholder("float",(None))
```

```
14
15 training_epochs = 20                    #定义需要迭代的次数
16
17 with tf.compat.v1.Session() as sess:     #建立会话(session)
18     for (x, y),ii in GenerateData(training_epochs): #用一个for循环来遍历生成
   器对象
19         xv,yv = sess.run([Xinput,Yinput],feed_dict={Xinput: x, Yinput: y}) #
   通过静态图注入的方式传入数据
20         print(ii,"| x.shape:",np.shape(xv),"| x[:3]:",xv[:3])  #输出数据
21         print(ii,"| y.shape:",np.shape(yv),"| y[:3]:",yv[:3])
```

3. 获得并可视化只有1个元素的生成器对象

再次调用函数 GenerateData，并传入参数 1。函数 GenerateData 会返回只有 1 个元素的生成器，生成器中的元素为一个批次的模拟数据。获得数据后，将其以图的方式显示出来。

代码 4-2　带迭代的模拟数据集（续）

```
22 #显示模拟数据点
23 train_data =list(GenerateData(1))[0]     #获取数据
24 plt.plot(train_data[0][0], train_data[0][1], 'ro', label='Original data')
   #生成图像
25 plt.legend()                             #添加图例说明
26 plt.show()                               #显示图像
```

代码第 23 行，用函数 GenerateData 返回了一个生成器对象，该生成器对象只有 1 个元素。

4. 该数据集运行程序

整个代码改好后，运行效果如下：

```
0 | x.shape: (100,) | x[:3]: [-0.8787879  0.97979796  0.8787879 ]
0 | y.shape: (100,) | y[:3]: [-1.4220259  1.4639419  1.8528527]
1 | x.shape: (100,) | x[:3]: [-0.97979796  0.83838385  0.7171717 ]
1 | y.shape: (100,) | y[:3]: [-1.5776895  2.3976982  1.0726162]
...
18 | x.shape: (100,) | x[:3]: [ 0.7777778  1.         -0.03030303]
18 | y.shape: (100,) | y[:3]: [ 1.3839471  1.7204176 -0.62857807]
19 | x.shape: (100,) | x[:3]: [0.8181818 0.01010101 0.61616164]
19 | y.shape: (100,) | y[:3]: [ 2.1516888 -0.2165111  1.3852897]
```

可以看到 x 的数据每次都不一样，这是与 4.2.4 节结果的最大区别。原因是，x 的值已经被打乱顺序了。这样的数据训练模型还会有更好的泛化效果。

> **总结：**
> 通过本实例的学习，读者在掌握基础的制作模拟数据集方法的同时，更需要记住两个知识点：生成器与乱序。
> 生成器语法在 TensorFlow 底层的数据集处理中应用得非常广泛。在实际应用中，它可以为系统节省很大的内存。要学会使用生成器语法。

对数据集进行乱序是深度学习中的一个重要知识点，但很容易被开发者忽略。这一点值得注意。

4.3 实例 12：将图片制作成内存对象数据集

本实例将使用图片样本数据来制作成数据集。在制作数据集的过程中，使用了 TensorFlow 的队列方式。这样做的好处是：能充分使用 CPU 的多线程资源，让训练模型与数据读取以并行的方式同时运行，从而大大提升效率。

有一套从 1~9 的手写图片样本。本实例首先将这些图片样本做成数据集，输入静态图中；然后运行程序，将数据从静态图中输出，并显示出来。

在读取图片过程中，最需要考虑的一个因素——内存的大小。如果样本比较少，则可以采用较简单的方式——直接将图片一次性全部读入系统。如果样本足够大，则这种方法会将内存全部占满，使程序无法运行。

所以，一般建议使用"边读边用"的方式：一次只读取所需要的图片，用完后再读取下一批。这种方式能够满足程序正常执行。但是频繁的 I/O 读取操作也会使性能受到影响。

最好的方式是——以队列的方式进行读取。即使用至少两个线程并发执行：一个线程用于从队列里取数据并训练模型，另外一个线程用于读取文件放入缓存。这样既可以保证内存不会被占满，又赢得了效率。

4.3.1 样本介绍

本实例使用的是 MNIST 数据集，该数据集中存放的是图片。在本书配套的资源中找到文件夹为"mnist_digits_images"的样本，并将其复制到本地代码的同级路径下。

打开文件夹"mnist_digits_images"可以看到 10 个子文件夹，如图 4-2 所示。

图 4-2　MNIST 图片文件夹

每个子文件夹里放的图片内容都与该文件夹的名称一致。例如，打开名字为"0"的文件夹，会看到各种数字是"0"的图片，如图 4-3 所示。

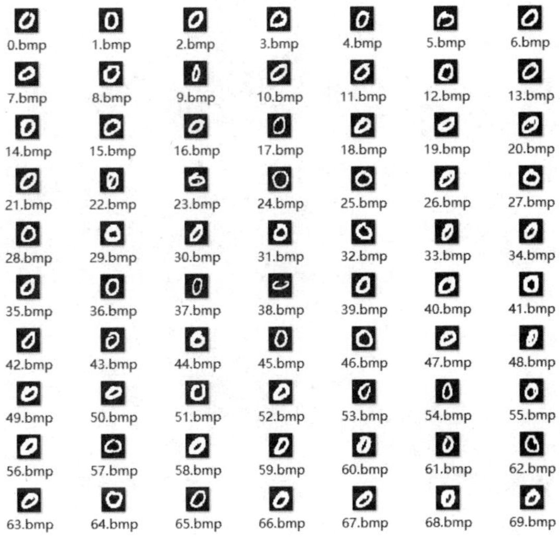

图 4-3　MNIST 图片文件

4.3.2　代码实现：载入文件名称与标签

编写函数 load_sample 载入指定路径下的所有文件的名称载入，并将文件所属目录的名称作为标签。

load_sample 函数会返回 3 个对象。

- lfilenames：文件名称数组，将根据文件名称来读取图片数据。
- labels：数值化后的标签，与每一个文件的名称一一对应。
- lab：数值化后的标签与字符串标签的对应关系，用于显示使用。

因为标签 labels 对象主要用于模型的训练，所以这里将其转化为数值型。待需要输出结果时，再通过 lab 将其转化为字符串。

载入文件名称与标签的具体代码如下。

代码 4-3　将图片制作成内存对象数据集

```
01  import tensorflow as tf
02  import os
03  from matplotlib import pyplot as plt
04  import numpy as np
05  from sklearn.utils import shuffle
06  tf.compat.v1.disable_v2_behavior()
07  def load_sample(sample_dir):
08      '''递归读取文件。只支持一级。返回文件名、数值标签、数值对应的标签名'''
09      print ('loading sample dataset..')
10      lfilenames = []
11      labelsnames = []
12      for (dirpath, dirnames, filenames) in os.walk(sample_dir):#遍历文件夹
13          for filename in filenames:           #遍历所有文件名
14              filename_path = os.sep.join([dirpath, filename])
15              lfilenames.append(filename_path)       #添加文件名
16              labelsnames.append( dirpath.split('\\')[-1] ) #添加文件名对应的标签
17  
18      lab= list(sorted(set(labelsnames)))      #生成标签名称列表
19      labdict=dict( zip( lab ,list(range(len(lab))) ))  #生成字典
20  
21      labels = [labdict[i] for i in labelsnames]
22      return shuffle(np.asarray( lfilenames),np.asarray( labels)),np.asarray(lab)
23  
24  data_dir = 'mnist_digits_images\\'        #定义文件路径
25  
26  (image,label),labelsnames = load_sample(data_dir)  #载入文件名称与标签
27  print(len(image),image[:2],len(label),label[:2])#输出 load_sample 返回的结果
28  print(labelsnames[ label[:2] ],labelsnames) #输出 load_sample 返回的标签字符串
```

代码运行后，输出以下结果：

```
loading sample dataset..
8000 ['data\\mnist_digits_images\\2\\520.bmp'    'data\\mnist_digits_images\\2\\1.bmp'] 8000 [2 2]
['2' '2'] ['0' '1' '2' '3' '4' '5' '6' '7' '8' '9']
```

输出结果的第 2 行共分为 4 部分，依次是：图片的长度（8000）、前两个图片的文件名、

标签的长度（8000）、前两个标签的具体值（[2 2]）。

因为函数 load_sample 已经将返回值的顺序打乱（见代码第 23 行），所以该函数返回数据的顺序是没有规律的。

4.3.3　代码实现：生成队列中的批次样本数据

编写函数 get_batches，返回批次样本数据。具体步骤如下：

（1）用 tf.compat.v1.train.slice_input_producer 函数生成一个输入队列。

（2）按照指定路径读取图片，并对图片进行预处理。

（3）用 tf.compat.v1.train.batch 函数将预处理后的图片变成批次数据。

在第（3）步调用函数 tf.compat.v1.train.batch 时，还可以指定批次（batch_size）、线程个数（num_threads）、队列长度（capacity）。该函数的定义如下：

```
def batch(tensors, batch_size, num_threads=1, capacity=32,
        enqueue_many=False, shapes=None, dynamic_pad=False,
        allow_smaller_final_batch=False, shared_name=None, name=None)
```

在实际使用时，按照对应的参数进行设置即可。

函数 get_batches 的完整实现及调用代码如下。

代码 4-3　将图片制作成内存对象数据集（续）

```
29 def get_batches(image,label,resize_w,resize_h,channels,batch_size):
30
31     queue = tf.compat.v1.train.slice_input_producer([image ,label]) #实现一个输入队列
32     label = queue[1]                                         #从输入队列里读取标签
33
34     image_c = tf.io.read_file(queue[0])                      #从输入队列里读取 image 路径
35
36     image = tf.image.decode_bmp(image_c,channels) #按照路径读取图片
37
38     image = tf.image.resize_with_crop_or_pad(image,resize_w,resize_h) #修改图片的大小
39
40     #将图像进行标准化处理
41     image = tf.image.per_image_standardization(image)
42     image_batch,label_batch = tf.compat.v1.train.batch([image,label], #生成批次数据
43                 batch_size = batch_size,
44                 num_threads = 64)
```

```
45
46      images_batch = tf.cast(image_batch,tf.float32)    #将数据类型转换为Float32
    格式
47      #修改标签的形状
48      labels_batch = tf.reshape(label_batch,[batch_size])
49      return images_batch,labels_batch
50 batch_size = 16
51 image_batches,label_batches = get_batches(image,label,28,28,1,batch_size)
```

代码第50、51行定义了批次大小,并调用get_batches函数生成两个张量(用于输入数据)。

4.3.4　代码实现：在会话中使用数据集

首先,定义showresult和showimg函数,用于将图片数据进行可视化输出。

接着,建立session,准备运行静态图。在session中启动一个带有协调器的队列线程,通过session的run()方法获得数据并将其显示。

具体代码如下。

代码4-3　将图片制作成内存对象数据集(续)

```
52 def showresult(subplot,title,thisimg):              #显示单个图片
53      p =plt.subplot(subplot)
54      p.axis('off')
55      #p.imshow(np.asarray(thisimg[0], dtype='uint8'))
56      p.imshow(np.reshape(thisimg, (28, 28)))
57      p.set_title(title)
58
59 def showimg(index,label,img,ntop):                  #显示批次图片
60      plt.figure(figsize=(20,10))                    #定义显示图片的宽和高
61      plt.axis('off')
62      ntop = min(ntop,9)
63      print(index)
64      for i in range (ntop):
65          showresult(100+10*ntop+1+i,label[i],img[i])
66      plt.show()
67
68 with tf.compat.v1.Session() as sess:
69      init = tf.compat.v1.global_variables_initializer()
70      sess.run(init)                                 #初始化
71
72      coord = tf.train.Coordinator()      #建立列队协调器
```

```
73    threads = tf.compat.v1.train.start_queue_runners(sess = sess,coord = 
      coord)#启动队列线程
74    try:
75        for step in np.arange(10):
76            if coord.should_stop():
77                break
78            images,label = sess.run([image_batches,label_batches])#注入数据
79
80            showimg(step,label,images,batch_size)      #显示图片
81            print(label)                                #打印数据
82
83    except tf.errors.OutOfRangeError:
84        print("Done!!!")
85    finally:
86        coord.request_stop()
87
88    coord.join(threads)                                 #关闭列队
```

关于线程、队列及队列协调器方面的知识，属于 Python 的基础知识。如果读者不熟悉这部分知识，可以参考《Python 带我起飞——入门、进阶、商业实战》一书的 10.2 节。

4.3.5 运行程序

程序运行后，输出以下结果：

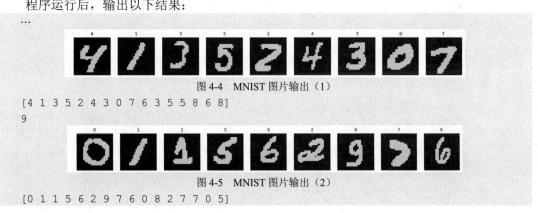

图 4-4 MNIST 图片输出（1）

[4 1 3 5 2 4 3 0 7 6 3 5 5 8 6 8]
9

图 4-5 MNIST 图片输出（2）

[0 1 1 5 6 2 9 7 6 0 8 2 7 7 0 5]

图 4-4 的内容为一批次图片数据的前 9 张输出结果。

在图 4-5 的上面有一个数字"9"，代表第 9 次输出的结果。

在图 4-5 的下面有一个数组，代表这一批次数据对应的标签。因为批次大小为 16（见代码第 50 行），所以图 4-5 下面的数组元素个数为 16。

4.4 实例 13：将 Excel 文件制作成内存对象数据集

本实例用 TensorFlow 中的队列方式，将 Excel 文件格式的样本数据制作成数据集。

有两个 Excel 文件：一个是训练数据，另一个是测试数据。现在需要做的是：（1）将训练数据的样本按照一定批次读取并输出；（2）将测试数据的样本按照顺序读取并输出。

在制作数据集时，习惯将数据分成 2 或 3 部分，这样做的主要目的是，将训练模型使用的数据与测试模型使用的数据分开，使得训练模型和评估模型各自使用不同的数据。这样做可以很好地反映出模型的泛化性。

4.4.1 样本介绍

本实例的样本是两个 CSV 文件——"iris_training.csv"和"iris_test.csv"。这两个文件的内部格式完全一样，如图 4-6 所示。

	A	B	C	D	E	F
1	Id	SepalLengthCm	SepalWidthCm	PetalLengthCm	PetalWidthCm	Species
2	1	5.9	3	4.2	1.5	1
3	2	6.9	3.1	5.4	2.1	2
4	3	5.1	3.3	1.7	0.5	0
5	4	6	3.4	4.5	1.6	1
6	5	5.5	2.5	4	1.3	1
7	6	6.2	2.9	4.3	1.3	1
8	7	5.5	4.2	1.4	0.2	0
9	8	6.3	2.8	5.1	1.5	2
10	9	5.6	3	4.1	1.3	1

图 4-6 iris_training 和 iris_test 文件的数据格式

在图 4-6 中，样本一共有 6 列：
- 第 1 列（Id）是序号，可以不用关心。
- 第 2~5 列（SepalLengthCm、SepalWidthCm、PatalLengthCm、PatalWidthCm）是数据样本列。
- 最后一列（Species）是标签列。

下面就通过代码读取样本。

4.4.2 代码实现：逐行读取数据并分离标签

定义函数 read_data 用于读取数据，并将数据中的样本与标签进行分离。在函数 read_data 中实现以下逻辑：

（1）调用 tf.compat.v1.TextLineReader 函数，对单个 Excel 文件进行逐行读取。
（2）调用 tf.io.decode_csv，将 Excel 文件中的单行内容按照指定的列进行分离。
（3）将 Excel 单行中的多个属性列按样本数据列与标签数据列进行划分：将样本数据列（featurecolumn）放到第 2~5 列，用 tf.stack 函数将其组合到一起；将标签数据列（labelcolumn）放到最后 1 列。

具体代码如下。

代码 4-4　将 Excel 文件制作成内存对象数据集

```
01 import tensorflow as tf
02 tf.compat.v1.disable_v2_behavior()
03 def read_data(file_queue):                              #CSV 文件的处理函数
04     reader = tf.compat.v1.TextLineReader(skip_header_lines=1)  #每次读取一行
05     key, value = reader.read(file_queue)
06
07     defaults = [[0], [0.], [0.], [0.], [0.], [0]]       #为每个字段设置初始值
08     cvscolumn = tf.io.decode_csv(records= value, record_defaults= defaults)
   #对每一行进行解析
09
10     featurecolumn = [i for i in cvscolumn[1:-1]]        #划分出列中的样本数据列
11     labelcolumn = cvscolumn[-1]                         #划分出列中的标签数据列
12
13     return tf.stack(featurecolumn), labelcolumn         #返回结果
```

4.4.3　代码实现：生成队列中的批次样本数据

编写 create_pipeline 函数，用于返回批次数据。具体步骤如下：
（1）用 tf.compat.v1.train.string_input_producer 函数生成一个输入队列。
（2）用 read_data 函数读取 CSV 文件内容，并进行样本与标签的分离处理。
（3）在获得数据的样本（feature）与标签（label）后，用 tf.compat.v1.train.shuffle_batch 函数生成批次数据。

其中，tf.compat.v1.train.shuffle_batch 函数的具体定义如下：

```
def shuffle_batch(tensors, batch_size, capacity, min_after_dequeue,
          num_threads=1, seed=None, enqueue_many=False, shapes=None,
          allow_smaller_final_batch=False, shared_name=None, name=None)
```

在 tf.compat.v1.train.shuffle_batch 函数中，可以指定批次（batch_size）、线程个数（num_threads）、队列的最小的样本数（min_after_dequeue）、队列长度（capacity）等。

提示:

min_after_dequeue 的值不能超过 capacity 的值。min_after_dequeu 的值越大,则样本被打乱的效果越好。

具体代码如下。

代码 4-4　将 Excel 文件制作成内存对象数据集(续)

```
14 def create_pipeline(filename, batch_size, num_epochs=None): #创建队列数据集
    函数
15     #创建一个输入队列
16     file_queue = tf.compat.v1.train.string_input_producer([filename],
    num_epochs=num_epochs)
17
18     feature, label = read_data(file_queue)              #载入数据和标签
19
20     min_after_dequeue = 1000 #在队列里至少保留1000条数据
21     capacity = min_after_dequeue + batch_size           #队列的长度
22
23     feature_batch, label_batch = tf.compat.v1.train.shuffle_batch(#生成乱序
    的批次数据
24         [feature, label], batch_size=batch_size, capacity=capacity,
25         min_after_dequeue=min_after_dequeue
26     )
27
28     return feature_batch, label_batch                   #返回指定批次数据
29 #读取训练集
30 x_train_batch, y_train_batch = create_pipeline('iris_training.csv', 32,
    num_epochs=100)
31 x_test, y_test = create_pipeline('iris_test.csv', 32) #读取测试集
```

程序的最后两行(第 30、31 行)代码,分别用 create_pipeline 函数生成了训练数据集和测试数据集。其中,训练数据集的迭代次数为 100 次。

4.4.4　代码实现:在会话中使用数据集

建立 session,准备运行静态图。在 session 中,先启动一个带有协调器的队列线程,然后通过 run()方法获得数据并将其显示。

具体代码如下。

代码 4-4　将 Excel 文件制作成内存对象数据集（续）

```
32  with tf.compat.v1.Session() as sess:
33
34      init_op = tf.compat.v1.global_variables_initializer()      #初始化
35      local_init_op = tf.compat.v1.local_variables_initializer() #初始化本地变量
36      sess.run(init_op)
37      sess.run(local_init_op)
38
39      coord = tf.train.Coordinator()                              #创建协调器
40      threads = tf.compat.v1.train.start_queue_runners(coord=coord) #开启线程列队
41
42      try:
43          while True:
44              if coord.should_stop():
45                  break
46              example, label = sess.run([x_train_batch, y_train_batch])#注入训练数据
47              print ("训练数据: ",example)                        #打印数据
48              print ("训练标签: ",label)                          #打印标签
49      except tf.errors.OutOfRangeError:                           #定义取完数据的异常处理
50          print ('Done reading')
51          example, label = sess.run([x_test, y_test])             #注入测试数据
52          print ("测试数据: ",example)                            #打印数据
53          print ("测试标签: ",label)                              #打印标签
54      except KeyboardInterrupt:                                   #定义按Ctrl+C键对应的异常处理
55          print("程序终止...")
56      finally:
57          coord.request_stop()
58
59      coord.join(threads)
60      sess.close()
```

在代码第 46 行，用 sess.run()方法从训练集里不停地取数据。当训练集里的数据被取完后会触发 tf.errors.OutOfRangeError 异常。

在代码第 49 行，捕获了 tf.errors.OutOfRangeError 异常，并将测试数据输出。

提示：
代码第 35 行初始化本地变量是必要的。如果不进行初始化则会报错。

4.4.5 运行程序

程序运行后,输出以下结果:

```
...
 [5.7 4.4 1.5 0.4]
 [6.2 2.8 4.8 1.8]
 [5.7 3.8 1.7 0.3]]
训练标签: [0 2 0 1 0 2 2 2 0 1 2 1 1 1 0 2 2 0 2 2 2 2 0 0 2 1 2 0 0 1 1 0 0]
训练数据: [[5.1 3.8 1.6 0.2]
 [6.  2.9 4.5 1.5]
 ...
 [7.6 3.  6.6 2.1]
训练标签: [0 1 2 0 2 0 1 0 1 2 0 2 0 1 2 0 0 0 1 0 1 0 2 1 0 2 2 0 1 2 0]
Done reading
测试数据: [[6.3 2.8 5.1 1.5]
 [6.7 3.1 4.7 1.5]
 ...
 [6.  3.4 4.5 1.6]]
测试标签: [2 1 1 1 0 1 2 0 1 1 1 0 0 1 0 1 0 1 1 1 0 1 2 2 2 1 1 2 1 1 0 1]
```

4.5 实例14:将图片文件制作成 TFRecord 数据集

有两个文件夹,分别放置男人与女人的照片。现要求:(1)将两个文件夹中的图片制作成 TFRecord 格式的数据集;(2)从该数据集中读数据,将得到的图片数据保存到本地文件中。

TFRecord 格式是与 TensorFlow 框架强绑定的格式,通用性较差。

但是,如果不考虑代码的框架无关性,TFRecord 格式还是很好的选择。因为它是一种非常高效的数据持久化方法,尤其对需要预处理的样本集。

将处理后的数据用 TFRecord 格式保存并进行训练,可以大大提升训练模型的运算效率。

4.5.1 样本介绍

本实例的样本为两个文件夹——man 和 woman,其中分别存放着男人和女人的图片,各 10 张,共计 20 张,如图 4-7 所示。

图 4-7 man 和 woman 图片样本

从图 4-7 可以看出，样本被分别存放在两个文件夹下。
- 文件夹的名称可以被当作样本标签（man 和 woman）。
- 文件夹中的具体图片文件可以被当作具体的样本数据。

下面通过代码完成本实例的功能。

4.5.2 代码实现：读取样本文件的目录及标签

定义函数 load_sample，用来将图片路径及对应标签读入内存。具体代码如下。

代码 4-5　将图片文件制作成 TFRecord 数据集

```
01 import os
02 import tensorflow as tf
03 from PIL import Image
04 from sklearn.utils import shuffle
05 import numpy as np
06 from tqdm import tqdm
07 tf.compat.v1.disable_v2_behavior()
08 def load_sample(sample_dir,shuffleflag = True):
09     '''递归读取文件。只支持一级。返回文件名、数值标签、数值对应的标签名'''
10     print ('loading sample  dataset..')
11     lfilenames = []
12     labelsnames = []
13     for (dirpath, dirnames, filenames) in os.walk(sample_dir):   #递归遍历文件夹
14         for filename in filenames:                                #遍历所有文件名
15             #print(dirnames)
16             filename_path = os.sep.join([dirpath, filename])
17             lfilenames.append(filename_path)              #添加文件名
18             labelsnames.append( dirpath.split('\\')[-1] ) #添加文件名对应的标签
19
20     lab= list(sorted(set(labelsnames)))         #生成标签名称列表
21     labdict=dict( zip( lab  ,list(range(len(lab)))  ))  #生成字典
22
23     labels = [labdict[i] for i in labelsnames]
24     if shuffleflag == True:
25         return shuffle(np.asarray( lfilenames),np.asarray( labels)),np.asarray(lab)
26     else:
27         return (np.asarray( lfilenames),np.asarray( labels)),np.asarray(lab)
28
29 directory='man_woman\\'                                   #定义样本路径
```

```
30 (filenames,labels),_ = load_sample(directory,shuffleflag=False)    #载入文
件名称与标签
```

在代码第 6 行中引入了第三方库——tqdm，以便在批处理过程中显示进度。如果运行时提示找不到该库，则可以在命令行中用以下命令进行安装：

```
pip install tqdm
```

load_sample 函数的返回值有 3 个，分别是：图片文件的名称列表（lfilenames）、每个图片文件对应的标签列表（labels）、具体的标签数值对应的字符串列表（lab）。

在代码的最后两行（第 29、30 行），用 load_sample 函数返回具体的文件目录信息。

4.5.3　代码实现：定义函数生成 TFRecord 数据集

定义函数 makeTFRec，将图片样本制作成 TFRecord 格式的数据集。具体代码如下。

代码 4-5　将图片文件制作成 TFRecord 数据集（续）

```
31 def makeTFRec(filenames,labels):  #定义生成 TFRecord 的函数
32     #定义 writer，用于向 TFRecords 文件写入数据
33     writer= tf.io.TFRecordWriter("mydata.tfrecords")
34     for i in tqdm( range(0,len(labels)) ):
35         img=Image.open(filenames[i])
36         img = img.resize((256, 256))
37         img_raw=img.tobytes()   #将图片转化为二进制格式
38         example = tf.train.Example(features=tf.train.Features(feature={
39                 #存放图片的标签 label
40             "label":
   tf.train.Feature(int64_list=tf.train.Int64List(value=[labels[i]])),
41                 #存放具体的图片
42             'img_raw':
   tf.train.Feature(bytes_list=tf.train.BytesList(value=[img_raw]))
43         }))       #用 example 对象对 label 和 image 数据进行封装
44
45         writer.write(example.SerializeToString())    #序列化为字符串
46     writer.close()              #数据集制作完成
47
48 makeTFRec(filenames,labels)
```

代码第 34 行调用了第三方库——tqdm，实现进度条的显示。

函数 makeTFRec 接收的参数为文件名列表（filenames）、标签列表（labels）。内部实现的流程是：

（1）按照 filenames 中的路径读取图片。
（2）将读取的图片与标签组合在一起。
（3）用 TFRecordWriter 对象的 write()方法将读取的图片与标签数据写入文件。

依次读取 filenames 中的图片文件内容，并配合对应的标签一起，调用 TFRecordWriter 对象的 write()方法进行写入操作。

代码第 48 行调用了 makeTFRec 函数。该代码执行后，可以在本地文件路径下找到 mydata.tfrecords 文件。这个文件就是制作好的 TFRecord 格式样本数据集。

4.5.4 代码实现：读取 TFRecord 数据集，并将其转化为队列

定义函数 read_and_decode，用来将 TFRecord 格式的数据集转化为可以输入静态图的队列格式。

函数 read_and_decode 支持两种模式的队列格式转化：训练模式和测试模式。
- 在训练模式下，会对数据集进行乱序（shuffle）操作，并将其按照指定批次组合起来。
- 在测试模式下，会按照顺序读取数据集一次，不需要乱序操作和批次组合操作。

具体代码如下。

代码 4-5　将图片文件制作成 TFRecord 数据集（续）

```
49 def read_and_decode(filenames,flag = 'train',batch_size = 3):
50     #根据文件名生成一个队列
51     if flag == 'train':
52         filename_queue = tf.compat.v1.train.string_input_producer(filenames)#乱序操作，并循环读取
53     else:
54         filename_queue = tf.compat.v1.train.string_input_producer(filenames,num_epochs = 1,shuffle = False)
55
56     reader = tf.compat.v1.TFRecordReader()
57     _, serialized_example = reader.read(filename_queue)     #返回文件名和文件
58     features = tf.io.parse_single_example(serialized= serialized_example, #取出包含 image 和 label 的 feature
59                                           features={
60                                               'label': tf.io.FixedLenFeature([], tf.int64),
61                                               'img_raw' : tf.io.FixedLenFeature([], tf.string),
62                                           })
```

```
63
64      #tf.decode_raw 可以将字符串解析成图像对应的像素数组
65      image = tf.io.decode_raw(features['img_raw'], tf.uint8)
66      image = tf.reshape(image, [256,256,3])
67
68      label = tf.cast(features['label'], tf.int32)   #转换标签类型
69
70      if flag == 'train':    #如果是训练使用，则应将其归一化，并按批次组合
71          image = tf.cast(image, tf.float32) * (1. / 255) - 0.5  #归一化
72          img_batch, label_batch = tf.compat.v1.train.batch([image, label],#按照批次组合
73                                              batch_size=batch_size,
    capacity=20)
74          return img_batch, label_batch
75
76      return image, label
77
78 TFRecordfilenames = ["mydata.tfrecords"]
79 image, label =read_and_decode(TFRecordfilenames,flag='test')   #以测试的方式打开数据集
```

函数 read_and_decode 接收的参数有：TFRecord 文件名列表（filenames）、运行模式（flag）、划分的批次（batch_size）。

- 如果是测试模式，则返回一个标签数据，代表被测图片的计算结果。
- 如果是训练模式，则返回一个列表，其中包含一批次样本数据的计算结果。

代码第 78、79 行调用了函数 read_and_decode，并将函数 read_and_decode 的参数 flag 设置为 test，代表是以测试模式加载数据集。该函数被执行后，便可以在会话（session）中通过队列的方式读取数据了。

> **提示：**
> 如果要以训练模式加载数据集，则直接将函数 read_and_decode 的参数 flag 设置为 train 即可。完整的代码可以参考本书配套资源中的代码文件"4-5 将图片文件制作成 TFRecord 数据集.py"。

4.5.5 代码实现：建立会话，将数据保存到文件

将数据保存到文件中的步骤如下：
（1）定义要保存文件的路径。

(2)建立会话（session），准备运行静态图。
(3)在会话（session）中启动一个带有协调器的队列线程。
(4)用会话（session）的run()方法获得数据，并将数据保存到指定路径下。
具体代码如下。

代码4-5　将图片文件制作成TFRecord数据集（续）

```
80  saveimgpath = 'show\\'        #定义保存图片的路径
81  if tf.io.gfile.Exists(saveimgpath):     #如果存在saveimgpath，则将其删除
82      tf.io.gfile.rmtree(saveimgpath)
83  tf.io.gfile.MakeDirs(saveimgpath)       #创建saveimgpath路径
84
85  #开始一个读取数据的会话
86  with tf.compat.v1.Session() as sess:
87      sess.run(tf.compat.v1.local_variables_initializer())#初始化本地变量，如果没有这句则会报错
88
89      coord=tf.train.Coordinator()        #启动多线程
90      threads= tf.compat.v1.train.start_queue_runners(coord=coord)
91      myset = set([])                     #建立集合对象，用于存放子文件夹
92
93      try:
94          i = 0
95          while True:
96              example, examplelab = sess.run([image,label]) #取出image和label
97              examplelab = str(examplelab)
98              if examplelab not in myset:
99                  myset.add(examplelab)
100                 tf.io.gfile.MakeDirs(saveimgpath+examplelab)
101             img=Image.fromarray(example, 'RGB')   #转换为Image格式
102             img.save(saveimgpath+examplelab+'/'+str(i)+'_Label_'+'.jpg') #保存图片
103             print( i)
104             i = i+1
105     except tf.errors.OutOfRangeError:   #定义取完数据的异常处理
106         print('Done Test -- epoch limit reached')
107     finally:
108         coord.request_stop()
109         coord.join(threads)
110         print("stop()")
```

代码第82行是删除指定目录的操作，也可以用代码shutil.rmtree(saveimgpath)来实现。

在代码第 91 行，建立了集合对象 myset，用于按数据的标签来建立子文件夹。

在代码第 95 行，用无限循环的方式从训练集里不停地取数据。当训练集里的数据被取完后，会触发 tf.errors.OutOfRangeError 异常。

在代码第 98 行，会判断是否有新的标签出现。如果没有新的标签出现，则将数据存到已有的文件夹里；如果有新的标签出现，则接着创建新的子文件夹（见代码第 100 行）。

4.5.6 运行程序

程序运行后，输出以下结果：

```
loading sample dataset..
100%|███████████████| 20/20 [00:00<00:00, 246.26it/s]
0
1
……
18
19
Done Test -- epoch limit reached
stop()
```

执行后，在本地路径下会发现有一个 show 的文件夹，里面放置了生成的图片，如图 4-8 所示。

图 4-8　转化后的 man 和 woman 样本

show 文件夹中有两个子文件夹：0 和 1。0 文件夹中放置的是男人图片，1 文件夹中放置的是女人图片。

4.6　实例 15：将内存对象制作成 Dataset 数据集

tf.data.Dataset 接口是一个可以生成 Dataset 数据集的高级接口。用 tf.data.Dataset 接口来处理数据集会使代码变得简单。这也是目前 TensorFlow 官方主推的一种数据集处理方式。

本实例将生成一个模拟 y≈2x 的数据集，将数据集的样本和标签分别以元组和字典类型存放为两份。建立两个 Dataset 数据集：一个是被传入元组类型的样本，另一个是被传入字典类型的样本。

然后对这两个数据集做以下操作，并比较结果：

（1）处理数据源是元组类型的数据集，将前 5 个数据依次显示出来。

（2）处理数据源是字典类型的数据集，将前 5 个数据依次显示出来。

（3）处理数据源是元组类型的数据集，按照每批次 10 个样本的格式进行划分，并将前 5 个批次的数据依次显示出来。

（4）对数据源是字典类型的数据集中的 y 变量做变换，将其转化成整形。然后将前 5 个数据依次显示出来。

（5）对数据源是元组类型的数据集进行乱序操作，将前 5 个数据依次显示出来。

下面先介绍 tf.data.Dataset 接口的基本使用方法，然后介绍 Dataset 数据集的具体操作。

4.6.1 如何生成 Dataset 数据集

tf.data.Dataset 接口是通过创建 Dataset 对象来生成 Dataset 数据集的。Dataset 对象可以表示为一系列元素的封装。

有了 Dataset 对象后，就可以在其上直接做乱序（shuffle）、元素变换（map）、迭代取值（iterate）等操作。

Dataset 对象可以由不同的数据源转化而来。在 tf.data.Dataset 接口中，有 3 种方法可以将内存中的数据转化成 Dataset 对象，具体如下。

- tf.data.Dataset.from_tensors()：根据内存对象生成 Dataset 对象。该 Dataset 对象中只有 1 个元素。
- tf.data.Dataset.from_tensor_slices()：根据内存对象生成 Dataset 对象。内存对象是列表、元组、字典、Numpy 数组等类型。另外该方法也支持 TensorFlow 中的张量类型。
- tf.data.Dataset.from_generator()：根据生成器对象生成 Dataset 对象。

这几种方法的使用基本类似。本实例中使用的是 tf.data.Dataset.from_tensor_slices 接口。

> **提示：**
> 在使用 tf.data.Dataset.from_tensor_slices 之类的接口时，如果传入了嵌套 list 类型的对象，则必须保证 list 中每个嵌套元素的长度都相同，否则会报错。
>
> 正确使用举例：
> Dataset.from_tensor_slices([[1, 2],[1, 2]])   #list 里有两个子 list，并且长度相同
>
> 错误使用举例：
> Dataset.from_tensor_slices([[1, 2],[1]])   #list 里有两个子 list，并且长度不同

4.6.2 如何使用 Dataset 接口

使用 Dataset 接口的操作步骤如下：
（1）生成数据集 Dataset 对象。
（2）对 Dataset 对象中的样本进行变换操作。
（3）创建 Dataset 迭代器。
（4）在会话（session）中将数据取出。
其中，第（1）步是必备步骤，第（2）步是可选步骤。

1. Dataset 接口所支持的数据集操作

在 tf.data.Dataset 接口的 API 中，支持的数据集变换操作有乱序（shuffle）、自定义元素变换（map）、按批次组合（batch）、重复读取（repeat）等。

2. Dataset 接口在不同框架中的应用

第（3）步和第（4）步是在静态图中使用数据集的步骤，作用是取出数据集中的数据。在实际应用中，第（3）步和第（4）步会随着 Dataset 对象所应用的框架不同而有所变化。例如：
- 在动态图框架中，可以直接迭代 Dataset 对象进行取数据。
- 在估算器框架中，可以直接将 Dataset 对象封装成输入函数来进行取数据。

4.6.3 tf.data.Dataset 接口所支持的数据集变换操作

在 TensorFlow 中封装了 tf.data.Dataset 接口的多个常用函数，见表 4-1。

表 4-1 tf.data.Dataset 接口的常用函数

函数	描述
range(*args)	根据传入的数值范围，生成一系列整数数字组成的数据集。其中，传入参数与 Python 中的 xrange 函数一样，共有 3 个：start（起始数字）、stop（结束数字）、step（步长）。 例：import tensorflow as tf 　　　Dataset =tf.data.Dataset 　　　Dataset.range(5) 的值为 [0, 1, 2, 3, 4] 　　　Dataset.range(2, 5) 的值为[2, 3, 4] 　　　Dataset.range(1, 5, 2) 的值为[1, 3] 　　　Dataset.range(1, 5, -2) 的值为[] 　　　Dataset.range(5, 1) 的值为[] 　　　Dataset.range(5, 1, -2) 的值为[5, 3]

续表

函数	描述
zip(datasets)	将输入的多个数据集按内部元素顺序重新打包成新的元组序列。它与 Python 中的 zip 函数意义一样。 例：import tensorflow as tf 　　　Dataset =tf.data.Dataset 　　　a = Dataset.from_tensor_slices([1, 2, 3]) 　　　b = Dataset.from_tensor_slices([4, 5, 6]) 　　　c = Dataset.from_tensor_slices((7, 8), (9, 10), (11, 12)) 　　　d = Dataset.from_tensor_slices([13, 14]) 　　　Dataset.zip((a, b)) 的值为 { (1, 4), (2, 5), (3, 6) } 　　　Dataset.zip((a, b, c)) 的值为 { (1, 4, (7, 8)), 　　　　　　　　　　　　　　　　　　　(2, 5, (9, 10)), 　　　　　　　　　　　　　　　　　　　(3, 6, (11, 12)) } 　　　Dataset.zip((a, d)) 的值为 { (1, 13), (2, 14) }
concatenate(dataset)	将输入的序列（或数据集）数据连接起来。 例：import tensorflow as tf 　　　Dataset =tf.data.Dataset 　　　a = Dataset.from_tensor_slices([1, 2, 3]) 　　　b = Dataset.from_tensor_slices([4, 5, 6, 7]) 　　　a.concatenate(b) 的值为 { 1, 2, 3, 4, 5, 6, 7 }
list_files(file_pattern, shuffle=None)	获取本地文件，将文件名做成数据集。提示：文件名是二进制形式。 例：在本地路径下有以下 3 个文件： 　　• facelib\one.jpg 　　• facelib\two.jpg 　　• facelib\琼斯.jpg 　　制作数据集代码： 　　import tensorflow as tf 　　Dataset =tf.data.Dataset 　　dataset = Dataset.list_files('facelib*.jpg') 　　得到的数据集： 　　{ b'facelib\\two.jpg' 　　b'facelib\\one.jpg' 　　b'facelib\\\xe7\x90\xbc\xe6\x96\xaf.jpg'} 　　生成的二进制可以转成字符串来显示。例： 　　str1 = b'facelib\\\xe7\x90\xbc\xe6\x96\xaf.jpg' 　　print(str1.decode()) 　　输出：facelib\琼斯.jpg

续表

函数	描述
repeat(count=None)	生成重复的数据集。输入参数 count 代表重复读取的次数。 例：import tensorflow as tf 　　　Dataset =tf.data.Dataset 　　　a = Dataset.from_tensor_slices([1, 2, 3]) 　　　a.repeat(1) 的值为{ 1, 2, 3 ,1 , 2, 3 } 也可以无限次重复读取，例如：a.repeat()
shuffle(　　buffer_size, 　　seed=None, 　　reshuffle_each_iteration=None)	将数据集的内部元素顺序随机打乱。参数说明如下。 ● buffer_size：随机打乱元素排序的大小（越大越混乱）。 ● seed：随机种子。 ● reshuffle_each_iteration：是否每次迭代都随机乱序。 例：import tensorflow as tf 　　　Dataset =tf.data.Dataset 　　　a = Dataset.from_tensor_slices([1, 2, 3, 4 ,5]) 　　　a.shuffle(1) 的值为{ 1, 2, 3 ,4 ,5 } 　　　a.shuffle(10) 的值为{ 4, 1, 3 ,2 ,5 }
batch(batch_size, drop_remainder)	将数据集的元素按照批次组合。参数说明如下。 ● batch_size：批次大小。 ● drop_remainder：是否忽略批次组合后剩余的数据。 例：import tensorflow as tf 　　　Dataset =tf.data.Dataset 　　　a = Dataset.from_tensor_slices([1, 2, 3, 4 ,5]) 　　　a.batch(1) 的值为{ [1], [2], [3] ,[4] ,[5] } 　　　a.batch(2) 的值为{ [1 2], [3 4], [5] }

padded_batch(
　　batch_size,
　　padded_shapes,
　　padding_values=None
)
	为数据集的每个元素补充 padding_values 值。参数说明如下。
	●·batch_size：生成的批次。
	●·padded_shapes：补充后的样本形状。
	●·padding_values：所需要补充的值（默认为 0）。
	例：data1 = tf.data.Dataset.from_tensor_slices([[1, 2],[1,3]])
	　　　#在每条数据后面补充两个 0，使其形状变为 [4]
	　　　data1 = data1.padded_batch(2,padded_shapes=[4])
	　　　data1 的值为{ [[1,2,0,0], [1,3,0,0]] }

map(　　map_func, 　　num_parallel_calls=None)	通过 map_func 函数将数据集中的每个元素进行处理转换，返回一个新的数据集。参数说明如下。 ● map_func：处理函数。 ●·num_parallel_calls：并行的处理的线程个数。 例：import tensorflow as tf

续表

函数	描述
	Dataset =tf.data.Dataset a = Dataset.from_tensor_slices([1, 2, 3, 4 ,5]) a.map(lambda x: x + 1) 的值为 { 2, 3 ,4 ,5 ,6 }
flat_map(map_func)	将整个数据集放到 map_func 函数中去处理，并将处理完的结果展平。 例：import tensorflow as tf Dataset =tf.data.Dataset a = Dataset.from_tensor_slices([[1,2,3],[4,5,6]]) #将数据集展平后返回 a.flat_map(lambda x:Dataset.from_tensors(x)) 的值为{ [1,2,3] , [4, 5,6] }

interleave(
    map_func,
    cycle_length,
    block_length=1
)
	控制元素的生成顺序函数。参数说明如下。
	● map_func：每个元素的处理函数。
	● cycle_length：循环处理元素个数。
	● block_length：从每个元素所对应的组合对象中，取出的个数。
	例：
	    在本地路径下有以下 4 个文件：
	    ● testset\1mem.txt:
	    ● testset\1sys.txt
	    ● testset\2mem.txt
	    ● testset\2sys.txt
	    mem 的文件为每天的内存信息，内容为：
	        1day 9:00 CPU mem 110
	        1day 9:00 GPU mem 11
	    sys 的文件为每天的系统信息，内容为：
	        1day 9:00 CPU 11.1
	        1day 9:00 GPU 91.1
	现要将每天的内存信息和系统信息按照时间的顺序放到数据集中：
	def parse_fn(x):
	  print(x)
	  return x
	dataset = (Dataset.list_files('testset*.txt', shuffle=False)
	        .interleave(lambda x:
	            tf.data.TextLineDataset(x).map(parse_fn, num_parallel_calls=1),
	cycle_length=2, block_length=2))
	生成的数据集为：
	b'1day 9:00 CPU mem 110'

续表

函　数	描　　述
	b'1day 9:00 GPU mem 11' b'1day 9:00 CPU　　11.1' b'1day 9:00 GPU　　91.1' b'1day 10:00 CPU mem 210' b'1day 10:00 GPU mem 21' b'1day 10:00 CPU　　11.2 'b'1day 10:00 GPU　　91.2' b'1day 11:00 CPU mem 310' b'1day 11:00 GPU mem 31' 本实例的完整代码在本书配套资源的代码文件"4-6　interleave 例子.py"中

filter(predicate)	将整个数据集中的元素按照函数 predicate 进行过滤，留下使函数 predicate 返回为 True 的数据。
	例：import tensorflow as tf
	　　dataset = tf.data.Dataset.from_tensor_slices([1.0, 2.0, 3.0, 4.0, 5.0])
	　　#过滤掉大于 3 的数字
	　　dataset = dataset.filter(lambda x: tf.less(x, 3))的值为{ [1.0 2.0] }

apply(transformation_func)	将一个数据集转换为另一个数据集。 例：data1 = np.arange(50).astype(np.int64) 　　dataset = tf.data.Dataset.from_tensor_slices(data1) 　　dataset = dataset.apply((tf.contrib.data.group_by_window(key_func=lambda x: x%2, reduce_func=lambda _, els: els.batch(10), window_size=20)　)) 　　dataset 的值为{　　[0　2　4　6　8 10 12 14 16 18] [20 22 24 26 28 30 32 34 36 38] [1　3　5　7　9 11 13 15 17 19] [21 23 25 27 29 31 33 35 37 39] [40 42 44 46 48] [41 43 45 47 49] } 　　该代码内部执行逻辑如下： 　　（1）将数据集中偶数行与奇数行分开。 　　（2）以 window_size 为窗口大小，一次取 window_size 个偶数行和 window_size 个奇数行。 　　（3）在 window_size 中，按照指定的批次 batch 进行组合，并将处理后的数据集返回
shard(num_shards, index)	用在分布式训练场景中，代表将数据集分为 num_shards 份，并取第 index 份数据
prefetch(buffer_size)	设置从数据集中取数据时的最大缓冲区。buffer_size 是缓冲区大小。推荐将 buffer_size 设置成 tf.data.experimental.AUTOTUNE，代表由系统自动调节缓存大小

表 4-1 中除 interleava() 函数例子外的例子的代码在本书配套资源代码文件 "4-7　Dataset 对象的操作方法.py" 中。

一般来讲，处理数据集比较合理的步骤是：
（1）创建数据集。
（2）乱序（shuffle）数据集。
（3）设置数据集为可重复读取（repeat）。
（4）变换数据集中的元素（map）。
（5）设定批次（batch）。
（6）设定缓存（prefetch）。

> 提示：
> 在处理数据集的步骤中，第（5）步必须放在第（3）步后面，否则在训练时会产生某批次数据不足的情况。在模型与批次数据强耦合的情况下，如果输入模型的批次数据不足，则训练过程会出错。
> 造成这种情况的原因是：如果数据总数不能被批次整除，则在批次组合时会剩下一些不足一批次的数据；而在训练过程中，这些剩下的数据也会进入模型。
> 如果设置数据集为可重复读取（repeat），则不会在设定批次（batch）操作过程中出现剩余数据的情况。
> 另外，还可以在 batch 函数中将参数 drop_remainder 设为 True。这样在设定批次（batch）操作过程中，系统将会把剩余的数据丢弃。这也可以起到避免出现批次数据不足的问题。

4.6.4　代码实现：以元组和字典的方式生成 Dataset 对象

用 tf.data.Dataset.from_tensor_slices 接口分别以元组和字典的方式，将 $y≈2x$ 模拟数据集转为 Dataset 对象——dataset（元组方式数据集）、dataset2（字典方式数据集）。

代码 4-8　将内存数据转成 DataSet 数据集

```
01 import tensorflow as tf
02 import numpy as np
03 tf.compat.v1.disable_v2_behavior()
04 #在内存中生成模拟数据
05 def GenerateData(datasize = 100 ):
06     train_X = np.linspace(-1, 1, datasize) #定义在-1~1之间连续的100个浮点数
07     train_Y = 2 * train_X + np.random.randn(*train_X.shape) * 0.3    #y=2x,但是加入了噪声
```

```
08      return train_X, train_Y        #以生成器的方式返回
09
10 train_data = GenerateData()
11
12 #将内存数据转化成数据集
13 dataset = tf.data.Dataset.from_tensor_slices( train_data )#以元组的方式生成
   数据集
14 dataset2 = tf.data.Dataset.from_tensor_slices( {      #以字典的方式生成数据集
15      "x":train_data[0],
16      "y":train_data[1]
17      } )
```

代码第 10 行，定义的变量 train_data 是内存中的模拟数据集。

代码第 14 行，以字典方式生成的 Dataset 对象 dataset2。在 dataset2 对象中，用字符串 "x" "y" 作为数据的索引名称。索引名称相当于字典类型数据中的 key，用于读取数据。

4.6.5　代码实现：对 Dataset 对象中的样本进行变换操作

依照实例的要求，对 Dataset 对象中的样本依次进行批次组合、类型转换和乱序操作。具体代码如下。

代码 4-8　将内存数据转成 DataSet 数据集（续）

```
18 batchsize = 10                 #定义批次样本个数
19 dataset3 = dataset.repeat().batch(batchsize)    #按批次组合数据集
20
21 dataset4 = dataset2.map(lambda data:
   (data['x'],tf.cast(data['y'],tf.int32)) )    #转化数据集中的元素
22 dataset5 = dataset.shuffle(100)          #乱序数据集
```

在本节代码中，一共生成了 3 个新的数据集——dataset3、dataset4、dataset5。具体解读如下：

- 代码第 18、19 行，对数据集进行批次组合操作，生成了数据集 dataset3。首先调用数据集对象 dataset 的 repeat()方法，将数据集对象 dataset 变为可无限次重复读取的数据集；接着调用 batch()方法，将数据集对象 dataset 中的样本按照 batchsize 大小进行划分（batchsize 大小为 10，即按照 10 条为一批次来划分），这样每次从数据集 dataset3 中取出的数据都是以 10 条为单位的。
- 代码第 21 行，对数据集中的元素进行自定义转化操作，生成了数据集 dataset4。这里用匿名函数将字典类型中 key 值为 y 的数据转化成整形。

- 代码第 22 行，对数据集做乱序操作，生成了数据集 dataset5。这里调用了 shuffle 函数，并传入参数 100。这样可以让数据乱序得更充分。

4.6.6 代码实现：创建 Dataset 迭代器

在本实例中，通过迭代器的方式从数据集中取数据。具体步骤如下：

（1）调用数据集 Dataset 对象的 make_one_shot_iterator()方法，生成一个迭代器 iterator。

（2）调用迭代器的 get_next()方法，获得一个元素。

具体代码如下。

代码 4-8　将内存数据转成 DataSet 数据集（续）

```
23  def getone(dataset):
24      iterator = tf.compat.v1.data.make_one_shot_iterator(dataset)  #生成一个迭代器
25      one_element = iterator.get_next()     #从 iterator 里取出一个元素
26      return one_element
27
28  one_element1 = getone(dataset)      #从 dataset 里取出一个元素
29  one_element2 = getone(dataset2)     #从 dataset2 里取出一个元素
30  one_element3 = getone(dataset3)     #从 dataset3 里取出一个批次的元素
31  one_element4 = getone(dataset4)     #从 dataset4 里取出一个元素
32  one_element5 = getone(dataset5)     #从 dataset5 里取出一个元素
```

代码第 23 行的函数 getone 用于返回数据集中具体元素的张量。

代码第 28~32 行，分别将制作好的数据集 dataset、dataset2、dataset3、dataset4、dataset5 传入函数 getone，依次得到对应数据集中的第 1 个元素。

> 提示：
>
> 代码第 24 行，用 make_one_shot_iterator()方法创建数据集迭代器。该方法内部会自动实现迭代器的初始化。如果不使用 make_one_shot_iterator()方法，则需要在会话（session）中手动对迭代器进行初始化。如：
>
> iterator = dataset.make_initializable_iterator()   #直接生成迭代器
> one_element1 = iterator.get_next()   #生成元素张量
> with tf.compat.v1.Session() as sess:
> sess.run(iterator.initializer)   #在会话（session）中对迭代器进行初始化
> …

4.6.7 代码实现：在会话中取出数据

由于运行框架是静态图，所以整个过程中的数据都是以张量类型存在的。必须将数据放入会话（session）中的 run()方法进行计算，才能得到真实的值。

定义函数 showone 与 showbatch，分别用于获取数据集中的单个数据与多个数据。

具体代码如下。

代码 4-8　将内存数据转成 DataSet 数据集（续）

```
33 def showone(one_element,datasetname):        #定义函数，用于显示单个数据
34     print('{0:-^50}'.format(datasetname))    #分隔符
35     for ii in range(5):
36         datav = sess.run(one_element)        #通过静态图注入的方式传入数据
37         print(datasetname,"-",ii,"| x,y:",datav) #分隔符
38
39 def showbatch(onebatch_element,datasetname): #定义函数，用于显示批次数据
40     print('{0:-^50}'.format(datasetname))
41     for ii in range(5):
42         datav = sess.run(onebatch_element)   #通过静态图注入的方式传入数据
43         print(datasetname,"-",ii,"| x.shape:",np.shape(datav[0]),"| x[:3]:",datav[0][:3])
44         print(datasetname,"-",ii,"| y.shape:",np.shape(datav[1]),"| y[:3]:",datav[1][:3])
45
46 with tf.compat.v1.Session() as sess:         #建立会话（session）
47     showone(one_element1,"dataset1")         #调用showone函数，显示一条数据
48     showone(one_element2,"dataset2")
49     showbatch(one_element3,"dataset3")       #调用showbatch函数，显示一批次数据
50     showone(one_element4,"dataset4")
51     showone(one_element5,"dataset5")
```

代码第 34、40 行，是输出一个格式化字符串的功能代码。该代码会输出一个分割符，使结果看起来更工整。

4.6.8 运行程序

整个代码运行后，输出以下结果：

```
----------------------dataset1----------------------
dataset1 - 0 | x,y: (-1.0, -2.1244706266287157)
dataset1 - 1 | x,y: (-0.9797979797979798, -1.9726405683713444)
dataset1 - 2 | x,y: (-0.9595959595959596, -1.6247158752571687)
```

```
dataset1 - 3 | x,y: (-0.9393939393939394, -1.9846861456039562)
dataset1 - 4 | x,y: (-0.9191919191919192, -1.9161218907604878)
--------------------dataset2--------------------
dataset2 - 0 | x,y: {'x': -1.0, 'y': -2.1244706266287157}
dataset2 - 1 | x,y: {'x': -0.9797979797979798, 'y': -1.9726405683713444}
dataset2 - 2 | x,y: {'x': -0.9595959595959596, 'y': -1.6247158752571687}
dataset2 - 3 | x,y: {'x': -0.9393939393939394, 'y': -1.9846861456039562}
dataset2 - 4 | x,y: {'x': -0.9191919191919192, 'y': -1.9161218907604878}
--------------------dataset3--------------------
dataset3 - 0 | x.shape: (10,) | x[:3]: [-1.         -0.97979798 -0.95959596]
dataset3 - 0 | y.shape: (10,) | y[:3]: [-2.12447063 -1.97264057 -1.62471588]
dataset3 - 1 | x.shape: (10,) | x[:3]: [-0.7979798  -0.77777778 -0.75757576]
dataset3 - 1 | y.shape: (10,) | y[:3]: [-1.77361254 -1.71638089 -1.6188056 ]
dataset3 - 2 | x.shape: (10,) | x[:3]: [-0.5959596  -0.57575758 -0.55555556]
dataset3 - 2 | y.shape: (10,) | y[:3]: [-0.80146675 -1.1920661  -0.99146132]
dataset3 - 3 | x.shape: (10,) | x[:3]: [-0.39393939 -0.37373737 -0.35353535]
dataset3 - 3 | y.shape: (10,) | y[:3]: [-1.41878264 -0.97009554 -0.81892304]
dataset3 - 4 | x.shape: (10,) | x[:3]: [-0.19191919 -0.17171717 -0.15151515]
dataset3 - 4 | y.shape: (10,) | y[:3]: [-0.11564091 -0.6592607   0.16367008]
--------------------dataset4--------------------
dataset4 - 0 | x,y: (-1.0, -2)
dataset4 - 1 | x,y: (-0.9797979797979798, -1)
dataset4 - 2 | x,y: (-0.9595959595959596, -1)
dataset4 - 3 | x,y: (-0.9393939393939394, -1)
dataset4 - 4 | x,y: (-0.9191919191919192, -1)
--------------------dataset5--------------------
dataset5 - 0 | x,y: (-0.5353535353535352, -1.0249665887548258)
dataset5 - 1 | x,y: (0.39393939393939403, 0.6453621496727984)
dataset5 - 2 | x,y: (0.2323232323232325, 0.641307921857285)
dataset5 - 3 | x,y: (0.6161616161616164, 0.8879358507776747)
dataset5 - 4 | x,y: (0.7373737373737375, 1.60192581924349)
```

在结果中,每个分隔符都代表一个数据集,在分割符下面显示了该数据集中的数据。

- dataset1:元组数据的内容。
- dataset2:字典数据的内容。
- dataset3:批次数据的内容。可以看到,每个 x、y 的都有 10 条数据。
- dataset4:将 dataset2 转化后的结果。可以看到,y 的值被转成了一个整数。
- dataset5:将 dataset1 乱序后的结果。可以看到,前 5 条的 x 数据与 dataset1 中的完全不同,并且没有规律。

4.6.9 使用 tf.data.Dataset.from_tensor_slices 接口的注意事项

在 tf.data.Dataset.from_tensor_slices 接口中，如果传入的是列表类型对象，则系统将其中的元素当作数据来处理；而如果传入的是元组类型对象，则将其中的元素当作列来拆开。这是值得注意的地方。

下面举例演示。

代码 4-9　from_tensor_slices 的注意事项

```
01  import tensorflow as tf
02  tf.compat.v1.disable_v2_behavior()
03  #传入列表对象
04  dataset1 = tf.data.Dataset.from_tensor_slices( [1,2,3,4,5] )
05  def getone(dataset):
06      iterator = tf.compat.v1.data.make_one_shot_iterator(dataset) #生成一个迭代器
07      one_element = iterator.get_next()    #从 iterator 里取出 1 个元素
08      return one_element
09
10  one_element1 = getone(dataset1)
11
12  with tf.compat.v1.Session() as sess:     #建立会话（session）
13      for i in range(5):                    #通过 for 循环打印所有的数据
14          print(sess.run(one_element1))    #用 sess.run 读出 Tensor 值
```

运行代码，输出以下结果：

```
1
2
3
4
5
```

结果中显示了列表中的所有数据，这是正常的结果。

1. 错误示例

如果将代码第 4 行传入的列表对象改成元组对象，则代码如下：

```
dataset1 = tf.data.Dataset.from_tensor_slices((1,2,3,4,5) ) #传入元组对象
```

代码运行后将会报错，输出以下结果：

```
...
IndexError: list index out of range
```

报错的原因是：函数 from_tensor_slices 自动将外层的元组拆开，将里面的每个元素当作一个列的数据。由于每个元素只是一个具体的数字，并不是数组，所以报错。

2. 修改办法

将数据中的每个数字改成数组，即可避免错误发生，具体代码如下：

```
dataset1 = tf.data.Dataset.from_tensor_slices( ([1],[2],[3],[4],[5]) )
one_element1 = getone(dataset1)
with tf.compat.v1.Session() as sess:       #建立会话（session）
    print(sess.run(one_element1))          #用 sess.run 读出 Tensor 值
```

则代码运行后，输出以下结果：

```
(1, 2, 3, 4, 5)
```

4.7 实例 16：将图片文件制作成 Dataset 数据集

本实例将前面 4.5 节与 4.6 节的内容综合起来，将图片转为 Dataset 数据集，并进行更多的变换操作。

有两个文件夹，分别放置男人与女人的照片。

本实例要实现的是：

（1）将两个文件夹中的图片制作成 Dataset 的数据集。

（2）对图片进行尺寸大小调整、随机水平翻转、随机垂直翻转、按指定角度翻转、归一化、随机明暗度变化、随机对比度变化操作，并将其显示出来。

在图片训练过程中，一个变形丰富的数据集会使模型的精度与泛化性成倍地提升。一套成熟的代码，可以使开发数据集的工作简化很多。

本实例中使用的样本与 4.5 节实例中使用的样本完全一致，具体的样本内容可参考 4.5.1 节。

4.7.1 代码实现：读取样本文件的目录及标签

定义函数 load_sample，用来将样本图片的目录名称及对应的标签读入内存。该函数与 4.5.2 节中介绍的 load_sample 函数完全一样。具体代码可参考 4.5.2 节。

4.7.2 代码实现：定义函数，实现图片转换操作

定义函数 _distorted_image，用 TensorFlow 自带的 API 实现单一图片的变换处理。函数 distorted_image 的结果不能直接输出，需要通过会话形式进行显示。

具体代码如下。

代码 4-10 将图片文件制作成 Dataset 数据集

```
01 def distorted_image(image,size,ch=1,shuffleflag = False,cropflag = False,
   brightnessflag=False,contrastflag=False):  #定义函数
02
03    distorted_image =tf.image.random_flip_left_right(image)
04
05    if cropflag == True:                                    #随机裁剪
06        s = tf.random.uniform((1,2),int(size[0]*0.8),size[0],tf.int32)
07        distorted_image = tf.image.random_crop(distorted_image,
   [s[0][0],s[0][0],ch])
08    #上下随机翻转
09    distorted_image = tf.image.random_flip_up_down(distorted_image)
10    if brightnessflag == True:          #随机变化亮度
11        distorted_image =
   tf.image.random_brightness(distorted_image,max_delta=10)
12    if contrastflag == True:            #随机变化对比度
13        distorted_image =
   tf.image.random_contrast(distorted_image,lower=0.2, upper=1.8)
14    if shuffleflag==True:
15        distorted_image = tf.random.shuffle(distorted_image) #沿着第 0 维打乱
   顺序
16    return distorted_image
```

在函数_distorted_image 中使用的图片处理方法在实际应用中很常见。这些方法是数据增强操作的关键部分，主要用在模型的训练过程中。

4.7.3 代码实现：用自定义函数实现图片归一化

定义函数 norm_image，用来实现对图片的归一化。由于图片的像素值是 0~255 之间的整数，所以直接除以 255 便可以得到归一化的结果。具体代码如下。

代码 4-10 将图片文件制作成 Dataset 数据集（续）

```
17 def _norm_image(image,size,ch=1,flattenflag = False):     #定义函数，实现归一
   化，并且拍平
18    image_decoded = image/255.0
19    if flattenflag==True:
20        image_decoded = tf.reshape(image_decoded, [size[0]*size[1]*ch])
21    return image_decoded
```

本实例只用最简单的归一化处理，将图片的值域变化为 0~1 之间的小数。在实际开发中，

还可以将图片的值域变化为–1~1 之间的小数，让其具有更大的值域。

4.7.4　代码实现：用第三方函数将图片旋转 30°

定义函数 random_rotated30 实现图片旋转功能。在函数 random_rotated30 中，用 skimage 库函数将图片旋转 30°。skimage 库需要额外安装，具体的安装命令如下：

```
pip install scikit-image
```

在整个数据集的处理流程中，对图片的操作都是基于张量进行变化的。因为第三方函数无法操作 TensorFlow 中的张量，所以需要对第三方函数进行额外的封装。

用 tf.py_function 函数可以将第三方库函数封装为一个 TensorFlow 中的操作符（OP）。

具体代码如下。

代码 4-10　将图片文件制作成 Dataset 数据集（续）

```
22 from skimage import transform
23 def _random_rotated30(image, label):#定义函数，实现图片随机旋转操作
24
25     def _rotated(image):                      #封装好的 skimage 模块，用于将图片旋转 30°
26         shift_y, shift_x = np.array(image.shape.as_list()[:2],np.float32) / 2.
27         tf_rotate = transform.SimilarityTransform(rotation=np.deg2rad(30))
28         tf_shift = transform.SimilarityTransform(translation=[-shift_x, -shift_y])
29         tf_shift_inv = transform.SimilarityTransform(translation=[shift_x, shift_y])
30         image_rotated = transform.warp(image, (tf_shift + (tf_rotate + tf_shift_inv)).inverse)
31         return image_rotated
32
33     def _rotatedwrap():
34         image_rotated = tf.py_function( _rotated,[image],[tf.float64]) #调用第三方函数
35         return tf.cast(image_rotated,tf.float32)[0]
36
37     a = tf.random.uniform([1],0,2,tf.int32)        #实现随机功能
38     image_decoded = tf.cond(tf.equal(tf.constant(0),a[0]),lambda: image,_rotatedwrap)
39
40     return image_decoded, label
```

为了实现随机转化的功能，使用了 TensorFlow 中的 tf.cond()方法，用来根据随机条件判断

是否需要对本次图片进行旋转（见代码第 38 行）。

4.7.5 代码实现：定义函数，生成 Dataset 对象

在函数 dataset 中，用内置函数_parseone 将所有的文件名称转化为具体的图片内容，并返回 Dataset 对象。具体代码如下。

代码 4-10 将图片文件制作成 Dataset 数据集（续）

```
41  def dataset(directory,size,batchsize,random_rotated=False):  #定义函数，创建
    数据集
42      """ parse dataset."""
43      (filenames,labels),_ =load_sample(directory,shuffleflag=False)   #载入文
    件名称与标签
44      def _parseone(filename, label):                          #解析一个图片文件
45          """读取并处理每张图片"""
46          image_string = tf.io.read_file(filename)             #读取整个文件
47          image_decoded = tf.image.decode_image(image_string)
48          image_decoded.set_shape([None, None, None])          #对图片做扭曲变化
49          image_decoded = _distorted_image(image_decoded,size)
50          image_decoded = tf.image.resize (image_decoded, size) #变化尺寸
51          image_decoded = _norm_image(image_decoded,size)      #归一化
52          image_decoded = tf.cast(image_decoded, dtype=tf.float32)
53          label = tf.cast( tf.reshape(label, []),dtype=tf.int32   ) #将 label 转
    为张量
54          return image_decoded, label
55      #生成 Dataset 对象
56      dataset = tf.data.Dataset.from_tensor_slices((filenames, labels))
57      dataset = dataset.map(_parseone)         #转化为图片数据集
58
59      if random_rotated == True:
60          dataset = dataset.map(_random_rotated30)
61
62      dataset = dataset.batch(batchsize)       #批次组合数据集
63
64      return dataset
```

4.7.6 代码实现：建立会话，输出数据

首先，定义两个函数——showresult 和 showimg，用于将图片数据进行可视化输出。

接着，创建两个数据集——dataset 和 dataset2：

- dataset 是一个批次为 10 的数据集，支持随机反转、尺寸转换、归一化操作。
- dataset2 在 dataset 的基础上，又支持将图片旋转 30°。

在定义好数据集后建立会话（session），然后通过会话（session）的 run()方法获得数据并将其显示出来。

具体代码如下。

代码 4-10　将图片文件制作成 Dataset 数据集（续）

```
65  def showresult(subplot,title,thisimg):        #显示单个图片
66      p =plt.subplot(subplot)
67      p.axis('off')
68      p.imshow(thisimg)
69      p.set_title(title)
70
71  def showimg(index,label,img,ntop):            #显示结果
72      plt.figure(figsize=(20,10))               #定义显示图片的宽、高
73      plt.axis('off')
74      ntop = min(ntop,9)
75      print(index)
76      for i in range (ntop):
77          showresult(100+10*ntop+1+i,label[i],img[i])
78      plt.show()
79
80  def getone(dataset):
81      iterator = tf.compat.v1.data.make_one_shot_iterator(dataset) #生成一个迭代器
82      one_element = iterator.get_next()    #从 iterator 里取出 1 个元素
83      return one_element
84
85  sample_dir=r"man_woman"
86  size = [96,96]
87  batchsize = 10
88  tdataset = dataset(sample_dir,size,batchsize)
89  tdataset2 = dataset(sample_dir,size,batchsize,True)
90  print(tdataset.output_types)                  #打印数据集的输出信息
91  print(tdataset.output_shapes)
92
93  one_element1 = getone(tdataset)               #从 tdataset 里取出 1 个元素
94  one_element2 = getone(tdataset2)              #从 tdataset2 里取出 1 个元素
95
96  with tf.compat.v1.Session() as sess:          #建立会话（session）
```

```
97      sess.run(tf.compat.v1.global_variables_initializer()) #初始化
98
99      try:
100         for step in np.arange(1):
101             value = sess.run(one_element1)
102             value2 = sess.run(one_element2)
103             #显示图片
104             showimg(step,value2[1],np.asarray( value2[0]*255,np.uint8),10)
105             showimg(step,value2[1],np.asarray( value2[0]*255,np.uint8),10)
106
107     except tf.errors.OutOfRangeError:               #捕获异常
108         print("Done!!!")
```

这部分代码与 4.5.5 节、4.6.7 节中的代码比较类似,不再详述。

4.7.7 运行程序

由于 TensorFlow 2.X 尚不成熟,目前该程序运行时会报错误。具体如下:

> WARNING:tensorflow:AutoGraph could not transform <method-wrapper '__call__' of fused_cython_function object at 0x0000021513A711E8> and will run it as-is.
> Please report this to the TensorFlow team. When filing the bug, set the verbosity to 10 (on Linux, `export AUTOGRAPH_VERBOSITY=10`) and attach the full output.

该错误的原因是由于 TensorFlow 2.1 框架的一个 Bug 导致的。如果想使用该功能有 3 个替代方案:①将代码和框架降回到 1.X 版本;②使用 TensorFlow 2.1 以上的更高版本;③在 Linux 下使用 Addons 模块(见 4.7.8 节)。

整个代码运行后,输出如下结果:

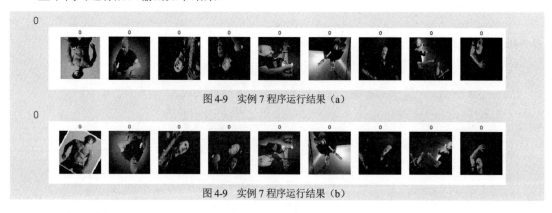

图 4-9 实例 7 程序运行结果(a)

图 4-9 实例 7 程序运行结果(b)

在输出结果中有两张图:

- 图 4-9（a）是数据集 tdataset 中的内容。该数据集对原始图片进行了随机裁剪，并将尺寸变成了边长为 96 pixel 的正方形。
- 图 4-9（b）是数据集 tdataset2 中的内容。该数据集在 tdataset 的变换基础上，进行了随机 30°的旋转。

> **提示：**
> skimage 库是一个很强大的图片转换库，读者还可以在其中找到更多有关图片变化的功能。

本实例中介绍了第三方库与 tf.data.Dataset 接口结合使用的方法，需要读者掌握。通过这个方法可以将所有的第三方库与 tf.data.Dataset 接口结合起来使用，以实现更强大的数据预处理功能。

4.7.8　扩展：使用 Addons 模块完善代码

TensorFlow 2.X 版本将 TensorFlow 1.X 版本中 contrib 模块下的部分常用 API 移到了 Addons 模块下。Addons 模块需要单独安装。命令如下：

```
pip install tensorflow-addons
```

在该模块中，包括注意力机制模型、Seq2Seq 模型等常用 API 的封装。

在使用时，需要在代码最前端引入模块。具体如下：

```
import tensorflow as tf
import tensorflow_addons as tfa
```

在本书配套资源的代码文件"4-11　将图片文件制作成 Dataset 数据集 TFa.py"中，实现了基于 Addons 模块开发的本实例代码。该代码可以在 Linux 或 Windows 的主环境下正常运行（主环境是指使用 Anaconda 软件在本机搭建的默认 Python 环境。除默认环境外的其他 Python 环境被叫作虚环境。由于 TensorFlow 2.1 版本并不是非常稳定，所以在 Windows 系统的虚环境中会有报错）。

4.8　实例 17：在动态图中读取 Dataset 数据集

TensorFlow 1.8 从版本开始，对 tf.data.Dataset 接口的支持变得更加友好。使用动态图操作 Dataset 数据集，就如同从普通序列对象中取数据一样简单。

到了 TensorFlow 2.0 版本之后，动态图已经取代静态图成为系统默认的开发框架。本节就来使用动态图的方式将 4.7 节中的数据显示出来。

该实例在实现时,先重用 4.7 节的部分代码制作数据集,然后用动态图框架读取数据集的内容。

4.8.1 代码实现:添加动态图调用

在代码的最开始位置,将静态图关闭,使用默认的动态图。代码如下。

代码 4-12　在动态图里读取 Dataset 数据集

```
01 import os
02 import tensorflow as tf
03
04 from sklearn.utils import shuffle
05 import numpy as np
06 import matplotlib.pyplot as plt
07
08
09 print("TensorFlow 版本: {}".format(tf.__version__))    #打印版本,确保是1.8以后的版本
10 print("Eager execution: {}".format(tf.executing_eagerly()))    #验证动态图是否启动
```

4.8.2 制作数据集

制作数据集的内容与 4.7 节完全一致。可以将 4.7.6 节中第 95 行及之前的代码完全移到本实例中,接在上面代码 4-12 的第 10 行之后。

4.8.3 代码实现:在动态图中显示数据

在复制代码之后,接着添加以下代码即可将数据内容显示出来。

代码 4-12　在动态图里读取 Dataset 数据集(续)

```
11 for step,value in enumerate(tdataset):
12     showimg(step, value[1].numpy(),np.asarray( value[0]*255,np.uint8),10)
       #显示图片
```

可以看到,这次的代码中没有再建立会话,而是直接将数据集用 for 循环的方式进行迭代读取。这就是动态图的便捷之处。

在代码第 12 行中,对象 value 是一个带有具体值的张量。这里用该张量的 numpy()方法将

张量value[1]中的值取出来。同样，还可以用np.asarray的方式直接将张量value[0]转换为numpy类型的数组。

代码运行后显示以下结果：

```
TensorFlow 版本: 2.1.0
Eager execution: True
loading sample dataset..
loading sample dataset..
loading sample dataset..
(tf.float32, tf.int32)
(TensorShape([Dimension(None), Dimension(96), Dimension(96), Dimension(None)]),
TensorShape([Dimension(None)]))
```

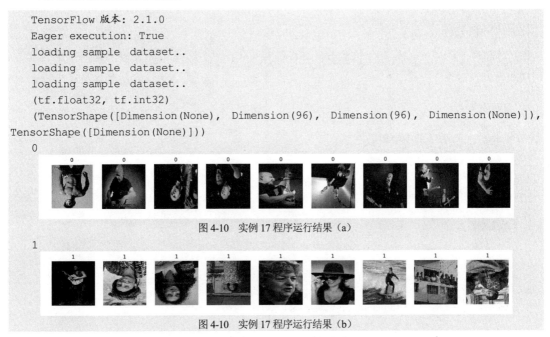

图4-10　实例17程序运行结果（a）

图4-10　实例17程序运行结果（b）

本实例用tf.data.Dataset接口的可迭代特性实现对数据的读取。

更多数据集迭代器的用法见4.9节。

4.9　实例18：在不同场景中使用数据集

本节将演示数据集的其他几种迭代方式，分别对应不同的场景。

本实例在内存中定义一个数组，然后将其转换成Dataset数据集，接着在训练模型、测试模型、使用模型的场景中使用数据集，将数组中的内容输出来。

4.6、4.7、4.8节中关于数据集的使用，更符合于训练模型场景的用法。可以通过用tf.data.Dataset接口的repeat()方法来实现数据集的循环使用。在实际训练中，只能控制训练模型的迭代次数，无法直观地控制数据集的遍历次数。

4.9.1　代码实现：在训练场景中使用数据集

为了指定数据集的遍历次数，在创建迭代器时使用了 from_structure()方法，该方法没有自动初始化功能,所以需要在会话(session)中对其进行初始化。当整个数据集遍历结束后,会产生 tf.errors.OutOfRangeError 异常。通过在捕获 tf.errors.OutOfRangeError 异常的处理函数中对迭代器再次进行初始化的方式,将数据集内部的指针清零,让数据集再次从头开始遍历。

> 提示:
>
> 虽然在多次迭代过程中会频繁调用迭代器初始化函数,但这并不会影响整体性能。系统只是对迭代器做了初始化,并不是将整个数据集进行重新设置,所以这种方案是可行的。

具体代码如下。

代码 4-13　在不同场景中使用数据集

```
01 import tensorflow as tf
02
03 dataset1 = tf.data.Dataset.from_tensor_slices( [1,2,3,4,5] )#定义训练数据集
04
05 #创建迭代器
06 iterator1 =
   tf.data.Iterator.from_structure(tf.compat.v1.data.get_output_types(datas
   et1), tf.compat.v1.data.get_output_shapes(dataset1))
07
08 one_element1 = iterator1.get_next()         #获取一个元素
09
10 with tf.compat.v1.Session()  as sess2:
11    sess2.run( iterator1.make_initializer(dataset1) )  #初始化迭代器
12    for ii in range(2):            #将数据集迭代两次
13       while True:                  #通过for循环打印所有的数据
14          try:
15              print(sess2.run(one_element1)) #调用sess.run读出Tensor值
16          except tf.errors.OutOfRangeError:
17              print("遍历结束")
18              sess2.run( iterator1.make_initializer(dataset1) )
19              break
```

整体代码运行后,输出以下结果:

```
1
2
3
4
5
遍历结束
1
```

```
2
3
4
5
遍历结束
```

从结果中可以看出，整个数据集迭代运行了两遍。

提示：

代码中第 6 行的 tf.data.Iterator.from_structure()方法还可以换成 dataset1.make_initializable_iterator，一样可以实现通过初始化的方法实现从头遍历数据集的效果。

例如，代码中的第 6～11 行可以写成如下：

```
iterator = dataset1.make_initializable_iterator()    #直接生成迭代器
one_element1 = iterator.get_next()                   #生成元素张量
with tf.compat.v1.Session() as sess2:
    sess.run(iterator.initializer)                   #在会话（session）中需要对迭代器进行初始化
```

4.9.2 代码实现：在应用模型场景中使用数据集

在应用模型场景中，可以将实际数据注入 Dataset 数据集中的元素张量，以实现输入操作。具体代码如下。

代码 4-13　在不同场景中使用数据集（续）

```
20    print(sess2.run(one_element1,{one_element1:356}))    #往数据集中注入数据
```

代码第 20 行，将数字"356"注入张量 one_element1 中。此时的张量 one_element1 起到占位符的作用，这也是在使用模型场景中常用的做法。

整个代码运行后，输出以下结果：

```
356
```

从输出结果可以看出，"356"这个数字已经进入张量图并成功输出到屏幕上。

提示：

这种方式与迭代器的生成方式无关，所以它不仅适用于通过 from_structure 生成的迭代器，也适用于通过 make_one_shot_iterator()方法生成的迭代器。

4.9.3 代码实现：在训练与测试混合场景中使用数据集

在训练 AI 模型时一般会有两个数据集：一个用于训练，另一个用于测试。在 TensorFlow 中提供了一个便捷的方式，可以在训练过程中对训练与测试的数据集进行灵活切换。

具体的方式为：

（1）创建两个 Dataset 对象，一个用于训练，另一个用于测试。

（2）分别建立两个数据集对应的迭代器——iterator（训练迭代器）、iterator_test（测试迭代器）。

（3）在会话中，分别建立两个与迭代器对应的句柄——iterator_handle（训练迭代器句柄）、iterator_handle_test（测试迭代器句柄）。

（4）生成占位符，用于接收迭代器句柄。

（5）生成关于占位符的迭代器，并定义其 get_next()方法取出的张量。

在运行时，直接将用于训练或测试的迭代器句柄输入占位符，即可实现数据源的使用。具体代码如下。

代码 4-13　在不同场景中使用数据集（续）

```
21 dataset1 = tf.data.Dataset.from_tensor_slices( [1,2,3,4,5] )#创建训练Dataset
   对象
22 iterator = tf.compat.v1.data.make_one_shot_iterator(dataset1)#生成一个迭代器
23
24 dataset_test = tf.data.Dataset.from_tensor_slices( [10,20,30,40,50] ) #创
   建测试Dataset对象
25 iterator_test = tf.compat.v1.data.make_one_shot_iterator(dataset1)     #生成
   1个迭代器
26 #适用于测试与训练场景中的数据集方式
27 with tf.compat.v1.Session()  as sess:
28     iterator_handle = sess.run(iterator.string_handle())   #创建迭代器句柄
29     iterator_handle_test = sess.run(iterator_test.string_handle()) #创建迭代
   器句柄
30
31     handle = tf.compat.v1.placeholder(tf.string, shape=[])    #定义占位符
32     iterator3 = tf.data.Iterator.from_string_handle(handle,
   iterator.output_types)
33
34     one_element3 = iterator3.get_next()        #获取元素
35     print(sess.run(one_element3,{handle: iterator_handle}))  #取出元素
36     print(sess.run(one_element3,{handle: iterator_handle_test}))
```

运行代码后,显示以下结果:

```
1
10
```

其中,"1"是训练集的第 1 个数据,"10"是测试集的第 1 个数据。

由于篇幅限制,制作数据集的介绍到这里就结束了。

4.10　tf.data.Dataset 接口的更多应用

目前,tf.data.Dataset 接口是 TensorFlow 中主流的数据集接口。建议读者在编写自己的模型程序时优先使用 tf.data.Dataset 接口。

> **提示:**
> 本章除介绍了主流的 Dataset 数据集外,还介绍了一些其他形式的数据集(例如:内存对象数据集、TFRecord 格式的数据集)。这些内容是为了让读者对数据集这部分知识有一个全面的掌握,这样在阅读别人代码,或在别人的代码上做二次开发时,就不会出现技术盲区。

用 tf.data.Dataset 接口还可以将更多其他类型的样本制作成数据集。另外,也可以对 tf.data.Dataset 接口进行二次封装,使 tf.data.Dataset 接口用起来更为简单。

第 5 章

数值分析与特征工程

在数值分析任务中,不同的样本具有不同的字段属性,如名字、年龄、地址、电话等,这些信息是以不同形式存在的。如果要使用算法或模型进行分析,则需要将样本中的信息转换成模型能够处理的数据——浮点型数据。这便是特征工程主要做的事情。

本章重点介绍在数值分析任务中,从样本里提取特征,并进行转换的各种方法。读者掌握了这些方法,便可以根据已有任务选择合适的处理方法,对样本数据进行有效特征的提取,完成数值的分析。

5.1 什么是特征工程

特征工程本质上是一种工程方法,即从原始数据中提取最优特征,以供算法或模型使用。在机器学习任务中,应用领域不同则特征工程的重要程度也不同。

- 在数值分析任务中,特征工程的重要性尤为突出。能否提取出好的特征,对模型的训练结果有很大影响。一旦提取不到有用的样本特征,或是太多无用的样本特征进入模型,都会让模型的精度大打折扣。
- 在图像处理任务中,特征工程的作用不大,因为在图像处理任务中,图片样本是像素值 0~255 之间的数字,是固定值域。
- 在文本处理任务中,将样本进行分词、向量化后,也会将值域统一起来,不再需要使用特征工程的方法对样本数值进行重组。

5.1.1 特征工程的作用

在特征工程中,为了降低模型的拟合难度,除需要对字段属性做数值转换外,还需要根据任务做属性的增减。这相当于用人的理解力对数据做一次加工,帮助神经网络更好地理解数据。特征工程做得越好,则数据的表征能力就越强。

在训练模型环节,表征能力强的样本会给神经网络一个明显的指导信号,使模型更容易学到样本中的潜在规则，表现出更好的预测效果。

5.1.2 特征工程的方法

可以将特征工程理解为数据科学中的一种，它包含许多数据分析的知识和技巧，这使得初学者很难入门。不过随着深度学习的发展，越来越多的解决方案倾向于通过拟合能力更强的机器学习算法来降低人工干预度，减小对特征工程的依赖。这使得特征工程的作用越来越接近于单纯的数值转换。所以，读者只需要掌握一些特征工程的基本方法即可，不再需要将更多的精力放在特征工程算法上。

在特征工程中，常用的特征提取方法有以下 3 种。
- 单纯对特征的选择操作。
- 通过特征之间的运算，构造出新的特征（比如有两个特征 x_1、x_2，通过计算 x_1+x_2 来生成一个新的特征）。
- 通过某些算法来生成新的特征（比如主成分分析算法，或先经过深度神经网络算出一部分特征值）。

这 3 种方法在使用时，只有相关的指导思想，没有固定的使用模式。除依靠个人经验外，还可以用机器学习算法进行筛选，但用机器学习算法进行筛选的过程需要大量的算力作为支撑。

5.1.3 离散数据特征与连续数据特征

样本的数据特征主要可以分为两类：离散数据特征和连续数据特征。

1. 离散数据特征

离散数据特征类似于分类任务中的标签数据（例如，男人、女人）所表现出来的特征，即数据之间没有连续性。具有该特征的数据被叫作离散数据。

在对离散数据做特征转换时，常常将其转换为 one-hot 编码或词向量，具体分为两类。
- 具有固定类别的样本（例如，性别）：处理起来比较容易，可以直接按照总的类别数进行变换。
- 没有固定类别的样本（例如，名字）：可以通过 hash 算法或类似的散列算法将其分散，然后再通过词向量技术进行转换。

2. 连续数据特征

连续数据特征类似于回归任务中的标签数据（例如，年纪）所表现出来的特征，即数据之间具有连续性。具有该特征的数据被叫作连续数据。

在对连续数据做特征转换时，常对其做对数运算或归一化处理，使其具有统一的值域。

5.1.4 连续数据与离散数据的相互转换

在实际应用中，需要根据数据的特性选择合适的转换方式，有时还需要实现连续数据与离散数据间的互相转换。

例如，对一个值域跨度很大（例如，0.1～10 000）的特征属性进行数据预处理有以下 3 种方法。

（1）将其按照最大值、最小值进行归一化处理。
（2）对其使用对数运算。
（3）按照其分布情况将其分为几类，做离散化处理。

具体选择哪种方法要看数据的分布情况。假设数据中有 90%的样本在 0.1~1，只有 10%的样本在 1 000~10 000。那么使用第（1）种和第（2）种方法显然不合理。因为这两种方法只会将 90%的样本与 10%的样本分开，并不能很好地体现出这 90%的样本的内部分布情况。而使用第（3）种方法，则可以按照样本在不同区间的分布数量对样本进行分类，让样本内部的分布特征更好地表达出来。

5.2 什么是特征列接口

特征列（tf.feature_column）接口是 TensorFlow 中专门用于处理特征工程的高级 API。用 tf.feature_column 接口可以很方便地对输入数据进行特征转换。

特征列就像是原始数据与估算器框架之间的中介，它可以将输入数据转换成需要的特征样式，以便传入模型进行训练。下面就来介绍特征列接口的各种应用。

5.2.1 实例 19：用 feature_column 模块处理连续值特征列

连续值类型是 TensorFlow 中最简单、最常见的特征列数据类型。本实例通过 4 个小例子演示连续值特征列常见的使用方法。

1．显示一个连续值特征列

编写代码定义函数 test_one_column。在 test_one_column 函数中具体完成了以下步骤：
（1）定义一个特征列。
（2）将带输入的样本数据封装成字典类型的对象。
（3）将特征列与样本数据一起传入 tf.compat.v1.feature_column.input_layer 函数，生成张量。
（4）建立会话，输出张量结果。

在第（3）步中用 feature_column 接口的 input_layer 函数生成张量。input_layer 函数生成的张量相当于一个输入层，用于往模型中传入具体数据。input_layer 函数的作用与占位符定义函数 tf.compat.v1.placeholder 的作用类似，都用来建立数据与模型之间的连接。

通过这几个步骤便可以将特征列的内容完全显示出来。该部分内容有助于读者理解估算器框架的内部流程。具体代码如下。

代码 5-1　用 feature_column 模块处理连续值特征列

```
01 #导入 TensorFlow 模块
02 import tensorflow as tf
03 tf.compat.v1.disable_v2_behavior()
04 #演示只有一个连续值特征列的操作
05 def test_one_column():
06     price = tf.feature_column.numeric_column('price')        #定义一个特征列
07
08     features = {'price': [[1.], [5.]]}            #将样本数据定义为字典的类型
09     net = tf.compat.v1.feature_column.input_layer(features, [price])   #传入 input_layer 函数，生成张量
10
11     with tf.compat.v1.Session() as sess:                  #建立会话输出特征
12         tt = sess.run(net)
13         print( tt)
14
15 test_one_column()
```

因为在创建特征列 price 时只提供了名称"price"（见代码第 6 行），所以在创建字典 features 时，其内部的 key 必须也是"price"（见代码第 8 行）。

在定义好函数 test_one_column 后，便可以直接调用它（见代码第 15 行）。整个代码运行后显示以下结果：

```
[[1.]
 [5.]]
```

结果中的数组来自代码第 8 行字典对象 features 的 value 值。在第 8 行代码中，将值为[[1.],[5.]]的数据传入字典 features 中。

在字典对象 features 中，关键字 key 的值是"price"，它所对应的值 value 可以是任意的一个数值。在模型训练时，这些值就是"price"属性所对应的具体数据。

2. 通过占位符输入特征列

下面将占位符传入字典对象的值 value 中，实现特征列的输入过程。具体代码如下。

代码 5-1　用 feature_column 模块处理连续值特征列（续）

```
16 def test_placeholder_column():
17     price = tf.feature_column.numeric_column('price')      #定义一个特征列
18     #生成一个value为占位符的字典
19     features = {'price':tf.compat.v1.placeholder(dtype=tf.float64)}
20     net = tf.compat.v1.feature_column.input_layer(features, [price])  #传入
  input_layer 函数，生成张量
21
22     with tf.compat.v1.Session() as sess:                   #建立会话输出特征
23         tt = sess.run(net, feed_dict={
24             features['price']: [[1.], [5.]]
25         })
26     print( tt)
27
28 test_placeholder_column()
```

在代码第 19 行，生成了带有占位符的字典对象 features。

代码第 23~25 行，在会话中以注入机制传入数值[[1.], [5.]]，生成转换后的具体列值。

整个代码运行后输出以下结果：

```
[[1.]
 [5.]]
```

3. 支持多维数据的特征列

在创建特征列时，还可以让一个特征列对应的数据有多维，即在定义特征列时为其指定形状。

 提示：
特征列中的形状是指单条数据的形状，并非整个数据的形状。

具体代码如下：

代码 5-1　用 feature_column 模块处理连续值特征列（续）

```
29 def test_reshaping():
30     tf.compat.v1.reset_default_graph()
31     price = tf.feature_column.numeric_column('price', shape=[1, 2])#定义特征
  列，并指定形状
32     features = {'price': [[[1., 2.]], [[5., 6.]]]}        #传入一个三维数组
33     features1 = {'price': [[3., 4.], [7., 8.]]}          #传入一个二维数组
```

```
34    net = tf.compat.v1.feature_column.input_layer(features, price)    #生成特征列张量
35    net1 = tf.compat.v1.feature_column.input_layer(features1, price)  #生成特征列张量
36    with tf.compat.v1.Session() as sess:                    #建立会话输出特征
37        print(net.eval())
38        print(net1.eval())
39 test_reshaping()
```

在代码第 31 行，在创建 price 特征列时，指定了形状为[1,2]，即 1 行 2 列。

接着用两种方法向 price 特征列注入数据（见代码第 32、33 行）。

- 在代码第 32 行，创建字典 features，传入了一个形状为[2,1,2]的三维数组。这个三维数组中的第一维是数据的条数（2 条）；第 2 维与第 3 维要与 price 指定的形状[1,2]一致。
- 在代码第 33 行，创建字典 features1，传入了一个形状为[2,2]的二维数组。该二维数组中的第 1 维是数据的条数（2 条）；第 2 维代表每条数据的列数（每条数据有 2 列）。

在代码第 34、35 行中，都用 tf.feature_column 模块的 input_layer()方法将字典 features 与 features1 注入特征列 price 中，并得到了张量 net 与 net1。

代码运行后，张量 net 与 net1 的输出结果如下：

```
[[1. 2.] [5. 6.]]
[[3. 4.] [7. 8.]]
```

结果输出了两行数据，每一行都是一个形状为[2,2]的数组。这两个数组分别是字典 features、features1 经过特征列输出的结果。

> 提示：
> 代码第 30 行的作用是将图重置。该操作可以将当前图中的所有变量删除。这种做法可以避免在 Spyder 编译器下多次运行图时产生数据残留问题。

4. 带有默认顺序的多个特征列

如果要创建的特征列有多个，则系统默认会按照每个列的名称由小到大进行排序，然后将数据按照约束的顺序输入模型。具体代码如下。

代码 5-1　用 feature_column 模块处理连续值特征列（续）

```
40 def test_column_order():
41    tf.compat.v1.reset_default_graph()
42    price_a = tf.feature_column.numeric_column('price_a')   #定义了 3 个特征列
43    price_b = tf.feature_column.numeric_column('price_b')
```

```
44     price_c = tf.feature_column.numeric_column('price_c')
45
46     features = {                                    #创建字典用于输入数据
47         'price_a': [[1.]],
48         'price_c': [[4.]],
49         'price_b': [[3.]],
50     }
51
52     #创建输入层张量
53     net = tf.compat.v1.feature_column.input_layer(features, [price_c,
   price_a, price_b])
54
55     with tf.compat.v1.Session() as sess:
56         print(net.eval())
57
58 test_column_order()
```

在上面代码中,实现了以下操作。

(1)定义了 3 个特征列(见代码第 42、43、44 行)。

(2)定义了一个字典 features,用于具体输入数据(见代码第 46 行)。

(3)用 input_layer()方法创建输入层张量(见代码第 53 行)。

(4)建立会话(session),输出输入层结果(见代码第 55 行)。

将程序运行后输出以下结果:

```
[[1. 3. 4.]]
```

输出的结果为[[1. 3. 4.]]所对应的列,顺序为 price_a、price_b、price_c。而 input_layer 中的列顺序为 price_c、price_a、price_b(见代码第 53 行),二者并不一样。这表示,输入层的顺序是按照列的名称排序的,与 input_layer 中传入的顺序无关。

> 提示:
> 将 input_layer 中传入的顺序当作输入层的列顺序,这是一个非常容易犯的错误。
> 输入层的列顺序只与列的名称和类型有关(5.2.3 节"5. 多特征列的顺序"中还会讲到列顺序与列类型的关系),与传入 input_layer 中的顺序无关。

5.2.2 实例 20:将连续值特征列转换成离散值特征列

下面将连续值特征列转换成离散值特征列。

1. 将连续值特征按照数值大小分类

用 tf.feature_column.bucketized_column 函数将连续值按照指定的阈值进行分段,从而将连续值映射到离散值上。具体代码如下。

代码 5-2 将连续值特征列转换成离散值特征列

```
01 import tensorflow as tf
02 tf.compat.v1.disable_v2_behavior()
03 def test_numeric_cols_to_bucketized():
04     price = tf.feature_column.numeric_column('price') #定义连续值特征列
05
06     #将连续值特征列转换成离散值特征列,离散值共分为3段:小于3、3~5、大于5
07     price_bucketized = tf.feature_column.bucketized_column( price, boundaries=[3.])
08
09     features = {                            #定义字典类型对象
10         'price': [[2.], [6.]],
11     }
12     #生成输入张量
13     net = tf.compat.v1.feature_column.input_layer(features,[ price,price_bucketized])
14     with tf.compat.v1.Session() as sess:    #建立会话输出特征
15         sess.run(tf.compat.v1.global_variables_initializer())
16         print(net.eval())
17
18 test_numeric_cols_to_bucketized()
```

代码运行后输出以下结果:

```
[[2. 1. 0. 0.]
 [6. 0. 0. 1.]]
```

输出的结果中有两条数据,每条数据有 4 个元素:
- 第 1 个元素为 price 列的具体数值。
- 后面 3 个元素为 price_bucketized 列的具体数值。

从结果中可以看到,tf.feature_column.bucketized_column 函数将连续值 price 按照 3 段来划分(小于 3、3~5、大于 5),并将它们生成 one-hot 编码。

2. 将整数值直接映射成 one-hot 编码

如果连续值特征列的数据是整数,则还可以直接用 tf.feature_column. categorical_column _with_identity 函数将其映射成 one-hot 编码。

函数 tf.feature_column.categorical_column_with_identity 的参数和返回值解读如下。

- 需要传入两个必填的参数：列名称（key）、类的总数（num_buckets）。其中，num_buckets 的值一定要大于 key 列中的最大值。
- 返回值：为_IdentityCategoricalColumn 对象。该对象是使用稀疏矩阵存放的转换后的数据。如果要将该返回值作为输入层传入后续的网络，则需要用 indicator_column 函数将其转换为稠密矩阵。

具体代码如下。

代码 5-2　将连续值特征列转换成离散值特征列（续）

```
19 def test_numeric_cols_to_identity():
20     tf.compat.v1.reset_default_graph()
21     price = tf.feature_column.numeric_column('price')#定义连续值特征列
22
23     categorical_column = 
   tf.feature_column.categorical_column_with_identity('price', 6)
24     one_hot_style = tf.feature_column.indicator_column(categorical_column)
25     features = {                       #将值传入定义的字典
26          'price': [[2], [4]],
27     }
28     #生成输入层张量
29     net = 
   tf.compat.v1.feature_column.input_layer(features,[ price,one_hot_style])
30     with tf.compat.v1.Session() as sess:
31         sess.run(tf.compat.v1.global_variables_initializer())
32         print(net.eval())
33
34 test_numeric_cols_to_identity()
35     price = tf.feature_column.numeric_column('price')
```

代码运行后输出以下结果：

```
[[2. 0. 0. 1. 0. 0. 0.]
 [4. 0. 0. 0. 0. 1. 0.]]
```

结果输出了两行信息。每行的第 1 列为连续值 price 列内容，后面 6 列为 one-hot 编码。

因为在代码第 23 行，将 price 列转换为 one-hot 编码时传入的参数是 6，代表分成 6 类。所以在输出结果中 one-hot 编码为 6 列。

5.2.3 实例 21：将离散文本特征列转换为 one-hot 编码与词向量

离散型文本数据存在多种组合形式，所以无法直接将其转换成离散向量（例如，名字属性可以是任意字符串，但无法统计总类别个数）。

处理离散型文本数据需要额外的一套方法。下面具体介绍。

1. 将离散文本按照指定范围散列的方法

将离散文本特征列转换为离散特征列，与将连续值特征列转换为离散特征列的方法相似，可以将离散文本分段。只不过分段的方式不是比较数值的大小，而是用 hash 算法进行散列。

用 tf.feature_column.categorical_column_with_hash_bucket()方法可以将离散文本特征按照 hash 算法进行散列，并将其散列结果转换成为离散值。

该方法会返回一个 _HashedCategoricalColumn 类型的张量。该张量属于稀疏矩阵类型，不能直接输入 tf.compat.v1.feature_column.input_layer 函数中进行输出，只能用稀疏矩阵的输入方法来运行结果。

具体代码如下。

代码 5-3　将离散文本特征列转换为 one-hot 编码与词向量

```
01 import tensorflow as tf
02 from tensorflow.python.feature_column.feature_column import _LazyBuilder
03
04 #将离散文本按照指定范围散列
05 def test_categorical_cols_to_hash_bucket():
06     tf.compat.v1.reset_default_graph()
07     some_sparse_column = tf.feature_column.categorical_column_with_hash_bucket(
08         'sparse_feature', hash_bucket_size=5)  #得到格式为稀疏矩阵的散列特征
09
10     builder = _LazyBuilder({                    #封装为 builder
11         'sparse_feature': [['a'], ['x']],       #定义字典类型对象
12     })
13     id_weight_pair = some_sparse_column._get_sparse_tensors(builder) #获得矩阵的张量
14
15     with tf.compat.v1.Session() as sess:
16         #该张量的结果是一个稀疏矩阵
17         id_tensor_eval = id_weight_pair.id_tensor.eval()
18         print("稀疏矩阵：\n",id_tensor_eval)
19
```

```
20          dense_decoded = tf.sparse.to_dense( id_tensor_eval,
   default_value=-1).eval(session=sess)    #将稀疏矩阵转换为稠密矩阵
21          print("稠密矩阵: \n",dense_decoded)
22
23 test_categorical_cols_to_hash_bucket()
```

本段代码运行后,会按以下步骤执行:

(1) 将输入的['a']、['x']使用 hash 算法进行散列。
(2) 设置散列参数 hash_bucket_size 的值为 5。
(3) 将第(1)步生成的结果按照参数 hash_bucket_size 进行散列。
(4) 输出最终得到的离散值(0~4 的整数)。

上面的代码运行后,输出以下结果。

```
稀疏矩阵:
SparseTensorValue(indices=array([[0, 0],
     [1, 0]], dtype=int64), values=array([4, 0], dtype=int64), dense_shape=array([2, 1], dtype=int64))
稠密矩阵:
 [[4]
  [0]]
```

从最终的输出结果可以看出,程序将字符 a 转换为数值 4;将字符 b 转换为数值 0。

离散文本被转换成特征值后,就可以传入模型并参与训练了。

 提示:

有关稀疏矩阵的更多介绍可以参考《深度学习之 TensorFlow——入门、原理与进阶实战》一书中的 9.4.17 节。

2. 将离散文本按照指定词表与指定范围混合散列

除用 hash 算法对离散文本数据进行散列外,还可以用词表的方法对离散文本数据进行散列。

用 tf.feature_column.categorical_column_with_vocabulary_list()方法可以将离散文本数据按照指定的词表进行散列。该方法不仅可以将离散文本数据用词表来散列,还可以与 hash 算法混合散列。其返回的值也是稀疏矩阵类型。同样不能将返回的值直接传入 tf.compat.v1.feature_column.input_layer 函数中,只能用小标题"1. 将离散文本按照指定范围散列"中的方法将其显示结果。

具体代码如下。

代码 5-3　将离散文本特征列转换为 one-hot 编码与词向量（续）

```
24  from tensorflow.python.ops import lookup_ops
25  #将离散文本按照指定词表与指定范围混合散列
26  def test_with_1d_sparse_tensor():
27      tf.compat.v1.reset_default_graph()
28      #混合散列
29      body_style = tf.feature_column.categorical_column_with_vocabulary_list(
30          'name', vocabulary_list=['anna', 'gary', 'bob'],num_oov_buckets=2)
31  #稀疏矩阵
32      #稠密矩阵
33      builder = _LazyBuilder({
34          'name': ['anna', 'gary','alsa'],    #定义字典类型对象，value 为稠密矩阵
35      })
36
37      #稀疏矩阵
38      builder2 = _LazyBuilder({
39          'name': tf.SparseTensor(   #定义字典类型对象，value 为稀疏矩阵
40              indices=((0,), (1,), (2,)),
41              values=('anna', 'gary', 'alsa'),
42              dense_shape=(3,)),
43      })
44
45      id_weight_pair = body_style._get_sparse_tensors(builder)#获得矩阵的张量
46      id_weight_pair2 = body_style._get_sparse_tensors(builder2)#获得矩阵的张量
47
48      with tf.compat.v1.Session() as sess:     #通过会话输出数据
49          sess.run(lookup_ops.tables_initializer())
50
51          id_tensor_eval = id_weight_pair.id_tensor.eval()
52          print("稀疏矩阵 1: \n",id_tensor_eval)
53          id_tensor_eval2 = id_weight_pair2.id_tensor.eval()
54          print("稀疏矩阵 2: \n",id_tensor_eval2)
55
56          dense_decoded = tf.sparse.to_dense( id_tensor_eval,
    default_value=-1).eval(session=sess)
57          print("稠密矩阵：\n",dense_decoded)
58
59  test_with_1d_sparse_tensor()
```

代码第 29、30 行向 tf.feature_column.categorical_column_with_vocabulary_list()方法传入了 3

个参数，具体意义如下。

- name：代表列的名称，这里的列名就是 name。
- vocabulary_list：代表词表，其中词表里的个数就是总的类别数。这里分为 3 类（'anna','gary','bob'），对应的类别为（0,1,2）。
- num_oov_buckets：代表额外的值的散列。如果 name 列中的数值不在词表的分类中，则会用 hash 算法对其进行散列分类。这里的值为 2，表示在词表现有的 3 类基础上再增加两个散列类。不在词表中的 name 有可能被散列成 3 或 4。

> **提示：**
>
> tf.feature_column.categorical_column_with_vocabulary_list() 方法还有第 4 个参数：default_value，该参数的默认值为–1。
>
> 如果在调用 tf.feature_column.categorical_column_with_vocabulary_list() 方法时没有传入 num_oov_buckets 参数，则程序将只按照词表进行分类。
>
> 在按照词表进行分类的过程中，如果 name 中的值在词表中找不到匹配项，则会用参数 default_value 来代替。

第 33、38 行代码，用 _LazyBuilder 函数构建程序的输入部分。该函数可以同时支持值为稠密矩阵和稀疏矩阵的字典对象。

运行代码后输出以下结果。

```
稀疏矩阵1：
  SparseTensorValue(indices=array([[0, 0],
      [1, 0],
      [2, 0]], dtype=int64), values=array([0, 1, 4], dtype=int64),
dense_shape=array([3, 1], dtype=int64))
稀疏矩阵2：
  SparseTensorValue(indices=array([[0, 0],
      [1, 0],
      [2, 0]], dtype=int64), values=array([0, 1, 4], dtype=int64),
dense_shape=array([3, 1], dtype=int64))
稠密矩阵：
  [[0]
   [1]
   [4]]
```

结果显示了 3 个矩阵：前两个是稀疏矩阵，最后一个为稠密矩阵。这 3 个矩阵的值是一样的。具体解读如下。

- 从前两个稀疏矩阵可以看出：在传入原始数据的环节中，字典中的 value 值可以是稠密矩阵或稀疏矩阵。
- 从第 3 个稠密矩阵中可以看出：输入数据 name 列中的 3 个名字（'anna','gary','alsa'）被转换成了 3 个值（0,1,4）。其中，0 与 1 是来自于词表的分类，4 是来自于 hash 算法的散列结果。

> **提示：**
> 在使用词表时要引入 lookup_ops 模块，并且在会话中要用 lookup_ops.tables_initializer() 对其进行初始化，否则程序会报错。

3. 将离散文本特征列转换为 one-hot 编码

在实际应用中，将离散文本进行散列后，有时还需要对散列后的结果进行二次转换。下面就来看一个将散列值转换成 one-hot 编码的例子。

代码 5-3　将离散文本特征列转换为 one-hot 编码与词向量（续）

```
60  #将离散文本转换为 one-hot 编码特征列
61  def test_categorical_cols_to_onehot():
62      tf.compat.v1.reset_default_graph()
63      some_sparse_column = tf.feature_column.categorical_column_with_hash_bucket(
64          'sparse_feature', hash_bucket_size=5)        #定义散列的特征列
65      #转换成 one-hot 编码
66      one_hot_style = tf.feature_column.indicator_column(some_sparse_column)
67
68      features = {
69          'sparse_feature': [['a'], ['x']],
70          }
71      #生成输入层张量
72      net = tf.compat.v1.feature_column.input_layer(features, one_hot_style)
73      with tf.compat.v1.Session() as sess:             #通过会话输出数据
74          print(net.eval())
75
76  test_categorical_cols_to_onehot()
```

代码运行后输出以下结果：

```
[[0. 0. 0. 0. 1.]
 [1. 0. 0. 0. 0.]]
```

结果中输出了两条数据，分别代表字符"a""x"散列后的 one-hot 编码。

4. 将离散文本特征列转换为词嵌入向量

词嵌入可以理解为 one-hot 编码的升级版。它使用多维向量来更好地描述词与词之间的关系。下面来使用代码实现词嵌入的转换。

代码 5-3　将离散文本特征列转换为 one-hot 编码与词向量（续）

```
77  #将离散文本转换为 one-hot 编码词嵌入特征列
78  def test_categorical_cols_to_embedding():
79      tf.compat.v1.reset_default_graph()
80      some_sparse_column = tf.feature_column.categorical_column_with_hash_bucket(
81          'sparse_feature', hash_bucket_size=5)   #定义散列的特征列
82      #词嵌入列
83      embedding_col = tf.feature_column.embedding_column( some_sparse_column, dimension=3)
84
85      features = {          #生成字典对象
86          'sparse_feature': [['a'], ['x']],
87      }
88
89      #生成输入层张量
90      cols_to_vars = {}
91      net = tf.compat.v1.feature_column.input_layer(features, embedding_col, cols_to_vars)
92
93      with tf.compat.v1.Session() as sess:                    #通过会话输出数据
94          sess.run(tf.compat.v1.global_variables_initializer())
95          print(net.eval())
96
97  test_categorical_cols_to_embedding()
```

在词嵌入转换过程中，具体步骤如下：

（1）将传入的字符 "a" 与 "x" 转换为 0~4 的整数。

（2）将该整数转换为词嵌入列。

代码第 91 行，将数据字典 features、词嵌入列 embedding_col、列变量对象 cols_to_vars 一起传入输入层 input_layer 函数中，得到最终的转换结果 net。

代码运行后输出以下结果：

```
[[ 0.08975066  0.34540504  0.85922384]
 [-0.22819372 -0.34707746 -0.76360196]]
```

从结果中可以看到，每个整数都被转换为 3 个词嵌入向量。这是因为，在调用 tf.feature_column.embedding_column 函数时传入的维度 dimension 是 3（见代码第 83 行）。

> **提示：**
> 在使用词嵌入时，系统内部会自动定义指定个数的张量作为学习参数，所以在运行前一定要对全局张量进行初始化（见代码第 94 行）。本实例显示的值是系统内部定义的张量被初始化后的结果。
>
> 另外，还可以参照本书 5.2.6 节的方式为词向量设置一个初始值。通过具体的数值可以更直观地查看词嵌入的输出内容。

5. 多特征列的顺序

在大多数情况下，会将转换好的特征列统一放到 input_layer 函数中制作成一个输入样本。input_layer 函数支持的特征列有以下 4 种类型：

- numeric_column。
- bucketized_column。
- indicator_column。
- embedding_column。

如果要将 hash 值或词表散列的值传入 input_layer 函数中，则需要先将其转换成 indicator_column 类型或 embedding_column 类型。

当多个类型的特征列放在一起时，系统会按照特征列的名字进行排序。

具体代码如下。

代码 5-3　将离散文本特征列转换为 one-hot 编码与词向量（续）

```
98  def test_order():
99      tf.compat.v1.reset_default_graph()
100     numeric_col = tf.feature_column.numeric_column('numeric_col')
101     some_sparse_column = 
    tf.feature_column.categorical_column_with_hash_bucket(
102         'asparse_feature', hash_bucket_size=5)#稀疏矩阵，单独放进去会出错
103
104     embedding_col = tf.feature_column.embedding_column( some_sparse_column,
    dimension=3)
105     #转换为 one-hot 编码特征列
106     one_hot_col = tf.feature_column.indicator_column(some_sparse_column)
107     print(one_hot_col.name)         #输出 one_hot_col 列的名称
108     print(embedding_col.name)       #输出 embedding_col 列的名称
```

```
109     print(numeric_col.name)          #输出numeric_col列的名称
110     features = {             #定义字典数据
111         'numeric_col': [[3], [6]],
112         'asparse_feature': [['a'], ['x']],
113     }
114
115     #生成输入层张量
116     cols_to_vars = {}
117     net = tf.compat.v1.feature_column.input_layer(features,
    [numeric_col,embedding_col,one_hot_col],cols_to_vars)
118
119     with tf.compat.v1.Session() as sess:              #通过会话输出数据
120         sess.run(tf.compat.v1.global_variables_initializer())
121         print(net.eval())
122
123 test_order()
```

上面代码中构建了3个输入的特征列：

- numeric_column。
- embedding_column。
- indicator_column。

其中，特征列 embedding_column 与 indicator_column 由 categorical_column_with_hash_bucket()方法列转换而来（见代码第104、106行）。

代码运行后输出以下结果：

```
asparse_feature_indicator
asparse_feature_embedding
numeric_col
[[-1.0505784  -0.4121129  -0.85744965  0.  0.  0.  0.  1.  3.]
 [-0.2486877   0.5705532   0.32346958  1.  0.  0.  0.  0.  6.]]
```

输出结果的前3行分别是特征列 one_hot_col、embedding_col 与 numeric_col 的名称。

输出结果的最后两行是输入层 input_layer 所输出的多列数据。从结果中可以看出，一共有两条数据，每条数据有9列。这9列数据可以分为以下3个部分。

- 第1部分是特征列 embedding_col 的数据内容（见输出结果的前3列）。
- 第2部分是特征列 one_hot_col 的数据内容（见输出结果的第4~8列）。
- 第3部分是特征列 numeric_col 的数据内容（见输出结果的最后一列）。

这3部分的排列顺序与其名字的字符串排列顺序是完全一致的（名字的字符串排列顺序为 asparse_feature_embedding、asparse_feature_indicator、numeric_col）。

5.2.4 实例22：根据特征列生成交叉列

交叉列是指用 tf.feature_column.crossed_column 函数将多个单列特征混合起来生成新的特征列。它可以与原始的样本数据一起输入模型进行计算。

本节将详细介绍交叉列的计算方式，以及函数 tf.feature_column.crossed_column 的使用方法。具体代码如下。

代码5-4　根据特征列生成交叉列

```
01  from tensorflow.python.feature_column.feature_column import _LazyBuilder
02  tf.compat.v1.disable_v2_behavior()
03  def test_crossed():                    #定义交叉列的测试函数
04      a = tf.feature_column.numeric_column('a', dtype=tf.int32, shape=(2,))
05      b = tf.feature_column.bucketized_column(a, boundaries=(0, 1))   #离散值转换
06      crossed = tf.feature_column.crossed_column([b, 'c'], hash_bucket_size=5)
    #生成交叉列
07      builder = _LazyBuilder({                   #生成模拟输入的数据
08          'a':
09              tf.constant(((-1.,-1.5), (.5, 1.))),
10          'c':
11              tf.SparseTensor(
12                  indices=((0, 0), (1, 0), (1, 1)),
13                  values=['cA', 'cB', 'cC'],
14                  dense_shape=(2, 2)),
15      })
16      id_weight_pair = crossed._get_sparse_tensors(builder)#生成输入层张量
17      with tf.compat.v1.Session() as sess2:             #建立会话session，取值
18          id_tensor_eval = id_weight_pair.id_tensor.eval()
19          print(id_tensor_eval)                         #输出稀疏矩阵
20
21          dense_decoded = tf.sparse.to_dense( id_tensor_eval, default_value
    =-1).eval(session=sess2)
22          print(dense_decoded)                          #输出稠密矩阵
23
24  test_crossed()
```

代码第5行用 tf.feature_column.crossed_column 函数将特征列 b 和 c 混合在一起，生成交叉列。该函数有以下两个必填参数。

- key：要进行交叉计算的列。以列表形式传入（代码中是[b,'c']，见代码第6行）。
- hash_bucket_size：要散列的数值范围（代码中是5，见代码第6行）。表示将特征列交叉合并后，经过 hash 算法计算并散列成 0~4 的整数。

> 提示:
> tf.feature_column.crossed_column 函数的输入参数 key 是一个列表类型。该列表的元素可以是指定的列名称(字符串形式),也可以是具体的特征列对象(张量形式)。
> 如果传入的是特征列对象,则还要考虑特征列类型的问题。因为 tf.feature_column.crossed_column 函数不支持对 numeric_column 类型的特征列做交叉运算,所以,如果要对 numeric_column 类型的列做交叉运算,则需要用 bucketized_column 函数或 categorical_column_with_identity 函数将 numeric_column 类型转换后才能使用。

代码运行后输出以下结果:

```
SparseTensorValue(indices=array([[0, 0],
    [0, 1],
    [1, 0],
    [1, 1],
    [1, 2],
    [1, 3]], dtype=int64), values=array([3, 1, 3, 1, 0, 4], dtype=int64),
dense_shape=array([2, 4], dtype=int64))
[[ 3  1 -1 -1] [ 3  1  0  4]]
```

程序运行后,交叉矩阵会将以下两矩阵进行交叉合并。具体计算方法见以下公式:

$$\text{cross}\left(\begin{bmatrix}-1. & -1.5\\ 0.5 & 1.\end{bmatrix}, \begin{bmatrix}'cA'\\ 'cB' & 'cC'\end{bmatrix}\right) =$$

$$\begin{bmatrix}\text{hash}('cA',\text{hash}(-1))\%\text{size} & \text{hash}('cA',\text{hash}(-1.5))\%\text{size} & & \\ \text{hash}('cB',\text{hash}(0.5))\%\text{size} & \text{hash}('cB',\text{hash}(1.))\%\text{size} & \text{hash}('cC',\text{hash}(0.5))\%\text{size} & \text{hash}('cC',\text{hash}(1.))\%\text{size}\end{bmatrix}$$

在上述公式中,size 就是传入 crossed_column 函数的参数 hash_bucket_size,其值为 5,表示输出的结果为 0~4。

在生成的稀疏矩阵中,[0,2]与[0,3]这两个位置没有值,所以在将其转成稠密矩阵时需要为其加两个默认值"−1"。于是在输出结果的最后 1 行,显示了稠密矩阵的内容[[3, 1,−1, 1] [3, 1, 0, 4]]。在该内容中用两个"−1"进行补位。

5.2.5 了解序列特征列接口

序列特征列接口(tf.feature_column.sequence_feature_column)是 TensorFlow 中专门用于处理序列特征工程的高级 API。它是在 tf.feature_column 接口之上的又一次封装。该 API 目前还在 contrib 模块中,未来有可能被移植到主版本中。

在序列任务中,使用序列特征列接口(sequence_feature_column)会大大减少程序的开发量。

在序列特征列接口中一共包含以下几个函数。

- sequence_input_layer：构建序列数据的输入层。
- sequence_categorical_column_with_hash_bucket：将序列数据转换成离散分类特征列。
- sequence_categorical_column_with_identity：将序列数据转换成 ID 特征列。
- sequence_categorical_column_with_vocabulary_file：将序列数据根据词汇表文件转换成特征列。
- sequence_categorical_column_with_vocabulary_list：将序列数据根据词汇表列表转换成特征列。
- sequence_numeric_column：将序列数据转换成连续值特征列。

5.2.6 实例 23：使用序列特征列接口对文本数据预处理

假设有一个字典，里面只有 3 个词，其向量分别为 0、1、2。

下面用稀疏矩阵模拟两个具有序列特征的数据 a 和 b。每个数据有两个样本：模拟数据 a 的内容是 [2][0, 1]。模拟数据 b 的内容是 [1][2, 0]。将模拟数据作为输入，用 sequence_feature_column 接口的特征列转换功能，生成具有序列关系的特征数据。具体做法如下。

1. 构建模拟数据及词嵌入

用 tf.SparseTensor 函数创建两个稀疏矩阵类型的模拟数据。定义两套用于映射词向量的多维数组（embedding_values_a 与 embedding_values_b），并对其进行初始化。

 提示：

在实际使用中，对多维数组初始化的值，会被定义成 –1～1 之间的浮点数。这里都将其初始化成较大的值，是为了在测试时让显示效果更加明显。

具体代码如下。

代码 5-5 序列特征工程

```
01 import tensorflow as tf
02 tf.compat.v1.disable_v2_behavior()
03 tf.compat.v1.reset_default_graph()
04 vocabulary_size = 3                               #假设有3个词，向量为0、1、2
05 sparse_input_a = tf.SparseTensor(                 #定义一个稀疏矩阵，值为：
06     indices=((0, 0), (1, 0), (1, 1)),             #[2]    只有1个序列
07     values=(2, 0, 1),                             #[0, 1] 有两个序列
08     dense_shape=(2, 2))
09
```

```
10 sparse_input_b = tf.SparseTensor(          #定义一个稀疏矩阵,值为:
11     indices=((0, 0), (1, 0), (1, 1)),      #[1]
12     values=(1, 2, 0),                      #[2, 0]
13     dense_shape=(2, 2))
14 embedding_dimension_a = 2
15 embedding_values_a = (                     #为稀疏矩阵的3个值(0、1、2)匹配词嵌入初始值
16     (1., 2.),        #id 0
17     (3., 4.),        #id 1
18     (5., 6.)         #id 2
19 )
20 embedding_dimension_b = 3
21 embedding_values_b = (                     #为稀疏矩阵的3个值(0、1、2)匹配词嵌入初始值
22     (11., 12., 13.),    #id 0
23     (14., 15., 16.),    #id 1
24     (17., 18., 19.)     #id 2
25 )
26 #自定义初始化词嵌入
27 def _get_initializer(embedding_dimension, embedding_values):
28     def _initializer(shape, dtype, partition_info):
29         return embedding_values
30     return _initializer
```

2. 构建词嵌入特征列与共享特征列

使用函数 sequence_categorical_column_with_identity 可以创建带有序列特征的离散列。该离散列会对词向量进行词嵌入转换,并将转换后的结果进行离散处理。

使用函数 shared_embedding_columns 可以创建共享列。共享列可以使多个词向量共享一个多维数组进行词嵌入转换。具体代码如下。

代码 5-5　序列特征工程（续）

```
31 categorical_column_a =
   tffeature_column.sequence_categorical_column_with_identity( #带序列的离散列
32     key='a', num_buckets=vocabulary_size)
33 embedding_column_a = tf.feature_column.embedding_column(#将离散列转为词向量
34     categorical_column_a, dimension=embedding_dimension_a,
35     initializer=_get_initializer(embedding_dimension_a,
   embedding_values_a))
36
37 categorical_column_b =
   tffeature_column.sequence_categorical_column_with_identity(
38     key='b', num_buckets=vocabulary_size)
39 embedding_column_b = tf.feature_column.embedding_column(
```

```
40        categorical_column_b, dimension=embedding_dimension_b,
41        initializer=_get_initializer(embedding_dimension_b,
   embedding_values_b))
42 #共享列
43 shared_embedding_columns = tf.feature_column.shared_embeddings(
44        [categorical_column_b, categorical_column_a],
45        dimension=embedding_dimension_a,
46        initializer=_get_initializer(embedding_dimension_a,
   embedding_values_a))
```

3. 构建序列特征列的输入层

用函数 tf.keras.experimental.SequenceFeatures 构建序列特征列的输入层。该函数返回两个张量：

- 输入的具体数据。
- 序列的长度。

具体代码如下。

代码 5-5 序列特征工程（续）

```
47 features={                                          #将a、b合起来
48        'a': sparse_input_a,
49        'b': sparse_input_b,
50   }
51 sequence_feature_layer = tf.keras.experimental.SequenceFeatures(
52                          feature_columns=[embedding_column_b,
53                          embedding_column_a])#定义序列特征列的输入层
54 input_layer, sequence_length = sequence_feature_layer(features)
55 sequence_feature_layer2=tf.keras.experimental.SequenceFeatures(
56                          feature_columns=shared_embedding_columns)
57 input_layer2, sequence_length2 = sequence_feature_layer2(features)
58 #返回图中的张量（两个嵌入词权重）
59 global_vars = tf.compat.v1.get_collection(
60                             tf.compat.v1.GraphKeys.GLOBAL_VARIABLES)
61 print([v.name for v in global_vars])
```

代码第 54 行，用 sequence_ feature_layer 函数生成了输入层 input_layer 张量。该张量中的内容是按以下步骤产生的。

（1）定义原始词向量。

- 模拟数据 a 的内容是[2][0,1]。
- 模拟数据 b 的内容是[1][2,0]。

(2) 定义词嵌入的初始值。
- embedding_values_a 的内容是：[(1., 2.),(3., 4.),(5., 6.)]。
- embedding_values_b 的内容是：[(11., 12., 13.), (14., 15., 16.), (17., 18., 19.)]。

(3) 将词向量中的值作为索引去第 (2) 步的数组中取值，完成词嵌入的转换。
- 特征列 embedding_column_a：将模拟数据 a 经过 embedding_values_a 转换后得到 [[5.,6.],[0,0]][[1.,2.],[3.,4.]]。
- 特征列 embedding_column_b：将模拟数据 b 经过 embedding_values_b 转换后得到[[14., 15., 16.],[0,0,0]][[17., 18., 19.],[11., 12., 13.]]。

> **提示：**
> sequence_feature_column 接口在转换词嵌入时，可以对数据进行自动对齐和补 0 操作。在使用时，可以直接将其输出结果输入 RNN 模型里进行计算。
> 由于模拟数据 a、b 中第 1 个元素的长度都是 1，而其他元素的最大长度为 2，所以系统会自动以 2 对齐并将不足的数据补 0。

(4) 将 embedding_column_b 和 embedding_column_a 两个特征列传入函数 tf.keras.experimental.SequenceFeatures 中，得到 sequence_feature_layer，再由 sequence_feature_layer 函数生成 input_layer。根据 5.2.3 节介绍的规则，该输入层中数据的真实顺序为：特征列 embedding_column_a 在前，特征列 embedding_column_b 在后。最终 input_layer 的值为：[[5.,6.,14., 15., 16.],[0,0, 0,0,0]][[1.,2., 17., 18., 19.],[3.,4. 11., 12., 13.]]。

代码第 61 行，将运行图中的所有张量打印出来。可以通过观察 TensorFlow 内部创建词嵌入张量的情况，来验证共享特征列的功能。

4. 建立会话输出结果

建立会话输出结果。具体代码如下。

代码 5-5　序列特征工程（续）

```
62 with tf.compat.v1.train.MonitoredSession() as sess:
63     print(global_vars[0].eval(session=sess))   #输出词向量的初始值
64     print(global_vars[1].eval(session=sess))
65     print(global_vars[2].eval(session=sess))
66     print(sequence_length.eval(session=sess))
67     print(input_layer.eval(session=sess))      #输出序列输入层的内容
68     print(sequence_length2.eval(session=sess))
69     print(input_layer2.eval(session=sess))     #输出序列输入层的内容
70     }
```

代码运行后输出以下内容：

（1）输出 3 个词嵌入张量。第 3 个为共享列张量。

```
['sequence_input_layer/a_embedding/embedding_weights:0',
'sequence_input_layer/b_embedding/embedding_weights:0',
'sequence_input_layer_1/a_b_shared_embedding/embedding_weights:0']
```

（2）输出词嵌入的初始化值。

```
[[1. 2.]
 [3. 4.]
 [5. 6.]]
[[11. 12. 13.]
 [14. 15. 16.]
 [17. 18. 19.]]
[[1. 2.]
 [3. 4.]
 [5. 6.]]
```

输出的结果共有 9 行，每 3 行为一个数组：

- 前 3 行是 embedding_column_a。
- 中间 3 行是 embedding_column_b。
- 最后 3 行是 shared_embedding_columns。

（3）输出张量 input_layer 的内容。

```
[1 2]
[[[ 5.  6. 14. 15. 16.] [ 0.  0.  0.  0.  0.]]
 [[ 1.  2. 17. 18. 19.] [ 3.  4. 11. 12. 13.]]]
```

输出的结果第 1 行是原始词向量的大小，后面两行是 input_layer 的具体内容。

（4）输出张量 input_layer2 的内容。

```
[1 2]
[[[5. 6. 3. 4.] [0. 0. 0. 0.]]
 [[1. 2. 5. 6.] [3. 4. 1. 2.]]]
```

模拟数据 sparse_input_a 与 sparse_input_b 同时使用了共享词嵌入 embedding_values_a。每个序列的数据被转换成两个维度的词嵌入数据。

5.3 实例 24：用 wide_deep 模型预测人口收入

本实例将使用特征列接口对数据预处理，并使用 wide_deep 模型预测人口收入。

5.3.1 认识 wide_deep 模型

wide_deep 模型来自谷歌公司，在 Google Play 的 App 推荐算法中就使用了该模型。wide_deep 模型的核心思想是：结合线性模型的记忆能力（memorization）和 DNN 模型的泛化能力（generalization），在训练过程中同时优化两个模型的参数，从而实现最优的预测能力。

1. wide_deep 模型的组成

wide_deep 模型可以理解成是由以下两个模型的输出结果叠加而成的。
- wide 模型是一个线性模型（浅层全连接网络模型）。
- deep 模型是 DNN 模型（深层全连接网络模型）。

2. wide_deep 模型的训练方式

wide_deep 模型采用的是联合训练方法。模型的训练误差会同时反馈到线性模型和 DNN 模型中进行参数更新。

3. wide_deep 模型的设计思想

在 wide_deep 模型中，wide 模型和 deep 模型具有各自不同的分工。
- wide 模型：一种浅层模型。它通过大量的单层网络节点，实现对训练样本的高度拟合性。其缺点是泛化能力很差。
- deep 模型：一种深层模型。它通过多层的非线性变化，使模型具有很好的泛化性。其缺点是拟合度欠缺。

将二者结合起来——用联合训练方法共享反向传播的损失值来进行训练——可以使两个模型综合优点，得到最好的结果。

5.3.2 模型任务与数据集介绍

本实例中的模型任务是通过训练一个机器学习模型，使得该模型能够找到个人的详细信息与收入之间的关系。最终实现：在给定一个人的具体详细信息之后，该模型能估算出他的收入水平。

在模型的训练过程中，需要用到一个人口收入的数据集，该数据集的具体信息见表 5-1。

表 5-1 人口收入数据集

数据集项目	具体值
数据集的特征	多元
实例的数目	48 842

续表

数据集项目	具体值
区域	社会
属性特征	分类，整数
属性的数目	14 个

数据集中收集了 20 多个地区的人口数据，每个人的详细信息包括年龄、职业、教育等 14 个维度，一共有 48 842 条数据。本实例从其中取出 32 561 条数据用作训练模型的数据集，剩余的数据将作为测试模型的数据集。

1. 部署数据集

在本书的配套资源里提供了两个数据集文件——adult.data.csv 与 adult.test.csv，将这两个文件复制到本地代码的 income_data 文件夹下，如图 5-1 所示。

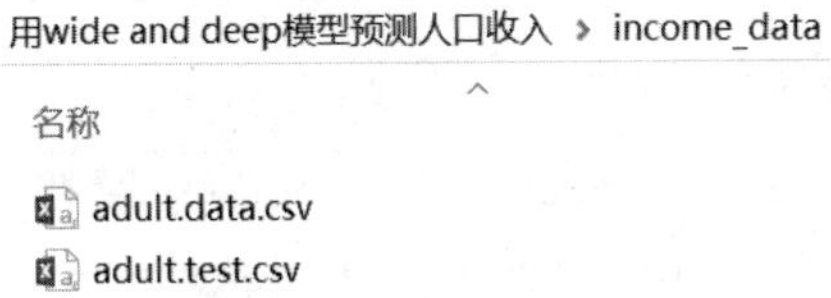

图 5-1 人口收入数据集

在图 5-1 中，adult.data.csv 是训练数据集，adult.test.csv 是测试数据集。

2. 数据集内容介绍

用 Excel 打开数据集文件，便可以看到具体内容，如图 5-2 所示。

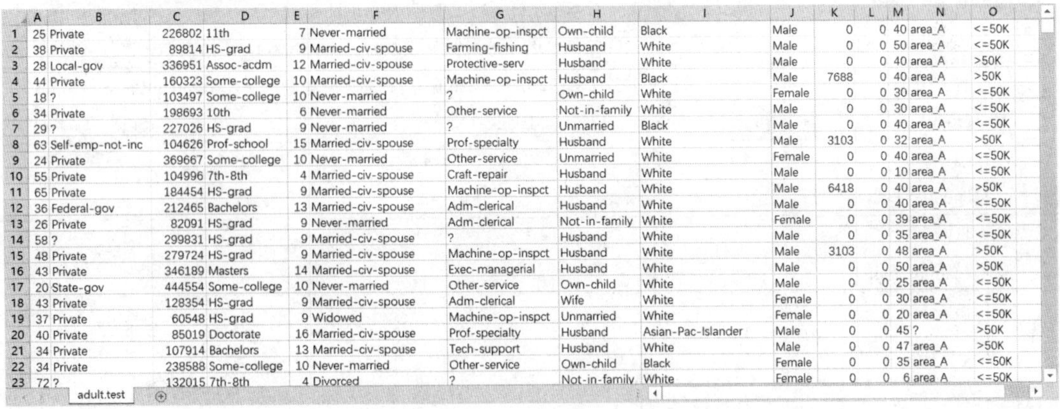

	A	B	C	D	E	F	G	H	I	J	K	L	M	N	O
1	25	Private	226802	11th	7	Never-married	Machine-op-inspct	Own-child	Black	Male	0	0	40	area_A	<=50K
2	38	Private	89814	HS-grad	9	Married-civ-spouse	Farming-fishing	Husband	White	Male	0	0	50	area_A	<=50K
3	28	Local-gov	336951	Assoc-acdm	12	Married-civ-spouse	Protective-serv	Husband	White	Male	0	0	40	area_A	>50K
4	44	Private	160323	Some-college	10	Married-civ-spouse	Machine-op-inspct	Husband	Black	Male	7688	0	40	area_A	>50K
5	18	?	103497	Some-college	10	Never-married	?	Own-child	White	Female	0	0	30	area_A	<=50K
6	34	Private	198693	10th	6	Never-married	Other-service	Not-in-family	White	Male	0	0	30	area_A	<=50K
7	29	?	227026	HS-grad	9	Never-married	?	Unmarried	Black	Male	0	0	40	area_A	<=50K
8	63	Self-emp-not-inc	104626	Prof-school	15	Married-civ-spouse	Prof-specialty	Husband	White	Male	3103	0	32	area_A	>50K
9	24	Private	369667	Some-college	10	Never-married	Other-service	Unmarried	White	Female	0	0	40	area_A	<=50K
10	55	Private	104996	7th-8th	4	Married-civ-spouse	Craft-repair	Husband	White	Male	0	0	10	area_A	<=50K
11	65	Private	184454	HS-grad	9	Married-civ-spouse	Machine-op-inspct	Husband	White	Male	6418	0	40	area_A	>50K
12	36	Federal-gov	212465	Bachelors	13	Married-civ-spouse	Adm-clerical	Husband	White	Male	0	0	40	area_A	<=50K
13	26	Private	82091	HS-grad	9	Never-married	Adm-clerical	Not-in-family	White	Female	0	0	39	area_A	<=50K
14	58	?	299831	HS-grad	9	Married-civ-spouse	?	Husband	White	Male	0	0	35	area_A	<=50K
15	48	Private	279724	HS-grad	9	Married-civ-spouse	Machine-op-inspct	Husband	White	Male	3103	0	48	area_A	>50K
16	43	Private	346189	Masters	14	Married-civ-spouse	Exec-managerial	Husband	White	Male	0	0	50	area_A	>50K
17	20	State-gov	444554	Some-college	10	Never-married	Other-service	Own-child	White	Male	0	0	25	area_A	<=50K
18	43	Private	128354	HS-grad	9	Married-civ-spouse	Adm-clerical	Wife	White	Female	0	0	30	area_A	<=50K
19	37	Private	60548	HS-grad	9	Widowed	Machine-op-inspct	Unmarried	White	Female	0	0	20	area_A	<=50K
20	40	Private	85019	Doctorate	16	Married-civ-spouse	Prof-specialty	Husband	Asian-Pac-Islander	Male	0	0	45	?	>50K
21	34	Private	107914	Bachelors	13	Married-civ-spouse	Tech-support	Husband	White	Male	0	0	47	area_A	>50K
22	34	Private	238588	Some-college	10	Never-married	Other-service	Own-child	Black	Female	0	0	35	area_A	<=50K
23	72	?	132015	7th-8th	4	Divorced	?	Not-in-family	White	Female	0	0	6	area_A	<=50K

图 5-2 数据集的内容

图 5-2 中，每一行都有 15 列，代表一个人的 15 个数据属性。每个属性的意义及取值见表 5-2。

表 5-2 数据集字段的含义

列	字段	取值
A	年龄（age）	连续值
B	工作类别（workclass）	Private（私企）、Self-emp-not-inc（自由职业）、Self-emp-inc（雇主）、Federal-gov（联邦政府）、Local-gov（地方政府）、State-gov（州政府）、Without-pay（没有工资）、Never-worked（无业）
C	权重值（fnlwgt）	连续值
D	教育（education）	Bachelors（学士）、Some-college、11th、HS-grad（高中）、Prof-school（教授）、Assoc-acdm、Assoc-voc、9th、7th-8th、12th、Masters（硕士）、1st-4th、10th、Doctorate（博士）、5th-6th、Preschool（学前班）
E	受教育年限（education_num）	连续值
F	婚姻状况（marital_status）	Married-civ-spouse（已婚）、Divorced（离婚）、Never-married（未婚）、Separated（分居）、Widowed（丧偶）、Married-spouse-absent（已婚配偶缺席）、Married-AF-spouse（再婚）
G	职业（occupation）	Tech-support（技术支持）、Craft-repair（工艺修理）、Other-service（其他服务）、Sales（销售）、Exec-managerial（行政管理）、Prof-specialty（专业教授）、Handlers-cleaners（操作工人清洁工）、Machine-op-inspct（机器操作）、Adm-clerical（ADM 职员）、Farming-fishing（农业捕鱼）、Transport-moving（运输搬家）、Priv-house-serv（家庭服务）、Protective-serv（保安服务）、Armed-Forces（武装部队）
H	关系（relationship）	Wife（妻子）、Own-child（自己的孩子）、Husband（丈夫）、Not-in-family（不是家庭成员）、Other-relative（其他亲戚）、Unmarried（未婚）
I	种族（race）	White（白种人）、Asian-Pac-Islander（亚洲太平洋岛民）、Amer-Indian-Eskimo（印度人）、Other（其他）、Black（黑种人）
J	性别（gender）	Female（女性）、Male（男性）
K	收益（capital_gain）	连续值
L	损失（capital_loss）	连续值
M	每周工作时间（hours_per_week）	连续值

续表

字段	取值
N 地区（native_area）	area_A、area_B、area_C、area_D、area_E、area_F、area_G、area_H、area_I、Greece、area_K、area_L、area_M、area_N、area_O、area_P、Italy、area_R、Jamaica、area_T、Mexico、area_S、area_U、France、area_W、area_V、Ecuador、area_X、Columbia、area_Y、Guatemala、Nicaragua、area_Z、area_1A、area_1B、area_1C、area_1D、Peru、area_#、area_1G
O 收入档次（income_bracket）	>5万美元、≤5万美元

5.3.3 代码实现：探索性数据分析

探索性数据分析（exploratory data analysis，EDA）是指，对原始样本进行特征分析，找到有价值的特征。常用的方法之一是：用散点图矩阵（scatterplot matrix 或 pairs plot）将样本特征可视化。可视化的结果可用于分析样本分布、寻找单独变量间的关系或发现数据异常情况，有助于指导后续的模型开发。

这里介绍一个工具——seaborn，它能够在 Python 环境中快速创建散点图矩阵，并支持定制化。

下面举一个对数据进行可视化的例子：

```
import seaborn as sns
import pandas as pd
import warnings
warnings.simplefilter(action = "ignore", category = RuntimeWarning) #忽略警告（遇到空值的情况时会有警告）

_CSV_COLUMNS = [                              #CSV文件的列名
    'age', 'workclass', 'fnlwgt', 'education', 'education_num',
    'marital_status', 'occupation', 'relationship', 'race', 'gender',
    'capital_gain', 'capital_loss', 'hours_per_week', 'native_area',
    'income_bracket'
]
evaldata = r"income_data\adult.data.csv"          #加载CSV文件
df = pd.read_csv(evaldata,names=_CSV_COLUMNS,skiprows=0,encoding = "ISO-8859-1") #,encoding = "gbk") #,skiprows=1,columns=list('ABCD')

df.loc[df['income_bracket']=='<=50K','income_bracket']=0  #字段转换
df.loc[df['income_bracket']=='>50K','income_bracket']=1   #字段转换
df1 = df.dropna(how='all',axis = 1)         #数据清洗：将空值数据去掉
sns.pairplot(df1)                           #生成交叉表
```

在运行代码之前,需要先通过 pip install seaborn 命令安装 seaborn 工具。运行后便会看到其生成的字段交叉图表,如图 5-3 所示。

从图 5-3 中可以看出,seaborn 工具将数值类型的字段以交叉表的方式统一罗列了出来。可以得到以下结果。

- 最终的 income_bracket(收入档次)与前面的任何单一字段都没有明显的直接联系。
- 从 capital_gain(收益)字段来看,高收入与低收入人群之间存在很大的差距。
- 从 hours_per_week(每周工作时间)字段来看,特别高与特别低的人群都没有很好的年收益。
- 学历低的人群获得高收益的概率非常低。

在实际操作中,可以将其他非数值的字段数值化。对于较大数值的字段,也可以取对数将其控制在统一的取值区间。还可以在图上将某个字段的类别用不同颜色显示,从而方便分析。

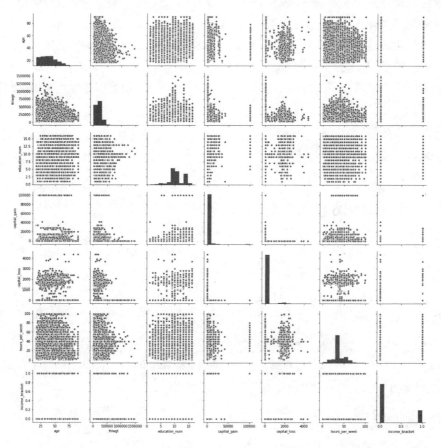

图 5-3 字段交叉图表

5.3.4 代码实现：将样本转换为特征列

将本书配套资源里的数据集（income_data 文件夹）与依赖代码（utils 文件夹）复制到本地代码的同级目录下，如图 5-4 所示。

图 5-4 代码文件的结构

文件夹 utils 中的代码文件如图 5-5 所示。

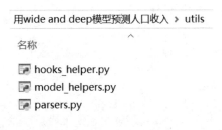

图 5-5 utils 中的代码文件

从图 5-5 中可以看到，utils 文件夹里有 3 个代码文件。

- hooks_helper.py：模型的辅助训练工具。它以钩子函数的方式输出训练过程中的内容。
- model_helpers.py：模型的辅助训练工具。实现早停功能。即在训练过程中，当损失值小于阈值时，自动停止训练。
- parsers.py：程序的辅助启动工具。利用它可以方便地设置和解析启动参数。

1．初始化样本常量

编写代码引入库模块，并对如下常量进行初始化：

- 样本文件的列名常量。
- 每列样本的默认值。
- 样本集数量。
- 模型前缀。

具体代码如下。

代码5-6 用wide_deep模型预测人口收入

```
01 import argparse                        #引入系统模块
02 import os
03 import shutil
04 import sys
05
06 import tensorflow as tf                 #引入TensorFlow模块
07
08 from utils import parsers        #引入office.utils模块
09 from utils import hooks_helper
10 from utils import model_helpers
11
12 _CSV_COLUMNS = [                          #定义CVS文件的列名
13     'age', 'workclass', 'fnlwgt', 'education', 'education_num',
14     'marital_status', 'occupation', 'relationship', 'race', 'gender',
15     'capital_gain', 'capital_loss', 'hours_per_week', 'native_area',
16     'income_bracket'
17 ]
18
19 _CSV_COLUMN_DEFAULTS = [                  #定义每一列的默认值
20         [0], [''], [0], [''], [0], [''], [''], [''], [''], [''],
21                  [0], [0], [0], [''], ['']]
22
23 _NUM_EXAMPLES = {                         #定义样本集的数量
24     'train': 32561,
25     'validation': 16281,
26 }
27
28 LOSS_PREFIX = {'wide': 'linear/', 'deep': 'dnn/'} #定义模型的前缀
```

代码第28行是模型的前缀，该前缀输出结果会在格式化字符串时用到，在程序功能方面没有任何意义。

2. 生成特征列

定义函数build_model_columns，该函数以列表的形式返回两个特征列，分别对应于wide模型与deep模型的特征列输入。

具体代码如下。

代码5-6 用wide_deep模型预测人口收入（续）

```
29 def build_model_columns():
30     """生成wide和deep模型的特征列集合."""
```

```
31  #定义连续值列
32  age = tf.feature_column.numeric_column('age')
33  education_num = tf.feature_column.numeric_column('education_num')
34  capital_gain = tf.feature_column.numeric_column('capital_gain')
35  capital_loss = tf.feature_column.numeric_column('capital_loss')
36  hours_per_week = tf.feature_column.numeric_column('hours_per_week')
37
38  #定义离散值列，返回的是稀疏矩阵
39  education = tf.feature_column.categorical_column_with_vocabulary_list(
40      'education', [
41          'Bachelors', 'HS-grad', '11th', 'Masters', '9th', 'Some-college',
42          'Assoc-acdm', 'Assoc-voc', '7th-8th', 'Doctorate', 'Prof-school',
43          '5th-6th', '10th', '1st-4th', 'Preschool', '12th'])
44
45  marital_status =
    tf.feature_column.categorical_column_with_vocabulary_list(
46      'marital_status', [
47          'Married-civ-spouse', 'Divorced', 'Married-spouse-absent',
48          'Never-married', 'Separated', 'Married-AF-spouse', 'Widowed'])
49
50  relationship = tf.feature_column.categorical_column_with_vocabulary
    _list(
51      'relationship', [
52          'Husband', 'Not-in-family', 'Wife', 'Own-child', 'Unmarried',
53          'Other-relative'])
54
55  workclass = tf.feature_column.categorical_column_with_vocabulary_list(
56      'workclass', [
57          'Self-emp-not-inc', 'Private', 'State-gov', 'Federal-gov',
58          'Local-gov', '?', 'Self-emp-inc', 'Without-pay', 'Never-worked'])
59
60  #将所有职业名称用hash算法散列成1000个类别
61  occupation = tf.feature_column.categorical_column_with_hash_bucket(
62      'occupation', hash_bucket_size=1000)
63
64  #将连续值特征列转换为离散值特征列
65  age_buckets = tf.feature_column.bucketized_column(
66      age, boundaries=[18, 25, 30, 35, 40, 45, 50, 55, 60, 65])
67
68  #定义基础特征列
69  base_columns = [
70      education, marital_status, relationship, workclass, occupation,
```

```
71          age_buckets,
72      ]
73  #定义交叉特征列
74  crossed_columns = [
75      tf.feature_column.crossed_column(
76          ['education', 'occupation'], hash_bucket_size=1000),
77      tf.feature_column.crossed_column(
78          [age_buckets, 'education', 'occupation'], hash_bucket_size=1000),
79      ]
80
81  #定义wide模型的特征列
82  wide_columns = base_columns + crossed_columns
83
84  #定义deep模型的特征列
85  deep_columns = [
86      age,
87      education_num,
88      capital_gain,
89      capital_loss,
90      hours_per_week,
91      tf.feature_column.indicator_column(workclass), #将workclass列的稀疏矩
    阵转成one-hot编码
92      tf.feature_column.indicator_column(education),
93      tf.feature_column.indicator_column(marital_status),
94      tf.feature_column.indicator_column(relationship),
95      tf.feature_column.embedding_column(occupation, dimension=8),#用嵌入词
    embedding将散列后的每个类别进行转换
96      ]
97
98      return wide_columns, deep_columns
```

在生成特征列的过程中，多处使用了 tf.feature_column 接口。

5.3.5 代码实现：生成估算器模型

将 wide 模型与 deep 模型一起传入 DNNLinearCombinedClassifier 模型进行混合训练。

 提示：

DNNLinearCombinedClassifier 模型是一个混合模型框架，它可以将任意两个模型放在一起混合训练。

具体代码如下。

代码 5-6　用 wide_deep 模型预测人口收入（续）

```
 99  def build_estimator(model_dir, model_type):
100      """按照指定的模型生成估算器模型对象."""
101      wide_columns, deep_columns = build_model_columns()
102      hidden_units = [100, 75, 50, 25]
103      #将GPU个数设为0，关闭GPU运算，因为该模型在CPU上的运行速度更快
104      run_config = tf.estimator.RunConfig().replace(
105          session_config=tf.compat.v1.ConfigProto(device_count={'GPU': 0}),
106          save_checkpoints_steps=1000)
107
108      if model_type == 'wide':                    #生成带有wide模型的估算器模型对象
109          return tf.estimator.LinearClassifier(
110              model_dir=model_dir,
111              feature_columns=wide_columns,
112              config=run_config, loss_reduction=tf.keras.losses.Reduction.SUM)
113      elif model_type == 'deep':                  #生成带有deep模型的估算器模型对象
114          return tf.estimator.DNNClassifier(
115              model_dir=model_dir,
116              feature_columns=deep_columns,
117              hidden_units=hidden_units,
118              config=run_config, loss_reduction=tf.keras.losses.Reduction.SUM)
119      else:
120          return tf.estimator.DNNLinearCombinedClassifier(  #生成带有wide和deep
  模型的估算器模型对象
121              model_dir=model_dir,
122              linear_feature_columns=wide_columns,
123              dnn_feature_columns=deep_columns,
124              dnn_hidden_units=hidden_units,
125              config=run_config, loss_reduction=tf.keras.losses.Reduction.SUM)
```

5.3.6　代码实现：定义输入函数

定义估算器框架输入函数 input_fn，具体步骤如下：

（1）用 tf.data.TextLineDataset 对 CSV 文件进行处理，并将其转成数据集。

（2）对数据集进行特征抽取、乱序等操作。

（3）返回一个由样本及标签组成的元组（features, labels）。

第（3）步返回的元组的具体内容如下：

- features 是字典类型，内部的每个键值对代表一个特征列的数据。

- labels 是数组类型。

具体代码如下：

代码 5-6　用 wide_deep 模型预测人口收入（续）

```
126 def input_fn(data_file, num_epochs, shuffle, batch_size):    #定义输入函数
127     """估算器框架的输入函数."""
128     assert tf.io.gfile.Exists(data_file), (    #用断言语句判断样本文件是否存在
129         '%s not found. Please make sure you have run data_download.py and '
130         'set the --data_dir argument to the correct path.' % data_file)
131
132     def parse_csv(value):            #对文本数据进行特征抽取
133         print('Parsing', data_file)
134         columns = tf.io.decode_csv(records= value,
    record_defaults=_CSV_COLUMN_DEFAULTS)
135         features = dict(zip(_CSV_COLUMNS, columns))
136         labels = features.pop('income_bracket')
137         return features, tf.equal(labels, '>50K')
138
139     dataset = tf.data.TextLineDataset(data_file)    #创建dataset数据集
140
141     if shuffle:                                    #对数据进行乱序操作
142         dataset = dataset.shuffle(buffer_size=_NUM_EXAMPLES['train'])
143     #加工样本文件中的每行数据
144     dataset = dataset.map(parse_csv, num_parallel_calls=5)
145     dataset = dataset.repeat(num_epochs)  #设置数据集可重复读取num_epochs次
146     dataset = dataset.batch(batch_size)            #将数据集按照batch_size划分
147     dataset = dataset.prefetch(1)
148     return dataset
```

代码第 128 行，用断言（assert）语句判断样本文件是否存在。

代码第 132 行定义了内嵌函数 parse_csv，用于将每一行的数据转换成特征列。

5.3.7　代码实现：定义用于导出冻结图文件的函数

定义函数 export_model，用于导出估算器模型的冻结图文件。具体步骤如下：

（1）定义一个 feature_spec 对象，对输入格式进行转换。

（2）用函数 tf.estimator.export.build_parsing_serving_input_receiver_fn 生成函数 example_input_fn 用于输入数据。

（3）将样本输入函数 example_input_fn 与模型路径一起传入估算器框架的 export_saved_model()方法中，生成冻结图（见代码第 167 行）。

> **提示：**
> 用 export_saved_model()方法生成的冻结图可以与 tf.seving 模块配合使用。
> export_saved_model()方法是通过调用 saved_model()方法实现具体功能的。
> saved_model()方法是 TensorFlow 中非常有用的生成模型方法，该方法导出的冻结图可以非常方便地部署到生产环境中。

具体代码如下。

代码 5-6　用 wide_deep 模型预测人口收入（续）

```
149 def export_model(model, model_type, export_dir):    #定义函数 export_model,
       用于导出模型
150     """导出模型
151
152     参数:
153       model: 估算器模型对象
154       model_type: 要导出的模型类型，可选值有"wide""deep"或"wide_deep"
155       export_dir: 导出模型的路径
156     """
157     wide_columns, deep_columns = build_model_columns() #获得列张量
158     if model_type == 'wide':
159         columns = wide_columns
160     elif model_type == 'deep':
161         columns = deep_columns
162     else:
163         columns = wide_columns + deep_columns
164     feature_spec = tf.feature_column.make_parse_example_spec(columns)
165     example_input_fn = (
166   tf.estimator.export.build_parsing_serving_input_receiver_fn(feature_spec
))
167     model.export_saved_model(export_dir, example_input_fn)
```

5.3.8　代码实现：定义类，解析启动参数

定义解析启动参数的类 WideDeepArgParser，具体过程如下：

（1）将类 WideDeepArgParser 继承于类 argparse.ArgumentParser。

（2）在类 WideDeepArgParser 中添加启动参数"--model_type"，用于指定程序运行时所支持的模型。

（3）在类 WideDeepArgParser 中初始化环境参数。其中包括样本文件路径、模型存放路径、迭代次数等。

具体代码如下。

代码 5-6　用 wide_deep 模型预测人口收入（续）

```
168 class WideDeepArgParser(argparse.ArgumentParser):  #定义 WideDeepArgParser
     类，用于解析参数
169     """该类用于在程序启动时的参数解析"""
170
171     def __init__(self):                              #初始化函数
172         super(WideDeepArgParser,
    self).__init__(parents=[parsers.BaseParser()])  #调用父类的初始化函数
173         self.add_argument(
174             '--model_type', '-mt', type=str, default='wide_deep',  #添加一个启
    动参数——model_type，默认值为 wide_deep
175             choices=['wide', 'deep', 'wide_deep'],    #定义该参数的可选值
176             help='[default %(default)s] Valid model types: wide, deep,
    wide_deep.',  #定义启动参数的帮助命令
177             metavar='<MT>')
178         self.set_defaults(                           #为其他参数设置默认值
179             data_dir='income_data',                  #设置数据样本路径
180             model_dir='income_model',                #设置模型存放路径
181             export_dir='income_model_exp',           #设置导出模型存放路径
182             train_epochs=5,                          #设置迭代次数
183             batch_size=40)                           #设置批次大小
```

5.3.9　代码实现：训练和测试模型

这部分代码实现了一个 trainmain 函数，并在函数体内实现模型的训练及评估操作。在 trainmain 函数体内，具体的代码逻辑如下：

（1）对 WideDeepArgParser 类进行实例化，得到对象 parser。

（2）用 parser 对象解析程序的启动参数，得到程序中的配置参数。

（3）定义样本输入函数，用于训练和评估模型。

（4）定义钩子回调函数，并将其注册到估算器框架中，用于输出训练过程中的详细信息。

（5）建立 for 循环，并在循环内部进行模型的训练与评估操作，同时输出相关信息。

（6）在训练结束后，导出模型的冻结图文件。

具体代码如下。

代码 5-6　用 wide_deep 模型预测人口收入（续）

```
184 def trainmain(argv):
185     parser = WideDeepArgParser()        #实例化 WideDeepArgParser 类，用于解析启动参数
186     flags = parser.parse_args(args=argv[1:])      #获得解析后的参数 flags
187     print("解析的参数为: ",flags)
188
189     shutil.rmtree(flags.model_dir, ignore_errors=True)#如果模型存在，则删除目录
190     model = build_estimator(flags.model_dir, flags.model_type)#生成估算器模型对象
191     #获得训练集样本文件的路径
192     train_file = os.path.join(flags.data_dir, 'adult.data.csv')
193     test_file = os.path.join(flags.data_dir, 'adult.test.csv')  #获得测试集样本文件的路径
194
195     def train_input_fn():           #定义训练集样本输入函数
196         return input_fn(    #返回输入函数，迭代输入 epochs_between_evals 次，并使用乱序后的数据集
197             train_file, flags.epochs_between_evals, True, flags.batch_size)
198
199     def eval_input_fn():                     #定义测试集样本输入函数
200         return input_fn(test_file, 1, False, flags.batch_size) #返回函数指针，用于在测试场景下输入样本
201
202     loss_prefix = LOSS_PREFIX.get(flags.model_type, '')#生成带有 loss 前缀的字符串
203
204     #按照数据集迭代训练的总次数进行训练
205     for n in range(flags.train_epochs):
206
207         #调用估算器框架的 train()方法进行训练
208         model.train(input_fn=train_input_fn)
209
210         #调用 evaluate 进行评估
211         results = model.evaluate(input_fn=eval_input_fn)
212         #定义分隔符
213         print('{0:-^60}'.format('evaluate at epoch %d'%( (n + 1))))
214
215         for key in sorted(results):                            #显示评估结果
216             print('%s: %s' % (key, results[key]))
217     #根据 accuracy 的阈值判断是否需要结束训练
218     if model_helpers.past_stop_threshold(
```

```
219                          flags.stop_threshold, results['accuracy']):
220            break
221
222    if flags.export_dir is not None:            #根据设置导出冻结图文件
223        export_model(model, flags.model_type, flags.export_dir)
```

5.3.10 代码实现：使用模型

定义 premain 函数，并在该函数内部实现以下步骤。

（1）调用模型的 predict()方法，对指定的 CSV 文件数据进行预测。

（2）将前 5 条数据的结果显示出来。

具体代码如下。

代码 5-6 用 wide_deep 模型预测人口收入（续）

```
224  def premain(argv):
225      parser = WideDeepArgParser()    #实例化 WideDeepArgParser 类，用于解析启动参数
226      flags = parser.parse_args(args=argv[1:])         #获得解析后的参数 flags
227      print("解析的参数为：",flags)
228      #获得测试集样本文件的路径
229      test_file = os.path.join(flags.data_dir, 'adult.test.csv')
230
231      def eval_input_fn():                             #定义测试集的样本输入函数
232          return input_fn(test_file, 1, False, flags.batch_size)    #该输入函数
     按照batch_size批次，迭代输入1次，不进行乱序处理
233
234      model2 = build_estimator(flags.model_dir, flags.model_type)
235
236      predictions = model2.predict(input_fn=eval_input_fn)
237      for i, per in enumerate(predictions):
238          print("csv 中第",i,"条结果为：",per['class_ids'])
239          if i==5:
240              break
```

代码第 234 行重新定义了模型 model2，并将模型 model2 的输出路径设为 flags.model_dir 的值。

> **提示：**
> 代码第 234 行重新定义了模型部分，也可以改成使用热启动的方式。例如，可以用下列代码替换第 234 行代码：
>
> model2 = build_estimator('./temp', flags.model_type,flags.model_dir)

5.3.11 代码实现：调用模型进行预测

添加代码，实现以下步骤。

（1）调用 trainmain 函数训练模型。
（2）调用 premain 函数，用模型来预测数据。

具体代码如下。

代码 5-6 用 wide_deep 模型预测人口收入（续）

```
241 if __name__ == '__main__':                #如果运行当前文件，则模块的名字__name__就会变为__main__
242     tf.compat.v1.logging.set_verbosity(tf.compat.v1.logging.INFO)  #设置 log 级别为 INFO。如果要显示的信息少一些，则可以设置成 ERROR
243     trainmain(argv=sys.argv)              #调用 trainmain 函数，训练模型
244     premain(argv=sys.argv)                #调用 premain 函数，使用模型
```

代码运行后输出以下结果：

```
解析的参数为： Namespace(batch_size=40, data_dir='income_data', epochs_between_evals=1,
…
----------------------evaluate at epoch 1----------------------
accuracy: 0.8220011
accuracy_baseline: 0.76377374
auc: 0.87216777
auc_precision_recall: 0.6999677
average_loss: 0.3862863
global_step: 815
label/mean: 0.23622628
loss: 15.414527
precision: 0.8126649
prediction/mean: 0.23457089
recall: 0.32033283
Parsing income_data\adult.data.csv
Parsing income_data\adult.test.csv
----------------------evaluate at epoch 2----------------------
```

```
...
csv 中第 0 条结果为: [0]
csv 中第 1 条结果为: [0]
csv 中第 2 条结果为: [0]
csv 中第 3 条结果为: [1]
...
```

输出结果中有 3 部分内容,分别用省略号隔开。
- 第 1 部分为程序起始的输出信息。
- 第 2 部分为训练中的输出结果。
- 第 3 部分为最终的预测结果。

5.4 实例 25:梯度提升树(TFBT)接口的应用

本实例还是预测人口收入,不同的是,用弱学习器中的梯度提升树算法来实现。

5.4.1 梯度提升树接口介绍

TFBT 接口实现了梯度提升树(gradient boosted trees)算法。梯度提升树算法适用于多种机器学习任务。

TFBT 是一个弱学习器接口,可以处理"分类任务"和"回归任务"。
- 分类任务:使用 tf.estimator.BoostedTreesClassifier 接口。
- 回归任务:使用 tf.estimator.BoostedTreesRegressor 接口。

该接口属于估算器框架中的一个具体算法的封装,具体用法与 5.2 节非常相似。

5.4.2 代码实现:为梯度提升树模型准备特征列

本实例将使用 tf.estimator.BoostedTreesClassifier(TFBT)接口来实现梯度提升树的分类算法。因为接口目前只支持两种特征列类型:bucketized_column 与 indicator_column,所以在数据预处理阶段,需要对 tf.estimator.BoostedTreesClassifier 接口不支持的特征列进行转换。

复制代码文件 "5-6 用 wide_deep 模型预测人口收入.py" 到本地,并直接修改 build_model_columns 函数。

具体代码如下。

代码 5-7 用梯度提升树模型预测人口收入(片段)

```
01 def build_model_columns():
02     """生成 wide 和 deep 模型的特征列集合"""
```

```
03    #定义连续值列
04    age = tf.feature_column.numeric_column('age')
05    education_num = tf.feature_column.numeric_column('education_num')
06    ……
07        tf.feature_column.embedding_column(occupation, dimension=8),
08    ]
09    #定义boostedtrees的特征列
10    boostedtrees_columns = [age_buckets,
11        tf.feature_column.bucketized_column(education_num, boundaries=[4, 5, 7, 9, 10, 11, 12, 13, 14, 15]),
12        tf.feature_column.bucketized_column(capital_gain, boundaries=[1000, 5000, 10000, 20000, 40000,50000]),
13        tf.feature_column.bucketized_column(capital_loss, boundaries=[100, 1000, 2000, 3000, 4000]),
14        tf.feature_column.bucketized_column(hours_per_week, boundaries=[7, 14, 21, 28, 35, 42, 47, 56, 63, 70,77,90]),
15        tf.feature_column.indicator_column(workclass),   #将workclass列的稀疏矩阵转成one-hot编码
16        tf.feature_column.indicator_column(education),
17        tf.feature_column.indicator_column(marital_status),
18        tf.feature_column.indicator_column(relationship),
19        tf.feature_column.indicator_column(occupation)
20    ]
21    return wide_columns, deep_columns,boostedtrees_columns
```

在转换特征列的过程中，需要将 education_num、capital_gain、capital_loss、hours_per_week 这 4 个连续数值的特征列转换成 bucketized_column 类型，见代码第 11、12、13、14 行。

5.4.3 代码实现：构建梯度提升树模型

下面在 build_estimator 函数里，用 tf.estimator.BoostedTreesClassifier 接口构建梯度提升树模型。

代码 5-7　用梯度提升树模型预测人口收入（续）

```
22  def build_estimator(model_dir, model_type,warm_start_from=None):
23      """按照指定的模型生成估算器模型对象."""
24      wide_columns, deep_columns ,boostedtrees_columns= build_model_columns()
25      hidden_units = [100, 75, 50, 25]
26      …
27      elif model_type == 'deep':                          #生成带有deep模型的估算器模型对象
28          return tf.estimator.DNNClassifier(
```

```
29          model_dir=model_dir,
30          feature_columns=deep_columns,
31          hidden_units=hidden_units,
32          config=run_config)
33    elif model_type=='BoostedTrees':       #构建梯度提升树模型
34      return tf.estimator.BoostedTreesClassifier(
35          model_dir=model_dir,
36          feature_columns=boostedtrees_columns,
37          n_batches_per_layer = 100,
38          config=run_config)
39    else:
40      …
```

在 build_estimator 函数中，构建模型的过程是通过参数 model_type 来实现的。如果 model_type 的值是 BoostedTrees，则创建梯度提升树模型。

 提示：

如果想了解 tf.estimator.BoostedTreesClassifier 接口的参数，则可以通过输入命令 help(tf.estimator.BoostedTreesClassifier)或参考官网文档来实现。

5.4.4 训练并使用模型

训练并使用模型的代码，可以参考本书的配套资源，这里不再详述。

代码运行后输出结果。以下是迭代 5 次后的训练结果。

```
…
---------------------evaluate at epoch 5---------------------
accuracy: 0.8509305
accuracy_baseline: 0.76377374
auc: 0.90430105
auc_precision_recall: 0.7602789
average_loss: 0.3266305
global_step: 4075
label/mean: 0.23622628
loss: 0.3265387
precision: 0.762292
prediction/mean: 0.24224414
recall: 0.53614146
```

以下是模型的预测结果。

```
解析的参数为: Namespace(batch_size=40, data_dir='income_data', epochs_between_evals=
1, export_dir='income_model_exp', model_dir='income_model', model_type='BoostedTrees',
multi_gpu=False, stop_threshold=None, train_epochs =5)
Parsing income_data\adult.test.csv
csv 中第 0 条结果为:   [0]
csv 中第 1 条结果为:   [0]
csv 中第 2 条结果为:   [0]
csv 中第 3 条结果为:   [1]
csv 中第 4 条结果为:   [0]
csv 中第 5 条结果为:   [0]
```

5.5 实例 26:基于知识图谱的电影推荐系统

知识图谱(knowledge graph,KG)可以理解成一个知识库,用来存储实体与实体之间的关系。知识图谱可以为机器学习算法提供更多的信息,帮助模型更好地完成任务。

在推荐算法中融入电影的知识图谱,能够将没有任何历史数据的新电影精准地推荐给目标用户。

5.5.1 模型任务与数据集介绍

本实例所要完成的任务是对一个电影评分数据集和一个电影相关的知识图谱进行学习,从知识图谱找出电影间的潜在特征,并借助该特征及电影评分数据集,实现基于电影的推荐系统。

实例中使用了一个多任务学习的端到端框架 MKR。该框架能够将两个不同任务的低层特征抽取出来,并融合在一起实现联合训练,从而达到最优的结果。(有关 MKR 的更多介绍,请参见 arXiv 网站上编号为"1901.08907"的论文。)

在上一行介绍的论文的相关代码链接中有 3 个数据集:图书数据集、电影评分数据集和音乐数据集。本例使用电影评分数据集。

电影评分数据集中一共有 3 个文件。

- item_index2entity_id.txt:电影的 ID 与序号。具体内容如图 5-6 所示,第 1 列是电影 ID,第 2 列是序号。
- kg.txt:电影的知识图谱。图 5-7 中显示了知识图谱的 SPO 三元组(subject-predicate-object),第 1 列是电影 ID,第 2 列是关系,第 3 列是目标实体。
- ratings.dat:用户对电影的评分。具体内容如图 5-8 所示,列与列之间用"::"符号进行分割,第 1 列是用户 ID,第 2 列是电影的 ID,第 3 列是电影的评分,第 4 列是评分时间(可以忽略)。

图 5-6　item_index2entity_id.txt　　图 5-7　kg.txt　　图 5-8　kg.txt ratings.dat

5.5.2　预处理数据

数据预处理主要是对原始电影评分数据集中的有用数据进行提取、转换。该过程会生成两个文件。

- kg_final.txt：转换后的电影知识图谱文件。将文件 kg.txt 中的字符串类型数据转成序列索引类型数据，如图 5-9 所示。
- ratings_final.txt：转换后的用户对电影的评分文件。第 1 列将 ratings.dat 中的用户 ID 变成序列索引。第 2 列没有变化。第 3 列将 ratings.dat 中的评分按照阈值 5 进行转换：如果评分大于等于 5，则标注为 1，表明用户对该电影感兴趣；否则标注为 0，表明用户对该电影不感兴趣。具体内容如图 5-10 所示。

图 5-9　kg_final.txt　　图 5-10　ratings_final.txt

该部分代码在代码文件"5-8　preprocess.py"中实现。这里不再详述。

5.5.3　代码实现：搭建 MKR 模型

MKR 模型由 3 个子模型组成，完整结构如图 5-11 所示。具体描述如下。

- 推荐系统模型：如图 5-11 的左侧部分所示，将用户和电影作为输入，模型的预测结果为用户对该电影的喜好分数，数值为 0～1。
- 交叉压缩单元模型：如图 5-11 的中间部分，在低层将左右两个模型桥接起来，将用户对电影的评分文件中的电影信息向量化后与电影知识图谱中的电影向量特征融合起来，再分别放回各自的模型中。在高层输出预测结果。整个模型使用监督训练方式进行训练。
- 知识图谱词嵌入（knowledge graph embedding，KGE）模型：如图 5-11 的右侧部分，将电影知识图谱三元组中的前 2 个（电影 ID 和关系实体）作为输入，预测第 3 个（目标实体）。

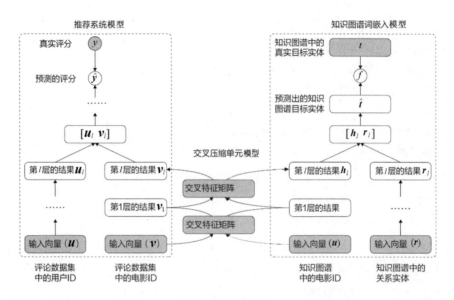

图 5-11　MKR 框架

在 3 个子模型中，最关键的是交叉压缩单元模型。下面就先从该模型开始一步一步地实现 MKR 框架。

1．交叉压缩单元模型

交叉压缩单元模型可以被当作一个网络层叠加使用。如图 5-12 所示的是交叉压缩单元在第 l 层到第 $l+1$ 层的结构。图 5-12 中，最下面一行为该单元的输入，左侧的 v_l 是用户评论数据集中的电影向量，右侧的 e_l 是电影知识图谱中的电影向量。

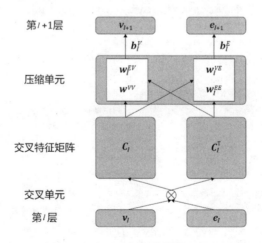

图 5-12　交叉压缩单元模型的结构

交叉压缩单元模型的具体处理过程如下:
(1) 将 v_l 与 e_l 进行矩阵相乘得到 c_l。
(2) 将 c_l 复制一份,并进行转置得到 c_l^T。实现特征交叉融合。
(3) 将 c_l 经过权重矩阵 w_l^{vv} 进行线性变化(c_l 与 w_l^{vv} 矩阵相乘)。
(4) 将 c_l^T 经过权重矩阵 w_l^{ev} 进行线性变化。
(5) 将(3)与(4)的结果相加,再与偏置参数 b_l^v 相加,得到 v_{l+1}。v_{l+1} 将用于推荐系统模型的后续计算。
(6) 按照第(3)(4)(5)步的做法,同理可以得到 e_{l+1}。e_{l+1} 将用于知识图谱词嵌入模型的后续计算。

用 tf.layer 接口实现交叉压缩单元模型,具体代码如下。

代码 5-9　MKR

```
01  import numpy as np
02  import tensorflow as tf
03  from sklearn.metrics import roc_auc_score
04  from tensorflow.python.layers import base
05  tf.compat.v1.disable_v2_behavior()
06  class CrossCompressUnit(base.Layer):                    #定义交叉压缩单元模型类
07      def __init__(self, dim, name=None):
08          super(CrossCompressUnit, self).__init__(name)
09          self.dim = dim
10          self.f_vv = tf.compat.v1.layers.Dense(1, use_bias = False) #构建权重
    矩阵
11          self.f_ev = tf.compat.v1.layers.Dense(1, use_bias = False)
12          self.f_ve = tf.compat.v1.layers.Dense(1, use_bias = False)
13          self.f_ee = tf.compat.v1.layers.Dense(1, use_bias = False)
14          self.bias_v = self.add_weight(name='bias_v',    #构建偏置权重
15                                        shape=dim,
16                                        initializer=tf.zeros_initializer())
    self.bias_e = self.add_weight(name='bias_e',
17                                        shape=dim,
18                                        initializer=tf.zeros_initializer())
19
20      def _call(self, inputs):
21          v, e = inputs       #v 和 e 的形状为[batch_size, dim]
22          v = tf.expand_dims(v, axis=2) #v 的形状为 [batch_size, dim, 1]
23          e = tf.expand_dims(e, axis=1) #e 的形状为 [batch_size, 1, dim]
24
25          c_matrix = tf.matmul(v, e)#c_matrix 的形状为 [batch_size, dim, dim]
```

第 5 章　数值分析与特征工程 | 177

```
26         c_matrix_transpose = tf.transpose(a=c_matrix, perm=[0, 2, 1])
27         #c_matrix 的形状为[batch_size * dim, dim]
28         c_matrix = tf.reshape(c_matrix, [-1, self.dim])
29         c_matrix_transpose = tf.reshape(c_matrix_transpose, [-1, self.dim])
30
31         #v_output 的形状为[batch_size, dim]
32         v_output = tf.reshape(
33                    self.f_vv(c_matrix) + self.f_ev(c_matrix_transpose),
34                    [-1, self.dim]
35                    ) + self.bias_v
36
37         e_output = tf.reshape(
38                    self.f_ve(c_matrix) + self.f_ee(c_matrix_transpose),
39                    [-1, self.dim]
40                    ) + self.bias_e
41         #返回结果
42         return v_output, e_output
```

代码第 10 行，用 tf.layers.Dense()方法定义了不带偏置的全连接层，并在代码第 34 行将该全连接层作用于交叉后的特征向量，实现压缩的过程。

2．将交叉压缩单元模型集成到 MKR 框架中

在 MKR 框架中，推荐系统模型和知识图谱词嵌入模型的处理流程几乎一样。可以进行同步处理。在实现时，将整个处理过程横向拆开，分为低层和高层两部分。

- 低层：将所有的输入映射成词嵌入向量，将需要融合的向量（图 5-11 中的 v 和 h）输入交叉压缩单元，不需要融合的向量（图 5-11 中的 u 和 r）进行同步的全连接层处理。
- 高层：推荐系统模型和知识图谱词嵌入模型分别将低层传上来的特征连接在一起，通过全连接层回归到各自的目标结果。

具体实现的代码如下。

代码 5-9　MKR（续）

```
43  class MKR(object):
44      def __init__(self, args, n_users, n_items, n_entities, n_relations):
45          self._parse_args(n_users, n_items, n_entities, n_relations)
46          self._build_inputs()
47          self._build_low_layers(args)      #构建低层模型
48          self._build_high_layers(args)     #构建高层模型
49          self._build_loss(args)
50          self._build_train(args)
51
```

```python
52      def _parse_args(self, n_users, n_items, n_entities, n_relations):
53          self.n_user = n_users
54          self.n_item = n_items
55          self.n_entity = n_entities
56          self.n_relation = n_relations
57
58          #收集训练参数,用于计算l2损失
59          self.vars_rs = []
60          self.vars_kge = []
61
62      def _build_inputs(self):
63          self.user_indices=tf.compat.v1.placeholder(tf.int32, [None], 'userInd')
64          self.item_indices=tf.compat.v1.placeholder(tf.int32, [None],'itemInd')
65          self.labels = tf.compat.v1.placeholder(tf.float32, [None], 'labels')
66          self.head_indices =tf.compat.v1.placeholder(tf.int32, [None],'headInd')
67          self.tail_indices =tf.compat.v1.placeholder(tf.int32, [None],'tail_indices')
68          self.relation_indices=tf.compat.v1.placeholder(tf.int32, [None],'relInd')
69      def _build_model(self, args):
70          self._build_low_layers(args)
71          self._build_high_layers(args)
72
73      def _build_low_layers(self, args):
74          #生成词嵌入向量
75          self.user_emb_matrix = tf.compat.v1.get_variable('user_emb_matrix',
76                                                  [self.n_user, args.dim])
77          self.item_emb_matrix = tf.compat.v1.get_variable('item_emb_matrix',
78                                                  [self.n_item, args.dim])
79          self.entity_emb_matrix = tf.compat.v1.get_variable('entity_emb_matrix',
80                                                  [self.n_entity, args.dim])
81          self.relation_emb_matrix = tf.compat.v1.get_variable(
82                          'relation_emb_matrix', [self.n_relation, args.dim])
83
84          #获取指定输入对应的词嵌入向量,形状为[batch_size, dim]
85          self.user_embeddings = tf.nn.embedding_lookup(
```

```
86                             params=self.user_emb_matrix,
    self.user_indices)
87         self.item_embeddings = tf.nn.embedding_lookup(
88                             params=self.item_emb_matrix,
    self.item_indices)
89         self.head_embeddings = tf.nn.embedding_lookup(
90                             params=self.entity_emb_matrix,
    self.head_indices)
91         self.relation_embeddings = tf.nn.embedding_lookup(
92                             params=self.relation_emb_matrix,
    self.relation_indices)
93         self.tail_embeddings = tf.nn.embedding_lookup(
94                             params=self.entity_emb_matrix,
    self.tail_indices)
95
96         for _ in range(args.L):#按指定参数构建多层MKR结构
97             #定义全连接层
98             user_mlp = tf.compat.v1.layers.Dense(args.dim,
    activation=tf.nn.relu)
99             tail_mlp = tf.compat.v1.layers.Dense(args.dim,
    activation=tf.nn.relu)
100            cc_unit = CrossCompressUnit(args.dim)#定义CrossCompress单元
101            #实现MKR结构的正向处理
102            self.user_embeddings = user_mlp(self.user_embeddings)
103            self.tail_embeddings = tail_mlp(self.tail_embeddings)
104            self.item_embeddings, self.head_embeddings = cc_unit(
105                      [self.item_embeddings, self.head_embeddings])
106            #收集训练参数
107            self.vars_rs.extend(user_mlp.variables)
108            self.vars_kge.extend(tail_mlp.variables)
109            self.vars_rs.extend(cc_unit.variables)
110            self.vars_kge.extend(cc_unit.variables)
111
112    def _build_high_layers(self, args):
113        #推荐系统模型
114        use_inner_product = True    #指定相似度分数计算的方式
115        if use_inner_product:       #内积方式
116            #self.scores的形状为[batch_size]
117            self.scores = tf.reduce_sum(input_tensor=self.user_embeddings *
    self.item_embeddings, axis=1)
118        else:
119            #self.user_item_concat的形状为[batch_size, dim * 2]
```

```python
120            self.user_item_concat = tf.concat(
121                [self.user_embeddings, self.item_embeddings], axis=1)
122            for _ in range(args.H - 1):
123                rs_mlp = tf.compat.v1.layers.Dense(
124                    args.dim * 2, activation=tf.nn.relu)
125                self.user_item_concat = rs_mlp(self.user_item_concat)
126                self.vars_rs.extend(rs_mlp.variables)
127            #定义全连接层
128            rs_pred_mlp = tf.compat.v1.layers.Dense(1, activation=tf.nn.relu)
129            #self.scores 的形状为[batch_size]
130            self.scores = tf.squeeze(rs_pred_mlp(self.user_item_concat))
131            self.vars_rs.extend(rs_pred_mlp.variables)  #收集参数
132            self.scores_normalized = tf.nn.sigmoid(self.scores)
133
134            #知识图谱词嵌入模型
135            self.head_relation_concat = tf.concat(  #形状为[batch_size, dim * 2]
136                [self.head_embeddings, self.relation_embeddings], axis=1)
137            for _ in range(args.H - 1):
138                kge_mlp = tf.compat.v1.layers.Dense(args.dim * 2, activation=tf.nn.relu)
139                #self.head_relation_concat 的形状为[batch_size, dim * 2]
140                self.head_relation_concat = kge_mlp(self.head_relation_concat)
141                self.vars_kge.extend(kge_mlp.variables)
142
143            kge_pred_mlp = tf.compat.v1.layers.Dense(args.dim, activation=tf.nn.relu)
144            #self.tail_pred 的形状为[batch_size, args.dim]
145            self.tail_pred = kge_pred_mlp(self.head_relation_concat)
146            self.vars_kge.extend(kge_pred_mlp.variables)
147            self.tail_pred = tf.nn.sigmoid(self.tail_pred)
148
149            self.scores_kge = tf.nn.sigmoid(tf.reduce_sum(input_tensor=self.tail_embeddings * self.tail_pred, axis=1))
150            self.rmse = tf.reduce_mean(input_tensor= tf.sqrt(tf.reduce_sum(
151                input_tensor=tf.square(self.tail_embeddings - self.tail_pred), axis=1) / args.dim))
```

代码第115~132行是推荐系统模型的高层处理部分,该部分有两种处理方式:

- 使用内积的方式，计算用户向量和电影向量的相似度。有关相似度的更多知识，可以参考 6.3.1 节的注意力机制。
- 将用户向量和电影向量连接起来，再通过全连接层处理计算出用户对电影的喜好分值。

代码第 132 行，通过激活函数 Sigmoid 对分值结果 scores 进行非线性变化，将模型的最终结果映射到标签的值域中。

代码第 136~152 行是知识图谱词嵌入模型的高层处理部分。具体步骤如下：
（1）将电影向量和电影知识图谱中的关系向量连接起来。
（2）将第（1）步的结果通过全连接层处理，得到电影知识图谱三元组中的目标实体向量。
（3）将生成的目标实体向量与真实的目标实体向量矩阵相乘，得到相似度分值。
（4）对第（3）步的结果进行激活函数 Sigmoid 计算，将值域映射到 0~1 中。

3. 实现 MKR 框架的反向结构

MKR 框架的反向结构主要是 loss 值的计算，其 loss 值一共分为 3 部分：推荐系统模型的 loss 值、知识图谱词嵌入模型的 loss 值和参数权重的正则项。具体实现的代码如下。

代码 5-9　MKR（续）

```
152     def _build_loss(self, args):
153         #计算推荐系统模型的 loss 值
154         self.base_loss_rs = tf.reduce_mean(
155 input_tensor=tf.nn.sigmoid_cross_entropy_with_logits(labels=self.labels, logits=self.scores))
156         self.l2_loss_rs = tf.nn.l2_loss(self.user_embeddings) + tf.nn.l2_loss (self.item_embeddings)
157         for var in self.vars_rs:
158             self.l2_loss_rs += tf.nn.l2_loss(var)
159         self.loss_rs = self.base_loss_rs + self.l2_loss_rs * args.l2_weight
160
161         #计算知识图谱词嵌入模型的 loss 值
162         self.base_loss_kge = -self.scores_kge
163         self.l2_loss_kge = tf.nn.l2_loss(self.head_embeddings) + tf.nn.l2_loss (self.tail_embeddings)
164         for var in self.vars_kge:        #计算 L2 正则
165             self.l2_loss_kge += tf.nn.l2_loss(var)
166         self.loss_kge = self.base_loss_kge + self.l2_loss_kge * args.l2_weight
167
168     def _build_train(self, args):    #定义优化器
169         self.optimizer_rs = tf.compat.v1.train.AdamOptimizer(args.lr_rs).minimize(self.loss_rs)
```

```
170            self.optimizer_kge = tf.compat.v1.train.AdamOptimizer(args.lr_kge).
       minimize(self. loss_kge)
171
172    def train_rs(self, sess, feed_dict):        #训练推荐系统模型
173        return sess.run([self.optimizer_rs, self.loss_rs], feed_dict)
174
175    def train_kge(self, sess, feed_dict):       #训练知识图谱词嵌入模型
176        return sess.run([self.optimizer_kge, self.rmse], feed_dict)
177
178    def eval(self, sess, feed_dict):             #评估模型
179        labels, scores = sess.run([self.labels, self.scores_normalized],
       feed_dict)
180        auc = roc_auc_score(y_true=labels, y_score=scores)
181        predictions = [1 if i >= 0.5 else 0 for i in scores]
182        acc = np.mean(np.equal(predictions, labels))
183        return auc, acc
184
185    def get_scores(self, sess, feed_dict):
186        return sess.run([self.item_indices, self.scores_normalized],
       feed_dict)
```

代码第173、176行,分别是训练推荐系统模型和训练知识图谱词嵌入模型的方法。因为在训练的过程中,两个子模型需要交替的进行独立训练,所以将它们分开定义。

5.5.4 训练模型并输出结果

训练模型的代码在"5-10 train.py"文件中,读者可以自行参考。代码运行后输出以下结果:

```
...
epoch 9    train auc: 0.9540    acc: 0.8817    eval auc: 0.9158    acc: 0.8407    test auc: 0.9155    acc: 0.8399
```

在输出的结果中,分别显示了模型在训练、评估、测试环境下的分值。

5.6 实例27:预测飞机发动机的剩余使用寿命

传统的预测性维护任务,是在特征工程基础上使用机器学习模型实现的。它需要使用该领域的专业知识手动构建正确的特征。这种方式对专业人才的依赖性很大,而且做出来的模型与业务耦合性极强,缺少模型的通用性。

深度学习在解决这类问题时,可以自动从数据中提取正确的特征,大大降低了对特征工程的依赖。

5.6.1 模型任务与数据集介绍

本实例属于一个深度学习在评估及监控资产状态领域中的应用实例，其中将日常维护设备的日志与真实的飞机发动机寿命记录组合起来，形成样本。用该样本训练模型，使得模型能够预测现有飞机发动机的剩余使用寿命。

该实例所使用样本的具体下载地址见本书配套资源中的“实例 27 数据集下载地址.txt”。

该数据集共包括 3 个文件，里面记录着每个发动机的配置数据与该发动机上 21 个传感器的数据，这些数据可以反映出飞机发动机生命周期中各个时间点的详细情况，具体介绍如下。

- PM_train.txt 文件：记录每个飞机发动机完整的生命周期数据。一共含有 100 台飞机发动机的周期性历史数据。具体内容见图 5-13 中的“Sample training data”部分。
- PM_test.txt 文件：记录每个发动机的部分周期数据。一共含有 100 台飞机发动机的周期性历史数据。具体内容见图 5-13 中的“Sample testing data”部分。
- PM_truth.txt 文件：记录 PM_test.txt 文件中每台飞机发动机距离发生故障所剩的周期数。具体内容见图 5-13 中的“Sample ground truth data”部分。

Sample training data

~20k rows,
100 unique engine id

id	cycle	setting1	setting2	setting3	s1	s2	s3	…	s19	s20	s21
1	1	-0.0007	-0.0004	100	518.67	641.82	1589.7		100	39.06	23.419
1	2	0.0019	-0.0003	100	518.67	642.15	1591.82		100	39	23.4236
1	3	-0.0043	0.0003	100	518.67	642.35	1587.99		100	38.95	23.3442
…	…										
1	191	0	-0.0004	100	518.67	643.34	1602.36		100	38.45	23.1295
1	192	0.0009	0	100	518.67	643.54	1601.41		100	38.48	22.9649
2	1	-0.0018	0.0006	100	518.67	641.89	1583.84		100	38.94	23.4585
2	2	0.0043	-0.0003	100	518.67	641.82	1587.05		100	39.06	23.4085
2	3	0.0018	0.0003	100	518.67	641.55	1588.32		100	39.11	23.425
…	…										
2	286	-0.001	-0.0003	100	518.67	643.44	1603.63		100	38.33	23.0169
2	287	-0.0005	0.0006	100	518.67	643.85	1608.5		100	38.43	23.0848

Sample testing data

~13k rows,
100 unique engine id

id	cycle	setting1	setting2	setting3	s1	s2	s3	…	s19	s20	s21
1	1	0.0023	0.0003	100	518.67	643.02	1585.29		100	38.86	23.3735
1	2	-0.0027	-0.0003	100	518.67	641.71	1588.45		100	39.02	23.3916
1	3	0.0003	0.0001	100	518.67	642.46	1586.94		100	39.08	23.4166
…	…										
1	30	-0.0025	0.0004	100	518.67	642.79	1585.72		100	39.09	23.4069
1	31	-0.0006	0.0004	100	518.67	642.58	1581.22		100	38.81	23.3552
2	1	-0.0009	0.0004	100	518.67	642.66	1589.3		100	39	23.3923
2	2	-0.0011	0.0002	100	518.67	642.51	1588.43		100	38.84	23.2902
2	3	0.0002	0.0003	100	518.67	642.58	1595.6		100	39.02	23.4064
…	…										
2	48	0.0011	-0.0001	100	518.67	642.64	1587.71		100	38.99	23.2918
2	49	0.0018	-0.0001	100	518.67	642.55	1586.59		100	38.81	23.2618
3	1	-0.0001	0.0001	100	518.67	642.03	1589.92		100	38.99	23.296
3	2	0.0039	-0.0003	100	518.67	642.23	1597.31		100	38.84	23.3191
3	3	0.0006	0.0003	100	518.67	642.98	1586.77		100	38.69	23.3774
…	…										
3	125	0.0014	0.0002	100	518.67	643.24	1588.64		100	38.56	23.227
3	126	-0.0016	0.0004	100	518.67	642.88	1589.75		100	38.93	23.274

Sample ground truth data

100 rows

RUL
112
98
69
82
91

图 5-13　发动机记录样本

在实现时，用已有的飞机发动机传感器数值训练模型，并用模拟的飞机发动机传感器数值来预测飞机发动机在未来 15 个周期内是否可能发生故障和飞机发动机的 RUL（remaining useful life，剩余使用寿命）。

> **提示：**
> 本实例只使用一个数据源（传感器值）进行预测。在实际的预测性维护任务中，还有许多其他数据源（例如历史维护记录、错误日志、机器和操作员功能等）。这些数据源都需要被处理成对应的特征数据，然后输入模型里进行计算，以便得到更准确的预测结果。

5.6.2 循环神经网络介绍

循环神经网络（recurrent neural networks，RNN）具有记忆功能，它可以发现样本之间的序列关系，是处理序列样本的首选模型。循环神经网络大量应用在数值、文本、声音、视频处理等领域。它是处理本实例问题的首选模型。

RNN 模型有很多种结构，其最基本的结构是将全连接网络的输出节点复制一份并传回到输入节点中，与输入数据一起进行下一次运算。这种神经网络将数据从输出层又传回输入层，形成了循环结构，所以被叫作循环神经网络。

通过 RNN 模型，可以将上一个序列的样本输出结果与下一个序列样本一起输入模型中进行运算，使模型所处理的特征信息中，既含有该样本之前序列的信息，又含有该样本自身的数据信息，从而使网络具有记忆功能。

在实际开发中，使用的 RNN 模型还会基于上述的原理做更多的结构改进，使网络的记忆功能更强。

在深层网络结构中，还会在 RNN 模型基础上结合全连接网络、卷积网络等组成拟合能力更强的模型。

5.6.3 了解 RNN 模型的基础单元 LSTM

RNN 模型的基础结构是单元，其中比较常见的有 LSTM 单元、GRU 单元等，它们充当了 RNN 模型中的基础结构部分。

LSTM 单元与 GRU 单元是 RNN 模型中最常见的单元，其内部由输入门、忘记门和输出门 3 种结构组合而成。

LSTM 单元与 GRU 单元的作用几乎相同，唯一不同的是：
- LSTM 单元返回 cell 状态和计算结果。
- GRU 单元只返回计算结果，没有 cell 状态。

LSTM 单元可以算是 RNN 模型的代表，其结构也非常复杂。下面一起来研究一下。

1. 整体介绍

长短记忆的时间递归神经网络（long short term memory，LSTM）通过刻意的设计来避免模型被序列数据中的无用信息影响，从而学习到序列数据中的有用信息。其结构示意如图 5-14 所示。

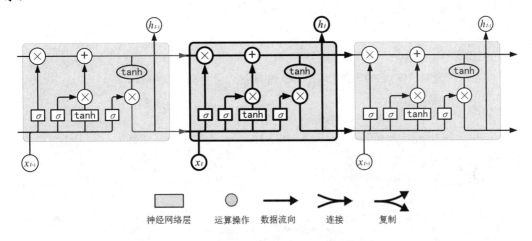

图 5-14　LSTM 结构示意

如果将图 5-14 简化成图 5-15，就跟原始的 RNN 模型结构一样了（这里的激活函数使用的是 Tanh）。

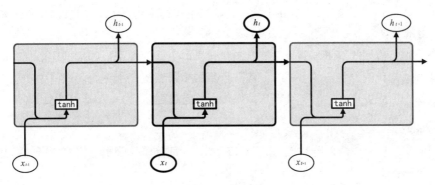

图 5-15　LSTM2

这种结构的核心思想是引入了一个被叫作细胞状态的连接。这个细胞状态的连接用来存放想要记忆的东西（对应于简单 RNN 模型中的 h，只不过这里面不再是只存上一次的状态了，而是通过网络学习来存放那些有用的状态）。同时在其中加入了以下 3 个门。

- 忘记门：决定什么时需要把以前的状态忘记。
- 输入门：决定什么时要把新的状态加入进来。
- 输出门：决定什么时需要把状态和输入放在一起输出。

从字面可以看出，简单 RNN 模型只是把上一次的状态当成本次的输入一起输出。而 LSTM 在状态的更新和状态是否参与输入方面都做了灵活的选择，具体选什么，一起交给神经网络的训练机制来训练。

下面分别介绍这 3 个门的结构和作用。

2．忘记门

图 5-16 所示为忘记门。该门决定模型会从细胞状态中丢弃什么信息。

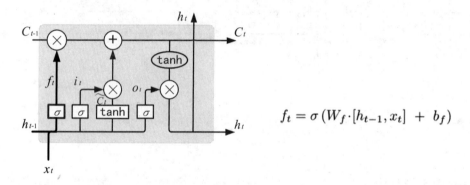

$$f_t = \sigma(W_f \cdot [h_{t-1}, x_t] + b_f)$$

图 5-16　忘记门

该门会读取 h_{t-1} 和 x_t，输出一个 0~1 的数值给每个在细胞状态 C_{t-1} 中的数字。1 表示"完全保留"，0 表示"完全舍弃"。

例如一个语言模型的例子，假设细胞状态包含当前主语的性别，则根据这个状态可以选择出正确的代词。当我们看到新的主语时，应该把新的主语在记忆中更新。该门的功能就是先去记忆中找到那个旧的主语（并没有真正忘掉操作，只是找到而已）。

3．输入门

输入门其实可以分成两部分功能，如图 5-17 所示。一部分是找到那些需要更新的细胞状态，另一部分是把需要更新的信息更新到细胞状态里。

其中，tanh 层会创建一个新的细胞状态值向量——C_t，它会被加入状态中。

忘记门在找到了需要忘掉的信息 f_t 后，会将它与旧状态相乘，丢弃掉确定需要丢弃的信息，再将结果加上 $i_t \times C_t$ 使细胞状态获得新的信息。这样就完成了细胞状态的更新，如图 5-18 所示。

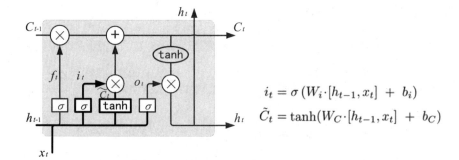

图 5-17 输入门

$$i_t = \sigma(W_i \cdot [h_{t-1}, x_t] + b_i)$$
$$\tilde{C}_t = \tanh(W_C \cdot [h_{t-1}, x_t] + b_C)$$

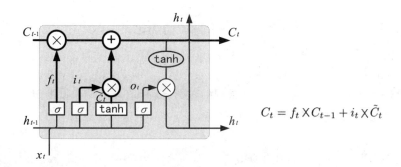

图 5-18 输入门更新

$$C_t = f_t \times C_{t-1} + i_t \times \tilde{C}_t$$

4．输出门

在输出门中，通过一个 Sigmoid 层来确定将哪个部分的信息输出，接着把细胞状态通过 Tanh 进行处理（得到一个～1～1 的值）并将它和 Sigmoid 门的输出相乘，得出最终想要输出的那部分，如图 5-19 所示。例如在语言模型中，假设已经输入了一个代词，便会计算出需要输出一个与动词相关的信息。

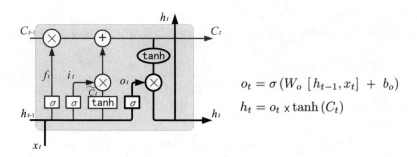

$$o_t = \sigma(W_o [h_{t-1}, x_t] + b_o)$$
$$h_t = o_t \times \tanh(C_t)$$

图 5-19 输出门

5.6.4 认识 JANET 单元

JANET 单元也是对 LSIM 单元的一种优化,被发表于 2018 年。它源于一个很大胆的猜测——当 LSTM 单元只有忘记门会怎样?

实验表明,只有忘记门的网络,其性能居然优于标准 LSTM 单元。同样,该优化方式也可以被用在 GRU 单元中。

本实例将使用 JANET 单元来完成预测飞机发动机剩余寿命的任务。

5.6.5 代码实现:预处理数据——制作数据集的输入样本与标签

本实例的任务有两个:
- 预测飞机发动机在未来 15 个周期内是否可能发生故障。
- 预测飞机发动机的剩余使用寿命(RUL)。

前者属于分类问题,后者属于回归问题。

在数据预处理环节,需要设置一个序列数据的时间窗口(在本实例中设为 50),并按照该时间窗口将数据加工成输入的样本数据与标签数据。在本实例中,根据分类任务与回归任务制作出两种标签。

- 分类标签:查找样本中的序列维护记录。以训练样本为例,在 PM_train.txt 中以每台发动机为单位,在其中截取 50 个连续的记录作为样本。如果该样本的最后一条记录在该飞机发动机的最后 15 条记录内,则认为该样本在未来 15 个周期内会出现故障,否则认为在未来 15 个周期内不出现故障。
- 回归标签:查找样本中的序列维护记录。以训练样本为例,在 PM_train.txt 中以每台飞机发动机为单位,在其中截取 50 个连续的记录作为样本。直接提取最后一条的 RUL 字段作为标签。

制作测试集时,还需要将 PM_test.txt 文件与 PM_truth.txt 文件中的内容关联起来,计算出 RUL(见代码第 59~62 行)。

在制作好标签后,对数据进行归一化,并将其转换成数据集。具体代码如下。

代码 5-11 预测飞机发动机的剩余使用寿命

```
01  import tensorflow as tf              #导入模块
02  import pandas as pd
03  import numpy as np
04  import matplotlib.pyplot as plt
05  from sklearn import preprocessing
06  import tensorflow.keras.layers as kl
```

```
07  tf.compat.v1.disable_v2_behavior()
08  train_df = pd.read_csv('./PM_train.txt', sep=" ", header=None)  #读入数据
09  train_df.drop(train_df.columns[[26, 27]], axis=1, inplace=True)
10  train_df.columns = ['id', 'cycle', 'setting1', 'setting2', 'setting3', 's1',
    's2', 's3',
11                     's4', 's5', 's6', 's7', 's8', 's9', 's10', 's11', 's12',
    's13', 's14',
12                     's15', 's16', 's17', 's18', 's19', 's20', 's21']
13  train_df = train_df.sort_values(['id','cycle'])
14
15  #读入 PM_test 数据
16  test_df = pd.read_csv('./PM_test.txt', sep=" ", header=None)
17  test_df.drop(test_df.columns[[26, 27]], axis=1, inplace=True)
18  test_df.columns = ['id', 'cycle', 'setting1', 'setting2', 'setting3', 's1',
    's2', 's3',
19                    's4', 's5', 's6', 's7', 's8', 's9', 's10', 's11', 's12',
    's13', 's14',
20                    's15', 's16', 's17', 's18', 's19', 's20', 's21']
21
22  #读入 PM_truth 数据
23  truth_df = pd.read_csv('./PM_truth.txt', sep=" ", header=None)
24  truth_df.drop(truth_df.columns[[1]], axis=1, inplace=True)
25
26  #处理训练数据
27  rul = pd.DataFrame(train_df.groupby('id')['cycle'].max()).reset_index()
28  rul.columns = ['id', 'max']
29  train_df = train_df.merge(rul, on=['id'], how='left')
30  train_df['RUL'] = train_df['max'] - train_df['cycle']
31  train_df.drop('max', axis=1, inplace=True)
32
33  w0 = 15        #定义了两个分类参数——15周期与30周期
34  w1 = 30
35
36  train_df['label1'] = np.where(train_df['RUL'] <= w1, 1, 0 )
37  train_df['label2'] = train_df['label1']
38  train_df.loc[train_df['RUL'] <= w0, 'label2'] = 2
39
40  train_df['cycle_norm'] = train_df['cycle']  #对训练数据进行归一化处理
41  train_df['RUL_norm'] = train_df['RUL']
42  cols_normalize =
    train_df.columns.difference(['id','cycle','RUL','label1','label2'])
```

```python
43  min_max_scaler = preprocessing.MinMaxScaler()
44  norm_train_df =
    pd.DataFrame(min_max_scaler.fit_transform(train_df[cols_normalize]),
45                      columns=cols_normalize,
46                      index=train_df.index)
47  #合成训练数据特征列
48  join_df =
    train_df[train_df.columns.difference(cols_normalize)].join(norm_train_df
    )
49  train_df = join_df.reindex(columns = train_df.columns)
50
51  #处理测试数据
52  rul = pd.DataFrame(test_df.groupby('id')['cycle'].max()).reset_index()
53  rul.columns = ['id', 'max']
54  truth_df.columns = ['more']
55  truth_df['id'] = truth_df.index + 1
56  truth_df['max'] = rul['max'] + truth_df['more']
57  truth_df.drop('more', axis=1, inplace=True)
58
59  #生成测试数据的 RUL
60  test_df = test_df.merge(truth_df, on=['id'], how='left')
61  test_df['RUL'] = test_df['max'] - test_df['cycle']
62  test_df.drop('max', axis=1, inplace=True)
63
64  #生成测试标签
65  test_df['label1'] = np.where(test_df['RUL'] <= w1, 1, 0 )
66  test_df['label2'] = test_df['label1']
67  test_df.loc[test_df['RUL'] <= w0, 'label2'] = 2
68
69  test_df['cycle_norm'] = test_df['cycle']    #对测试数据进行归一化处理
70  test_df['RUL_norm'] = test_df['RUL']
71  norm_test_df =
    pd.DataFrame(min_max_scaler.transform(test_df[cols_normalize]),
72                      columns=cols_normalize,
73                      index=test_df.index)
74  test_join_df =
    test_df[test_df.columns.difference(cols_normalize)].join(norm_test_df)
75  test_df = test_join_df.reindex(columns = test_df.columns)
76  test_df = test_df.reset_index(drop=True)
77
78  sequence_length = 50         #定义序列的长度
```

```python
79  def gen_sequence(id_df, seq_length, seq_cols): #按照序列的长度获得序列数据
80      data_matrix = id_df[seq_cols].values
81      num_elements = data_matrix.shape[0]
82
83      for start, stop in zip(range(0, num_elements-seq_length),
    range(seq_length, num_elements)):
84          yield data_matrix[start:stop, :]
85
86  #合成特征列
87  sensor_cols = ['s' + str(i) for i in range(1,22)]
88  sequence_cols = ['setting1', 'setting2', 'setting3', 'cycle_norm']
89  sequence_cols.extend(sensor_cols)
90
91  seq_gen = (list(gen_sequence(train_df[train_df['id']==id], sequence_length,
    sequence_cols))
92             for id in train_df['id'].unique())
93  seq_array = np.concatenate(list(seq_gen)).astype(np.float32)#生成训练数据
94  print(seq_array.shape)
95
96  def gen_labels(id_df, seq_length, label): #生成标签
97      data_matrix = id_df[label].values
98      num_elements = data_matrix.shape[0]
99      return data_matrix[seq_length:num_elements, :]
100
101 #生成训练分类标签
102 label_gen = [gen_labels(train_df[train_df['id']==id], sequence_length,
    ['label1'])
103              for id in train_df['id'].unique()]
104 label_array = np.concatenate(label_gen).astype(np.float32)
105 label_array.shape
106
107 #生成训练回归标签
108 labelreg_gen = [gen_labels(train_df[train_df['id']==id], sequence_length,
    ['RUL_norm'])
109              for id in train_df['id'].unique()]
110
111 labelreg_array = np.concatenate(labelreg_gen).astype(np.float32)
112 print(labelreg_array.shape)
113
114 #从测试数据中找到序列长度大于 sequence_length 的数据,并取出其最后 sequence_length
    个数据
```

```python
115 seq_array_test_last = 
    [test_df[test_df['id']==id][sequence_cols].values[-sequence_length:]
116                 for id in test_df['id'].unique() if
    len(test_df[test_df['id']==id]) >= sequence_length]
117 #生成测试数据
118 seq_array_test_last = np.asarray(seq_array_test_last).astype(np.float32)
119 y_mask = [len(test_df[test_df['id']==id]) >= sequence_length for id in
    test_df['id'].unique()]
120 #生成分类回归标签
121 label_array_test_last =
    test_df.groupby('id')['label1'].nth(-1)[y_mask].values
122 label_array_test_last =
    label_array_test_last.reshape(label_array_test_last.shape[0],1).astype(n
    p.float32)
123 #生成测试回归标签
124 labelreg_array_test_last =
    test_df.groupby('id')['RUL_norm'].nth(-1)[y_mask].values
125 labelreg_array_test_last =
    labelreg_array_test_last.reshape(labelreg_array_test_last.shape[0],1).as
    type(np.float32)
126
127 BATCH_SIZE = 80        #指定批次
128 #定义训练集
129 dataset = tf.data.Dataset.from_tensor_slices((seq_array,
    (label_array,labelreg_array))).shuffle(1000)
130 dataset = dataset.repeat().batch(BATCH_SIZE)
131
132 #测试集
133 testdataset = tf.data.Dataset.from_tensor_slices((seq_array_test_last,
    (label_array_test_last,labelreg_array_test_last)))
134 testdataset = testdataset.batch(BATCH_SIZE, drop_remainder=True)
```

代码第 43 行，用 sklearn 库中的 preprocessing 函数对数据进行归一化处理。

 提示：

在第一次归一化处理后，需要将当时归一化的极值保存。在应用模型时，需要使用同样的极值来做归一化，这样才保证模型的数据分布统一。

5.6.6 代码实现：构建带有 JANET 单元的多层动态 RNN 模型

在本书配套资源中找到源代码文件"JANetLSTMCell.py"，该文件是 JANET 单元的具体代码实现（在 LSTM 单元结构上只保留了忘记门）。将其复制到本地代码的同级目录下。

编写代码，实现如下逻辑：

（1）导入实现 JANET 单元的代码模块。
（2）用 tf.nn.dynamic_rnn 接口创建包含 3 层 JANET 单元的 RNN 模型。
（3）在每层后面增加 Dropout 功能。
（4）建立两个损失值：一个用于分类，另一个用于回归。
（5）对两个损失值取平均数，得到总的损失值。
（6）建立 Adam 优化器，用于反向传播。

具体代码如下。

代码 5-11　预测飞机发动机的剩余使用寿命（续）

```
135 import JANetLSTMCell
136 tf.compat.v1.reset_default_graph()
137 learning_rate = 0.001                          #定义学习率
138
139 #构建网络节点
140 nb_features = seq_array.shape[2]
141 nb_out = label_array.shape[1]
142 reg_out= labelreg_array.shape[1]
143 n_classes = 2
144 x = tf.compat.v1.placeholder("float", [None, sequence_length, nb_features])
145 y = tf.compat.v1.placeholder(tf.int32, [None, nb_out])
146 yreg = tf.compat.v1.placeholder("float", [None, reg_out])
147
148 hidden = [100,50,36]      #配置每层 JANET 单元的个数
149 cell1=JANetLSTMCell.JANetLSTMCell(hidden[0],
    t_max=sequence_length,recurrent_dropout=0.8)
150 rnn=kl.RNN(cell=cell1,return_sequences=True)(x)
151 cell2=JANetLSTMCell.JANetLSTMCell(hidden[1], recurrent_dropout=0.8)
152 rnn=kl.RNN(cell=cell2,return_sequences=True)(rnn)
153 cell3=JANetLSTMCell.JANetLSTMCell(hidden[2], recurrent_dropout=0.8)
154 rnn=kl.RNN(cell=cell3,return_sequences=True)(rnn)
155
156 outputs = rnn
157 print(outputs.get_shape())
```

```
158 pred =kl.Conv2D(n_classes,6,activation =
    'relu')(tf.reshape(outputs[-1],[-1,6,6,1]))
159 pred =tf.reshape(pred,(-1,n_classes)) #分类模型
160
161 predreg =kl.Conv2D(1,1,activation =
    'sigmoid')(tf.reshape(outputs[-1],[-1,1,1,36]))
162 predreg =tf.reshape(predreg,(-1,1))    #回归模型
163
164 costreg = tf.reduce_mean(input_tensor=abs(predreg - yreg))
165 costclass =
    tf.reduce_mean(input_tensor=tf.compat.v1.losses.sparse_softmax_cross_ent
    ropy(logits=pred, labels=y))
166
167 cost =(costreg+costclass)/2        #总的损失值
168 optimizer =
    tf.compat.v1.train.AdamOptimizer(learning_rate=learning_rate).minimize(c
    ost)
```

JANET 单元是一个只有忘记门的 GRU 单元或 LSTM 单元结构,见 5.6.4 节。

5.6.7 代码实现：训练并测试模型

编写代码,完成如下步骤。

(1) 生成数据集迭代器。

(2) 在会话 (session) 中训练模型。

(3) 待训练结束后,将模型测试的结果打印出来。

具体代码如下。

代码 5-11 预测飞机发动机的剩余使用寿命 (续)

```
169 iterator =tf.compat.v1.data.make_one_shot_iterator(dataset) #生成一个训练集
    的迭代器
170 one_element = iterator.get_next()
171
172 iterator_test = tf.compat.v1.data.make_one_shot_iterator(testdataset)#生
    成一个测试集的迭代器
173 one_element_test = iterator_test.get_next()
174
175 EPOCHS = 5000              #指定迭代次数
176 with tf.compat.v1.Session() as sess:
177     sess.run(tf.compat.v1.global_variables_initializer())
```

```
179     for epoch in range(EPOCHS):        #训练模型
180         alloss = []
181         inp, (target,targetreg) = sess.run(one_element)
182         if len(inp)!= BATCH_SIZE:
183             continue
184         predregv,_,loss =sess.run([predreg,optimizer,cost], feed_dict={x: inp, y: target,yreg:targetreg})
185
186         alloss.append(loss)
187         if epoch%100==0:        #每运行 100 次显示一次结果
188             print(np.mean(alloss))
189
190     #测试模型
191     alloss = []         #收集 loss 值
192     while True:
193         try:
194             inp, (target,targetreg) = sess.run(one_element_test)
195             predv,predregv,loss =sess.run([pred,predreg,cost], feed_dict={x: inp, y: target,yreg:targetreg})
196             alloss.append(loss)
197             print("分类结果: ",target[:20,0],np.argmax(predv[:20],axis = 1))
198             print("回归结果: ",np.asarray(targetreg[:20]*train_df['RUL'].max()+train_df['RUL'].min(), np.int32)[:,0],
199 np.asarray(predregv[:20]*train_df['RUL'].max()+train_df['RUL'].min(),np.int32)[:,0])
200             print("测试模型的损失值" loss)
201
202         except tf.errors.OutOfRangeError:
203             print("测试结束")
204             #可视化显示
205             y_true_test =np.asarray(targetreg*train_df['RUL'].max()+train_df['RUL'].min(),np.int32)[:,0]
206             y_pred_test = np.asarray(predregv*train_df['RUL'].max()+train_df['RUL'].min(),np.int32)[:,0]
207
208             fig_verify = plt.figure(figsize=(12, 8))
209             plt.plot(y_pred_test, color="blue")
```

```
210            plt.plot(y_true_test, color="green")
211            plt.title('prediction')
212            plt.ylabel('value')
213            plt.xlabel('row')
214            plt.legend(['predicted', 'actual data'], loc='upper left')
215            plt.show()
216            fig_verify.savefig("./model_regression_verify.png")
217            print(np.mean(alloss))
218            break
```

5.6.8 运行程序

代码运行后输出如下结果。

（1）训练结果：模型的损失值逐渐收敛到 0.05 左右。

```
0.65047395
0.21954131
0.15633471
...
0.052825853
0.054040894
0.055623062
```

（2）测试结果：分为分类结果、回归结果、测试模型的损失值，共 3 部分。

```
分类结果： [0. 0. 0. 0. 0. 0. 0. 0. 0. 0. 0. 0. 0. 1. 0. 1. 0. 0. 1.] [0 0 0 0 0
 0 0 0 0 0 0 0 1 0 1 0 0 1]
回归结果： [ 69  82  90  93  90  95 111  96  97 124  95  83  84  50  28  87  16  56
 113  20] [ 50  79  91  90 124  84 135  89 102 102  93 105 114  61  19  91   9  89
 130  24]
测试模型的损失值： 0.038021535
```

输出的可视化结果如图 5-20 所示。

在图 5-20 中有两条线：一条是真实值（相对峰值较低的线），另一条是预测值（相对峰值较高的线）。可以看出两条线的拟合程度还是很接近的。

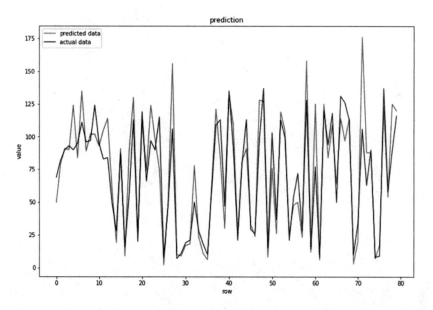

图 5-20 飞机发动机数据预测结果

第 3 篇　进阶

第 6 章

自然语言处理

NLP（natural language processing，自然语言处理）是人工智能（AI）研究的一个方向。其目标是通过算法让机器能够理解和辨识人类的语言，常用于文本分类、翻译、文本生成、对话等领域。

本章就来具体学习 NLP 模型的相关知识。

6.1 BERT 模型与 NLP 的发展阶段

回看历史，深度学习在 NLP 任务方向上的发展有两个明显的阶段：基础的神经网络阶段（BERT 模型之前的阶段）、BERTology 阶段（BERT 模型之后的阶段）。

6.1.1 基础的神经网络阶段

在这个阶段主要是使用基础的神经网络模型来实现 NLP 任务。其中所应用的主要基础模型有以下 3 种。

- 卷积神经网络：主要是将语言当作图片数据，进行卷积操作。
- 循环神经网络：按照语言文本的顺序，用循环神经网络来学习一段连续文本中的语义。
- 基于注意力机制的神经网络：一种类似于卷积思想的网络。它通过矩阵相乘计算输入向量与目的输出之间的相似度，进而完成语义的理解。

人们通过运用这 3 种基础模型技术，不断搭建出拟合能力越来越强的模型，直到最终出现了 BERT（bidirectional encoder representations from transformers）模型。

6.1.2 BERTology 阶段

BERT 模型的横空出世，仿佛打开了解码 NLP 任务的潘多拉魔盒。随后涌现了一大批类似于 BERT 的预训练（pre-trained）模型，例如：

- 引入了 BERT 模型中双向上下文信息的广义自回归模型 XLNet。
- 改进了 BERT 模型训练方式和目标的 RoBERTa 模型和 SpanBERT 模型。
- 在 BERT 模型上结合了多任务及知识蒸馏（knowledge distillation）技术的 MT-DNN 模型。

除此之外，还有人试图探究 BERT 模型的原理，以及其在某些任务中表现出众的真正原因。BERT 模型在其出现之后的一个时段内，成为了 NLP 任务的主流技术思想。这种思想也被称为 BERTology（BERT 学）。

6.2 实例 28：用 TextCNN 模型分析评论者是否满意

在处理 NLP 的任务中，常使用 RNN 模型。但如果把语言向量当作一幅图像，则也可以使用处理图像的方法对其进行分类。

卷积神经网络不仅用在处理图像视觉领域，在基于文本的 NLP 领域也有很好的效果。TextCNN 模型是卷积神经网络用在文本处理方面的一个知名模型。在 TextCNN 模型中，通过多通道卷积技术实现了对文本的分类功能。下面就来介绍一下。

6.2.1 什么是卷积神经网络

卷积神经网络（CNN）是深度学习中的经典模型之一。在当今几乎所有的深度学习经典模型中，都能找到卷积神经网络的身影。它可以利用很少的权重，实现出色的拟合效果。

图 6-1 所示是一个卷积神经网络的结构，通常会包括以下 5 个部分。

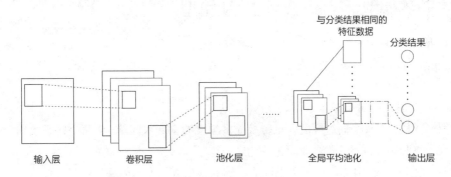

图 6-1 卷积神经网络完整结构

- 输入层：输入代表每个像素的特征节点。
- 卷积层：由多个滤波器组成。
- 池化层：将卷积结果降维。

- 全局平均池化层：对生成的特征数据（feature map）取全局平均值。
- 输出层：需要分成几类就有几个输出节点。输出节点的值代表预测概率。

卷积神经网络的主要组成部分是卷积层，它的作用是从图像的像素中分析出主要特征。在实际应用中，由多个卷积层通过深度和高度两个方向分析和提取图像的特征：

- 通过较深（多通道）的卷积网络结构，可以学习到图像边缘和颜色渐变等简单特征。
- 通过较高（多层）的卷积网络结构，可以学习到多个简单特征组合中的复杂的特征。

在实际应用中，卷积神经网络并不全是图 6-1 中的结构，而是存在很多特殊的变形。例如：在 ResNet 模型中引入了残差结构，在 Inception 系列模型中引入了多通道结构，在 NASNet 模型中引入了空洞卷积与深度可分离卷积等结构。

另外，卷积神经网络还常和循环神经网络一起应用在自编码网络、对抗神经网络等多模型的网络中。在多模型组合过程中，常用的卷积操作有反卷积、窄卷积、同卷积等。

6.2.2　模型任务与数据集介绍

本实例的任务是对一个评论语句的数据集进行训练，让模型能够理解正面与负面两种情绪的语义，并对评论文本进行分类。

本实例使用的数据集是康奈尔大学发布的电影评论数据集，该数据集可以在该大学的网站中找到，或在百度里搜索 rt-polaritydata.tar.gz，查找具体下载链接。

将压缩包 rt-polaritydata.tar.gz 下载后可以看到，里面包括 5 331 个正面的评论和 5 331 个负面的评论。

6.2.3　熟悉模型：了解 TextCNN 模型

TextCNN 模型是利用卷积神经网络对文本进行分类的算法，由 Yoon Kim 在 *Convolutional Neural Networks for Sentence Classification* 一文中提出，参见 arXiv 网站上编号为 "1408.5882" 的论文。

该模型的结构可以分为以下 4 层。

- 词嵌入层：将每个词对应的向量转换成多维度的词嵌入向量。将每个句子当作一幅图像来进行处理（词的个数 × 嵌入向量维度）。
- 多通道卷积层：用 2、3、4 等不同大小的卷积核对词嵌入转换后的句子做卷积操作，生成大小不同的特征数据。
- 多通道全局最大池化层：对多通道卷积层中输出的每个通道的特征数据做全局最大池化操作。
- 全连接分类输出层：将池化后的结果输入全连接网络中，输出分类个数，得到最终结果。

整个 TextCNN 模型的结构如图 6-2 所示。

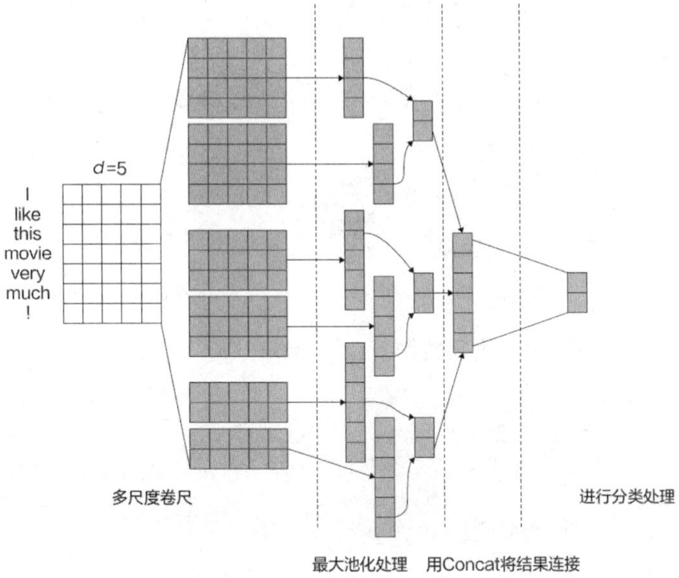

图 6-2 TextCNN 模型的结构

因为卷积神经网络具有提取局部特征的功能，所以可以用卷积提取句子中的关键信息（类似 n-gram 算法）。本实例的任务是可以理解为通过句子中的关键信息进行语义分类，这与 TextCNN 模型的功能是相类似的。

> **提示：**
> 由于在 TextCNN 模型中使用了池化操作，所以在这个过程中会丢失一些信息，导致该模型所表征的句子特征有限。如果要用它来处理相近语义的分类任务，则还需要进一步对其进行调整。

6.2.4 数据预处理：用 preprocessing 接口制作字典

在 TensorFlow 1.X 版本的 contrib 模块中有一个 learn 模块。该模块下的 preprocessing 接口可以用于 NLP 任务的数据预处理。其中包括一个 VocabularyProcessor 类，该类可以实现文本与向量间的相互转换、字典的创建与保存、对词向量的对齐处理等操作。

提示：

preprocessing 接口是完全用 Python 基本语法来实现的，与 TensorFlow 框架的关系不大。在 TensorFlow 2.X 中，preprocessing 接口已被删掉。

因为 preprocessing 接口可以独立于 TensorFlow，所以可以很容易地通过手动的方式将它从 TensorFlow 框架中脱离出来。方法是：将整个 preprocessing 文件夹复制出来，放到本地代码同级路径下，使其从本地环境开始加载。

这样在 TensorFlow 新的版本中，即使该代码被删掉也不会影响使用。

1. VocabularyProcessor 类的定义

VocabularyProcessor 类的初始化函数如下：

```
VocabularyProcessor (
    max_document_length,    #语句预处理的长度。按照该长度对语句进行切断、补 0 处理
    min_frequency=0,        #词频的最小值。如果出现的次数小于最小词频，则该词不会被收录到词表中
    vocabulary=None,        #CategoricalVocabulary 对象。如果为 None，则重新创建一个
    tokenizer_fn=None)      #分词函数
```

在实例化 VocabularyProcessor 类时，其内部的字典与传入的参数 vocabulary 相关。
- 如果传入的参数 vocabulary 为 None，则 VocabularyProcessor 类会在内部重新生成一个 CategoricalVocabulary 对象用于存放字典。
- 如果传入了指定的 CategoricalVocabulary 对象，则 VocabularyProcessor 类会在内部将传入的 CategoricalVocabulary 对象当作默认字典。

在实例化 VocabularyProcessor 类后，可以用该实例化对象的 fit()方法来生成字典。如果再次调用 fit()方法，则可以实现字典的扩充。

 提示：

VocabularyProcessor 类的 fit()方法默认为批处理模式，即传入的文本必须是可迭代的对象。

2. VocabularyProcessor 类的保存与恢复

VocabularyProcessor 类的保存与恢复非常简单：直接使用其 save()与 restore()方法并传入文件名即可。

3. 用 VocabularyProcessor 类将文本转成向量

VocabularyProcessor 类中有以下两个方法，都可以将文本转成向量。
- Transform()：直接将文本转成向量。默认是批处理模式，输入的文本必须是可迭代的对

象（在使用时，需要确认 VocabularyProcessor 类的实例化对象中已经生成过字典）。
- fit_transform()：将文本转成向量，同时也生成字典。相当于先调用 fit()方法再调用 Transform()方法。

4. 用 VocabularyProcessor 类将向量转成文本

直接用 VocabularyProcessor 类的 reverse()方法可以将向量转成文本。默认是批处理模式，即传入的文本必须是可迭代的对象。

5. 用简单代码演示

将本书配套资源中的 preprocessing 文件夹复制到本地，使用如下代码来调用 VocabularyProcessor 类：

```python
from preprocessing import text                          #导入模块
import tensorflow as tf
import numpy as np

x_text =['www.aianaconda.com','xiangyuejiqiren']        #定义待处理文本
max_document_length = max([len(x) for x in x_text])    #计算最大长度

def e_tokenizer(documents):                             #定义分词函数
    for document in documents:
        yield [i for i in document]                     #每个字母分一次
#实例化 VocabularyProcessor
vocab_processor = text.VocabularyProcessor(max_document_length, 1, tokenizer_fn=e_tokenizer)

id_documents =list(vocab_processor.fit_transform(x_text) )#生成字典并将文本转换成向量
for id_document in id_documents:
    print(id_document)

for document in vocab_processor.reverse(id_documents):  #将向量转换为文本
    print(document.replace(' ',''))

#输出字典
a=next (vocab_processor.reverse( [list(range(0,len(vocab_processor.vocabulary_)))] ))
print("字典: ",a.split(' '))
```

该代码片段的流程如下：

（1）定义一个文本数组['www.aianaconda.com','xiangyuejiqiren']。

（2）将文本数组传入实例化对象 vocab_processor 中的 fit_transform()方法，生成字典与向量

数组 id_documents。

(3) 用 list 函数将 fit_transform 返回的生成器对象转换成列表。

(4) 用 vocab_processor 对象的 reverse() 方法将向量数组 id_documents 转换为字符并输出。

(5) 用 vocab_processor 对象的 reverse() 方法将字典输出。

程序运行后输出以下结果:

```
[4 4 4 5 1 2 1 3 1 6 8 3 0 1 5 6 8 0]
[0 2 1 3 0 0 0 7 0 2 0 2 0 7 3 0 0 0]
www.aianacon<UNK>a.co<UNK>
<UNK>ian<UNK><UNK><UNK>e<UNK>i<UNK>i<UNK>en<UNK><UNK><UNK>
字典: ['<UNK>', 'a', 'i', 'n', 'w', '.', 'c', 'e', 'o']
```

输出结果的第 2 行是一个列表。可以看到,该列表中最后 3 个元素的值是 0,表示在长度不足时系统会自动补 0。

从输出结果的最后一行可以看到,字典的第 0 个位置用<UNK>表示其他的低频字符。在实例化对象 vocab_processo 时,传入的参数 min_frequency 是 1,代表出现次数小于 1 的字符将被当作低频字符进行处理。在将字符转换为向量过程中,所有的低频字符将被统一用<UNK>替换。

 提示:

在 TensorFlow 2.X 版本中,还可以用 tf.keras 接口中的 preprocessing 模块来实现文本的预处理,具体用法可以在 keras.io/zh 网站上搜索 preprocessing 查看。

6.2.5 代码实现:生成 NLP 文本数据集

在编写代码之前,需要按照 6.2.4 节中的最后一个提示部分,将 preprocessing 复制到本地代码的同级目录下,同时也将样本数据复制到本地代码同级目录的 data 文件夹下。

将字符数据集的样本转换为字典和向量数据集。

具体代码如下。

代码 6-1　NLP 文本预处理

```
01 import tensorflow as tf
02 from preprocessing import text
03
04 positive_data_file ="./data/rt-polaritydata/rt-polarity.pos"
05 negative_data_file = "./data/rt-polaritydata/rt-polarity.neg"
06
```

```
07  def mydataset(positive_data_file,negative_data_file):    #定义函数，创建数据集
08      filelist = [positive_data_file,negative_data_file]
09
10      def gline(filelist):                                 #定义生成器函数，返回每一行的数据
11          for file in filelist:
12              with open(file, "r",encoding='utf-8') as f:
13                  for line in f:
14                      yield line
15
16      x_text = gline(filelist)
17      lenlist = [len(x.split(" ")) for x in x_text]
18      max_document_length = max(lenlist)
19      vocab_processor = text.VocabularyProcessor(max_document_length,5)
20
21      x_text = gline(filelist)
22      vocab_processor.fit(x_text)
23      a=list
    (vocab_processor.reverse( [list(range(0,len(vocab_processor.vocabulary_)
    ))] ))
24      print("字典：",a)
25
26      def gen():   #循环生成器（否则生成器迭代一次就结束）
27          while True:
28              x_text2 = gline(filelist)
29              for i ,x in enumerate(vocab_processor.transform(x_text2)):
30                  if i < int(len(lenlist)/2):
31                      onehot = [1,0]
32                  else:
33                      onehot = [0,1]
34                  yield (x,onehot)
35
36      data = tf.data.Dataset.from_generator( gen,(tf.int64,tf.int64) )
37      data = data.shuffle(len(lenlist))
38      data = data.batch(256)
39      data = data.prefetch(1)
40      return data,vocab_processor,max_document_length  #返回数据集、字典、最大长度
41
42  if __name__ == '__main__':                               #单元测试代码
43      data,_,_ =mydataset(positive_data_file,negative_data_file)
44      iterator = tf.compat.v1.data.make_initializable_iterator(data)
45      next_element = iterator.get_next()
46
```

```
47    with tf.compat.v1.Session() as sess2:
48        sess2.run(iterator.initializer)
49        for i in range(80):
50            print("batched data 1:",i)
51            sess2.run(next_element)
```

代码第 26 行定义了内置函数 gen，在内置函数 gen 中返回一个无穷循环的生成器对象。该生成器对象可以支持在迭代训练过程中对数据集的重复遍历。

> **提示：**
> 代码第 26 行，在 gen 中设置的无穷循环的生成器对象非常重要。如果不循环，则即使在外层数据集上做 repeat，也无法再次获取数据（因为如果没有循环，则生成器迭代一次就结束）。

代码第 36 行，将内置函数 gen 传入 tf.data.Dataset.from_generator 接口来制作数据集。

代码第 42 行是该数据集的测试实例。

生成字典的知识在 6.2.4 节介绍过，这里不再详述。

整个代码运行后输出以下内容：

```
字典: ["<UNK> the a and of to is in that it as but with film this for its an movie
it's be on you not by about more one like has are at from than all his -- have so if
or story i too just who into what
...
wholesome wilco wisdom woo's ya youthful zhang"]
batched data 1: 0
...
batched data 1: 79
```

生成结果中包括两部分内容：字典的内容（前 4 行）、数据集的循环输出（后 3 行）。

6.2.6 代码实现：定义 TextCNN 模型

下面按照 6.2.3 节中介绍的 TextCNN 模型结构实现 TextCNN 模型。具体代码如下。

代码 6-2 TextCNN 模型（片段）

```
01 import tensorflow as tf
02 import numpy as np
03 from tensorflow.keras import layers
04 tf.compat.v1.disable_v2_behavior()
05 class TextCNN(object):
```

```
06     """
07     TextCNN 文本分类器
08     """
09     def __init__(
10       self, sequence_length, num_classes, vocab_size,
11       embedding_size, filter_sizes, num_filters, l2_reg_lambda=0.0):
12
13         #定义占位符
14         self.input_x = tf.compat.v1.placeholder(tf.int32, [None, sequence_length], name="input_x")
15         self.input_y = tf.compat.v1.placeholder(tf.float32, [None, num_classes], name="input_y")
16         self.dropout_keep_prob = tf.compat.v1.placeholder(tf.float32, name="dropout_keep_prob")
17         embed_initer = tf.keras.initializers.RandomUniform(minval=-1, maxval=1)  #词嵌入层
18         embed = layers.Embedding(vocab_size, embedding_size,
19           embeddings_initializer=embed_initer, input_length=sequence_length,
20           input_length=sequence_length, name='Embedding')(self.input_x)
21         embed = layers.Reshape((sequence_length, embedding_size, 1),
22                                name='add_channel')(embed)
23         #定义多通道卷积与最大池化网络
24         pooled_outputs = []
25         for i, filter_size in enumerate(filter_sizes):
26             filter_shape = (filter_size, embedding_size)
27             conv = layers.Conv2D(num_filters, filter_shape, strides=(1, 1),
28                              padding='valid', activation=tf.nn.leaky_relu,
29                              kernel_initializer='glorot_normal',
30                          bias_initializer=tf.keras.initializers.constant(0.1),
31                          name='convolution_{:d}'.format(filter_size))(embed)
32             max_pool_shape = (sequence_length - filter_size + 1, 1)
33             pool = layers.MaxPool2D(pool_size=max_pool_shape,
34                                  strides=(1, 1), padding='valid',
35                          name='max_pooling_{:d}'.format(filter_size))(conv)
36             pool_outputs.append(pool)    #将各个通道结果合并起来
37         #展开特征,并添加 Dropout 层
38         pool_outputs = layers.concatenate(pool_outputs, axis=-1, name='concatenate')
39         pool_outputs = layers.Flatten(data_format='channels_last', name='flatten')(pool_outputs)
40         pool_outputs = layers.Dropout(self.dropout_keep_prob, name='dropout')(pool_outputs)
```

```
41
42        #计算L2_loss值
43        l2_loss = tf.constant(0.0)
44        …
```

在模型中用到了Dropout层与正则化的处理方法，这两个方法可以改善模型的过拟合问题。

6.2.7 运行程序

由于篇幅关系，本实例只演示了模型部分的代码。完整代码可以参考本书配套资源中的代码文件"6-2 TextCNN模型.py"文件。

代码运行后输出以下结果：

```
2020-05-14T07:27:51.187195: step 20, loss 0.77673, acc 0.664062
2020-05-14T07:27:52.043903: step 40, loss 0.747624, acc 0.675781
…
2020-05-14T07:28:46.933766: step 1220, loss 0.0422899, acc 0.996094
2020-05-14T07:28:47.762518: step 1240, loss 0.0472618, acc 0.988281
2020-05-14T07:48.591300: step 1260, loss 0.0389083, acc 0.996094
2020-05-14T07:28:49.424072: step 1280, loss 0.039029, acc 0.992188
2020-05-14T07:28:50.249862: step 1300, loss 0.0413458, acc 0.988281
```

可以看到训练效果还是很显著的，在rt-polaritydata数据集上达到了0.9以上的准确率。

6.3 实例29：用带注意力机制的模型分析评论者是否满意

注意力机制是解决NLP任务的一种方法。其内部的实现方式与卷积操作非常类似。

在脱离RNN结构的情况下，单独的注意力机制模型也可以很好地完成NLP任务。本节用tf.keras接口搭建一个只带有注意力机制的模型，实现文本分类。

6.3.1 BERTology系列模型的基础结构——注意力机制

解决NLP任务的三大基本模型是：注意力机制、卷积和循环神经网络。其中的注意力机制是目前主流的BERTology系列模型的基础结构。它因2017年谷歌的一篇论文 *Attention is All You Need*（参见arXiv网站上编号为"1706.03762"的论文）而名声大噪。下面就来介绍该技术的具体内容。

1. 注意力机制的基本思想

注意力机制的思想描述起来很简单：将具体的任务看作query、key、value三个角色（分别

用 Q、K、V 来简写)。其中 Q 是要查询的任务,而 K、V 是一一对应的键和值。其目的就是使用 Q 在 K 中找到对应的 V 值。

在细节实现时,会比基本原理稍复杂一些,见式(6.1)。

$$d_v = \text{Attention}(Q_t, K, V) = \text{softmax}\left(\frac{\langle Q_t, K_s \rangle}{\sqrt{d_K}}\right)V_s = \sum_{s=1}^{m} \frac{1}{z}\exp\left(\frac{\langle Q_t, K_s \rangle}{\sqrt{d_K}}\right)V_s \tag{6.1}$$

式 6.1 中的 z 是归一化因子。该公式可拆分成以下步骤:
(1) 将 Q_t 与各个 K_s 进行内积计算。
(2) 将第 (1) 步的结果除以 $\sqrt{d_K}$,这里 $\sqrt{d_K}$ 起到调节数值的作用,使内积不至于太大。
(3) 使用 softmax 函数对第 (2) 步的结果进行计算。
(4) 将第 (3) 步的结果与 V_s 相乘,得到 $\langle Q_t, K_s \rangle$ 与各个 V_s 的相似度。
(5) 对第 (4) 步的结果加权求和,得到对应的向量 d_V。

举例:

在中英翻译任务中,假设 K 代表中文,有 m 个词,每个词的词向量是 x_K 维;V 代表英文,有 m 个词,每个词的词向量是 x_V 维。

对一句由 n 个中文词组成的句子进行英文翻译时,抛开其他的数值及非线性变化运算,主要的矩阵间运算可以理解为:$[n,x_K]×[m,x_K]×[m,x_V]$。将其变形后得到$[n,x_K]×[x_K,m]×[m,x_V]$,根据线性代数的技巧,将两个矩阵相乘,直接把相邻的维度约到剩下的就是结果矩阵的形状。具体做法是,(1) $[n, x_K]×[x_K,m]=[n,m]$,(2) $[n,m]×[m, x_V]= [n, x_V]$,最终便得到了 n 个维度为 x_V 的英文词。

同样,该模型还可以放在其他任务中,例如:在阅读理解任务中,可以把文章当作 Q,阅读理解的问题和答案当作 K 和 V 所形成的键值对。

2. 多头注意力机制

在谷歌公司发出的注意力机制论文里,用多头注意力机制的技术点改进了原始的注意力机制。该技术可以表示为:$Y=\text{MultiHead}(Q, K, V)$。其原理如图 6-3 所示。

图 6-3 所示,多头注意力机制的工作原理如下:
(1) 把 Q、K、V 通过参数矩阵进行全连接层的映射转换。
(2) 对第 (1) 步中所转换的 3 个结果做点积运算。
(3) 将第 (1) 步和第 (2) 步重复运行 h 次,并且每次进行第 (1) 步操作时,都使用全新的参数矩阵(参数不共享)。
(4) 用 concat 函数把计算 h 次后的最终结果拼接起来。

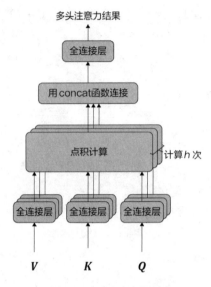

图6-3 多头注意力机制

其中,第(4)步的操作与多通道卷积非常相似,其理论可以解释为:

(1)每一次的 attention 运算,都会使原数据中某个方面的特征发生注意力转换(得到局部注意力特征)。

(2)当发生多次 attention 运算后,会得到更多方向的局部注意力特征。

(3)将所有的局部注意力特征合并起来,再通过神经网络将其转换为整体的特征,从而达到拟合效果。

3.内部注意力机制

内部注意力机制用于发现序列数据的内部特征。具体做法是将 Q、K、V 都变成 X。即 Attention(X,X,X)。

使用多头注意力机制训练出的内部注意力特征可以用于 Seq2Seq 模型(输入输出都是序列数据的模型)、分类模型等各种任务,并能够得到很好的效果,即 Y=MultiHead(X,X,X)。

6.3.2 了解带有位置向量的词嵌入模型

由于注意力机制的本质是 key-value 的查找机制,不能体现出查询时 Q 的内部关系特征。于是,谷歌公司在实现注意力机制的模型中加入了位置向量技术。

带有位置向量的词嵌入是指,在已有的词嵌入技术中加入位置信息。在实现时,具体步骤如下:

(1)用 sin(正弦)和 cos(余弦)算法对词嵌入中的每个元素进行计算。

(2)将第(1)步中 sin 和 cos 计算后的结果用 concat 函数连接起来,作为最终的位置信息。

关于位置信息的转换公式比较复杂,这里不做展开,具体见以下代码:

```
def Position_Embedding(inputs, position_size):
    batch_size,seq_len = tf.shape(inputs)[0],tf.shape(inputs)[1]
    position_j = 1. / tf.pow(10000., \
                    2 * tf.range(position_size / 2, dtype=tf.float32 \
                ) / position_size)
    position_j = tf.expand_dims(position_j, 0)
    position_i = tf.range(tf.cast(seq_len, tf.float32), dtype=tf.float32)
    position_i = tf.expand_dims(position_i, 1)
    position_ij = tf.matmul(position_i, position_j)
    position_ij = tf.concat([tf.cos(position_ij), tf.sin(position_ij)], 1)
    position_embedding = tf.expand_dims(position_ij, 0) \
                + tf.zeros((batch_size, seq_len, position_size))
    return position_embedding
```

在示例代码中,函数 Position_Embedding 的输入和输出分别为:

- 输入参数 inputs 是形状为(batch_size, seq_len, word_size)的张量(可以理解成词向量)。
- 输出结果 position_embedding 是形状为(batch_size, seq_len, position_size)的位置向量。其中,最后一个维度 position_size 中已经包含位置。

通过函数 Position_Embedding 的输入和输出可以很明显地看到词嵌入中增加了位置向量信息。被转换后的结果,可以与正常的词嵌入一样在模型中被使用。

6.3.3 了解模型任务与数据集

本实例所要完成的任务与 6.2 节一致,同样是通过训练模型,让其学会正面与负面两种情绪对应的语义。

在实现时,使用了 tf.keras 接口中的电影评论数据集 IMDB,IMDB 数据集中含有 25 000 条电影评论,从情绪的角度分为正面、负面两类标签。该数据集相当于图片处理领域的 MNIST 数据集,在 NLP 任务中经常被使用。

在 tf.keras 接口中,集成了 IMDB 数据集的下载及使用接口。该接口中的每条样本内容都是以向量形式存在的。

调用 tf.keras.datasets.imdb 模块下的 load_data 函数即可获得数据,该函数的定义如下:

```
def load_data(path='imdb.npz',      #默认的数据集文件
            num_words=None,         #单词数量,即文本转向量后的最大索引
            skip_top=0,             #跳过前面频度最高的几个词
            maxlen=None,            #只取小于该长度的样本
            seed=113,               #乱序样本的随机种子
```

```
            start_char=1,           #每一组序列数据最开始的向量值
            oov_char=2,             #在字典中遇到不存在的字符时用该索引来替换
            index_from=3,           #大于该数的向量将被认为是正常的单词
            **kwargs):              #为了兼容性而设计的预留参数
```

该函数会返回两个元组类型的对象。

- (x_train, y_train)：训练数据集。如果指定了 num_words 参数，则最大索引值是 num_words−1。如果指定了 maxlen 参数，则序列长度大于 maxlen 的样本将被过滤掉。
- (x_test, y_test)：测试数据集。

> **提示：**
> 由于 load_data 函数返回的样本数据没有进行对齐操作，所以还需要将其进行对齐处理（按照指定长度去整理数据集，多了的去掉，少了的补 0）后才可以使用。

6.3.4 代码实现：将 tf.keras 接口中的 IMDB 数据集还原成句子

本节代码共分为两部分，具体如下。
- 加载 IMDB 数据集及字典：用 load_data 函数下载数据集，并用 get_word_index 函数下载字典。
- 读取数据并还原句子：将数据集加载到内存中，并将向量转换成字符。

1. 加载 IMDB 数据集及字典

在调用 tf.keras.datasets.imdb 模块下的 load_data 函数和 get_word_index 函数时，系统会默认去网上下载预处理后的 IMDB 数据集及字典。如果由于网络原因无法成功下载 IMDB 数据集与字典，则可以加载本书配套资源中的 IMDB 数据集文件"imdb.npz"与字典"imdb_word_index.json"。

将 IMDB 数据集文件"imdb.npz"与字典文件"imdb_word_index.json"放到本地代码的同级目录下，并对 tf.keras.datasets.imdb 模块的源代码文件中的函数 load_data 进行修改，关闭该函数的下载功能。具体如下所示。

（1）找到 tf.keras.datasets.imdb 模块的源代码文件。以作者本地路径为例，具体如下：

```
C:\local\Anaconda3\lib\site-packages\tensorflow\python\keras\datasets\imdb.py
```

（2）打开该文件，在 load_data 函数中，将代码的第 80～84 行注释掉。具体代码如下：

```
# origin_folder = 'https://storage.googleapis.com/tensorflow/tf-keras-datasets/'
# path = get_file(
#     path,
```

```
#       origin=origin_folder + 'imdb.npz',
#       file_hash='599dadb1135973df5b59232a0e9a887c')
```

（3）在 get_word_index 函数中，将代码第 144~148 行注释掉。具体代码如下：

```
# origin_folder = 'https://storage.googleapis.com/tensorflow/tf-keras-datasets/'
# path = get_file(
#       path,
#       origin=origin_folder + 'imdb_word_index.json',
#       file_hash='bfafd718b763782e994055a2d397834f')
```

2. 读取数据并还原其中的句子

从数据集中取出一条样本，并用字典将该样本中的向量转成句子，然后输出结果。具体代码如下。

代码 6-3　用 keras 注意力机制模型分析评论者的情绪

```
01 from __future__ import print_function
02 import tensorflow as tf
03 import numpy as np
04 attention_keras = __import__("代码6-4 keras注意力机制模型")
05 tf.compat.v1.disable_v2_behavior()
06 #定义参数
07 num_words = 20000
08 maxlen = 80
09 batch_size = 32
10
11 #加载数据
12 print('Loading data...')
13 (x_train, y_train), (x_test, y_test) =
   tf.keras.datasets.imdb.load_data(path='./imdb.npz',num_words=num_words)
14 print(len(x_train), 'train sequences')
15 print(len(x_test), 'test sequences')
16 print(x_train[:2])
17 print(y_train[:10])
18 word_index = tf.keras.datasets.imdb.get_word_
   index('./imdb_word_index.json')#生成字典：单词与下标对应
19 reverse_word_index = dict([(value, key) for (key, value) in
   word_index.items()])#生成反向字典：下标与单词对应
20
21 decoded_newswire = ' '.join([reverse_word_index.get(i - 3, '?') for i in
   x_train[0]])
22 print(decoded_newswire)
```

代码第 21 行，将样本中的向量转换成单词。在转换过程中，将每个向量向前偏移了 3 个位置。这是由于在调用 load_data 函数时使用了参数 index_from 的默认值 3（见代码第 13 行），表示数据集中的向量值从 3 以后才是字典中的内容。

在调用 load_data 函数时，如果所有的参数都使用默认值，则生成的数据集会比字典中多 3 个字符 "padding"（代表填充值）、"start of sequence"（代表起始位置）和 "unknown"（代表未知单词）分别对应于数据集中的向量 0、1、2。

代码运行后输出以下结果。

（1）数据集包含 25 000 条样本：

```
25000 train sequences
25000 test sequences
```

（2）数据集中第 1 条样本的内容如下：

```
[1, 14, 22, 16, 43, 530, 973, 1622, 1385, 65, 458, 4468, 66, 3941, 4, 173, 36, 256, 5, 25, 100, ……15, 297, 98, 32, 2071, 56, 26, 141, 6, 194, 7486, 18, 4, 226, 22, 21, 134, 476, 26, 480, 5, 144, 30, 5535, 18, 51, 36, 28, 224, 92, 25, 104, 4, 226, 65, 16, 38, 1334, 88, 12, 16, 283, 5, 16, 4472, 113, 103, 32, 15, 16, 5345, 19, 178, 32]
```

结果中第 1 个向量为 1，代表句子的起始标志。可以看出，tf.keras 接口中的 IMDB 数据集为每个句子都添加了起始标志。这是因为在调用函数 load_data 时没有为参数 start_char 赋值（见代码第 13 行），这种情况会使用参数 start_char 的默认值 1。

（3）前 10 条样本的分类信息如下：

```
[1 0 0 1 0 0 1 0 1 0]
```

（4）第 1 条样本数据的还原语句。具体内容如下：

```
? this film was just brilliant casting location scenery story direction everyone's really suited the part they played and you could just imagine being there robert ? is an amazing actor and now the …… someone's life after all that was shared with us all
```

在将向量转换成单词的过程中，程序会把在字典中没有找到的向量映射成字符 "?"（见代码第 21 行）。

因为结果中的第一个向量是 1，而字典中的内容是从向量 3 开始的，没有向量 1 所对应的单词，所以结果中的第 1 个字符为 "?"。

6.3.5 代码实现：用 tf.keras 接口开发带有位置向量的词嵌入层

在 tf.keras 接口中实现自定义网络层，需要以下几个步骤。

(1)将自己的层定义成类,并继承 tf.keras.layers.Layer 类。
(2)在类中实现__init__()方法,用来对该层进行初始化。
(3)在类中实现 build()方法,用于定义该层所使用的权重。
(4)在类中实现 call()方法,用来调用相应事件。对输入的数据做自定义处理,同时还可以支持 masking(根据实际的长度进行运算)。
(5)在类中实现 compute_output_shape()方法,指定该层最终输出的 shape。
按照以上步骤,实现带有位置向量的词嵌入层。
具体代码如下。

代码 6-4　keras 注意力机制模型

```
01 import tensorflow as tf
02 from tensorflow import keras
03 from tensorflow.keras import backend as K     #载入 keras 的后端实现
04
05 class Position_Embedding(keras.layers.Layer):    #定义位置向量类
06     def __init__(self, size=None, mode='sum', **kwargs):
07         self.size = size #定义位置向量的大小,必须为偶数,一半是 cos,另一半是 sin
08         self.mode = mode
09         super(Position_Embedding, self).__init__(**kwargs)
10
11     def call(self, x):           #实现调用方法
12         if (self.size == None) or (self.mode == 'sum'):
13             self.size = int(x.shape[-1])
14         position_j = 1. / K.pow( 10000., 2 * K.arange(self.size / 2, dtype='float32') / self.size )
15         position_j = K.expand_dims(position_j, 0)
16         #按照 x 的 1 维数值累计求和,生成序列
17         position_i = tf.cumsum(K.ones_like(x[:,:,0]), 1)-1
18         position_i = K.expand_dims(position_i, 2)
19         position_ij = K.dot(position_i, position_j)
20         position_ij = K.concatenate([K.cos(position_ij), K.sin(position_ij)], 2)
21         if self.mode == 'sum':
22             return position_ij + x
23         elif self.mode == 'concat':
24             return K.concatenate([position_ij, x], 2)
25
26     def compute_output_shape(self, input_shape):  #设置输出形状
27         if self.mode == 'sum':
```

```
28              return input_shape
29          elif self.mode == 'concat':
30              return (input_shape[0], input_shape[1], input_shape[2]+self.size)
```

代码第 3 行是原生 Keras 框架的内部语法。由于 Keras 框架是一个前端的代码框架，它通过 backend 接口来调用后端框架的实现，以保证后端框架的无关性。

代码第 5 行定义了类 Position_Embedding，用来实现带有位置向量的词嵌入层。该代码与 6.3.2 节中代码的不同之处是：该代码是用 tf.keras 接口实现的，同时也提供了位置向量的两种合入方式。

- 加和方式：通过 sum 运算直接把位置向量加到原有的词嵌入中。这种方式不会改变原有的维度。
- 连接方式：通过 concat 函数将位置向量与词嵌入连接到一起。这种方式会在原有的词嵌入维度之上扩展出位置向量的维度。

代码第 11 行是 Position_Embedding 类 call()方法的实现。在调用 Position_Embedding 类进行位置向量生成时，系统会调用该方法。

在 Position_Embedding 类的 call()方法中，先对位置向量的合入方式进行判断，如果是 sum 方式，则将生成的位置向量维度设置成输入的词嵌入向量维度。这样就保证了生成的结果与输入的结果维度统一，在最终的 sum 操作时不会出现错误。

6.3.6　代码实现：用 tf.keras 接口开发注意力层

下面按照 6.3.1 节中的描述，用 tf.keras 接口开发基于内部注意力的多头注意力机制 Attention 类。

在 Attention 类中用比 6.3.1 节更优化的方法来实现多头注意力机制的计算。该方法直接将多头注意力机制中最后的全连接网络中的权重提取出来，并将原有的输入 *Q*、*K*、*V* 按照指定的计算次数展开，使它们彼此以直接矩阵的方式进行计算。

这种方法采用了空间换时间的思想，省去了循环处理，提升了运算效率。

具体代码如下。

代码 6-4　keras 注意力机制模型（续）

```
31 class Attention(keras.layers.Layer):     #定义注意力机制的模型类
32     def __init__(self, nb_head, size_per_head, **kwargs):
33         self.nb_head = nb_head        #设置注意力的计算次数 nb_head
34         #设置每次线性变化为 size_per_head 维度
35         self.size_per_head = size_per_head
36         self.output_dim = nb_head*size_per_head   #计算输出的总维度
37         super(Attention, self).__init__(**kwargs)
```

```python
38
39      def build(self, input_shape):      #实现build()方法,定义权重
40          self.WQ = self.add_weight(name='WQ',
41                              shape=(int(input_shape[0][-1]), self.output_dim),
42                              initializer='glorot_uniform',
43                              trainable=True)
44          self.WK = self.add_weight(name='WK',
45                              shape=(int(input_shape[1][-1]), self.output_dim),
46                              initializer='glorot_uniform',
47                              trainable=True)
48          self.WV = self.add_weight(name='WV',
49                              shape=(int(input_shape[2][-1]), self.output_dim),
50                              initializer='glorot_uniform',
51                              trainable=True)
52          super(Attention, self).build(input_shape)
53      #定义Mask()方法,按照seq_len的实际长度对inputs进行计算
54      def Mask(self, inputs, seq_len, mode='mul'):
55          if seq_len == None:
56              return inputs
57          else:
58              mask = K.one_hot(seq_len[:,0], K.shape(inputs)[1])
59              mask = 1 - K.cumsum(mask, 1)
60              for _ in range(len(inputs.shape)-2):
61                  mask = K.expand_dims(mask, 2)
62              if mode == 'mul':
63                  return inputs * mask
64              if mode == 'add':
65                  return inputs - (1 - mask) * 1e12
66
67      def call(self, x):
68          if len(x) == 3:        #解析传入的Q_seq、K_seq、V_seq
69              Q_seq,K_seq,V_seq = x
70              Q_len,V_len = None,None   #Q_len、V_len是mask的长度
71          elif len(x) == 5:
72              Q_seq,K_seq,V_seq,Q_len,V_len = x
73
74          #对Q、K、V做线性变换,一共做nb_head次,每次都将维度转换成size_per_head
75          Q_seq = K.dot(Q_seq, self.WQ)
76          Q_seq = K.reshape(Q_seq, (-1, K.shape(Q_seq)[1], self.nb_head, self.size_per_head))
77          Q_seq = K.permute_dimensions(Q_seq, (0,2,1,3)) #排列各维度的顺序
78          K_seq = K.dot(K_seq, self.WK)
```

```
79              K_seq = K.reshape(K_seq, (-1, K.shape(K_seq)[1], self.nb_head,
        self.size_per_head))
80              K_seq = K.permute_dimensions(K_seq, (0,2,1,3))
81              V_seq = K.dot(V_seq, self.WV)
82              V_seq = K.reshape(V_seq, (-1, K.shape(V_seq)[1], self.nb_head,
        self.size_per_head))
83              V_seq = K.permute_dimensions(V_seq, (0,2,1,3))
84              #计算内积,然后计算mask,再计算softmax
85              A = tf.matmul(Q_seq, K_seq, transpose_b=True) /
        self.size_per_head**0.5
86              A = K.permute_dimensions(A, (0,3,2,1))
87              A = self.Mask(A, V_len, 'add')
88              A = K.permute_dimensions(A, (0,3,2,1))
89              A = K.softmax(A)
90              #将A与V进行内积计算
91              O_seq = tf.matmul(A, V_seq)
92              O_seq = K.permute_dimensions(O_seq, (0,2,1,3))
93              O_seq = K.reshape(O_seq, (-1, K.shape(O_seq)[1], self.output_dim))
94              O_seq = self.Mask(O_seq, Q_len, 'mul')
95              return O_seq
96
97          def compute_output_shape(self, input_shape):
98              return (input_shape[0][0], input_shape[0][1], self.output_dim)
```

在代码第 39 行的 build()方法中,为注意力机制中的三个角色 **Q**、**K**、**V** 分别定义了对应的权重。该权重的形状为[input_shape,output_dim]。其中:

- input_shape 是 **Q**、**K**、**V** 中对应角色的输入维度。
- output_dim 是输出的总维度,即注意力的运算次数与每次输出的维度乘积(见代码第 36 行)。

> **提示:**
> 多头注意力机制在多次计算时权重是不共享的,这相当于做了多少次注意力计算,就定义多少个全连接网络。所以在代码第 39~51 行,将权重的输出维度定义成注意力的运算次数与每次输出维度的乘积。

代码第 67 行是 Attention 类的 call 函数,其中实现了注意力机制的具体计算方式,步骤如下:

(1)对注意力机制中的 3 个角色的输入 **Q**、**K**、**V** 做线性变化(见代码第 75~83 行)。
(2)调用 batch_dot 函数,对第(1)步线性变化后的 **Q** 和 **K** 做基于矩阵的相乘计算(见代码第 85~89 行）。

（3）调用 batch_dot 函数，对第（2）步的结果与第（1）步线性变化后的 V 做基于矩阵的相乘计算（见代码第 85~89 行）。

代码第 77 行调用了 K.permute_dimensions 函数，该函数实现对输入维度的顺序调整，相当于 transpose 函数的作用。

> **提示：**
> 这里的全连接网络是不带偏置权重 b 的。该网络的工作机制与矩阵相乘运算是一样的。
> 因为在整个计算过程中需要将注意力中的三个角色 Q、K、V 进行矩阵相乘，并且在最后还要与全连接中的矩阵相乘，所以可以将这个过程理解为 Q、K、V 与各自的全连接权重进行矩阵相乘。因为乘数与被乘数的顺序是与结果无关的，所以在代码第 67 行的 call()方法中，全连接权重最先参与了运算，并不会影响实际结果。

6.3.7 代码实现：用 tf.keras 接口训练模型

用定义好的词嵌入层与注意力层搭建模型进行训练。具体步骤如下：
（1）用 Model 类定义一个模型，并设置好输入/输出的节点。
（2）用 Model 类中的 compile()方法设置反向优化的参数。
（3）用 Model 类的 fit()方法进行训练。

具体代码如下：

代码 6-3　用 keras 注意力机制模型分析评论者的情绪（续）

```
23 #数据对齐
24 x_train = tf.keras.preprocessing.sequence.pad_sequences(x_train,
   maxlen=maxlen)
25 x_test = tf.keras.preprocessing.sequence.pad_sequences(x_test,
   maxlen=maxlen)
26 print('Pad sequences x_train shape:', x_train.shape)
27
28 #定义输入节点
29 S_inputs = tf.keras.layers.Input(shape=(None,), dtype='int32')
30
31 #生成词向量
32 embeddings = tf.keras.layers.Embedding(num_words, 128)(S_inputs)
33 embeddings = attention_keras.Position_Embedding()(embeddings) #默认使用同等
   维度的位置向量
```

```
34
35  #用内部注意力机制模型处理
36  O_seq = attention_keras.Attention(8,16)([embeddings,embeddings,embeddings])
37
38  #将结果进行全局池化
39  O_seq = tf.keras.layers.GlobalAveragePooling1D()(O_seq)
40  #添加 Dropout 层
41  O_seq = tf.keras.layers.Dropout(0.5)(O_seq)
42  #输出最终节点
43  outputs = tf.keras.layers.Dense(1, activation='sigmoid')(O_seq)
44  print(outputs)
45  #将网络结构组合到一起
46  model = tf.keras.models.Model(inputs=S_inputs, outputs=outputs)
47
48  #添加反向传播节点
49  model.compile(loss='binary_crossentropy',optimizer='adam',
    metrics=['accuracy'])
50
51  #开始训练
52  print('Train...')
53  model.fit(x_train, y_train, batch_size=batch_size,epochs=5,
    validation_data=(x_test, y_test))
```

代码第 36 行构造了一个列表对象作为输入参数。该列表对象中含有 3 个同样的元素——embeddings，表示使用的是内部注意力机制。

代码第 39~44 行，将内部注意力机制的结果 O_seq 经过全局池化和一个全连接层处理得到了最终的输出节点 outputs。节点 outputs 是一个一维向量。

代码第 49 行，用 model.compile()方法构建模型的反向传播部分，使用的损失函数是 binary_crossentropy，优化器是 adam。

6.3.8 运行程序

代码运行后生成以下结果：

```
Epoch 1/5
25000/25000 [==============================] - 42s 2ms/step - loss: 0.5357 - acc: 0.7160 - val_loss: 0.5096 - val_acc: 0.7533
Epoch 2/5
25000/25000 [==============================] - 36s 1ms/step - loss: 0.3852 - acc: 0.8260 - val_loss: 0.3956 - val_acc: 0.8195
```

```
    Epoch 3/5
    25000/25000 [==============================] - 36s 1ms/step - loss: 0.3087 - acc:
0.8710 - val_loss: 0.4135 - val_acc: 0.8184
    Epoch 4/5
    25000/25000 [==============================] - 36s 1ms/step - loss: 0.2404 - acc:
0.9011 - val_loss: 0.4501 - val_acc: 0.8094
    Epoch 5/5
    25000/25000 [==============================] - 35s 1ms/step - loss: 0.1838 - acc:
0.9289 - val_loss: 0.5303 - val_acc: 0.8007
```

可以看到，整个数据集迭代 5 次后，准确率达到了 80%以上。

6.3.9　扩展：用 Targeted Dropout 技术进一步提升模型的性能

在 6.3.7 节中的代码第 41 行，用 Dropout 函数增强了网络的泛化性。这里再介绍一种更优的技术——Targeted Dropout。

Targeted Dropout 不再像原有的 Dropout 函数那样按照设定的比例随机丢弃部分节点，而是对现有的神经元进行排序，按照神经元的权重重要性来丢弃节点。这种方式比随机丢弃的方式更智能，效果更好（在 openreview.net 网站上搜索关键词"Targeted Dropout"可以查到对应的论文）。

1．代码实现

Targeted Dropout 代码已经集成到代码文件"6-4　keras 注意力机制模型.py"中，这里不再展开介绍。使用时直接将 6.3.7 节中的代码第 41 行改成 TargetedDropout 函数调用即可。具体请参考本书配套资源中的代码。

2．运行效果

运行使用 Targeted Dropout 技术的代码，输出以下结果：

```
    Epoch 1/5
    25000/25000 [==============================] - 32s 1ms/step - loss: 0.4388 - acc:
0.7950 - val_loss: 0.4041 - val_acc: 0.8234
    Epoch 2/5
    25000/25000 [==============================] - 25s 1ms/step - loss: 0.3368 - acc:
0.8590 - val_loss: 0.3725 - val_acc: 0.8316
    Epoch 3/5
    25000/25000 [==============================] - 25s 1ms/step - loss: 0.2491 - acc:
0.8947 - val_loss: 0.3758 - val_acc: 0.8334
    Epoch 4/5
    25000/25000 [==============================] - 25s 1ms/step - loss: 0.1609 - acc:
0.9326 - val_loss: 0.4496 - val_acc: 0.8274
```

```
Epoch 5/5
25000/25000 [==============================] - 25s 1ms/step - loss: 0.0961 - acc:
0.9609 - val_loss: 0.6461 - val_acc: 0.8194
```

从结果可以看出，最终的准确率为 0.8194，与 6.3.8 节的结果（0.8007）相比，准确率得到了提升。

6.4 实例 30：用带有动态路由的 RNN 模型实现文本分类任务

动态路由算法起源于胶囊网络，其作用与注意力机制非常相似。实践证明，使用动态路由算法的模型比原有的注意力机制模型，在精度上有所提升，参见 arXiv 网站上编号为"1806.01501"的论文。

本实例将使用带有动态路由算法的 RNN 模型，对序列编码进行信息聚合，实现基于文本的多分类任务。

6.4.1 了解胶囊神经网络与动态路由

胶囊网络（CapsNet）是一个优化过的卷积神经网络模型。它在常规的卷积神经网络模型的基础上做了特定的改进，能够发现组件之间的定向和空间关系。

它将原有的"卷积+池化"组合操作，换成了"主胶囊（PrimaryCaps）+数字胶囊（DigitCaps）"的结构，如图 6-4 所示。

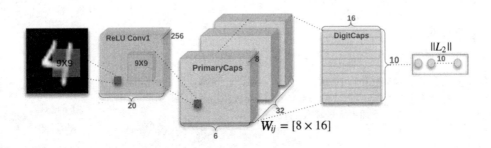

图 6-4　应用在 MNIST 数据集上的胶囊网络架构

图 6-4 是应用在 MNIST 数据集上的胶囊网络架构。以 MNIST 数据集为例，该模型处理数据的步骤如下：

（1）将图像（形状为 28×28×1）输入一个带有 256 个 9×9 卷积核的卷积层 ReLU Conv1。采用步长为 1、无填充（VALID）的方式对其进行卷积操作。输出 256 个通道的特征数据（feature map）。每个特征数据（feature map）的形状为 20×20×1（计算方法：28–9+1=20）。

> **提示：**
> 更全的计算公式可以参考《深度学习之 TensorFlow——入门、原理与进阶实战》一书的 8.4.2 节中 Padding 的规则介绍。

（2）将第（1）步的特征输入胶囊网络的主胶囊层，输出带有向量信息的特征结果（具体维度变化见本节下方的"1. 主胶囊层的工作细节"）。

（3）将带有向量信息的特征结果输入胶囊网络的数字胶囊层，最终输出分类结果（具体的维度变化见本节下方的"2. 数字胶囊层的工作细节"）。

胶囊网络中的主胶囊层与卷积神经网络中的卷积层功能类似，而胶囊网络中的数字胶囊层却与卷积神经网络中的池化层功能却有很大不同。具体的不同有以下几点。

1. 主胶囊层的工作细节

主胶囊层的操作沿用了标准的卷积方法。只是在输出时，把多个通道的特征数据（feature map）打包成一个个胶囊单元。将数据按胶囊单元进行后面的计算。

以 MNIST 数据集上的胶囊网络架构为例。在图 6-4 中，主胶囊层的具体处理步骤如下。

（1）对形状为 20×20×1 的特征图片做步长为 2、无填充（VALID）方式的卷积操作。用 32×8 个 9×9 大小的卷积核，输出 32×8 个通道的特征数据，每个特征数据的形状为 6×6×1，计算方法为：(20–9+1)÷2=6。

（2）将每个特征图片的形状变换为[32×6×6, 1, 8]，该形状可以理解成 32×6×6 个小胶囊，每个胶囊为 8 维向量，这便是主胶囊的最终输出结果。

> **提示：**
> 主胶囊层中使用的卷积核大小为 9×9，比正常的卷积网络中常用的卷积核尺寸（常用的尺寸有：1×1、3×3、5×5、7×7）略大，这是为了让生成的特征数据中包含有更多的局部信息。

2. 数字胶囊层的工作细节

在主胶囊与数字胶囊之间，用向量代替标量进行特征传递，使所传递的特征不再是一个具体的数值，而是一个方向加数值的复合信息。这样可以将更多的特征信息传递下去。

例如：向量中的长度表示某一个实例（物体、视觉概念或它们的一部分）出现的概率，方向表示物体的某些图形属性（位置、颜色、方向、形状等）。

具体的计算方式如图 6-5 所示。

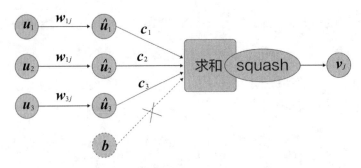

图 6-5 主胶囊与数字胶囊间的特征传递

在图 6-5 中,具体符号含义如下:

(1) u 代表主胶囊层的输出(u_1、u_2、u_3 等,每个代表一个胶囊单元)。

(2) w 代表权重(与神经网络中的 w 一致)。

(3) $\hat{u}$ 代表向量的大小。计算方法为:将 u 中的每个元素与对应的 w 相乘,并将相乘后的结果相加。

(4) c 代表向量的方向,被称为耦合系数(coupling coefficients),也可以理解为权重。它表示每个胶囊数值的重要程度占比,即所有的 c(c_1、c_2、c_3 等)相加后的值为 1。

将图 8-5 中的每个 $\hat{u}$ 与其对应的 c 相乘,并将相乘后的结果相加,然后输入激活函数 squash(见本节的"3. 在数字胶囊层中使用全新的激活函数(squash)")中便得到了数字胶囊的最终输出结果 v_j(下标 j 代表输出的维度),见式(6.2)。

$$v_j = \text{squash}(\hat{u}_1 \times c_1 + \hat{u}_2 \times c_2 + \hat{u}_3 \times c_3 ...) \tag{6.2}$$

> **提示:**
> 在整个过程中,标准神经网络中的偏置权重 b 已经被去掉了。

还是以 MNIST 数据集上的胶囊网络架构为例。在图 6-4 中,主胶囊与数字胶囊之间的具体处理步骤如下:

(1) 主胶囊的最终输出 u 为 32×6×6 个胶囊单元。每个胶囊单元为一个 8 维向量。

(2) 针对每个胶囊单元,定义 10×16 个权重 w。让每个权重与胶囊单元中的 8 个数相乘,并将相乘后的结果相加。这样,每个胶囊单元由 8 维向量变成了 10×16 维向量。$\hat{u}$ 的形状变成了[32×6×6, 1, 10×16](这里做了优化,让胶囊单元中的 8 个数共享一个权重 w,这样做可以减小权重 w 的个数。在该步骤如果不做优化,则需要 8×10×16 个权重 w,即每个胶囊单元中的 8 个数各需要一个权重 w)。

(3) 对 $\hat{u}$ 进行形状变换,将其拆分成 10 份。每份可以理解为一个新的胶囊单元,其形状为[32×6×6, 1, 16],代表该图片在分类中属于标签 0~9 的可能。

（4）每个新胶囊单元的形状为[32×6×6, 1, 16]，可以理解成 $\hat{u}$ 的个数为 32×6×6，每个 $\hat{u}$ 是一个 16 维向量。

（5）定义与新胶囊单元同样个数的权重 c，依次与新胶囊单元中的数值相乘。并按照[32×6×6, 1, 16]中的第 0 维度相加，同时将结果放入激活函数 squash 中，见式（6.2）。得到了胶囊网络的最终输出 v_j（下标 j 代表输出的维度 10×16），其形状为 [10, 16]。

胶囊网络中巧妙地增加了向量的方向 c，来控制神经元的激活权重。

在实际应用中，c 可以被解释成图像中某个特定实体的各种性质。这些性质可以包含很多种不同的参数，例如姿势（位置、大小、方向）、变形、速度、反射率、色彩、纹理等。而输入输出向量的大小表示某个实体出现的概率，所以它的值必须在 0~1 之间。

3．在数字胶囊层中使用全新的激活函数（squash）

因为原有的神经网络模型输出都是标量，显然用处理标量的激活函数来处理向量不太适合。所以有必要为胶囊网络设计一套全新的激活函数 squash，见式（6.3）。

$$y = \frac{\|x\|^2}{1 + \|x\|^2} \frac{x}{\|x\|} \tag{6.3}$$

该激活函数由两部分组成：第 1 部分为 $\frac{\|x\|^2}{1+\|x\|^2}$，作用是将数值转换成 0~1 之间的数；第 2 部分为 $\frac{x}{\|x\|}$，作用是保留原有向量的方向。

二者结合后，会使整个值域变为 –1~1。

该激活函数的图像如图 6-6 所示。

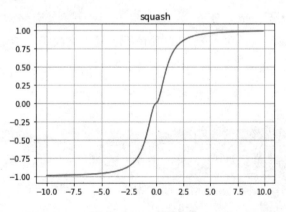

图 6-6 squash 激活函数

如果抛开理论，单纯从输入输出的数值上看，则 squash 激活函数确实与一般的激活函数没什么区别。而且如果将 squash 激活函数换成一般的激活函数也能够运行。只不过大量的实验证明，激活函数 squash 在胶囊网络中的表现确实胜于其他激活函数。这也再次验证了理论的正确性。

4. 利用动态路由选择算法，通过迭代的方式更新耦合系数

主胶囊与数字胶囊之间的耦合系数是通过训练得来的。在训练过程中，耦合系数的更新不是通过反向梯度传播实现的，而是采用动态路由选择算法完成的，参见 arXiv 网站上编号为 "1710.09829" 的论文。

在论文中列出了动态路由的具体计算方法，一共可分为 7 个步骤，每个步骤的解读如下。

（1）假设该路由算法发生在胶囊网络的第 l 层，输入值 $\hat{u}_{j|i}$ 为主胶囊网络的输出特征 u_i（下标 i 代表胶囊单元的个数，j 代表每个胶囊单元向量的维数）与权重 w_{ij} 的乘积（见本节 "2. 数字胶囊层的工作细节" 中 w 的介绍）。该路由算法需要迭代计算 r 次。

（2）初始化变量 b_{ij}，使其等于 0。变量 b_{ij} 与耦合系数 c 具有相同的长度。在迭代时，c 就是由 b 做 softmax 计算得来的。

（3）让路由算法按照指定的迭代次数 r 进行迭代。

（4）对变量 b 做 softmax 操作，得到耦合系数 c。此时耦合系数 c 的值为总和为 1 的百分比小数，即每个权重的概率。b 与 c 都带了一个下标 i，表示 b 和 c 的数量各有 i 个，与胶囊单元的个数相同。

> **提示：**
> 因为第 1 次迭代时，b 的值都为 0，所以第 1 次运行该句时，所有的 c 值也都相同。在后面的步骤中，还会通过计算 b 的值来不断地修正 c，从而达到更新耦合系数的作用。

（5）将 c 与 $\hat{u}_{j|i}$ 相乘，并将乘积的结果相加，得到了数字胶囊（$l+1$ 层）的输出向量 s。

（6）通过激活函数 squash 对 s 做非线性变换，得到了最终的输出结果 v_j。

> **提示.**
> 第（5）（6）两个步骤一起实现了公式 6.2 中的内容。

（7）将 v_j 与 $\hat{u}_{j|i}$ 进行点积运算，再与原有的 b 相加，便可以求出新的 b 值。其中的点积运算的作用是：计算胶囊的输入和胶囊的输出的相似度。该动态路由协议的原理是利用相似度来更新 b 值。

将第（4）~（7）步循环执行 r 次。在进行路由更新的同时，也更新了最终的输出结果 v_j 值，在迭代结束后将最终的 v_j 返回，进行后续的 loss 值计算与结果输出。

> **提示：**
> 通过该算法可以看出，路由算法不仅在训练中负责优化耦合系数，还在修改耦合系数的同时影响了最终的输出结果。
> 该模型在训练和测试场景中，都需要做动态路由更新计算。

5. 在胶囊网络中，用边距损失（margin loss）作为损失函数

边距损失（margin loss）是一种最大化正负样本到超平面距离的算法，见式（6.4）。

$$L_k = T_k \max(0, m^+ - \|V_k\|)^2 + \lambda(1 - T_k)\max(0, \|V_k\| - m^-)^2 \quad (6.4)$$

其中，L_k代表损失值，T_k代表标签，m^+代表最大值的锚点，m^-为最小值的锚点，V_k为模型输出的预测值，λ为缩放参数。$\|V_k\|$为取V_k的范数，即$\sqrt{v_1^2 + v_2^2 + v_3^2 + \cdots}$（其中$v_1$、$v_2$、$v_3$……为表$V_k$中的元素）。

例如，在 MNIST 数据集上的胶囊网络架构中，设置了m^+为 0.9，m^-为 0.1，λ为 0.5。由于输出值的形状是[10,16]，所以得到的L_k形状也是[10,16]。还需要对每个类别的 16 维向量相加，使其形状变成[10,1]。再取平均值，得到最终的 loss 值。

由于在最终的输出结果中每个类别都含有 16 维特征，所以还可以在其后面加入两层全连接网络，构成一个解码器。用该解码器对输入图片进行重建，并将重建后的损失值与边距损失放在一起进行训练，这样可以得到更好的效果，如图 6-7 所示。

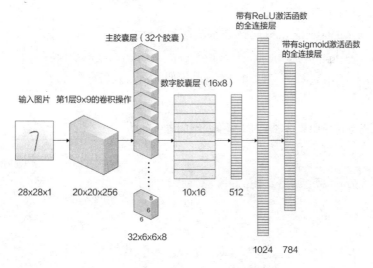

图 6-7 带有解码器的胶囊网络结构

6. 动态路由在 RNN 网络中的应用

本实例的思想原理与注意力机制非常相似，具体介绍如下。

- 相同点：都是对 RNN 模型输出的序列进行权重分配，按照序列中对整体语义的影响程度去动态调配对应的权重。
- 不同点：注意力机制是用相似度算法来分配权重，而本实例是用动态路由算法来分配权重。

动态路由算法的目的是要为 $\hat{u}$ 分配对应的 c，$\hat{u}$ 与 c 的意义见公式（6.2）。这恰恰与本实例的算法需求机制完全一致——为 RNN 模型的输出序列分配注意力权重。

6.4.2 模型任务与数据集介绍

本实例的任务是用新闻数据集训练模型，让模型能够将新闻按照 46 个类别进行分类。

实例中使用的数据集来自 tf.keras 接口的集成数据集。该数据集包含 11 228 条新闻，共分成 46 个主题。具体接口如下。

```
tf.keras.datasets.reuters
```

该接口与 6.3 节的数据集 tf.keras.datasets.imdb 非常相似。不同的是，本实例是多分类任务，而 6.3 节是二分类任务。

6.4.3 代码实现：预处理数据——对齐序列数据并计算长度

编写代码，实现如下逻辑。

（1）用 tf.keras.datasets.reuters.load_data 函数加载数据。

（2）用 tf.keras.preprocessing.sequence.pad_sequences 函数，对于长度不足 80 个词的句子，在后面补 0；对于长度超过 80 个词的句子，从前面截断，只保留后 80 个词。

具体代码如下。

代码 6-5　用带有动态路由算法的 RNN 模型对新闻进行分类

```
01 import tensorflow as tf
02 import numpy as np
03 import tensorflow.keras.layers as kl
04 #定义参数
05 num_words = 20000
06 maxlen = 80
07 tf.compat.v1.disable_v2_behavior()
08 #加载数据
09 print('Loading data...')
```

```
10 (x_train, y_train), (x_test, y_test) =
   tf.keras.datasets.reuters.load_data(path='./reuters.npz',num_words=num_w
   ords)
11
12 #对齐数据
13 x_train = tf.keras.preprocessing.sequence.pad_sequences(x_train,
   maxlen=maxlen,padding = 'post')
14 x_test = tf.keras.preprocessing.sequence.pad_sequences(x_test,
   maxlen=maxlen,padding = 'post' )
15 print('Pad sequences x_train shape:', x_train.shape)
16
17 leng = np.count_nonzero(x_train,axis = 1)#计算每个句子的真实长度
```

6.4.4　代码实现：定义数据集

将样本数据按照指定批次制作成 tf.data.Dataset 接口的数据集，并将不足一批次的剩余数据丢弃。具体代码如下。

代码 6-5　用带有动态路由算法的 RNN 模型对新闻进行分类（续）

```
18 tf.compat.v1.reset_default_graph()
19
20 BATCH_SIZE = 100              #定义批次
21 #定义数据集
22 dataset = tf.data.Dataset.from_tensor_slices(((x_train,leng),
   y_train)).shuffle(1000)
23 dataset = dataset.batch(BATCH_SIZE, drop_remainder=True)  #丢弃剩余数据
```

6.4.5　代码实现：用动态路由算法聚合信息

将胶囊网络中的动态路由算法应用在 RNN 模型中还需要做一些改动，具体如下。

（1）定义函数 shared_routing_uhat。该函数使用全连接网络，将 RNN 模型的输出结果转换成动态路由中的 $\hat{U}$（$\hat{U}$ 代表 uhat）见代码第 33 行。

（2）定义函数 masked_routing_iter 进行动态路由计算。在该函数的开始部分（见代码第 50 行），对输入的序列长度进行掩码处理，使动态路由算法支持动态长度的序列数据输入，见代码第 45 行。

（3）定义函数 routing_masked 完成全部的动态路由计算过程。对 RNN 模型的输出结果进行信息聚合。在该函数的后部分（见代码第 87 行），对动态路由计算后的结果进行 Dropout 处理，使其具有更强的泛化能力（见代码第 78 行）。

具体代码如下。

代码6-5 用带有动态路由算法的RNN模型对新闻进行分类（续）

```python
24  def mkMask(input_tensor, maxLen):          #计算变长RNN模型的掩码
25      shape_of_input = tf.shape(input= input_tensor)
26      shape_of_output = tf.concat(axis=0, values=[shape_of_input, [maxLen]])
27
28      oneDtensor = tf.reshape(input_tensor, shape=(-1,))
29      flat_mask = tf.sequence_mask(oneDtensor, maxlen=maxLen)
30      return tf.reshape(flat_mask, shape_of_output)
31
32  #定义函数，将输入转换成uhat
33  def shared_routing_uhat(caps,              #输入的参数形状为(b_sz, maxlen, caps_dim)
34                          out_caps_num,      #输出胶囊的个数
35                          out_caps_dim, scope=None):  #输出胶囊的维度
36
37      batch_size,maxlen = tf.shape(caps)[0],tf.shape(caps)[1]  #获取批次和长度
38
39      with tf.compat.v1.variable_scope(scope or 'shared_routing_uhat'):  #转成uhat
40          caps_uhat = tf.compat.v1.layers.dense(caps, out_caps_num * out_caps_dim, activation=tf.tanh)
41          caps_uhat = tf.reshape(caps_uhat, shape=[batch_size, maxlen, out_caps_num, out_caps_dim])
42      #输出的结果形状为(batch_size, maxlen, out_caps_num, out_caps_dim)
43      return caps_uhat
44
45  def masked_routing_iter(caps_uhat, seqLen, iter_num):  #动态路由计算
46      assert iter_num > 0
47      batch_size,maxlen = tf.shape(caps_uhat)[0],tf.shape(caps_uhat)[1]  #获取批次和长度
48      out_caps_num = int(caps_uhat.get_shape()[2])
49      seqLen = tf.compat.v1.where(tf.equal(seqLen, 0), tf.ones_like(seqLen), seqLen)
50      mask = mkMask(seqLen, maxlen)          #mask的形状为(batch_size, maxlen)
51      floatmask = tf.cast(tf.expand_dims(mask, axis=-1), dtype=tf.float32)  #形状: (batch_size, maxlen, 1)
52
53      #B的形状为(b_sz, maxlen, out_caps_num)
54      B = tf.zeros([batch_size, maxlen, out_caps_num], dtype=tf.float32)
```

```python
55      for i in range(iter_num):
56          C = tf.nn.softmax(B, axis=2) #形状：(batch_size, maxlen, out_caps_num)
57          C = tf.expand_dims(C*floatmask, axis=-1)#形状：(batch_size, maxlen, out_caps_num, 1)
58          weighted_uhat = C * caps_uhat #形状：(batch_size, maxlen, out_caps_num, out_caps_dim)
59          #S 的形状为(batch_size, out_caps_num, out_caps_dim)
60          S = tf.reduce_sum(input_tensor= weighted_uhat, axis=1)
61
62          V = _squash(S, axes=[2])#形状(batch_size, out_caps_num, out_caps_dim)
63          V = tf.expand_dims(V, axis=1)#shape(batch_size, 1, out_caps_num, out_caps_dim)
64          B = tf.reduce_sum(input_tensor= caps_uhat * V, axis=-1) + B #shape(batch_size, maxlen, out_caps_num)
65
66      V_ret = tf.squeeze(V, axis=[1])#形状(batch_size, out_caps_num, out_caps_dim)
67      S_ret = S
68      return V_ret, S_ret
69
70  def _squash(in_caps, axes):#定义激活函数
71      _EPSILON = 1e-9
72      vec_squared_norm = tf.reduce_sum(input_tensor= tf.square(in_caps), axis=axes, keepdims=True)
73      scalar_factor = vec_squared_norm / (1 + vec_squared_norm) / tf.sqrt(vec_squared_norm + _EPSILON)
74      vec_squashed = scalar_factor * in_caps
75      return vec_squashed
76
77  #定义函数，用动态路由聚合 RNN 模型的结果信息
78  def routing_masked(in_x, xLen, out_caps_dim, out_caps_num, iter_num=3,
79                     dropout=None, is_train=False, scope=None):
80      assert len(in_x.get_shape()) == 3 and in_x.get_shape()[-1].value is not None
81      b_sz = tf.shape(in_x)[0]
82      with tf.compat.v1.variable_scope(scope or 'routing'):
83          caps_uhat = shared_routing_uhat(in_x, out_caps_num, out_caps_dim, scope='rnn_caps_uhat')
84          attn_ctx, S = masked_routing_iter(caps_uhat, xLen, iter_num)
85          attn_ctx = tf.reshape(attn_ctx, shape=[b_sz, out_caps_num*out_caps_dim])
86          if dropout is not None:
```

```
87        attn_ctx = tf.compat.v1.layers.dropout(attn_ctx, rate=dropout,
   training=is_train)
88    return attn_ctx
```

6.4.6 代码实现：用 IndyLSTM 单元搭建 RNN 模型

编写代码，实现如下逻辑。

（1）将 3 层 IndyLSTM 单元传入 tf.nn.dynamic_rnn 函数中，搭建动态 RNN 模型。
（2）用函数 routing_masked 对 RNN 模型的输出结果做基于动态路由的信息聚合。
（3）将聚合后的结果输入全连接网络，进行分类处理。
（4）用分类后的结果计算损失值，并定义优化器用于训练。
具体代码如下。

代码 6-5　用带有动态路由算法的 RNN 模型对新闻进行分类（续）

```
89 x = tf.compat.v1.placeholder("float", [None, maxlen])    #定义输入占位符
90 x_len = tf.compat.v1.placeholder(tf.int32, [None, ])     #定义输入序列长度占位符
91 y = tf.compat.v1.placeholder(tf.int32, [None, ])         #定义输入分类标签占位符
92
93 nb_features = 128           #词嵌入维度
94 embeddings = tf.keras.layers.Embedding(num_words, nb_features)(x)
95
96 #定义带有 IndyLSTMCell 的 RNN 模型
97 hidden = [100,50,30]         #RNN 模型的单元个数
98 stacked_rnn = []
99 for i in range(3):
100     cell = tf.contrib.rnn.IndyLSTMCell(hidden[i])
101     stacked_rnn.append(tf.nn.rnn_cell.DropoutWrapper(cell,
   output_keep_prob=0.8))
102 mcell = tf.nn.rnn_cell.MultiRNNCell(stacked_rnn)
103
104 rnnoutputs,_ = tf.nn.dynamic_rnn(mcell,embeddings,dtype=tf.float32)
105 out_caps_num = 5            #定义输出的胶囊个数
106 n_classes = 46              #分类个数
107 outputs = routing_masked(rnnoutputs, x_len,int(rnnoutputs.get_shape()[-1]),
   out_caps_num, iter_num=3)
108 pred =tf.layers.dense(outputs,n_classes,activation = tf.nn.relu)
109
110 #定义优化器
111 learning_rate = 0.001
```

```
112 cost = tf.reduce_mean(tf.losses.sparse_softmax_cross_entropy(logits=pred,
    labels=y))
113 optimizer =
    tf.train.AdamOptimizer(learning_rate=learning_rate).minimize(cost)
```

6.4.7 代码实现：建立会话，训练网络

用 tf.data 数据集接口的 Iterator.from_structure()方法获取迭代器，并按照数据集的遍历次数训练模型。具体代码如下。

代码 6-5 用带有动态路由算法的 RNN 模型对新闻进行分类（续）

```
114 iterator1 =
    tf.data.Iterator.from_structure(dataset.output_types,dataset.output_shap
    es)
115 one_element1 = iterator1.get_next()      #获取一个元素
116
117 with tf.compat.v1.Session()  as sess:
118     sess.run( iterator1.make_initializer(dataset) ) #初始化迭代器
119     sess.run(tf.compat.v1.global_variables_initializer())
120     EPOCHS = 20           #整个数据集迭代训练20次
121     for ii in range(EPOCHS):
122         alloss = []         #数据集迭代两次
123         while True:         #通过for循环打印所有的数据
124             try:
125                 inp, target = sess.run(one_element1)
126                 _,loss =sess.run([optimizer,cost], feed_dict={x:
    inp[0],x_len:inp[1], y: target})
127                 alloss.append(loss)
128
129             except tf.errors.OutOfRangeError:
130                 print("step",ii+1,": loss=",np.mean(alloss))
131                 sess.run( iterator1.make_initializer(dataset) )#从头再来一遍
132                 break
```

代码运行后输出如下内容：

```
step 1 : loss= 3.4340985
step 2 : loss= 2.349189
...
step 19 : loss= 0.69928074
step 20 : loss= 0.65264946
```

结果显示,迭代 20 次后的 loss 值约为 0.65。使用动态路由算法,会使模型训练时的收敛速度变得相对较慢。随着迭代次数的增加,模型的精度还会提高。

6.4.8 扩展:用分级网络将文章(长文本数据)分类

对于文章(长文本数据)的分类问题,可以将其样本的数据结构理解为含有多个句子,每个句子又含有多个词。本实例用"RNN 模型+动态路由算法"结构对序列词的语义进行处理,从而得到单个句子的语义。

在得到单个句子的语义后,可以再次用"RNN 模型+动态路由算法"结构,对序列句子的语义进行处理,得到整个文章的语义,如图 6-8 所示。

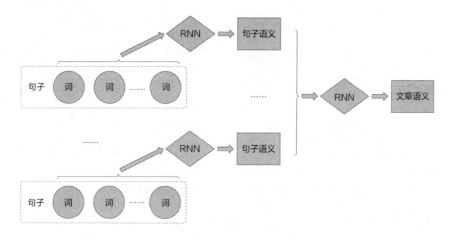

图 6-8 长文本分类结构

如图 6-8 所示,通过连续两个"RNN 模型+动态路由算法"结构,就可以实现长文本的分类功能。有兴趣的读者可以自行尝试一下。

6.5 NLP 中的常见任务及数据集

通过 6.3 节和 6.4 节的实例可以了解 NLP 任务的大概样子及解决方式。其实在 NLP 中,除分类任务外,还有很多其他定义明确的任务,例如翻译、问答、推断等。这些任务会根据使用的具体场景进行分类。而每一种场景中的 NLP 又可以细分为自然语言理解(NLU)和自然语言生成(NLG)两种情况。

本节就从模型输入的角度出发,系统总结一下不同场景中的 NLP,以及其对应的常见数据集。

6.5.1 基于文章处理的任务

基于文章处理的任务主要是对文章中的全部文本进行处理，即文本挖掘。该任务的输入样本是以文章为单位，模型会对文章中的全部文本进行处理，得到该篇文章的语义。在得到语义后，便可以在模型的输出层，按照具体任务输出相应的结果。

文章处理的任务可以细分为以下 3 类。
- 序列到类别：例如文本分类和情感分析。
- 同步序列到序列：为每个输入位置生成输出，例如中文分词、命名实体识别和词性标注。
- 异步序列到序列：例如机器翻译、自动摘要。

6.5.2 基于句子处理的任务

基于句子处理的任务又被叫作"序列级别任务"（sequence-level task），包括分类任务（如情感分类）、推断任务（推断两个句子是否同义）、句子生成任务（例如问答系统、图像描述）等。

1. 句子分类任务及相关数据集

句子分类任务常用于评论分类、病句检查场景，常用的数据集有以下两个。
- SST-2（stanford sentiment treebank）：单句的二分类问题，句子来源于人们对一部电影的评价，判断这个句子的情感。
- CoLA（corpus of linguistic acceptability）：单句的二分类问题，判断一个英文句子的语法是否正确。

2. 句子推断任务及相关数据集

推断任务（natural language inference，NLI）的输入是两个成对的句子，其目的是判断两个句子的意思是相近（entailment）、矛盾（contradiction）还是中立（neutral）。该任务也被称为基于句子对的分类任务（sentence pair classification tasks）。它常会用在智能问答、智能客服及多轮对话中。常用的数据集有以下几个。
- MNLI（multi-genre natural language inference）：GLUE Datasets（general language understanding evaluation）中的一个数据集。它是一个大规模的来源众多的数据集，目的是推断两个句子语义之间的关系（相近、矛盾、中立）。
- QQP（quora question pairs）：一个二分类数据集。目的是判断两个来自 Quora 的问题句子在语义上是否等价。
- QNLI（question natural language inference）：也是一个二分类数据集，每个样本包含两个句子（一个是问题，另一个是答案），正样本的答案与问题相对应，负样本则相反。

- STS-B（semantic textual Similarity benchmark）：这是一个类似回归问题的数据集。对于给出的一对句子，使用 1~5 的评分评价两者在语义上的相似程度。
- MRPC（microsoft research Paraphrase corpus）：句子对来源于对同一条新闻的评论，判断这一对句子在语义上是否相同。
- RTE（recognizing textual entailment）：一个二分类数据集，类似于 MNLI，但是数据量少了很多。
- SWAG（situations with Adversarial generations）：给出一个陈述句子和 4 个备选句子，判断前者与后者中的哪一个最有逻辑的连续性，相当于阅读理解问题。

3. 句子生成任务及相关数据集

句子生成任务属于类别（实体对象）到序列任务，例如文本生成、回答问题和图像描述。比较经典的数据集有 SQuAD（斯坦福问答数据集）。

- SQuAD 数据集的样本为语句对（两个句子）。其中，第 1 个句子是一段来自 Wikipedia 的文本，第 2 个句子是一个问题（问题的答案包含在第一个句子中）。将这样的语句对输入模型后，要求模型输出一个短句作为问题的答案。
- SQuAD 数据集最新的版本为 SQuAD 2.0，它整合了现有的 SQuAD 中可回答的问题和 50 000 多个由大众工作者编写的难以回答的问题，其中那些难以回答的问题与可回答的问题语义相似。
- SQuAD 2.0 数据及弥补了现有数据集中的不足，现有的数据集要么只关注可回答的问题，要么使用容易识别的、自动生成的不可回答的问题作为数据集。SQuAD 2.0 数据集相对较难。为了在 SQuAD 2.0 上表现得更好，模型不仅要回答问题，还要确定什么时候段落的上下文不支持回答。

6.5.3 基于句子中词的处理任务

基于句子中词的处理任务又被叫作 token 级别任务（token-level task），常用在完形填空、预测句子中某个位置的单词（或实体词）识别，或是对句子中的词性进行标注等。

1. token 级别任务与 BERT 模型

token 级别任务也属于 BERT 模型预训练的任务之一，它等价于完形填空任务（cloze task），即根据句子中的上下文 token，推测出当前位置应当是什么 token。

BERT 模型在预训练时使用了遮蔽语言模型（masked language model，MLM），该模型可以直接用于解决 token 级别任务，即在训练时，将句子中的部分 token 用"[masked]"这个特殊的 token 进行替换，将部分单词遮掩住，该模型的输出就是预测"[masked]"对应位置的单词。

这种训练的好处是：不需要人工标注的数据，只需要通过合适的方法对现有语料中的句子进行随机地遮掩即可得到可以用来训练的语料；训练好的模型可以直接使用了。

2．token 级别任务与序列级别任务

在某种情况下，序列级别的任务也可以拆分成 token 级别的任务来处理，例如 6.5.2 节介绍的 SQuAD 数据集。

SQuAD 数据集是一个基于句子处理的生成式数据集，这个数据集的特殊性在于——最终的答案包含在样本内容之中，是有范围的，而且是连续分布在内容之中的。

3．实体词识别任务及常用模型

实体词识别（named entity recognition，NER）任务也被称为实体识别、实体分块或实体提取任务。它是信息提取的一个子任务，旨在定位文本中的命名实体，并将命名实体进行分类，如人员、组织、位置、时间表达式、数量、货币值、百分比等。

实体词识别任务的本质是对句子中的每个 token 打标签，然后判断每个 token 的类别。

常用的实体词识别模型有 SpaCy 模型和 Stanford NER 模型：

- SpaCy 模型是一个基于 Python 的命名实体识别统计系统，它可以将标签分配给连续的令牌组。SpaCy 模型提供了一组默认的实体类别，这些类别包括各种命名或数字实体，例如公司名称、位置、组织、产品名称等。这些默认的实体类别还可以通过训练的方式进行更新。
- Stanford NER 模型是一个命名实体 Recognizer，是用 Java 实现的。它提供了一个默认的实体类别，例如组织、人员和位置等。它支持多种语言。

通过实体词识别任务可以用于快速评估简历、优化搜索引擎算法、优化推荐系统算法等场景中。

6.6　了解 Transformer 库

在 BERTology 系列模型中包含 ELMO、GPT、BERT、Transformer-XL、GPT-2 等多种预训练语言模型，这些模型在多种 NLP 任务上不断打破纪录。但是这些模型代码接口各有不同，训练起来极耗费算力资源，使用它们并不是一件很容易的事。

Transformers 库是一个支持 TensorFlow 2.X 和 PyTorch 的自然语言处理库。它将 BERTology 系列的所有模型融合到一起，并提供了统一的使用接口和并对它们进行了预训练。这使得人们使用 BERTology 系列模型很方便。

> **提示：**
> 由于本书以 TensorFlow 实现为主，所以这里只介绍在 TensorFlow 框架中使用 Transformers 库的方法。有关在 PyTorch 中使用 Transformers 库的方法可以参考 Transformers 库的帮助文档。

6.6.1 什么是 Transformers 库

Transformers 库中包括自然语言理解（NLU）和自然语言生成（NLG）两大类任务，它提供了最先进的通用架构（bert、GPT-2、RoBERTa、XLM、DistilBert、XLNet、CTRL……），其中有超过 32 个的预训练模型（细分为 100 多种语言的版本）。

使用 Transformers 库可以非常方便地完成以下几个事情。

1．通过运行脚本直接使用训练好的 SOTA 模型，完成 NLP 任务

Transformers 库附带了一些脚本和在基准 NLP 数据集上训练好的 SOTA 模型。其中，基准 NLP 数据集包括 SQUAD2.0 和 GLUE 数据集（见 6.5 节介绍）。

不需要训练，直接将这些训练好的 SOTA 模型运用到自己实际的 NLP 任务中，就可以取得很好的效果。

> **提示：**
> SOTA 的全称是 state-of-the-art，它的直译意思是接"近艺术的状态"。在深度学习中，用来表示在某项人工智能任务中当前"最好的"算法或技术。

2．调用 API 实现 NLP 任务的预处理和微调

Transformers 库提供了一个简单的 API，它用于执行这些模型所需的所有预处理和微调步骤。

- 在预处理方面，通过使用 Transformers 库的 API 可以实现对文本数据集的特征提取，并能够使用自己搭建模型对提取后的特征进行二次处理，完成各种定制化任务。
- 在微调方面，通过用 Transformers 库的 API 可以对特定的文本数据集进行二次训练，使模型可以在 Transformers 库中已预训练的模型的基础上通过少量训练来实现特定数据集的推理任务。

3．导入 PyTorch 模型

Transformers 库提供了转换接口，可以轻松将 PyTorch 训练的模型导入 TensorFlow 中进行使用。

4．转换成端计算模型

Transformers 库还有一个配套的工具 swift-coreml-transformers，利用它可以将用 TensorFlow 2.X 或 PyTorch 训练好的 Transformer 模型（例如 GPT-2、DistilGPT-2、BERT 和 DistilBERT 模型）转换成能够在 IOS 下使用的端计算模型。更多详情可以在 GitHub 网站的 huggingface 项目里找到 swift-coreml-transformers 子项目进行查看。

6.6.2　Transformers 库的安装方法

有以下 3 种方式可以安装 Transformers 库。

1．用 conda 命令进行安装

使用 conda 命令进行安装：

```
conda install transformers
```

这种方式安装的 Transformers 库与 Anaconda 软件包的兼容性更好。但安装的 Transformers 库版本会相对滞后。

2．用 pip 命令进行安装

用 pip 命令进行安装：

```
pip install transformers
```

这种方式可以将 Transformers 库发布的最新版本安装到本机。

3．从源码安装

这种方式需要参考 Transformers 库的说明文件。这种方式可以使 Transformers 库适应更多平台，并且可以安装 Transformers 库的最新版本。

 提示：

NLP 技术发展非常迅速，Transformers 库的更新频率也非常快。只有安装 Transformers 库的最新版本，才能使用 Transformers 库中集成好的最新 NLP 技术。

6.6.3　查看 Transformers 库的安装版本

Transformers 库会随着当前 NLP 领域中主流的技术发展而实时更新。目前的更新速度非常快，可以在 Transformers 库安装路径下的 transformers__init__.py 文件中找到当前安装版本的信息。

例如作者本地的文件路径为：

```
D:\ProgramData\Anaconda3\envs\tf21\Lib\site-packages\transformers\__init__.py
```

打开该文件，即可看到版本信息，如图 6-9 所示。

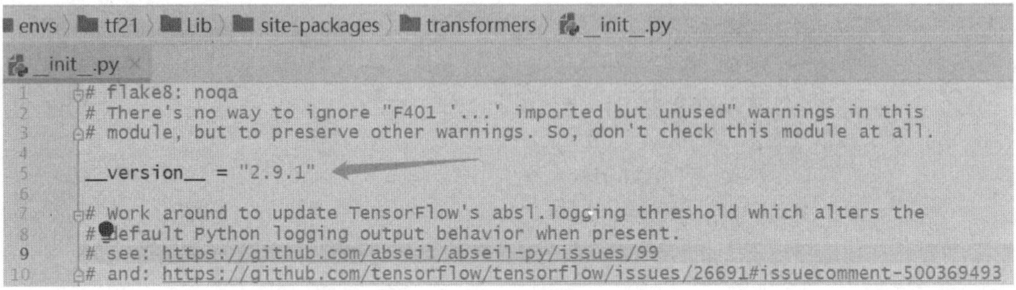

图 6-9　Transformers 库的版本信息

图 6-9 中箭头标注的位置即为 Transformers 库的版本信息。

6.6.4　Transformers 库的 3 层应用结构

从应用角度看，Transformers 库有 3 层结构，如图 6-10 所示。

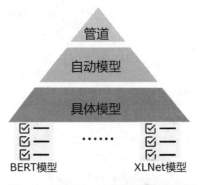

图 6-10　Transformers 库的 3 层应用结构

图 6-10 中的 3 层结构，分别对应于 Transformers 库的 3 种应用方式，具体如下。
- 管道（Pipeline）方式：高度集成的极简使用方式。只需要几行代码即可实现一个 NLP 任务。
- 自动模型（TFAutoModel）方式：可以将任意的 BERTology 系列模型载入并使用。
- 具体模型方式：在使用时需要明确指定具体的模型，并按照每个 BERTology 系列模型中的特定参数进行调用。该方法相对复杂，但具有最大的灵活度。

在这 3 种应用方式中，管道方式使用最简单，灵活度最差。具体模型方式使用最复杂，灵活度最高。

6.7 实例 31：用管道方式完成多种 NLP 任务

从技术角度可以将 NLP 分成 8 种常见任务：文本分类、掩码语言建模、摘要生成、特征抽取、阅读理解、实体词识别、翻译任务、文本生成。

为了开发方便，Transformers 库对这 8 种任务分别提供了相关的 API 和预训练模型。管道方式是 Transformers 库中高度集成的极简使用方式。使用这种方式来处理 NLP 任务，只需要编写几行代码即可。

下面就来实现一下管道方式的具体应用。

6.7.1 在管道方式中指定 NLP 任务

Transformers 库的管道方式使用起来非常简单，核心步骤只有两步。
（1）根据 NLP 任务对 pipeline 类进行实例化，得到能够使用的模型对象。
（2）将文本输入模型对象进行具体的 NLP 任务处理。

例如，在实例化过程中，向 pipeline 类传入字符串 "sentiment-analysis"。该字符串用于告诉 Transformers 库返回一个能够进行文本分类任务的模型。在得到该模型后，便可以将其用于文本分类任务。

在管道方式所返回的模型中，除可以处理文本分类任务外，还可以处理以下几种任务。

- feature-extraction：特征抽取任务。
- sentiment-analysis：分类任务。
- ner：命名实体识别任务。
- question-answering：问答任务。
- fill-mask：完形填空任务。
- summarization：摘要生成任务。
- translation：英/法、英/德等翻译任务（英/法翻译的全名为：translation_en_to_fr）。
- text-generation：根据已知文本生成新的文本。

由于篇幅有限，本节将为读者演示前 6 种任务。读者可以根据前 6 种任务自行学习最后两种。

6.7.2 代码实现：完成文本分类任务

文本分类是指，模型根据文本中的内容进行分类。例如，根据内容进行情绪分类、根据内容进行商品分类等。文本分类模型一般是通过有监督训练得到的。对文本内容的具体分类方向，依赖训练时所使用的样本标签。

1. 代码实现

使用管道方式的代码非常简单——向 pipeline 类中传入 sentiment-analysis 即可使用。具体代码如下：

代码 6-6　pipline 方式运行 Transformers

```
01 from transformers import *
02 nlp_sentence_classif= pipeline("sentiment-analysis")      #自动加载模型
03 print(nlp_sentence_classif ("I like this book!"))          #调用模型进行处理
```

代码运行后，需要等待一段时间，系统将进行预训练模型的下载工作。待下载完成后会输出如下结果：

```
    HBox(children=(IntProgress(value=0,    description='Downloading',    max=569,
style=ProgressStyle(description_width=…
  [{'label': 'POSITIVE', 'score': 0.9998675}]
```

输出结果中，前 1 行是下载模型的信息，后 1 行是模型输出的结果。

可以看到，Transformers 库中的管道方式为用户提供了一个非常方便地使用接口。用户可以完全不用关心内部的工作机制，直接使用即可。

提示：

该代码运行后，系统会自动从指定网站下载对应的关联文件。这些文件默认会放在系统的用户目录中。例如作者本地的目录是 C:\Users\ljh\.cache\torch\transformers。

2. 常见问题

首次运行 Transformers 库中的代码，有可能会遇到如下错误。

（1）运行错误——无法导入 Parallel。

Transformers 库使用了 0.15.0 版本以上的 joblib 库，如果运行时出现如下错误：

```
ImportError: cannot import name 'Parallel' from 'joblib'
```

则表明本地的 joblib 库版本在 0.15.0 以下，需要重新安装。执行命令如下：

```
pip uninstall joblib
```

```
pip install joblib
```

（2）运行错误——找不到 FloatProgress。

在自动下载模型过程中，Transformers 库是使用 ipywidgets 进行工作的。如果没有 ipywidgets 库，则会报如下错误：

```
ImportError: FloatProgress not found. Please update jupyter and ipywidgets. See https://ipywidgets.readthedocs.io/en/stable/user_install.html
```

这种错误表示没有安装 ipywidgets，需要使用如下命令进行安装：

```
pip install ipywidgets
```

（3）模型下载失败。

系统在执行代码第 2 行时，需要先从网络下载预训练模型到本地，再加载使用。如果是在国内网络环境下运行该实例，则可能会因为网络原因出现因下载不成功而导致运行失败的情况。

3．用手动加载方式解决模型下载失败问题

为了解决模型下载失败的问题，可以直接使用本书配套资源中的模型文件直接从本地进行加载。具体做法如下：

（1）将文件夹 "distilbert-base-uncased-finetuned-sst-2-english" 复制到本地代码同级目录下。

（2）修改本节代码第 2 行，将其改成如下内容：

```
import os
rootdir = r'./distilbert-base-uncased-finetuned-sst-2-english'
#加载config文件
configfile = os.path.join(
        rootdir, "distilbert-base-uncased-finetuned-sst-2-english-config.json")
config = AutoConfig.from_pretrained(configfile )
#加载tokenizer文件
tokenizer = AutoTokenizer.from_pretrained(   os.path.join(
                       rootdir, "bert-base-uncased-vocab.txt"),config=config)
#加载模型文件
modelfile = os.path.join(rootdir, "tf_model",
              "distilbert-base-uncased-finetuned-sst-2-english-tf_model.h5")
nlp_sentence_classif = pipeline("sentiment-analysis", model=modelfile,
                           config=configfile, tokenizer = tokenizer)
```

待代码修改后便可以正常运行。

 提示：

文件夹 "distilbert-base-uncased-finetuned-sst-2-english" 中的模型文件也是手动进行下载

的。查找到这些模型下载链接的方法,将在后文介绍管道方式运行机制时一起介绍,见 6.8 节、6.9 节。

6.7.3 代码实现:完成特征提取任务

特征抽取任务只返回文本处理后的特征,属于预训练模型范畴。特征抽取任务的输出结果需要结合其他模型一起工作,不是一个端到端解决任务的模型。

对句子进行特征提取后的结果,可以被当作词嵌入来使用。在本实例中,只是将其输出结果的形状打印出来。

1. 代码实现

向 pipeline 类中传入 feature-extraction 进行实例化,并调用该实例化对象对文本进行处理。具体代码如下。

代码 6-6　pipline 方式运行 Transformers(续)

```
04 import numpy as np
05 nlp_features = pipeline('feature-extraction')
06 output = nlp_features(
07          'Code Doctor Studio is a Chinese company based in BeiJing.')
08 print(np.array(output).shape)      #输出特征形状
```

代码运行后输出结果如下:

```
(1, 13, 768)
```

结果是一个元组对象,该对象中的 3 个元素的意义分别为:批次个数、词个数、每个词的向量。

可以看到,如果直接使用词向量进行转换,也可以得到类似形状的结果。直接使用词向量进行转换的方式对算力消耗较小,但需要将整个词表载入内存,对内存消耗较大。而在本实例中,使用模型进行特征提取的方式虽然会消耗一些算力,但是内存占用相对可控(只是模型的空间大小),如果再配合剪枝压缩等技术,则更适合工程部署。

> **提示:**
> 使用管系列模型道方式来完成特征提取任务,只是用于数据预处理阶段。如果要对已有的 BERTology 系列模型进行微调——对 Transformers 库中的模型进行再训练,则还需要使用更低层的类接口,见 6.12 节实例。

2. 用手动加载方式调用模型

为了解决模型下载失败的问题，可以直接使用本书配套资源中的模型文件，直接从本地进行加载。具体做法如下：

（1）将文件夹"distilbert-base-uncased"复制到本地代码同级目录下。
（2）修改上方代码 6-6 中的第 5 行，将其改成如下内容：

```
config = AutoConfig.from_pretrained(     #加载config文件
r'./distilbert-base-uncased/distilbert-base-uncased-config.json')
#加载tokenizer文件
tokenizer = AutoTokenizer.from_pretrained(
        r'./distilbert-base-uncased/bert-base-uncased-vocab.txt',config=config)
#加载模型文件
nlp_features = pipeline("feature-extraction",
        model=r'./distilbert-base-uncased/distilbert-base-uncased-tf_model.h5',
        config=config, tokenizer = tokenizer)
```

6.7.4 代码实现：完成完形填空任务

完形填空任务又被叫作遮蔽语言建模任务，它属于 BERT 训练过程中的一个子任务。

1. 遮蔽语言建模任务

遮蔽语言建模任务的做法如下：

在训练 BERT 模型时利用遮蔽语言的方式，先对输入序列文本中的单词进行随机屏蔽，然后将屏蔽后的文本输入模型，令模型根据上下文中提供的其他非屏蔽词预测屏蔽词的原始值。

一旦模型 BERT 训练完成，即可得到一个能够处理完形填空任务的模型——遮蔽语言模型 MLM。

2. 代码实现

向 pipeline 类中传入 fill-mask 进行实例化，并调用该实例化对象对即可使用。

在使用实例化对象时，需要先将要填空的单词用特殊字符遮蔽起来，然后用模型来预测被遮蔽的单词。

遮蔽单词的特殊字符，可以使用实例化对象的 tokenizer.mask_token 属性实现。具体代码如下：

代码 6-6　pipline 方式运行 Transformers（续）

```
09 nlp_fill = pipeline("fill-mask")
10 print(nlp_fill.tokenizer.mask_token) #输出遮蔽字符：'[MASK]'
11 #调用模型进行处理
```

```
12 print(nlp_fill(f"Li Jinhong wrote many {nlp_fill.tokenizer.mask_token} about
   artificial intelligence technology and helped many people."))
```

代码运行后,输出结果如下:

```
[{'sequence': '[CLS] li jinhong wrote many books about artificial intelligence
technology and helped many people. [SEP]', 'score': 0.76667181491851807, 'token': 2146},
{'sequence': '[CLS] li jinhong wrote many articles about artificial intelligence
technology and helped many people. [SEP]', 'score': 0.1408711075782776, 'token': 4237},
{'sequence': '[CLS] li jinhong wrote many works about artificial intelligence
technology and helped many people. [SEP]', 'score': 0.01669470965862274, 'token': 1759},
{'sequence': '[CLS] li jinhong wrote many textbooks about artificial intelligence
technology and helped many people. [SEP]', 'score': 0.009570339694619179, 'token':
20980},
{'sequence': '[CLS] li jinhong wrote many papers about artificial intelligence
technology and helped many people. [SEP]', 'score': 0.009053915739059448, 'token': 4580}]
```

从结果中可以看出,模型输出了分值最大的前 5 名结果。其中,第 1 行的结果中预测出了遮蔽位置的单词为"books"。

3. 用手动加载方式调用模型

比较 6.7.2 节和 6.7.3 节中手动加载方式的实现过程可以看出,实例化 pipeline 模型类的通用方法是:先指定一个 NLP 任务对应的字符串,再为字符串指定本地模型。

其实,Transformers 库中的很多模型都是通用的。这些模型适用与管道方式的多种任务。例如,使用 6.7.3 节中特征提取中的模型来实现完形填空任务也是可以的。

例如,可以将代码第 9 行改成如下内容:

```
config = AutoConfig.from_pretrained(  #加载 config 文件
   r'./distilbert-base-uncased/distilbert-base-uncased-config.json')
tokenizer = AutoTokenizer.from_pretrained(  #加载 tokenizer 文件
   r'./distilbert-base-uncased/bert-base-uncased-vocab.txt',config=config)
#加载模型文件
nlp_fill = pipeline("fill-mask",
       model=r'./distilbert-base-uncased/distilbert-base-uncased-tf_model.h5',
          config=config, tokenizer = tokenizer)
```

6.7.5 代码实现:完成阅读理解任务

阅读理解任务又被叫作抽取式问答任务,即输入一段文本和一个问题,让模型输出结果。

1. 代码实现

先向 pipeline 类中传入 question-answering 进行实例化,然后调用该实例化对象对一段文本和一个问题进行处理,最后输出模型的处理结果。具体代码如下。

代码 6-6　pipline 方式运行 Transformers(续)

```
13  nlp_qa = pipeline("question-answering")     #实例化模型
14  print(                    #输出模型处理结果
15      nlp_qa(context='Code Doctor Studio is a Chinese company based in BeiJing.',
16              question='Where is Code Doctor Studio?') )
```

在使用实例化对象 nlp_qa 时,必须传入参数 context 和 question。其中,参数 context 代表一段文本,参数 question 代表问题。

代码运行后输出如下结果:

```
convert squad examples to features: 100%|████████| 1/1 [00:00<00:00, 2094.01it/s]
add example index and unique id: 100%|████████| 1/1 [00:00<00:00, 6452.78it/s]
{'score': 0.9465346197890199, 'start': 49, 'end': 56, 'answer': 'BeiJing.'}
```

输出结果的前两行是模型内部的运行过程,最后一行是模型的输出结果。在结果中,"answer"字段为输入问题的答案"BeiJing"。

2. 用手动加载方式调用模型

因为阅读理解任务输入的是一个文章和一个问题,而输出的是一个答案,这种结构相对其他任务的输入输出具有特殊性,所以这种结构不能与 6.7.3 节和 6.7.2 节的模型通用。但是,它们的使用方法是一样的。

本实例中使用的阅读理解模型是在 SQuAD 数据集上训练的(SQuAD 数据集见 6.5.2 节的介绍)。

可以参考 6.7.3 节的内容手动加载模型的方法,直接将本书配套资源中的模型文件夹"distilbert-base-uncased-distilled-squad"复制到代码的同级目录下,并将第 13 行代码改成如下内容:

```
config = AutoConfig.from_pretrained(
r'./distilbert-base-uncased-distilled-squad/distilbert-base-uncased-distilled-squad-config.json')
tokenizer = AutoTokenizer.from_pretrained(
r'./distilbert-base-uncased-distilled-squad/bert-large-uncased-vocab.txt',
config=config)
nlp_qa = pipeline("question-answering",model=
r'./distilbert-base-uncased-distilled-squad/distilbert-base-uncased-distilled-squad-tf_model.h5', config=config, tokenizer = tokenizer)
```

6.7.6 代码实现：完成摘要生成任务

摘要生成任务的输入是一段文本，输出是一段相对于输入文本较短的文字。

1. 代码实现

先向 pipeline 类中传入 summarization 进行实例化，然后调用该实例化对象对一段文本进行处理，最后输出模型的处理结果。具体代码如下：

代码6-6　pipline 方式运行 Transformers（续）

```
17 TEXT_TO_SUMMARIZE = '''
18 In this notebook we will be using the transformer model, first introduced in
    this paper. Specifically, we will be using the BERT (Bidirectional Encoder
    Representations from Transformers) model from this paper.
19 Transformer models are considerably larger than anything else covered in these
    tutorials. As such we are going to use the transformers library to get
    pre-trained transformers and use them as our embedding layers. We will freeze
    (not train) the transformer and only train the remainder of the model which
    learns from the representations produced by the transformer. In this case
    we will be using a multi-layer bi-directional GRU, however any model can learn
    from these representations.
20 '''
21 summarizer = pipeline("summarization", model="t5-small",
        tokenizer="t5-small",
22                      framework="tf")
23 print(summarizer(TEXT_TO_SUMMARIZE ,min_length=5, max_length=150))
```

该管道的默认模型是 "bart-large-cnn"，但 Transformers 库中还没有 TensorFlow 版的 BART 预编译模型，所以需要手动指定一个支持 TensorFlow 框架的摘要生成模型。这里使用了 t5-small 模型。代码运行后输出如下结果：

```
[{'summary_text': 'in this notebook we will be using the transformer model, first
introduced in this paper . transformer models are considerably larger than anything else
covered in these tutorials . we will freeze (not train) the transformer and train the
remainder of the model which learn from the representations produced by the
transformer .'}]
```

3. 用手动加载方式调用模型

本节中使用的手动模型见本书配套资源中的 "t5-small" 文件夹。手动加载的方法与 6.7.5 节一致，这里不再详述。

6.7.7 预训练模型文件的组成及其加载时的固定名称

在 pipeline 类的初始化接口中，可以直接指定加载模型的路径，以从本地预训练模型文件进行载入。但这么做需要有一个前提条件——要载入的预训练模型文件必须使用规定好的名称。

在 pipeline 类接口中，预训练模型文件是以"套"为单位的，一套是有多个文件。每套预训练模型文件的组成及其固定的文件名称如下。

- 词表文件：以 txt、model 或 json 为后缀，其中放置的是模型中使用的词表文件。名称必须为 vocab.json、spiece.model 或 vocab.json。
- 词表扩展文件（可选）：以 txt 为后缀，用于补充原有的词表文件。名称必须为 merges.txt。
- 配置文件：以 json 为后缀，其中放置的是模型的超参配置。名称必须为 config.json。
- 模型权重文件：以 h5 为后缀，其中放置的是模型中各个参数具体的值。名称必须为 tf_model.h5。

在通过指定预训练模型目录进行加载时，系统只会在目录里按规定好的名称搜索模型文件。如果没有找到模型文件，则返回错误。

在知道了通过指定目录方式加载的规则之后，便可以对 6.7.6 节的模型进行手动加载。先把 6.7.6 节的配套模型文件夹"t5-small"复制到本地代码的同级目录下，然后将 6.7.6 节的代码第 21 行修改成如下内容，便实现了手动加载模型。

```
config = AutoConfig.from_pretrained( r'./t5-small/t5-small-config.json')
tokenizer = AutoTokenizer.from_pretrained(r'./t5-small',config=config)
summarizer = pipeline("summarization",
         model=r'./t5-small/t5-small-tf_model.h5',
          config=config, tokenizer = tokenizer)
```

代码中使用 AutoTokenizer 类加载词表，没有再指定具体文件，而是指定了文件目录。这时系统会自动加载文件夹中"spiece.model"文件。这种方式是 Transformers 库中的标准使用方式。

6.7.8 代码实现：完成实体词识别任务

实体词识别（NER）任务是 NLP 中的基础任务。它用于识别文本中的人名（PER）、地名（LOC）组织（ORG），以及其他实体（MISC）等。例如：

李　B-PER
金　I-PER
洪　I-PER
在　O
办　B-LOC

公　I-LOC
室　I-LOC

其中，非实体词用"O"来表示。"I""O""B"是块标记的一种表示（B 表示开始，I 表示内部，O 表示外部）。

实体词识本质是一个分类任务,它又被称为序列标注任务。实体词识别是句法分析的基础，而句法分析又是 NLP 任务的核心。

1. 代码实现

先向 pipeline 类中传入 ner 进行实例化，然后调用该实例化对象对一段文本进行处理，最后输出模型的处理结果。具体代码如下。

代码 6-6　pipline 方式运行 Transformers（续）

```
24 nlp_token_class = pipeline("ner")
25 print(nlp_token_class(
26         'Code Doctor Studio is a Chinese company based in BeiJing.'))
```

代码运行后输出如下结果：

```
[{'word': '[CLS]', 'score': 0.9998156428337097, 'entity': 'LABEL_0'},
{'word': 'code', 'score': 0.9971107244491577, 'entity': 'LABEL_0'},
{'word': 'doctor', 'score': 0.9981299638748169, 'entity': 'LABEL_0'},
……
{'word': '##ng', 'score': 0.5353299379348755, 'entity': 'LABEL_0'},
{'word': '.', 'score': 0.9998156428337097, 'entity': 'LABEL_0'},
{'word': '[SEP]', 'score': 0.9998156428337097, 'entity': 'LABEL_0'}]
```

2. 用手动加载方式调用模型

按照 6.7.7 节的模型加载规则，将本书配套资源中的模型文件夹"dbmdz"复制到本地代码的同级目录下。将代码第 23 行修改成如下内容，便可以实现手动加载模型。

```
tokenizer = AutoTokenizer.from_pretrained(
r'./dbmdz\bert-large-cased-finetuned-conll03-english')
nlp_token_class = pipeline("ner",
          model=r'./dbmdz\bert-large-cased-finetuned-conll03-english',
          tokenizer = tokenizer)
```

6.7.9　管道方式的工作原理

在前面的 6.7.2 节、6.7.3 节、6.7.4 节、6.7.5 节、6.7.6 节、6.7.8 节共实现了 6 种 NLP 任务，每一种 NLP 任务在实现时都可手动加载模型。那么，这些手动加载的预训练模型是怎么来的呢？

在 Transformers 库中 pipeline 的源码文件 pipelines.py 里,可以找到管道方式自动下载的预编译模型地址。根据这些地址,可以用第三方下载工具将其下载到本地。

在 pipelines.py 里,不仅可以看到模型的预编译文件,还可以看到管道方式所支持的 NLP 任务,以及每种 NLP 任务所对应的内部调用关系。下面来一一说明。

1. pipelines.py 文件的位置

pipelines.py 文件在 transformers 库安装路径的根目录下。作者本地的路径为:

```
D:\ProgramData\Anaconda3\envs\tf21\Lib\site-packages\transformers\pipelines.py
```

2. pipelines.py 文件中的 SUPPORTED_TASKS 变量

在 pipelines.py 文件中定义了嵌套的字典变量 SUPPORTED_TASKS。在该字典变量中存放了管道方式所支持的 NLP 任务,以及每一个 NLP 任务的内部调用关系,如图 6-11 所示。

```
940    # Register all the supported task here
941    SUPPORTED_TASKS = {
942        "feature-extraction": {
943            "impl": FeatureExtractionPipeline,
944            "tf": TFAutoModel if is_tf_available() else None,
945            "pt": AutoModel if is_torch_available() else None,
946            "default": {
947                "model": {"pt": "distilbert-base-cased", "tf": "distilbert-base-cased"},
948                "config": None,
949                "tokenizer": "distilbert-base-cased",
950            },
951        },
952        "sentiment-analysis": {
953            "impl": TextClassificationPipeline,
954            "tf": TFAutoModelForSequenceClassification if is_tf_available() else None,
955            "pt": AutoModelForSequenceClassification if is_torch_available() else None,
956            "default": {
957                "model": {
958                    "pt": "distilbert-base-uncased-finetuned-sst-2-english",
959                    "tf": "distilbert-base-uncased-finetuned-sst-2-english",
960                },
961                "config": "distilbert-base-uncased-finetuned-sst-2-english",
962                "tokenizer": "distilbert-base-uncased",
963            },
964        },
965        "ner": {
```

图 6-11 字典变量 SUPPORTED_TASKS 的部分内容

从图 6-11 中可以看到,在字典变量 SUPPORTED_TASKS 中,每个字典元素的 Key 值为 NLP 任务名称,每个字典元素的 Value 值为该 NLP 任务的具体配置。

在 NLP 任务的具体配置中也嵌套了一个字典对象。这里以文本分类任务"sentiment-analysis"为例,具体解读如下。

- impl:执行当前 NLP 任务的 Pipeline 子类接口(TextClassificationPipeline)。
- tf:指定 TensorFlow 框架中的自动类模型(TFAutoModelForSequenceClassification)。
- pt:指定 PyTorch 框架中的自动类模型(AutoModelForSequenceClassification)。

- default：指定要加载的权重文件（model）、配置文件（config）和词表文件（tokenizer）。这 3 个文件是以字典对象的方式进行设置的。

从图 6-11 中可以看到，default 中对应的模型文件并不是下载链接，而是一个字符串。该字符串的意义与下载链接的关系将在 6.8 节介绍。

在管道模式中正是通过这些信息实现具体的 NLP 任务。管道模式内部的调用关系如图 6-12 所示。

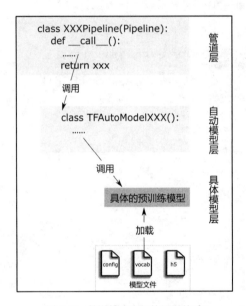

图 6-12　管道模式内部的调用关系

3. Pipeline 类接口

图 6-12 中的 XXXPipeline 类为每个 NLP 任务所对应的子类接口，该接口与具体的 NLP 任务的对应关系如下。

- 特征提取任务：类接口为 FeatureExtractionPipeline。
- 文本分类任务：类接口为 TextClassificationPipeline。
- 完形填空任务：类接口为 FillMaskPipeline。
- 实体词识别任务：类接口为 NerPipeline。
- 阅读理解任务：类接口为 QuestionAnsweringPipeline。

管道层对下层的自动模型层（TFAutoModel）进行了二次封装，完成了 NLP 任务的端到端实现。

6.7.10 在管道方式中应用指定模型

在本实例中,使用管道方式所实现的 NLP 任务,都是加载了在 pipelines.py 文件里 SUPPORTED_TASKS 变量中所设置的默认模型。

在实际应用中,可以修改 SUPPORTED_TASKS 变量中的设置,以加载指定的模型,还可以按照实例中的手动加载模型方法加载本地的预训练模型。

加载指定模型的通用语法如下:

```
pipeline("<task-name>", model="<model_name>")
pipeline('<task-name>', model='<model name>', tokenizer='<tokenizer_name>')
```

其中,

- \<task-name>代表任务字符串,例如文本分类任务就是"sentiment-analysis"。
- \<model name>代表加载的模型。在手动加载模式下,该值可以是本地的预训练模型文件;在自动加载模式下,该值是预训练模型的唯一标识符,例如图 6-11 里 default 字段中的内容。

> **提示:**
> 在管道方式中,对模型的加载不是随意指定的。各种 NLP 任务与适合模型的对应关系见 6.8.2 节。

6.8 Transformers 库中的自动模型类(TFAutoModel)

为了方便使用 Transformers 库,在 Transformers 库中提供了一个 TFAutoModel 类。该类用来管理 Transformers 库中处理相同 NLP 任务的底层具体模型,为上层应用管道方式提供了统一的接口。通过 TFAutoModel 类,可以载入并应用 ERTology 系列模型中的任意一个模型。

6.8.1 了解各种 TFAutoModel 类

Transformers 库按照应用场景将 BERTology 系列模型划分成了以下 6 个子类。
- TFAutoModel:基本模型的载入类。适用于 Transformers 库中的任何模型,也可以用于特征提取任务。
- TFAutoModelForPreTraining:特征提取任务模型的载入类,适用于 Transformers 库中所有的预训练模型。
- TFAutoModelForSequenceClassification:文本分类模型的载入类,适用于 Transformers

库中所有的文本分类模型。
- TFAutoModelForQuestionAnswering：阅读理解任务模型的载入类，适用于 Transformers 库中所有的抽取式问答模型。
- TFAutoModelWithLMHead：完形填空任务模型的载入类，适用于 Transformers 库中所有的遮蔽语言模型。
- TFAutoModelForTokenClassification：实体词识别任务模型的载入类，适用于 Transformers 库中所有的实体词识别任务模型。

自动模型类与 BERTology 系列模型中的具体模型是"一对多"的关系。在 Transformers 库的 modeling_tf_auto.py 源码文件中（例如，作者本地路径为：D:\ProgramData\Anaconda3\envs\tf21\Lib\site-packages\transformers\modeling_tf_auto.py），在其中可以找到每种自动模型类所管理的具体 BERTology 系列模型。以 TFAutoModelWithLMHead 类为例，其管理的 BERTology 系列模型如图 6-13 所示。

```
TF_MODEL_WITH_LM_HEAD_MAPPING = OrderedDict(
    [
        (T5Config, TFT5ForConditionalGeneration),
        (DistilBertConfig, TFDistilBertForMaskedLM),
        (AlbertConfig, TFAlbertForMaskedLM),
        (RobertaConfig, TFRobertaForMaskedLM),
        (BertConfig, TFBertForMaskedLM),
        (OpenAIGPTConfig, TFOpenAIGPTLMHeadModel),
        (GPT2Config, TFGPT2LMHeadModel),
        (TransfoXLConfig, TFTransfoXLLMHeadModel),
        (XLNetConfig, TFXLNetLMHeadModel),
        (XLMConfig, TFXLMWithLMHeadModel),
        (CTRLConfig, TFCTRLLMHeadModel),
    ]
)
```

图 6-13 AutoModelWithLMHead 类模型

图 6-13 中的对象 TF_MODEL_WITH_LM_HEAD_MAPPING 代表 TFAutoModelWithLMHead 类与 BERTology 系列模型中的具体模型之间的映射关系。TF_MODEL_WITH_LM_HEAD_MAPPING 中列出的所有元素，都可以实现 TFAutoModelWithLMHead 类所能完成的完形填空任务。

6.8.2 TFAutoModel 类的模型加载机制

在图 6-13 里的 TF_MODEL_WITH_LM_HEAD_MAPPING 中，每个元素由两部分组成：具体模型的配置文件和具体模型的实现类。

所有具体模型的实现类都可以通过不同的数据集被训练成多套预训练模型文件。每套预训练模型文件都由 3 或 4 个子文件组成：词表文件、词表扩展文件（可选）、配置文件和模型权重文件（见 6.7.7 节的介绍）。它们共用一个统一的字符串标识。

在使用自动加载方式调用模型时，系统会根据统一的预训练模型字符串标识找到对应的预训练模型文件，并通过网络进行下载，然后将其载入内存。具体过程如图 6-14 所示。

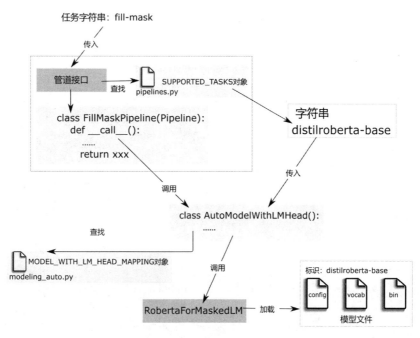

图 6-14　完型填空任务的调用过程

> **提示：**
> AutoModel 类中的模型都是通用的。例如，在 SUPPORTED_TASK 里完形填空任务所对应的模型标识符为 "distilroberta-base"，即默认会加载 RobertaForMaskedLM 类。而在 6.7.4 节的小标题 "3. 用手动加载方式调用模型" 中，并没有加载 RobertaForMaskedLM 类，而是手动指定了 "distilbert-base-uncased" 所对应的 BertForMaskedLM 类。

6.8.3　Transformers 库中其他的语言模型（model_cards）

Transformers 库中集成了非常多的预训练模型，方便用户在其基础上进行微调。这些模型统一放在 model_cards 分支下，详见 GitHub 网站中 huggingface/transformers 项目下的 model_cards 分支。

打开该分支的页面后，可以找到想要加载模型的下载链接，如图 6-15 所示。

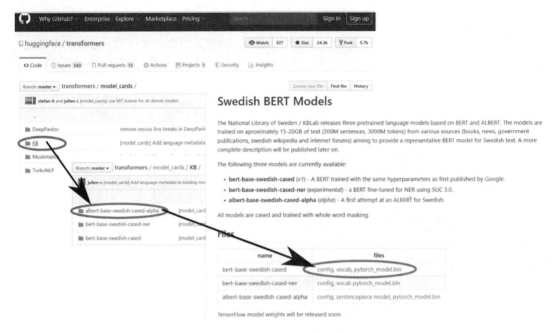

图 6-15　查找更多模型的下载链接

在 Transformers 库的管道方式中，默认使用 model_cards 中的模型。例如 6.7.8 节的实体词识别任务就使用的是 model_cards 中 dbmdz 目录下的模型。可以通过以下方式可以查看：

在 pipelines.py 文件字典变量 SUPPORTED_TASKS 里可以找到实体词识别任务所使用的预训练模型标识字符串 dbmdz/bert-large-cased-finetuned-conll03-english，如图 6-16 所示。

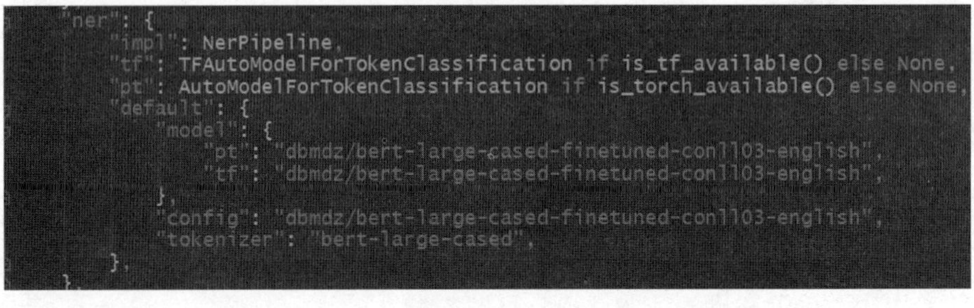

图 6-16　实体词识别任务的配置

在预训练模型标识字符串中，"dbmdz"代表该预训练模型来自于 model_cards 中的 dbmdz 目录。

有关自动模型类的使用方式请参考 6.9.4 节。

6.9 Transformers 库中的 BERTology 系列模型

6.7 节介绍了 Transformers 库的快速使用方法，6.8 节介绍了如何根据 NLP 任务来选择和指定模型。这两部分功能可以使用户能够使用已有的模型。

如果想能进一步深入研究，则需要了解 Transformers 库中更底层的实现，学会单独加载和使用 BERTology 系列模型。

6.9.1 Transformers 库的文件结构

本节将接着 6.7.7 节所讲述的预训练模型的文件。

1. 详解 Transformers 库中的预训练模型

在 Transformers 库中，预训练模型文件有 3 种。它们的作用说明如下。

- 词表文件：在训练模型时，会将该文件当作一个映射表，把输入的单词转成具体的数字。
- 配置文件：其中有模型的超参。将源码中的模型类根据配置文件的超参进行实例化后，便可以生成可用的模型。
- 模型权重文件：存放可用模型在内存中各个变量的值。模型训练结束后，系统会将这些值保存起来。加载模型权重的过程，就是用这些值覆盖内存中的模型变量，使整个模型恢复到训练后的状态。

其中，模型权重文件是以二进制格式保存的，而词表文件和配置文件则是以文本方式保存的。这里以 BERT 模型的基本预训练模型（bert-base-uncased）为例，其词表文件与配置文件的内容如图 6-17 所示。

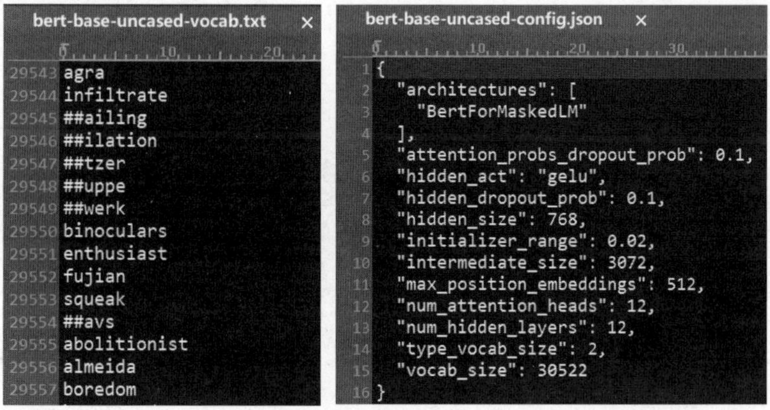

图 6-17　BERT 模型中的词表文件与配置文件

图 6-17 中的左侧和右侧分别是与 BERT 模型的基本预训练模型相关的词表文件与配置文件。可以看到，左侧的词表文件是一个个具体的单词，每个单词的序号就是其对应的索引值；右侧的配置文件是其模型中的配置参数，其中部分内容如下。

- 架构名称：BertForMaskedLM。
- 注意力层中 Dropout 的丢弃率：0.1。
- 隐藏层的激活函数：GELU 激活函数（见 6.9.3 节）。
- 隐藏层中 Dropout 的丢弃率：0.1。

2．Transformers 库中的代码文件

在安装好 Transformers 库后，就可以在 Anaconda 的安装路径中找到它的源码位置。例如作者本地的路径如下：

```
D:\ProgramData\Anaconda3\envs\tf21\Lib\site-packages\transformers
```

打开该路径可以看到如图 6-18 所示的文件结构。

图 6-18　Transformers 库的文件结构

Transformers 库中的具体预训练模型源码都可在图 6-18 中找到。具体如下：

- 以 configuration 开头的文件，是 BERTology 系列模型的配置代码文件。例如图 6-18 中标注 "1" 的部分。
- 以 modeling 开头的文件，是 BERTology 系列模型的模型代码文件。例如图 6-18 中标注 "2" 的部分。
- 以 tokenization 开头的文件，是 BERTology 系列模型的词表代码文件。例如图 6-18 中标注 "3" 的部分。

3. 在模型代码文件中找到其关联文件

每个模型都对应 3 个代码文件。在这 3 个代码文件中存放着关联文件的下载地址。

以 BERT 模型为例，该模型对应的代码文件分别为：

- 配置代码文件 configuration_bert.py。
- 模型代码文件 modeling_tf_bert.py。
- 词表代码文件 tokenization_bert.py。

这里以模型代码文件为例。打开 modeling_tf_bert.py 文件，可以看到如图 6-19 所示的模型下载链接。

```
TF_BERT_PRETRAINED_MODEL_ARCHIVE_MAP = {
    "bert-base-uncased": "https://cdn.huggingface.co/bert-base-uncased-tf_model.h5",
    "bert-large-uncased": "https://cdn.huggingface.co/bert-large-uncased-tf_model.h5",
    "bert-base-cased": "https://cdn.huggingface.co/bert-base-cased-tf_model.h5",
    "bert-large-cased": "https://cdn.huggingface.co/bert-large-cased-tf_model.h5",
    "bert-base-multilingual-uncased": "https://cdn.huggingface.co/bert-base-multilingual-uncased-tf_model.h5",
    "bert-base-multilingual-cased": "https://cdn.huggingface.co/bert-base-multilingual-cased-tf_model.h5",
    "bert-base-chinese": "https://cdn.huggingface.co/bert-base-chinese-tf_model.h5",
    "bert-base-german-cased": "https://cdn.huggingface.co/bert-base-german-cased-tf_model.h5",
    "bert-large-uncased-whole-word-masking": "https://cdn.huggingface.co/bert-large-uncased-whole-word-masking-
    "bert-large-cased-whole-word-masking": "https://cdn.huggingface.co/bert-large-cased-whole-word-masking-tf_m
    "bert-large-uncased-whole-word-masking-finetuned-squad": "https://cdn.huggingface.co/bert-large-uncased-who
    "bert-large-cased-whole-word-masking-finetuned-squad": "https://cdn.huggingface.co/bert-large-cased-whole-w
    "bert-base-cased-finetuned-mrpc": "https://cdn.huggingface.co/bert-base-cased-finetuned-mrpc-tf_model.h5",
    "bert-base-japanese": "https://cdn.huggingface.co/cl-tohoku/bert-base-japanese/tf_model.h5",
    "bert-base-japanese-whole-word-masking": "https://cdn.huggingface.co/cl-tohoku/bert-base-japanese-whole-wor
    "bert-base-japanese-char": "https://cdn.huggingface.co/cl-tohoku/bert-base-japanese-char/tf_model.h5",
    "bert-base-japanese-char-whole-word-masking": "https://cdn.huggingface.co/cl-tohoku/bert-base-japanese-char
    "bert-base-finnish-cased-v1": "https://cdn.huggingface.co/TurkuNLP/bert-base-finnish-cased-v1/tf_model.h5",
    "bert-base-finnish-uncased-v1": "https://cdn.huggingface.co/TurkuNLP/bert-base-finnish-uncased-v1/tf_model
    "bert-base-dutch-cased": "https://cdn.huggingface.co/wietsedv/bert-base-dutch-cased/tf_model.h5",
}
```

图 6-19 BERT 的模型下载链接

从图 6-19 可以看到，模型的下载链接被存放到字典对象 TF_BERT_PRETRAINED_MODEL_ARCHIVE_MAP 中。其中，key 是预训练模型的版本名称，value 是模型的链接地址。

在 Transformers 库中，预训练模型关联文件是通过版本名称进行统一的。任意一个预训练模型都可以在对应的模型代码文件、配置代码文件和词表代码文件中找到具体的下载链接。

例如，modeling_tf_bert.py 文件中 TF_BERT_PRETRAINED_MODEL_ARCHIVE_MAP 对象的第 1 项是 bert-base-uncased，在 configuration_bert.py 和 tokenization_bert.py 中也可以分别找到 bert-base-uncased 的下载链接。

4. 加载预训练模型

预训练模型的主要部分是模型代码文件、配置代码文件和词表代码文件这 3 个关联文件。对于这 3 个关联文件，在 Transformers 库里都对应的类进行操作。

- 配置文件类（configuration classes）：模型的相关参数，在配置代码文件中定义。
- 模型类（model classes）：模型的网络结构，在模型代码文件中定义。

- 词表工具类(tokenizer classes):用于输入文本的词表预处理,在词表代码文件中定义。

这 3 个类都有 from_pretrained()方法,直接调用它们的 from_pretrained()方法可以加载已经预训练好的模型或者参数。

> **提示:**
> 除 from_pretrained()方法外,还有一个统一的 save_pretraining()方法,该方法可以将模型中的配置文件、模型权重、词表保存在本地,以便用 from_pretraining()方法重新加载它们。

在使用时,可以通过向 from_pretrained()方法中传入指定版本的名称进行自动下载,并将其加载到内存中。也可以在源码中找到对应的下载链接,在手动下载后再用 from_pretrained()方法将其加载到内存中。

(1)自动加载。

在实例化模型类时,直接指定该模型的版本名称即可实现自动下载模式。具体代码如下:

```
from transformers import BertTokenizer, TFBertForMaskedLM
tokenizer = BertTokenizer.from_pretrained('bert-base-uncased')  #加载词表
model = TFBertForMaskedLM.from_pretrained('bert-base-uncased')  #加载模型
```

代码中用 bert-base-uncased 版本的 BERT 预训练模型,其中,BertTokenizer 类用于加载词表,TFBertForMaskedLM 类用于自动加载配置文件和模型文件。

该代码运行后,会自动从指定网站下载对应的关联文件。这些文件默认会放在系统的用户目录中。例如作者本地的目录是 C:\Users\ljh\.cache\torch\transformers。

如果要修改下载路径,则可以向 from_pretrained ()方法传入 cache_dir 参数,并指明缓存路径。

> **提示:**
> Transformers 库中的模型都是从 s3.amazonaws.com 服务器进行下载的。目前这个服务器在国内的链接不是很稳定,而且下载很慢。经常会有下载超时的情况出现。建议使用手动加载方式。

(2)手动加载。

按照小标题"3. 在模型代码文件中找到其关联文件"所介绍的方法,找到模型指定版本的关联文件,通过迅雷等第三方加速下载工具,将其下载到本地,然后再使用代码进行加载。

假设,作者本地已经下载好的关联文件被放在 bert-base-uncased 目录下,则加载的代码如下:

```
from transformers import BertTokenizer, TFBertForMaskedLM
tokenizer = BertTokenizer.from_pretrained(     #加载词表
r'./bert-base-uncased/bert-base-uncased-vocab.txt')
model = BertForMaskedLM.from_pretrained(     #加载模型
'./bert-base-uncased/bert-base-uncased-tf_model.h5',
                config = './bert-base-uncased/bert-base-uncased-config.json')
```

从上面代码中可以看到,手动加载与自动加载所使用的接口是一样的。不同的是,手动加载仅需要指定加载文件的具体路径,而使用 TFBertForMaskedLM 类进行加载还需要指定配置文件的路径。

> **提示:**
> 在使用 TFBertForMaskedLM 类进行加载时,代码也可以拆成加载配置文件和加载模型两部分,具体如下:
> from transformers import BertTokenizer, BertForMaskedLM,BertConfig
> #加载配置文件
> config = BertConfig.from_json_file('./bert-base-uncased/bert-base-uncased-config.json')
> model= TFBertForMaskedLM.from_pretrained(#加载模型
> r'./bert-base-uncased/bert-base-uncased-tf_model.h5', config = config)

6.9.2 查找 Transformers 库中可以使用的模型

通过模型代码文件的命名,可以看到 Transformers 库中能够使用的模型名。但这并不是具体的类名。想要找到具体的类名,可以有以下 3 种方式:

(1)通过帮助文件查找有关预训练模型的介绍。
(2)在 Transformers 库的__init__.py 代码文件中查找预训练模型。
(3)用代码方式输出 Transformers 库中的宏定义。

其中第(2)种方法相对费劲,但更为准确。当帮助版本与安装版本不一致时,第(1)种方法将失效。这里针对第(2)种和第(3)种方法进行举例。

1. 在__init__.py 代码文件中查找预训练模型

在__init__.py 代码文件中可以看到,BERT 模型可以通过以下几个类进行调用,如图 6-20 所示。

```
from .modeling_tf_bert import (
    TFBertPreTrainedModel,
    TFBertMainLayer,
    TFBertEmbeddings,
    TFBertModel,
    TFBertForPreTraining,
    TFBertForMaskedLM,
    TFBertForNextSentencePrediction,
    TFBertForSequenceClassification,
    TFBertForMultipleChoice,
    TFBertForTokenClassification,
    TFBertForQuestionAnswering,
    TF_BERT_PRETRAINED_MODEL_ARCHIVE_MAP,
)
```

图 6-20　BERT 的模型类

在图 6-20 中，框中的是 BERT 的模型类，框下面的 1 行是 modeling_tf_bert.py 代码文件对外导出的其他接口。

2. 用代码方式输出 Transformers 库中的宏定义

通过下面的代码可以直接将 Transformers 库中的全部预训练模型打印出来：

```
from transformers import ALL_PRETRAINED_MODEL_ARCHIVE_MAP
print(ALL_PRETRAINED_MODEL_ARCHIVE_MAP)
```

代码运行后输出如下内容：

```
{'bert-base-uncased':
'https://s3.amazonaws.com/models.huggingface.co/bert/bert-base-uncased-pytorch_model.bin', 'bert-large-uncased':
    'xlm-roberta-large-finetuned-conll03-german':
'https://s3.amazonaws.com/models.huggingface.co/bert/xlm-roberta-large-finetuned-conll03-german-pytorch_model.bin'}
```

如果想了解这些模型类的功能和区别，则需要了解模型的结构和原理。这部分内容会在 6.11 节详细介绍。

6.9.3　更适合 NLP 任务的激活函数（GELU）

GELU（gaussian error linear unit，GELU）的中文名是高斯误差线性单元。GELU 使用了随机正则化技术，用它作为激活函数可以产生与自适应 Dropout 技术（一种防止模型过拟合的技术）相同的效果。

该激活函数在 NLP 领域中被广泛应用。例如 BERT、RoBERTa、ALBERT 等目前业内顶尖的 NLP 模型都使用了 GELU 作为激活函数。另外，在 OpenAI 声名远播的无监督预训练模型 GPT-2 中，研究人员在所有编码器模块中也都使用了 GELU 作为激活函数。

1. GELU 的原理与实现

Dropout、ReLU 等机制都是将"不重要"的激活信息规整为零，重要的信息保持不变。这种做法可以理解为对神经网络的激活值乘上一个激活参数 1 或 0。

GELU 将激活参数 1 或 0 的取值概率与神经网络的激活值结合起来了，这使得神经网络具有确定性。即：神经网络的激活值越小，则其所乘的激活参数为 1 的概率也越小。这种做法不仅保留了概率性，也保留了对输入的依赖性。

GELU 的计算过程可以描述成：对于每一个输入 x 都乘上一个二项式分布 $\varPhi(x)$，见公式(6.5)。

$$\text{GELU}(x) = x\,\varPhi(x) \tag{6.5}$$

> **提示：**
> 二项式分布又被称为伯努利（Bernoulli）分布，其中典型的例子是"扔硬币"：硬币正面朝上的概率为 p，重复扔 n 次硬币，所得到 k 次正面朝上的概率，即为一个二项式分布概率。

因为式（6.5）中的二项式分布函数是无法直接计算的，因此研究者通过其他的方法来逼近这样的激活函数，见公式（6.6）。

$$\text{GELU}(x) = 0.5x\,\{1 + \tanh[\sqrt{2/\pi}(x + 0.044715x^3)]\} \tag{6.6}$$

式（6.6）转成代码可以写成如下：

```
def gelu(x):                    #在 GPT-2 模型中 GELU 的实现
    return 0.5*x*(1+tanh(np.sqrt(2/np.pi)*(x+0.044715*pow(x, 3))))
```

2. GELU 与 Swish、Mish 之间的关系

如果将式（6.5）中的 $\varPhi(x)$ 替换成 $\text{sigmoid}(\beta x)$，则 GELU 就变成了 Swish 激活函数。

由此可见，Swish 激活函数属于 GELU 的一个特例，它用 $\text{sigmoid}(\beta x)$ 完成了二项式分布函数 $\varPhi(x)$ 的实现。同理，Mish 激活函数也属于 GELU 的一个特例，它用 $\tanh[\text{softplus}(x)]$ 完成了二项式分布函数 $\varPhi(x)$ 的实现。

GELU 激活函数的曲线与 Swish 和 Mish 激活函数的曲线非常相似，如图 6-21 所示。

关于 GELU 激活函数的更多内容请参见 arXiv 网站上编号为"1606.08415"的论文。

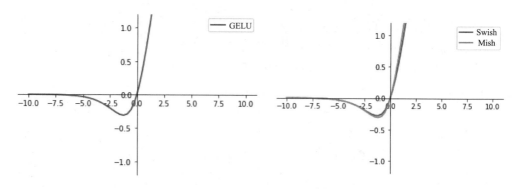

图 6-21 GELU、Swish 和 Mish 激活函数的曲线

6.9.4 实例 32：用 BERT 模型实现完形填空任务

本节将通过一个用 BERT 实现完形填空任务（预测一个句子中的缺失单词），来学习 Transformers 库中预训练模型的使用过程。

完形填空任务与 BERT 模型在训练过程中的一个子任务非常相似，直接拿用 BERT 模型训练好的预训练模型即可实现。

1. 载入词表，并对输入文本进行转换

加载 BERT 模型 bert-base-uncased 版本的词表。具体代码如下。

代码 6-7　用 BERT 模型实现完形填空

```
01 import tensorflow as tf
02 from transformers import *
03
04 #加载词表文件tokenizer
05 tokenizer = AutoTokenizer.from_pretrained('bert-base-cased')
06
07 #输入文本
08 text = "[CLS] Who is Li Jinhong ? [SEP] Li Jinhong is a programmer [SEP]"
09 tokenized_text = tokenizer.tokenize(text)
10 print(tokenized_text)
```

代码第 8 行定义了输入文本。该文本中有两个特殊的字符[CLS]与[SEP]。BERT 模型需要用这种特殊字符进行标定句子。具体解释如下。

- [CLS]：标记段落的开始。一个段落可以有一句或多句话，但是只能有一个[CLS]。
- [SEP]：标记一个句子的结束。在一个段落中可以有多个[SEP]。

代码第 9 行用词表对输入文本进行转换。该句代码与中文分词有点类似。由于词表中不可能覆盖所有的单词，所以当输入文本中的单词在词表中没有时，系统会使用带有通配符的单词（以"#"开头的单词）将其拆开。

> **提示：**
> 段落开始的标记[CLS]，在BERT模型中还会被用作分类任务的输出特征，具体细节可以参考6.11节中BERT的介绍。

代码运行后输出如下结果：

```
['[CLS]', 'who', 'is', 'l', '##i', 'ji', '##nh', '##ong', '?', '[SEP]', 'l', '##i',
'ji', '##nh', '##ong', 'is', 'a', 'programmer', '[SEP]']
```

从结果中可以看到，词表中没有"jinhong"这个单词，在执行代码第9行时，将"jinhong"这个单词拆成了ji、##nh和##ong这3个单词，这3个单词能够与词表中的单词完全匹配。

2．屏蔽单词，并将其转成索引值

先用标记符号[MASK]代替输入文本中索引值为15的单词，然后对"is"进行屏蔽，最后将整个句子中的单词转成词表中的索引值。具体代码如下。

代码6-7　用BERT模型实现完形填空（续）

```
11 masked_index = 15 #定义需要掩码的位置
12 tokenized_text[masked_index] = '[MASK]'
13 print(tokenized_text)
14
15 #将标记转换为词汇表的索引
16 indexed_tokens = tokenizer.convert_tokens_to_ids(tokenized_text)
17 #将输入转换为张量
18 tokens_tensor = tf.constant([indexed_tokens])
19 print(tokens_tensor)
```

代码第12行所使用的标记符号[MASK]，也是BERT模型中的特殊标识符。在BERT模型的训练过程中，会对输入文本的随机位置用[MASK]字符进行替换，并训练模型预测出[MASK]对应的值。这也是BERT模型特有的一种训练方式。

代码运行后输出结果如下：

```
<tf.Tensor: shape=(1, 19), dtype=int32, numpy=
array([[  101,  1150,  1110,   181,  1182, 23220, 15624,  4553,   136,
         102,   181,  1182, 23220, 15624,  4553,   103,   170, 23981,   102]])>
```

在结果中，所有数值都是输入单词在词表文件中对应的索引值。

3. 加载模型，对屏蔽单词进行预测

加载训练模型，并对屏蔽单词进行预测。具体代码如下：

代码 6-7　用 BERT 模型实现完形填空（续）

```
20 #加载预训练模型 (weights)
21 model = TFAutoModelWithLMHead.from_pretrained('bert-base-uncased')
22
23 #段标记索引，标记输入文本中的第1句或第2句。0表示第1句，1表示第2句
24 segments_ids = [0, 0, 0, 0, 0, 0, 0, 0,0,0, 1, 1, 1, 1, 1, 1, 1,1,1]
25 segments_tensors = tf.constant([segments_ids])
26
27 #预测所有的 tokens
28 outputs = model(tokens_tensor, token_type_ids=segments_tensors)
29 predictions = outputs[0]   #形状为[1, 19, 30522]
30
31 #预测结果
32 predicted_index = tf.argmax(predictions[0, masked_index])
33 #转成单词
34 predicted_token = tokenizer.convert_ids_to_tokens([predicted_index])[0]
35 print('Predicted token is:',predicted_token)
```

代码第 21 行，用 TFAutoModelWithLMHead 类加载模型，该类可以对句子中的标记符号[MASK]进行预测。TFAutoModelWithLMHead 类也可用 TFBertForMaskedLM 类代替。

代码第 24 行，定义了输入 TFAutoModelWithLMHead 类的句子指示参数。该参数用于指示输入文本中的单词是属于第 1 句还是第 2 句。属于第 1 句的单词用 0 表示（一共 10 个），属于第 2 句的单词用 1 表示（一共 9 个）。

代码第 29 行，将文本和句子指示参数输入模型进行预测。输出结果是一个形状为[1, 19, 30522]的张量。其中，1 代表批次，19 代表输入句子中有 19 个词，30522 是词表中词的个数。模型的结果表示词表中每个单词在句子中可能出现的概率。

代码第 32 行，从输出结果中取出[MASK]对应的预测索引值。

代码第 34 行，将预测值转成单词。

代码运行后输出结果如下：

```
Predicted token is: is
```

结果表明，模型成功的预测出了被遮挡的单词是"is"。

> **提示：**
> 如果在加载模型时遇到程序卡住不动的情况，则很有可能是因为网络原因导致无法成功下载预训练模型。可以用手动加载方式进行加载。具体操作如下：
> （1）将本书配套资源的 bert-base-cased 文件夹复制到本地。
> （2）用以下代码替换代码 6-7 中的第 5 行：
>
> config = AutoConfig.from_pretrained(r'./bert-base-cased/bert-base-cased-config.json')
> tokenizer = AutoTokenizer.from_pretrained(
>   r'./bert-base-cased/bert-base-cased-vocab.txt',config=config)
>
> （3）用以下代码替换代码 6-7 中的第 21 行：
>
> model = TFAutoModelWithLMHead.from_pretrained(
>   r'./bert-base-cased/bert-base-cased-tf_model.h5', config=config)

6.10　Transformers 库中的词表工具

在 Transformers 库中有一个通用的词表工具 Tokenizer。该工具是用 Rust 编写的，用来处理 NLP 任务中数据预处理环节的相关任务。

在词表工具 Tokenizer 中有以下几个组件。

- Normalizer：对输入字符串进行规范化处理。例如，将文本转换为小写，使用 unicode 规范化。
- PreTokenizer：对输入数据进行预处理。例如，基于字节、空格、字符等级别对文本进行分割。
- Model：生成和使用子词的模型（例如，WordLevel、BPE、WordPiece 等模型），这部分是可训练的，见 6.10.5 节。
- Post-Processor：对分词后的文本进行二次处理。例如，在 BERT 模型中，使用 BertProcessor 为输入文本添加特殊标记（例如，[CLS]、[SEP]）。
- Decoder：负责将标记化输入映射回原始字符串。
- Trainer：为每个模型提供培训能力。

在词表工具 Tokenizer 中，主要是通过 PreTrainedTokenizer 类实现对外接口的使用。6.9.4 节中所使用的 AutoTokenizer 类（最终会调用底层的 BertTokenizer 类）属于 PreTrainedTokenizer 类的子类，该类主要用于处理词表方面的工作。

本节重点以 PreTrainedTokenizer 类进行展开介绍。

6.10.1 了解 PreTrainedTokenizer 类中的特殊词

在 PreTrainedTokenizer 类中将词分成了两部分：普通词与特殊词。其中，特殊词是指用于标定句子的特殊标记，主要是在训练模型中使用，例如 6.9.4 节中的[CLS]与[SEP]。通过编写代码可以查看某个 PreTrainedTokenizer 子类的全部特殊词：

例如，在 6.9.4 节的代码文件"6-7 用 BERT 模型实现完型填空.py"的最后添加如下代码：

```
for tokerstr in tokenizer.SPECIAL_TOKENS_ATTRIBUTES:
    strto = "tokenizer."+tokerstr
    print(tokerstr,eval(strto ) )
```

在上面代码中，SPECIAL_TOKENS_ATTRIBUTES 对象里面放置的是所有特殊词，可以通过实例对象 tokenizer 中的成员属性获取这些特殊词。这段代码的最后一句输出了实例对象 tokenizer 中所有的特殊词。

代码运行后输出结果如下：

```
Using bos_token, but it is not set yet.
Using eos_token, but it is not set yet.
bos_token None
eos_token None
unk_token [UNK]
sep_token [SEP]
pad_token [PAD]
cls_token [CLS]
mask_token [MASK]
additional_special_tokens []
```

从输出结果中可以看到实例对象 tokenizer 中所有的特殊字符。其中有效的特殊词有 5 个。

- unk_token：未知标记。
- sep_token：句子结束标记。
- pad_token：填充标记。
- cls_token：开始标记。
- mask_token：遮挡词标记。

如果在特殊词名词后面加上"_id"，则可以得到该标记在词表中所对应的具体索引（additional_special_tokens 除外）。具体代码如下：

```
print("mask_token",tokenizer.mask_token,tokenizer.mask_token_id)
```

代码运行后输出如下内容：

```
mask_token [MASK] 103
```

输出结果中显示了 mask_token 对应的标记和索引值。

> **提示：**
> 通过特殊词 additional_special_tokens，用户可以将自定义特殊词加到词表里面。
> 特殊词 additional_special_tokens 可以对应多个标记，这些标记都会被放到列表对象中。特殊词所对应的索引值并不是一个，在获取对应索引值时，需要使用 additional_special_tokens_ids 属性。

6.10.2 PreTrainedTokenizer 类中的特殊词使用方法举例

在 6.9.4 节的代码第 9 行中，调用了实例对象 tokenizer 的 tokenize()方法进行分词处理。在这个过程中，输入 tokenize()方法中的字符串是已经使用特殊词标记好的字符串。其实这个字符串可以不用手动标注。在做文本向量转换时，一般会使用实例对象 tokenizer 的 encode()方法一次完成加特殊词标记、分词、转换成词向量索引这 3 步操作。

1. encode()方法举例

例如，在 6.9.4 节的代码文件"6-7 用 BERT 模型实现完型填空.py"的最后添加如下代码：

```
one_toind = tokenizer.encode("Who is Li Jinhong ? ")        #将第1句转换成向量
two_toind = tokenizer.encode("Li Jinhong is a programmer")  #将第2句转换成向量
all_toind = one_toind+two_toind[1:]                         #将两句合并
```

为了使 encode()方法输出的结果更容易理解，可以通过下面代码将转换后的向量翻译成字符。

```
print(tokenizer.convert_ids_to_tokens(one_toind) )
print(tokenizer.convert_ids_to_tokens(two_toind) )
print(tokenizer.convert_ids_to_tokens(all_toind) )
```

代码执行后输出如下结果：

```
['[CLS]', 'who', 'is', 'l', '##i', 'ji', '##nh', '##ong', '?', '[SEP]']
['[CLS]', 'l', '##i', 'ji', '##nh', '##ong', 'is', 'a', 'programmer', '[SEP]']
['[CLS]', 'who', 'is', 'l', '##i', 'ji', '##nh', '##ong', '?', '[SEP]', 'l', '##i', 'ji', '##nh', '##ong', 'is', 'a', 'programmer', '[SEP]']
```

可以看到，encode 对每句话的开头和结尾都分别使用了[CLS]和[SEP]进行了标记。并对其进行了分词。在合并时，使用 two_toind[1:]将第 2 句的开头标记[CLS]去掉，表明两个句子属于一个段落。

> **提示：**
> 还可以使用decode()方法直接将句子翻译回来，例如：
> print(tokenizer.decode(all_toind))
> #输出：[CLS] who is li jinhong? [SEP] li jinhong is a programmer [SEP]

2．encode()方法介绍

encode()方法支持同时处理两个句子，并使用各种策略对它们进行对齐操作。encode()方法的完整定义如下：

```
def encode(self,
    text,                              #第1个句子
    text_pair=None,                    #第2个句子
    add_special_tokens=True,           #是否添加特殊词
    max_length=None,                   #最大长度
    stride=0,                          #返回截断词的步长窗口（在本函数里无用）
    truncation_strategy="longest_first", #截断策略
    pad_to_max_length=False,           #对长度不足的句子是否填充
    return_tensors=None,               #是否返回张量类型，可以取值"tf"或"pt"
    **kwargs
    ):
```

下面来介绍encode()方法中的几个常用参数：

（1）参数truncation_strategy有以下4种取值。

- longest_first（默认值）：当输入句子是两个时，从较长的那个句子开始处理，对其进行截断，使其长度小于max_length参数。
- only_first：只截断第1个句子。
- only_second：只截断第2个句子。
- dou not_truncate：不截断（如果输入句子长于max_length参数，则引发错误）

（2）参数add_special_tokens用于设置是否向句子中添加特殊词。如果该值为False，则不会加入[CLS]、[SEP]等标记。具体例子如下：

```
padded_sequence_toind = tokenizer.encode(
"Li Jinhong is a programmer",add_special_tokens=False)
print(tokenizer.decode(padded_sequence_toind) )
```

代码运行后输出如下内容：

```
li jinhong is a programmer
```

可以看到，程序没有向输入句子中添加任何特殊词。

（3）参数 return_tensors 可以设置成"tf"或"pt"，主要用于指定是否返回 PyTorch 或 TensorFlow 框架中的张量类型。如果不填，则默认为 None，即返回 Python 中的列表类型。

> **提示：**
> 参数 stride 在 encode() 方法中没有任何意义。该参数主要是为了兼容底层的 encode_plus() 方法所设置的。在 encode_plus() 方法中，会根据 stride 的设置返回从过长句子中截断的词。

在了解完 encode() 方法的定义后，"1. encode() 方法举例"中的代码可以简化成如下：

```
easy_all_toind = tokenizer.encode("Who is Li Jinhong ? ","Li Jinhong is a programmer")
print(tokenizer.decode(easy_all_toind) )
```

该代码运行后，直接输出合并后的句子：

```
[CLS] who is li jinhong? [SEP] li jinhong is a programmer [SEP]
```

3. 用 encode() 方法调整句子的长度

下面通过代码来演示用 encode() 方法调整句子的长度。

（1）举例——对句子进行填充。

代码如下：

```
padded_sequence_toind = tokenizer.encode("Li Jinhong is a programmer", max_length=12, pad_to_max_length=True)
```

代码中，encode 的参数 max_length 代表转换后的总长度。如果超过该长度，则句子会被截断；如果不足该长度，并且参数 pad_to_max_length 为 True，则会对其进行填充。代码运行后，padded_sequence_toind 的值如下：

```
[101, 181, 1182, 23220, 15624, 4553, 1110, 170, 23981, 102, 0, 0]
```

在输出结果中，最后两个元素是系统自动填充的值 0。

（2）举例——对句子进行截断。

代码如下：

```
padded_truncation_toind= tokenizer.encode("Li Jinhong is a programmer", max_length=5)
print(tokenizer.decode(padded_truncation_toind) )
```

代码运行后输出结果如下：

```
[CLS] li ji [SEP]
```

从输出结果可以看出，在对句子进行截断时，仍然会保留添加的结束标记[SEP]。

4. encode_plus()方法

在实例对象 tokenizer 中，还有一个效率更高的 encode_plus()方法。它在完成 encode()方法的功能同时，还会生成非填充部分的掩码标志、被截断的词等附加信息。例子代码如下：

```
padded_plus_toind = tokenizer.encode_plus("Li Jinhong is a programmer",
max_length=12, pad_to_max_length=True)
print(padded_plus_toind)  #输出结果
```

代码运行后输出如下结果：

```
{'input_ids': [101, 181, 1182, 23220, 15624, 4553, 1110, 170, 23981, 102, 0, 0],
 'token_type_ids': [0, 0, 0, 0, 0, 0, 0, 0, 0, 0, 0, 0],
 'attention_mask': [1, 1, 1, 1, 1, 1, 1, 1, 1, 1, 0, 0]}
```

从结果中可以看出，encode_plus()方法输出了一个字典，字典中有以下 3 个元素。
- input_ids：对句子处理后的词索引值，与 encode()方法输出的结果一致。
- token_type_ids：对句子中的词进行标识。属于第 1 个句子中的词用 0 表示，属于第 2 个句子中的词用 1 表示。
- attention_mask：非填充部分的掩码。非填充部分的词用 1 表示，填充部分的词用 0 表示。

> **提示：**
> encode_plus()方法是 PreTrainedTokenizer 类中底层的方法。调用 encode()方法，最终也是通过 encode_plus()方法实现的。

5. batch_encode_plus()方法

batch_encode_plus()方法是 encode_plus()方法的批处理形式。它可以一次处理多条语句。具体代码如下：

```
tokens = tokenizer.batch_encode_plus(
    ["This is a sample", "This is another longer sample text"],
    pad_to_max_length=True )
print(tokens)
```

代码运行后输出如下结果：

```
{'input_ids': [[101, 1142, 1110, 170, 6876, 102, 0, 0],
[101, 1142, 1110, 1330, 2039, 6876, 3087, 102]],
'token_type_ids': [[0, 0, 0, 0, 0, 0, 0, 0], [0, 0, 0, 0, 0, 0, 0, 0]],
'attention_mask': [[1, 1, 1, 1, 1, 1, 0, 0], [1, 1, 1, 1, 1, 1, 1, 1]]}
```

可以看到，batch_encode_plus()方法同时处理了两条文本，并输出了一个字典对象。这两条文本对应的处理结果被放在字典对象 value 的列表中。

6.10.3 向 PreTrainedTokenizer 类中添加词

PreTrainedTokenizer 类中所维护的普通词和特殊词都可以进行添加扩充。
- 添加普通词：调用 add_tokens()方法填入新词的字符串。
- 添加特殊词：调用 add_special_tokens()方法填入特殊词字典。

下面以添加特殊词为例进行代码演示。

1．在添加特殊词前

输出特殊词中的 additional_special_tokens。代码如下：

```
print(tokenizer.additional_special_tokens,tokenizer.additional_special_tokens_ids)
toind = tokenizer.encode("<#> yes <#>")
print(tokenizer.convert_ids_to_tokens(toind) )
print(len(tokenizer))                        #输出词表总长度：28996
```

代码运行后输出结果如下：

```
[] []
['[CLS]', '<', '#', '>', 'yes', '<', '#', '>', '[SEP]']
28996
```

在结果中的第 1 行可以看到，特殊词中 additional_special_tokens 所对应的标记是空。
在进行分词时，tokenizer 将"<#>"字符分成了 3 个字符（<、#、>）。

2．添加特殊词

向特殊词中的 additional_special_tokens 加入"<#>"标记，并再次分词。代码如下：

```
special_tokens_dict = {'additional_special_tokens': ["<#>"]}
tokenizer.add_special_tokens(special_tokens_dict) #添加特殊词
print(tokenizer.additional_special_tokens,tokenizer.additional_special_tokens_ids)
toind = tokenizer.encode("<#> yes <#>")
print(tokenizer.convert_ids_to_tokens(toind) )        #将字符串分词并转换成索引值
print(len(tokenizer))                                 #将索引词转成字符串并输出
                                                      #输出词表总长度：28 996
```

代码运行后输出结果如下：

```
['<#>'] [28996]
['[CLS]', '<#>', 'yes', '<#>', '[SEP]']
```

28997

从结果中可以看到,tokenizer 在分词时没有将"<#>"字符拆开。

6.10.4　实例 33:用手动加载 GPT2 模型权重的方式将句子补充完整

本实例将加载 Transformers 库中的 GPT2 预训练模型,并用它实现"下一个词预测"功能(即预测一个未完成句子的下一个可能出现的单词),并通过"循环生成下一个词"功能将一句话补充完整。

"下一个词预测"任务是一个常见的 NLP 任务。在 Transformers 库中有很多模型都可以实现该任务。本实例也可以使用 BERT 预训练模型来实现。之所以选用 GPT2 模型主要是为了介绍手动加载多词表文件的特殊方式。

本实例使用 GPT2 模型配套的 PreTrainedTokenizer 类,所需要加载的词表文件会比 6.9.4 节中的 BERT 模型多了一个 merges 文件。本实例主要介绍手动加载带有多个词表文件的预编译模型的具体做法。

1. 自动加载词表文件的使用方式

如果使用自动加载词表文件的使用方式,则调用 GPT2 模型完成下一个词预测任务的代码过程,与 6.9.4 节使用的 BERT 几乎一致。完整代码如下。

代码 6-8　用 GPT2 模型生成句子

```
01 import tensorflow as tf
02 from transformers import *
03
04 #加载预训练模型(权重)
05 tokenizer = GPT2Tokenizer.from_pretrained('gpt2')
06
07 #输入编码
08 indexed_tokens = tokenizer.encode("Who is Li Jinhong ? Li Jinhong is a")
09
10 print( tokenizer.decode(indexed_tokens))
11
12 tokens_tensor = tf.constant([indexed_tokens])#转换为张量
13
14 #加载预训练模型(权重)
15 model = GPT2LMHeadModel.from_pretrained('gpt2')
16
```

```
17 #预测所有标记
18 outputs = model(tokens_tensor)
19 predictions = outputs[0]#形状为(1, 13, 50257)
20
21 #得到预测的下一个词
22 predicted_index = tf.argmax(predictions[0, -1, :])
23 predicted_text = tokenizer.decode(indexed_tokens + [predicted_index])
24 print(predicted_text)
```

这段代码在国内网络中很有可能是运行不了的。推荐使用手动加载的方式，按照 6.9.2 节的内容找到代码自动下载的文件，并通过专用下载工具（例如迅雷）将其下载到本地，再加载运行。

代码运行后输出如下结果：

```
Who is Li Jinhong? Li Jinhong is a
Who is Li Jinhong? Li Jinhong is a young
```

输出结果的第 1 行，对应于代码第 10 行。可以看到，该内容中没有特殊标记。这表明，GPT2 模型没有为输入文本添加特殊标记。

输出结果的第 2 行是模型预测的最终输出。

2．手动加载词表文件的使用方式

按照 6.9.2 节所介绍的方式，分别找到 GPT2 模型的配置文件、权重文件和词表文件，具体如下。

- 配置文件：gpt2-config.json，该文件的链接来自源码文件 configuration_gpt2.py。
- 权重文件：gpt2-tf_model.h5，该文件的链接来自源码文件 modeling_tf_gpt2.py。
- 词表文件：gpt2-merges.txt 和 gpt2-vocab.json，该文件的链接来自源码文件 tokenization_gpt2.py。

> **提示：**
> 在 tokenization_gpt2.py 的源码文件里（作者路径是：Anaconda3\envs\tf21\Lib\site-packages\transformers\tokenization_gpt2.py），变量 PRETRAINED_VOCAB_FILES_MAP 中的词表文件是两个（如图 6-22 所示），比 BERT 模型中多一个词表文件。

```
PRETRAINED_VOCAB_FILES_MAP = {
    "vocab_file": {
        "gpt2": "https://s3.amazonaws.com/models.huggingface.co/bert/gpt2-vocab.json",
        "gpt2-medium": "https://s3.amazonaws.com/models.huggingface.co/bert/gpt2-medium-vocab.json",
        "gpt2-large": "https://s3.amazonaws.com/models.huggingface.co/bert/gpt2-large-vocab.json",
        "gpt2-xl": "https://s3.amazonaws.com/models.huggingface.co/bert/gpt2-xl-vocab.json",
        "distilgpt2": "https://s3.amazonaws.com/models.huggingface.co/bert/distilgpt2-vocab.json",
    },
    "merges_file": {
        "gpt2": "https://s3.amazonaws.com/models.huggingface.co/bert/gpt2-merges.txt",
        "gpt2-medium": "https://s3.amazonaws.com/models.huggingface.co/bert/gpt2-medium-merges.txt",
        "gpt2-large": "https://s3.amazonaws.com/models.huggingface.co/bert/gpt2-large-merges.txt",
        "gpt2-xl": "https://s3.amazonaws.com/models.huggingface.co/bert/gpt2-xl-merges.txt",
        "distilgpt2": "https://s3.amazonaws.com/models.huggingface.co/bert/distilgpt2-merges.txt",
    },
}
```

图 6-22　GPT2 模型的词表文件

将 GPT2 模型的配置文件、权重文件和词表文件下载到本地"gpt2"文件夹中，然后便可以通过编写代码进行加载。

（1）将代码 6-8 中的第 5 行代码改为下方代码，加载词表文件。

```
tokenizer = GPT2Tokenizer('./gpt2/gpt2-vocab.json','./gpt2/gpt2-merges.txt')
```

由于 GPT2Tokenizer 的 from_pretrained()方法不支持同时传入两个词表文件，这里通过实例化 GPT2Tokenizer()方法载入词表文件。

> **提示：**
> 其实，from_pretrained()方法是支持从本地载入多个词表文件的，但它对载入的词表文件名称有特殊的要求：该文件名称必须按照源码文件 tokenization_gpt2.py 的 VOCAB_FILES_NAMES 字典对象中定义的名字进行命名，如图 6-23 所示。

```
VOCAB_FILES_NAMES = {
    "vocab_file": "vocab.json",
    "merges_file": "merges.txt",
}
```

图 6-23　指定多个词表文件的名称

要使用 trom_pretrained()方法，必须先对下载好的词表文件进行改名。步骤如下：

①将"./gpt2/gpt2-vocab.json"和"./gpt2/gpt2-merges.txt"这两个文件，分别改名成"./gpt2/vocab.json"和"./gpt2/merges.txt"。

②修改代码 6-8 中的第 5 行，使用向 from_pretrained()方法传入词表文件的路径即可。代码如下：

```
tokenizer = GPT2Tokenizer.from_pretrained(r'./gpt2/')
```

（2）将代码 6-8 中的第 15 行代码改为下方代码，加载模型文件。

```
model = TFGPT2LMHeadModel.from_pretrained(
        './gpt2/gpt2-tf_model.h5',config= './gpt2/gpt2-config.json')
```

3. 生成完整句子

继续编写代码,用循环方式不停地调用 GPT2 模型预测下一个词,最终得到一个完整的句子。具体代码如下。

代码 6-8　用 GPT2 模型生成句子(续)

```
25 #生成一段完整的句子
26 stopids = tokenizer.convert_tokens_to_ids(["."])[0]   #定义结束符
27 past = None                        #定义模型参数
28 for i in range(100):                #循环 100 次
29
30     output, past = model(tokens_tensor, past=past)   #预测下一个词
31     token = tf.argmax(output[..., -1, :],axis= -1)
32
33     indexed_tokens += token.numpy().tolist()  #将预测结果收集起来
34
35     if stopids== token.numpy()[0]:     #如果预测出句号则停止
36         break
37     tokens_tensor = token[None,:]             #定义下一次预测的输入张量
38
39 sequence = tokenizer.decode(indexed_tokens)   #进行字符串的解码
40 print(sequence)
```

代码第 30～37 行中,在循环调用模型预测功能时使用了模型的 past 功能。该功能可以使模型进入连续预测状态,即在前面预测结果的基础之上预测下一个词,而不需要在每次预测时对所有句子进行重新处理。

> **提示:**
> past 功能是 Transformers 库中预训练模型在使用时的很常用功能。在 Transformers 库中,凡带有"下一个词预测"功能的预训练模型(例如 GPT、XLNet、Transfo XL、CTRL 等)都有这个功能。
>
> 但并不是所有模型的 past 功能都是通过 past 参数进行设置的,有的模型虽然使用的参数名称是 mems,但其作用与 past 一样。

代码运行后输出结果如下:

```
Who is Li Jinhong? Li Jinhong is a young, and the young man was a very good man.
```

6.10.5 子词的拆分原理

从 6.9.4 节的例子中可以看到，词表工具将"lijinhong"分成了[l, ##i, ji, ##nh, ##ong]，这种分词方式是使用子词的拆分技术完成的。这种做法可以防止在 NLP 处理时，在覆盖大量词汇的同时产生词表过大的问题。

1．子词的拆分原理

在进行 NLP 处理时，通过为每个不同子词分配一个不同的向量，来完成文字到数值之间的转换。这个映射表就叫作词表。

对于某些语法中带有丰富时态的语言（比如德语），或是带有时态动词的英文，如果每个变化的词都对应一个数值，则会产生词表过大的问题，而且这种方式使得两个词之间彼此独立，也不能体现出其本身的相近意思（例如：pad 和 padding）。

子词就是将一般的词（例如 padding）分解成更小的单元（例如 pad+ding），而这些小单元也有各自的意思，同时这些小单元也能用到其他词里去。这与单词中的词根、词缀非常相似。通过将词分解成子词，可以大大降低模型的词汇量，不仅能提升效果，还能减少运算量。

2．子词的分词方法

在实际应用中，子词会根据不同的情况使用不同的分词方法。基于统计方法实现的分词有以下 3 种。

- Byte Pair Encoding（BPE）法：先对语料统计出相邻符号对的出现频次，再根据出现频次进行融合。
- WordPiece 法：与 BPE 类似。不同的是，BPE 是统计出现频次，而 WordPiece 是计算最大似然函数的值。WordPiece 是谷歌内部的子词包，没对外公开。BERT 最初版就是使用 WordPiece 法进行分词的。
- Unigram Language Model 法：先初始化一个大词表，然后通过语言模型处理不断减少词表，一直减少到限定词汇量。

在神经网络模型中，还可以用模型训练的方法来对子词进行拆分。常见的有子词正则（subword regularization）和 BPE Dropout 方法。二者相比，BPE Dropout 方法更为出色，参见 arXiv 网站上编号为"1910.13267"的论文。

3．在模型中使用子词

在模型的训练过程中，输入的句子是以子词形式存在的。这种方式得到的预测结果也是子词。

在使用模型进行预测时，模型会先预测出含有子词的句子，再将句子中的子词合并成整词。例如，在训练时先把"lijinhong"拆成 [l, ##i, ji, ##nh, ##ong]，在获得结果后再将句子中的##符号去掉。

6.11　BERTology 系列模型

Transformers 库提供了十几种 BERTology 系列模型，每种模型又有好几套不同规模、不同数据集所对应的预训练模型文件。想要正确选择它们，就必须完全了解这些模型的原理、作用、内部结构、训练方法。

最初的 BERT 模型主要建立在两个核心思想上：Transformer 模型的架构、无监督学习预训练。所以，要学习 BERT，就要从 Transformer 模型开始。

Transformer 模型与 6.6 节介绍的 Transformers 库截然不同。Transformer 模型是 NLP 中的一个经典模型，它舍弃了传统的 RNN 结构，而使用注意力机制来处理序列任务。有关注意力机制请参考 6.3 节。

本节从 Transformer 之前的主流模型开始，逐一介绍 BERTology 系列模型中的结构和特点。

6.11.1　Transformer 模型之前的主流模型

在 Transformer 模型诞生前，各类主流 NLP 神经网络采用的是 Encoder-Decoder（编码器-解码器）架构。

1．Encoder-Decoder 架构的工作机制

Encoder-Decoder 架构的工作机制如下。

（1）用编码器（Encoder）将输入的编码映射到语义空间中，得到一个固定维数的向量。这个向量就表示输入的语义。

（2）用解码器（Decoder）解码语义向量，获得所需要的输出。如果输出的是文本，则解码器（Decoder）通常就是语言模型。

Encoder-Decoder 架构如图 6-24 所示。

该架构擅长解决：语音到文本、文本到文本、图像到文本、文本到图像等转换任务。

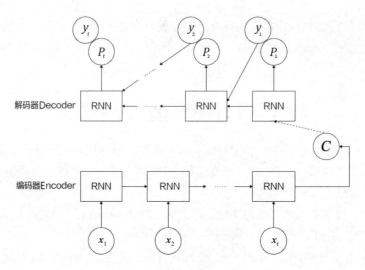

图 6-24　Encoder-Decoder 架构

2. 了解带有注意力机制的 Encoder-Decoder 架构

注意力机制可用来计算输入与输出的相似度。一般将其应用在 Encoder-Decoder 架构中的编码器（Encoder）与解码器（Decoder）之间，通过给输入编码器的每个词赋予不同的关注权重，来影响其最终的生成结果。这种网络可以处理更长的序列任务。其具体结构如图 6-25 所示。

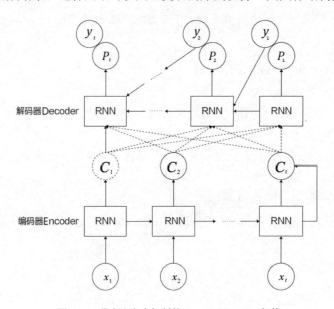

图 6-25　带有注意力机制的 Encoder-Decoder 架构

这种架构使用循环神经网络搭配 Attention 机制，经过各种变形形成 Encoder（编码器），再接一个作为输出层的 Decoder（解码器）形成最终的 Encoder-Decoder 架构，见 6.4 节的实例。

3．Encoder-Decoder 架构的更多变种

基于 6.4 节中的 Encoder-Decoder 架构，编码器的结构还可以是动态协同注意网络（dynamic coattention network，DCN）、双向注意流网络（bi-directional attention Flow，BiDAF）等。

这些编码器有时还会混合使用，它们先将来自文本和问题的隐藏状态进行多次线性/非线性变换、合并、相乘后得出联合矩阵，再将联合矩阵输入由单向 LSTM、双向 LSTM 和 Highway Maxout Networks（HMN）组成的动态指示解码器（dynamic pointing Decoder）导出预测结果。

Encoder-Decoder 架构在问答领域或 NLP 的其他领域还有多种变形（例如 DrQA、AoA、r-Net 等模型）。但 Encoder-Decoder 架构无论如何变化，也没有摆脱循环神经网络（RNN）或卷积神经网络（CNN）的影子。

4．循环神经网络的缺陷

最初的 Encoder-Decoder 架构主要依赖 RNN，而 RNN 最大的缺陷是其序列依赖性：必须处理完上一个序列的数据，才能进行下一个序列的处理。

基于自回归的特性，单凭一到两个矩阵完整而不偏颇地记录过去几十个甚至上百个时间步长的序列信息，显然不太可能：其权重在训练过程中会反复调整，未必能刚好满足测试集的需求，更不用提训练时梯度消失导致的难以优化问题。这些缺陷从 LSTM 模型的公式便可以看出。后续新模型的开创者们没有找到一个可以完美解决以上问题同时保证特征抽取能力的方案，直到 Transformer 模型出现。

6.11.2　Transformer 模型

Transformer 模型是第 1 个使用自注意力机制、彻底摆脱循环和卷积神经网络依赖的模型。它也是 BERT 模型中最基础的技术支撑。

1．Transformer 模型的结构

Transformer 模型也是基于 Encoder-Decoder 架构实现的，其结构如图 6-26 所示。

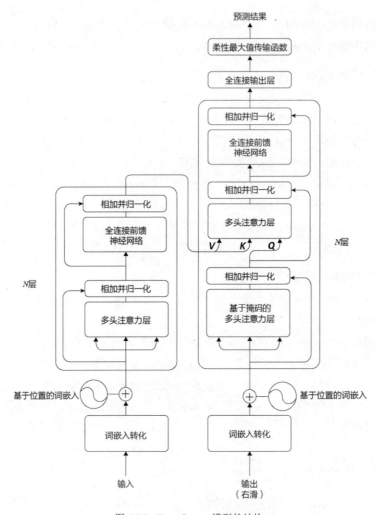

图 6-26 Transformer 模型的结构

图 6-26 的左侧和右侧分别是基础的编码器（Encoder）单元和解码器（Decoder）单元，两者搭配在一起组成一个 Transformer 层（Transformer-layer）。图 6-26 中的主要部分介绍如下。

- 输入：模型的训练基于单向、多对多（many-to-many），不要求输入和输出的长度相等，两者长度不相等时将空缺部分填充为 0 向量。
- 输出（右滑）：在一般任务中，模型训练的目的为预测下一词的概率（next token probability），从而保持输入和输出的长度相等，输出的结果相对于输入序列右移了一个位置，即右滑（shifted right）；如果进行翻译任务的训练，则输入一个不等长的句子对。

- N 层：Transformer 模型的深度为 6 层。在每一层的结尾，Encoder 输送隐藏状态给下一层 Encoder。Decoder 同理。
- 多头注意力层：每个多头注意力层的 3 个并列的箭头从左到右分别为 Value、Key 和 Query。Encoder 在每一层将隐藏状态通过线性变换，分化出 Key 和 Value 输送给 Decoder 的第 2 个注意力层。
- 词嵌入转换：使用预训练词向量表示文本内容，维度为 512。
- 基于位置的词嵌入：依据单词在文本中的相对位置生成正弦曲线，见 6.3.2 节。
- 全连接前馈神经网络：针对每一个位置的词嵌入单独进行变换，使其上下文的维度统一。
- 相加并归一化：将上一层的输入和输出相加，形成残差结构，并对残差结构的结果进行归一化处理。
- 全连接输出层：输出模型结果的概率分布，输出维度为预测目标的词汇表大小。

2. Transformer 模型的优缺点

由图 6-26 可以看出，Transformer 模型就是将自注意力机制应用在了 Encoder-Decoder 架构中。Transformer 模型避免了使用自回归模型提取特征的弊端，得以充分捕获近距离上文中的任何依赖关系。不考虑并行特性，在文本总长度小于词向量维度的任务时（例如机器翻译），模型的训练效率也明显高于循环神经网络的。

Transformer 模型的不足之处是：只擅长处理短序列任务（在少于 50 个词的情况下表现良好）。因为当输入文本的长度持续增长时，其训练时间也将呈指数上涨，所以 Transformer 模型在处理长文本任务时不如 LSTM 等传统的 RNN 模型（一般可以支持 200 个词左右的序列输入）。

6.11.3 BERT 模型

BERT 模型是一种来自谷歌 AI 的、新的语言表征模型，它使用预训练和微调来为多种任务创建最先进的 NLP 模型。这些任务包括问答系统、情感分析和语言推理等。

BERT 模型的训练过程采用了降噪自编码（denoising autoencoder）方式。它只是一个预训练阶段的模型，并不能端到端地解决问题。在解决具体的 NLP 任务时，还需要在 BERT 模型之后额外添加其他的处理模型（参见 arXiv 网站上编号为"1810.04805"的论文）。

1. BERT 模型的结构与训练方式

BERT 由双层双向 Transformer 模型构建而成，Transformer 模型中的多头注意力机制也是 BERT 的核心处理层。在 BERT 中，这种注意力层有 12 或 24 层（具体取决于模型），并在每一层中包含多个（12 或 16 个）注意力"头"。由于模型权重不在层之间共享，所以一个 BERT 模型能有效地包含多达 384（24×16）个不同的注意力机制。

训练分为两个步骤：预训练（pre-training）和微调（find-tuning）。经过预训练后的 BERT 模型，可以直接通过微调（fine-tuning）的方式用在各种具体的 NLP 任务中，如图 6-27 所示。

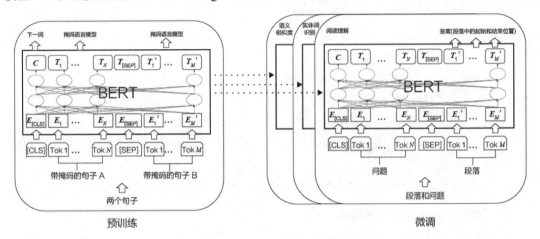

图 6-27　BERT 训练方式

在图 6-27 中，预训练是为了在输入的词向量中融入上下文特征；微调是为了使 BERT 能适应不同的下游任务，包括分类、问答、序列标注等。两者是独立进行的。

这种训练方式的设计，可以使一个模型适用于多个应用场景。这导致 BERT 模型刷新了 11 项 NLP 任务的效果。这 11 项 NLP 任务见表 6-1。

表 6-1　BERT 刷新的 11 项 NLP 任务

任务	名称	描述
MultiNLI	文本语义关系识别（multi-genre natural language inference）	文本间的推理关系，又被称为文本蕴含关系。样本都是文本对，第 1 个文本 M 作为前提，如果能够从文本 M 推理出第 2 个文本 N，即可说 M 蕴含 N（M→N）。 两个文本的关系一共有 3 种：entailment（蕴含）、contradiction（矛盾）、neutral（中立）
QQP	文本匹配	类似于分类任务，判断两个问题是不是同一个意思，即是不是等价的。使用 Quora 数据集（quora question pairs）
QNLI	自然语言推理（question natural language inference）	是一个二分类任务。正样本为（question,sentence），包含正确的 answer；负样本为（question,sentence），不包含正确的 answer
SST-2	文本分类	基于文本的感情分类任务，使用的是斯坦福情感分类树数据集（the Stanford sentiment treebank）

续表

任务	名称	描述
CoLA	文本分类	分类任务，预测一个句子是否是可接受的。使用的是语言可接受性语料库（the corpus of linguistic acceptability）
STS-B	文本相似度	用来评判两个文本语义信息的相似度。使用的是语义文本相似度数据集（the semantic textual similarity benchmark），样本为文本对，分数为1~5
MRPC	文本相似度	对来源于同一条新闻的两条评论进行处理，判断这两条评论在语义上是否相同。使用的是微软研究释义语料库（Microsoft research paraphrase corpus），样本为文本对
RTE	文本语义关系识别	与MultiNLI任务类似，只不过数据集更少，使用的是文本语义关系识别数据集（recognizing textual entailment）
WNLI	自然语言推理	与QNLI任务类似，只不过数据集更少，使用的是自然语言推理数据集（winograd NLI）
SQuAD	抽取式阅读理解	给出一个问题和一段文字，从文字中抽取处问题的答案。使用的是斯坦福问答数据集（the Standford question answering dataset）
NER	命名实体识别（named entity recognition）	见6.7.8节
SWAG	带选择题的阅读理解	给出一个陈述句子和4个备选句子，判断前者与后者中的哪一个最有逻辑的连续性。使用的是具有对抗性生成的情境数据集（the situations with adversarial generations dataset）

2. BERT 模型的预训练方法

BERT 模型用两个无监督子任务训练出两个子模型，它们分别是遮蔽语言模型（masked language model，MLM）和下一句预测（next sentence prediction，NSP）模型。

（1）遮蔽语言模型 MLM。

- MLM 模型的思想是：先把待预测的单词抠掉，再来预测句子本身。
- MLM 模型的原理是：对于给定的一个输入序列，先随机屏蔽掉序列中的一些单词，然后先根据上下文中提供的其他非屏蔽词预测屏蔽词的原始值。

MLM 模型的训练过程采用了降噪自编码（denoising autoencoder）方式，它区别于自回归模型（autoregressive model），其最大的贡献是使模型获得了双向的上下文信息。6.9.5 节的例子就是使用了 BERT 的子任务 MLM 模型。

（2）下一句预测模型 NSP。

下一句预测模型与传统的 RNN 模型预测任务一致，即，输入一句话，让模型预测其下一句话的内容。Transformer 模型也属于这种模型。

在训练时，BERT 模型对该任务的训练方式做了一些调整：将句子 A 输入 BERT 模型，然后以 50%的概率选择下一个连续的句子作为句子 B，另外 50%的概率是从语料中随机抽取不连续的句子代替 B。

使用这种方式训练出的模型，不仅能输出完整的句子，还能输出一个标签以判断两个句子是否连续。这种训练方式可以增强 BERT 模型对上下文的推理能力。

3．BERT 模型的编码机制

MLM 模型的掩码（Mask）机制是 BERT 模型的最大特点，它预测的是句子本身而不是聚焦到一个具体的实际任务。同时，在 Transformer 模型的位置编码基础上，BERT 模型还添加了一项"段"（segment）编码，如图 6-28 所示。

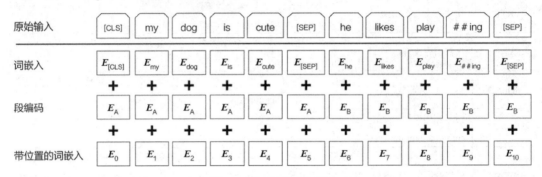

图 6-28　BERT 的编码机制

图 6-28 中，段编码对应于 6.9.4 节的代码第 24 行。

4．BERT 模型的应用场景

BERT 模型适用于以下 4 种场景：

- 语言中包含答案，如 QA/RC。
- 句子与段落间的匹配任务。
- 提取句子深层语义特征的任务。
- 基于句子或段落级别的短文本处理任务（当输入长度小于 512 时，模型性能良好）。

6.11.4　BERT 模型的缺点

BERT 模型的 MLM 任务将[MASK]当作噪声，通过自编码训练的方式可以获得双向语义的上下文信息。这种方式会带来以下两个问题。

- 微调不匹配（pretrain-finetune discrepancy）问题：预训练时的[MASK]在微调（fine-tuning）时并不会出现，这使得两个过程不一致，会影响训练的效果。
- 独立性假设（independence assumption）问题：BERT 预测的所有[MASK]在未做[MASK]

屏蔽的条件下是独立的。这使得模型给输入的句子一个默认的假设——每个词（token）的预测是相互独立的。而类似于"New York"这样的实体词，"New"和"York"是存在关联的，这个假设则忽略了这样的情况。

另外，研究者通过实验发现，对 BERT 模型进行细微变化后也可以获得更好的表现，例如，在 MRPC（见表 6-1）和 QQP（见表 6-1）数据集上的 BERT-WWM 的表现普遍优于原 BERT；去掉 NSP（Next Sentence Prediction）的 BERT 模型在某些任务中表现得更好。

6.11.5　GPT-2 模型

人们尝试保留 Transformer 模型核心的多头注意力机制，而优化原有的 Encoder-Decoder 架构。在 BERT 模型中，去掉了 Transformer 模型的解码器部分，只使用其编码器部分，得到了很好的结果。而 GPT-2 模型与 BERT 模型相反，它去掉了 Transformer 模型的编码器部分，只使用其解码器部分。该模型由 OpenAI 公司在 2019 年 2 月发布，当时引起了不小的轰动。

GPT-2 模型使用无监督的方式，对来自互联网的 40GB 精选文本进行了训练。GPT-2 模型能够遵循训练时的文本规律，根据输入的具体句子或词，预测出下一个可能出现的序列（词）。

在进行语句生成时，模型将每个新产生的单词添加在输入序列的后面，将这个序列当作下一步模型预测所需要的新输入，这样就可以源源不断地生成新的文本。这种机制被叫作自回归（auto-regression，AR），6.10.4 节的例子中就是使用 GPT-2 模型实现自回归机制。

因为 GPT-2 模型由 Transformer 模型的解码器叠加组成，所以它的工作原理与传统的语言模型一样，在输入指定长度的句子后一次只输出一个单词（token）。该模型使用无监督的方式，对来自互联网的 40GB 的精选文本进行了训练。按 Transformer 模型解码器的堆叠层数，分成了小、中、大、特大四个子模型，其所对应的层数分别为 12、24、36、48 层。

值得注意的是，在特大模型中，模型的参数量已经达到 15 亿个之多。GPT-2 的诞生无疑也预示着，将来 NLP 前沿模型将会持续保持大体量和大规模。

6.11.6　Transformer-XL 模型

Transformer-XL 模型解决了 NLP 界的难题——难以捕捉长距离文本的依赖关系。它能够学习文本的长期依赖，解决上下文碎片问题。Transformer-XL 模型中的 XL 代表超长（extra long）的意思。

Transformer-XL 模型将 Transformer 模型处理序列文本的长度，由 50 个词提升到 900 个词。这个长度远超过了循环神经网络（其平均上下文长度为 200 个词）和 BERT 模型（其长度也只有 512 个词）的处理长度。

另外，Transformer-XL 模型对自注意力机制引入了循环机制（recurrence mechanism）和相对位置编码（relative positional encoding）。

这两种机制的引入，使得 Transformer-XL 模型在预测下一个词（next token prediction）任务中的速度比标准 Transformer 模型快 1800 倍还多，参见 arXiv 网站上编号为"1901.02860"的论文。

1. 循环机制

Transformer-XL 模型将语料事先划分为等长的段（segments），在训练时将每一个 segment 单独投入计算自注意力（self-attention）。每一层输出的隐藏状态将作为记忆存储到内存中，并在训练下一个 segment 时将其作为额外的输入，代表上文中的语境信息。这样一来便在上文与下文之间搭建了一座桥梁，使得模型能够捕获更长距离的依赖关系。

这种方式可以使评估场景下的运算速度变得更快，因为在自回归过程中，模型可以直接拿缓存中的前一个 segments 的训练结果来进行计算，不需要对输入序列进行重新计算。

2. 相对位置编码

由于加入了循环机制，从标准 Transformer 模型承接下来的绝对位置编码也就失去了作用。这是因为，Transformer 模型没有使用自回归式运算方式，其使用的带位置的词嵌入记录的是输入词在这段文本中的绝对位置。这个位置值在 Transformer-XL 模型的循环机制中会一直保持不变，所以失去了其应有的作用。

Transformer-XL 模型的做法是：取消模型输入时的位置编码，转为在每一个注意力层前为 Query 和 Key 编码。

这使每个 segments 产生不同的注意力结果，使得模型既能捕获长距离依赖关系，也能充分发现短距离依赖关系。

3. Transformer-XL 模型与 GPT-2 模型的输出结果比较

Transformer-XL 模型与 GPT-2 模型同是自回归（AR）模型，但在输入相同句子时，各自所产生的文本并不相同。这种差异是由很多因素造成的，主要还是归因于不同的训练数据和模型架构。

6.11.7　XLNet 模型

如果说 BERT 模型的出现代表了基于 Transformer 模型的自注意力派系彻底战胜了基于 RNN 的自回归系列，那么 XLNet 则是自注意力派系门下融合了两家之长的集大成者。

XLNet 在 Transformer-XL 的自回归模型基础上加入了 BERT 思想，使其也能够获得双向上下文信息，并克服了 BERT 模型所存在的缺点（见 6.11.4 节）：

- XLNet 中没有使用 MLM 模型，这克服了 BERT 模型的微调不匹配问题。
- 由于 XLNet 本身是自回归模型，所以不存在 BERT 模型的独立性假设问题。

从效果上看，XLNet 模型在 20 个任务上的表现都比 BERT 模型好，而且优势很大。XLNet 模型在 18 项任务上取得了优秀的结果，包括问答、自然语言推理、情感分析和文档排序。

XLNet 模型中最大体量的 XLNet-Large 模型参照了 BERT-Large 模型的配置，包含 3.4 亿个参数、16 个注意力头、24 个 Transformer 层、1024 个隐藏单元。即使是这样的配置，在训练过后模型依然呈现欠拟合的态势。

由于 XLNet 模型的网络规模超大，所以其训练成本也非常昂贵，高达 6 万美元。这个开销将近 BERT 模型的 5 倍、GPT-2 模型的 1.5 倍。

XLNet 模型主要使用了 3 个机制：乱序语言模型（permutation language model）、双流自注意力（two-stream self-attention）、循环机制（recurrence mechanism），参见 arXiv 网站上编号为"1906.08237"的论文。

1．有序因子排列（permutation language model，PLM）

乱序语言模型（PLM）又被叫作有序因子排列，它的做法如下：

（1）对每个长度为 T 的序列（$x_1, x_2 ... x_T$），产生 $T!$ 种不同的排列形式。

（2）在所有顺序中共享模型的参数，对每一种排列方式重组下的序列进行自回归训练。

（3）从自回归模型中找出最大结果所对应的序列。（在此期间只改变序列的排列顺序，不会改变每个词对应的词嵌入及位置编码。）

PLM 的假设是：如果模型的参数在所有的顺序中共享，则模型就能学会从所有位置收集上下文信息。

XLNet 模型会记录每一种排列的隐藏状态序列，而相对位置编码在不同排列方式时保持一致，不会随排列方式的变化而变化（即保持原始的位置编码）。这么做可以在捕获双向信息（BERT 模型的优点）的同时，避免独立性假设、微调不匹配问题（BERT 模型的缺点）。可以将 XLNet 看作不同排列下多个 Transformer-XL 的并行。

这种从原输入中选取最可能的排列的方式，能够充分利用自编码和自回归的优势，使模型的训练充分融合了上下文特征，同时也不会造成掩码（Mask）机制下的有效信息缺失。

XLNet 模型利用有序因子排列机制，在预测某个词（token）时会使用输入的排列获取双向的上下文信息，同时维持自回归模型原有的单向形式。这样的好处是：不需要在输入侧调整文本的词顺序，就可以获取词顺序变化后的文本特征。

在实现过程中，XLNet 模型使用词（token）在文本中的序列位置计算上下文信息。

例如，有一个 "$2 \to 4 \to 3 \to 1$" 的序列，取出其中的 2 和 4 作为自回归模型的输入，利用模型来预测 3。这样，当所有序列取完后就能获得该序列的上下文信息。

为了降低模型的优化难度，XLNet 模型只预测当前序列位置之后的词（token）。

2. 双流自注意力

双流自注意力（two-stream self-attention）用于配合有序因子排序机制。在有序因子排序过程中，需要计算序列的上下文信息。其中，上文信息和下文信息各使用一种注意力机制，所以被叫作双流注意力：

- 上文信息使用对序列本身做自注意力计算的方式获得。这个过程叫作内容流。
- 下文信息参考了 Transformer 模型中 Encoder-Decoder 架构的注意力机制（Decoder 经过一个 Mask 自注意力层后保留 Query，接收来自 Encoder 的 Key 和 Value 进行进一步运算）计算获得。这个过程被叫作查询流。

有序因子排列配合双流自注意力的完整工作流程如图 6-29 所示。

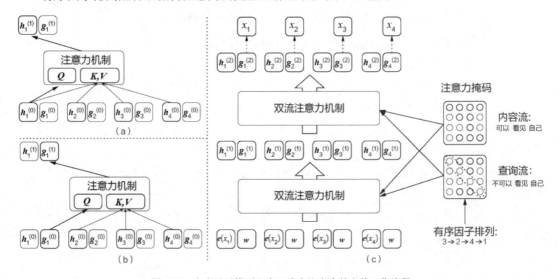

图 6-29 有序因子排列配合双流自注意力的完整工作流程

图 6-29 中实现了对序列"$2 \to 4 \to 3 \to 1$"中第 1 个词的双流注意力机制计算，具体可以分为 a、b、c 三个子图，描述如下：

（a）是内容流的结构，其中 h 代表序列中每个词的内容流注意力（$h^{(0)}$ 代表原始特征，$h^{(1)}$ 代表经过注意力计算后的特征，h_1、h_2 的下标代表该词在序列中的索引）。该子图描述了一个标准的自注意力机制。在该注意力中包括查询条件 Q 本身，它能够体现出已有序列的上文信息。

（b）是查询流的结构，其中 g 代表序列中每个词的内容流注意力（$g^{(0)}$ 代表原始特征，$g^{(1)}$ 代表经过注意力计算后的特征，h_1、h_2 的下标代表该词在序列中的索引）。图中将第 1 个词作为查询条件 Q，将其他词当作 K 和 V，实现了基于下一个词的注意力机制。该注意力机制可以体现出序列的下文信息，因为下一个词在这个注意力中看不到自己。

（c）是双流注意力的整体结构。经过双流注意力计算后，序列中的每个词都有两个（上文和下文）特征信息。

经过试验发现，有序因子排序增加了数倍的计算量使得模型的收敛速度过于缓慢，为此 XLNet 引入了一项超参数 N，只对排列尾部的 $1/N$ 个元素进行预测，最大化似然函数。如此一来效率大大提高，而同时不用牺牲模型精度。这个操作被称为部分预测（partial prediction），和 BERT 模型只预测 15%的 token 类似。

3．循环机制（recurrence mechanism）

该机制来自 Transformer-XL，即在处理下一个段（segment）时结合上一个段（segment）的隐藏表示（hidden representation），使得模型能够获得更长距离的上下文信息（见 6.11.6 节）。

该机制使得 XLNet 模型在处理长文档时具有较大的优势。

4．XLNet 模型的训练与使用

XLNet 模型的训练过程与 BERT 模型的训练过程一样，分为预训练和微调。具体如下。

- 在训练时：使用与 BERT 模型一样的双语段输入格式（two-segment data format），即 [CLS, A, SEP, B, SEP]。在 PLM 环节，会把 2 个段（segment）合并成 1 个序列进行运算，而且没有再使用 BERT 模型中的 NSP 子任务。同时在 PLM 环节还要设置超参数 N，它等同于 BERT 模型中的掩码率。
- 在使用时：输入格式与训练时的相同。模型中需要关闭查询流，将 Transformer-XL 模型再度还原到单流注意力的标准形态。

XLNet 模型在应用于提供一个问题和一段文本的问答任务时，可以仿照 BERT 模型的方式，从语料中随机挑选 2 个样本段（segment）组成 1 个完整段（segment）进行正常训练。

5．XLNet 模型与 BERT 的本质区别

XLNet 模型与 BERT 的本质区别在于：BERT 模型底层应用的是掩码（Mask）机制下的标准 Transformer 架构，而 XLNet 模型应用的是在此基础上融入了自回归特性的 Transformer-XL 架构。

BER 模型无论是在训练还是预测，每次输入的文本都是相互独立的，上一个时间步长的输出不作为下一个时间步长的输入。这种做法与传统的循环神经网络正好相反。而 XLNet 模型遵循了传统的循环神经网络中的自回归方式，具有更好的性能。

例如：同样处理"New York is a city"这句话中的单词"New York"，BERT 模型会直接使用两个[MASK]将这个单词遮盖，再使用"is a city"作为上下文进行预测。这种处理方法会忽略子词"New"和"York"之间的关联。而 XLNet 模型则通过 PLM 的形式，使模型获得更多词（如"New"与"York"）间的前后关系信息。

6.11.8 XLNet 模型与 AE 和 AR 间的关系

如果将 BERT 模型当作自编码（autoencoding，AE）语言模型，则带有 RNN 特性的系列模型都可以归类于自回归（autoregressive，AR）语言模型。

1. 自编码与自回归语言模型各自的不足

以 BERT 为首的自编码模型虽然可以学到上下文信息，但在数据关联（data corruption）设计上存在两个天然缺陷：

（1）忽视了在训练时被 Mask 掉的 token 之间的相关关系。

（2）这些 token 未能出现在训练集中，从而导致预训练的模型参数在微调时产生差异。

而自回归模型虽不存在以上缺陷，但只能基于单向建模。双向设计（如 GPT 的双层 LSTM）将产生两套无法共享的参数，本质上仍为单向模型，利用上下文语境的能力有限。

2. XLNet 模型中的 AE、AR 特性

XLNet 模型可以理解为 BERT、GPT-2 和 Transformer XL 三种模型的综合体。它吸收了自编码和自回归两种语言模型的优势，具体体现如下：

- 吸收了 BERT 模型中的 AE 优点，用双流注意力机制配合 PLM 预训练目标，获取双向语义信息（该做法等同于 BERT 模型中掩码机制的效果）。
- 继承了 AR 的优点，去掉了 BERT 模型中的掩码（masking）行为，解决了微调不匹配问题。
- 使用 PLM 对输入序列的概率分布进行建模，避免了独立性假设问题。
- 仿照 GPT 2.0 的方式，用更多更高质量的预训练数据对模型进行训练。
- 使用了 Transformer XL 模型的循环机制，来解决无法处理过长文本的问题。

6.11.9 RoBERTa 模型

人们在对 BERT 模型预训练的重复研究中，认真评估了超参数调整和训练集大小的影响，发现了 BERT 模型训练不足，并对其进行了改进，得到了 RoBERTa（a robustly optimized BERT pre-training approach）模型。

RoBERTa 模型与 BERT 模型都属于预训练模型。不同的是，RoBERTa 模型使用了更多的训练数据、更久的训练时间和更大的训练批次。所训练的子词达到 20 480 亿（50 万步×8K 批次×512 个词）个，在 8 块 TPU 上训练 50 万步，需要 3 200 个小时。这种思路一定程度上与 GPT2.0 模型的暴力扩充数据方法有点类似，但是需要消耗大量的计算资源。

RoBERTa 模型对超参数与训练集的修改也很简单，具体如下：

- 使用了动态掩码策略（dynamic masking）：预训练过程依赖随机掩盖和预测被掩盖字

（或单词）。RoBERTa 模型为每个输入序列单独生成一个掩码，让数据训练不重复。而在 BERT 模型的 MLM 机制中，只执行一次随机掩盖和替换，并在训练期间保存这种静态掩码策略，使得每次都使用相同掩码的训练数据，影响了数据的多样性。
- 使用了更多样的数据。其中包括维基百科（130GB）、书、新闻（6 300 万条）、社区讨论（来自 Reddit 社区）、故事类数据。
- 取消了 BERT 模型中的 NSP（下一个句子预测）子任务，数据连续地从一个或多个文档中获得，直到长度为 512 个词。
- 调整了优化器的参数。
- 使用了更大的字符编码（byte-pair encoding，BPE），它是字符级和单词级表示的混合体，可以处理自然语言语料库中常见的大词汇，避免训练数据出现更多的"[UNK]"标志符号从而影响预训练模型的性能。其中，"[UNK]"标记符表示当在 BERT 自带字典 vocab.txt 中找不到某个字或英文单词时用"[UNK]"表示（参见 arXiv 网站上编号为"1907.11692"的论文）。

6.11.10 ELECTRA 模型

ELECTRA（efficiently learning an encoder that classifies token replacements accurately）模型通过类似对抗神经网络（GAN）的结构和新的预训练任务，在更少的参数量和数据的情况下，不仅超越了 BERT 模型，而且仅用 1/4 的算力就达到了 RoBERTa 模型的效果（参见 arXiv 网站上编号为"2003.10555"的论文）。

1. ELECTRA 模型的主要技术

ELECTRA 模型最主要的技术是使用了新的预训练任务和框架，把生成式的 MLM 预训练任务改成了判别式的替换词检测（replaced token detection，RTD）任务，判断当前词（token）是否被语言模型替换过。

2. 替换词检测（RTD）任务

对抗神经网络在 NLP 任务中一直存在一个问题——其所处理的每个数值都是对应词表中的索引，这个值是离散类型的，并不像图像处理中的像素值（像素值是 0~255 之间的连续类型值）。这种离散类型值问题使得模型在优化过程中判别器无法计算梯度。

由于判别器的梯度无法传给生成器，所以 ELECTRA 模型对 GAN 框架进行了一些改动，具体如下：
- 将 MLM 任务当作生成器的训练目标。
- 将判断每个词（token）是原始词还是替换词的任务，当作判别器的目标。

- 两者同时训练，但判别器的梯度不会传给生成器。

概括说就是，使用一个 MLM 的生成器来对输入句子进行更改，然后将结果丢给 D-BERT 去判断哪个字被改过，如图 6-30 所示。

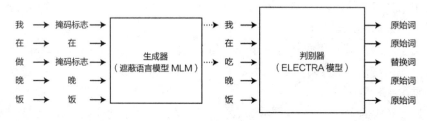

图 6-30 替换词检测任务

ELECTRA 模型在计算生成器的损失时，会对序列中所有的词（token）进行计算；而 BERT 模型在计算 MLM 的损失时，只对掩码部分的词（token）进行计算（会忽略没被掩盖的词）。这是二者最大的差别。

6.11.11 T5 模型

T5 模型和 GPT2 模型一样——把所有的 NLP 问题转化为文本到文本（text-to-text，T2T）的任务。T5 模型是将 BERT 模型移植到 Seq2Seq 框架中，并使用干净的数据集配合一些训练技巧所完成的（参见 arXiv 网站上编号为 "1910.10683" 的论文）。

1. T5 模型的主要技术

T5 模型使用了简化的相对位置词嵌入（embedding），即每个位置对应一个数值而不是向量，将多头注意力机制中的 Key 和 Query 相对位置的数值加在 softmax 算法之前，令所有的层共享一套相对位置词嵌入。

这种在每一层计算注意力权重时都加入位置信息的方式，让模型对位置更加敏感。

2. T5 模型的使用

在使用模型进行预测时，标准的 Seq2Seq 框架常会使用 Greedy decoding 或 beam search 算法进行解码。在 T5 模型中，经过实验发现，大部分情况下可以使用 Greedy decoding 进行解码，对于输出句子较长的任务则使用 beam search 进行解码。

6.11.12 ALBERT 模型

ALBERT 模型被称为"瘦身成功版的 BERT 模型"，因为它的参数比 BERT 模型少了 80%，但性能却提升了。

ALBERT 模型的改进方法与针对 BERT 模型的其他改进方法不同，它不再是通过增加预训练任务或是增大训练数据等方法进行改进，而是采用了全新的参数共享机制。它不仅提升了模型的整体效果，还大大降低了参数的数量。

对预训练模型而言，通过提升模型的规模是能够对下游任务的处理效果有一定提升，但如果将模型的规模提升得过大，则容易引起显存或内存不足的问题，另外，对超大规模的模型进行训练事件过长，也可能导致模型出现退化的情况（参见 arXiv 网站上编号为 "1909.11942" 的论文）。

ALBERT 模型与 BERT 模型相比，在减少内存、提升训练速度的同时，又改进了 BERT 模型中的 NSP 的预训练任务。其主要改进工作有如下 4 个方向。

1. 对词嵌入进行因式分解（factorized embedding parameterization）

ALBERT 模型的解码器结构与 BERT 模型的整体结构一样，都使用了 Transformer 模型的 encoder 结果。不同的是，BERT 模型中的词嵌入与 encoder 输出的向量维度是一样——都是 768；而 ALBERT 模型中词嵌入的维度为 128，远远小于 encoder 输出的向量维度（768）。这种结构的原理如下：

（1）词嵌入的向量是依赖词的映射，本身没有上下文依赖的表述。而隐藏层的输出值，不仅包括词本身的意思，还包括一些上下文信息，理论上来说，隐藏层的表述包含的信息更多一些。所以，应该让 encoder 输出的向量维度更大一些，使其能够承载更多的语义信息。

（2）在 NLP 任务中，通常词典都很大，词嵌入矩阵（embedding matrix）的大小是 $E \times V$，如果和 BERT 一样让 $H=E$，那么词嵌入矩阵（embedding matrix）的参数量会很大，并且在反向传播的过程中更新的内容也比较稀疏。

结合上述两点，ALBERT 采用了一种因式分解的方法来降低参数量——把单层词向量映射变成了两层词向量映射，步骤如下：

（1）把维度为 V 的 one-hot 向量输入一个维度很低的词嵌入矩阵（embedding matrix），将其映射到一个低维度的空间，维度为 E。

（2）把维度为 E 的低维词嵌入输入一个高维的词嵌入矩阵（embedding matrix），最终映射成 H 维词嵌入。

这种变换把参数量从原有的 $V \times H$ 降低成了 $V \times E + E \times H$。在 ALBERT 模型中，E 的值为 128，远远小于 H 的值（768），在这种情况下，参数量可以得到很大的减少。

2. 跨层的参数共享（cross-layer parameter sharing）

在 Transformer 模型中，要么只共享全连接层的参数，要么只共享 attention 层的参数。而 ALBERT 模型共享了编码器（Encoder）内的所有参数，即将 Transformer 模型中的全连接层和 attention 层都进行参数共享。

这种做法与同样量级下的 Transformer 模型对比，虽然效果下降了，但减小了大量的参数，也提升了训练的速度。另外，在训练过程中还能够看到，ALBERT 模型每一层输出的词嵌入比 BERT 模型震荡的幅度更小，如图 6-31 所示。

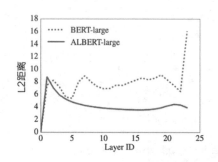 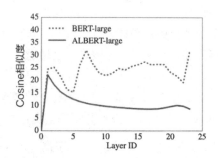

图 6-31　ALBERT 模型与 BERT 模型的训练效果对比

图 6-31 中，左图是 ALBERT-large 模型与 BERT-large 模型在训练过程中各个参数的 L2 距离，右图是各个参数的 Cosine 相似度。

从图 6-31 中可以看出，ALBERT-large 模型的参数曲线更为平缓，这表明参数共享还有稳定训练效果的作用。

3．句间连贯（inter-sentence coherence loss）

在 BERT 模型的 NSP 训练任务中，训练数据的正样本是通过采样同一个文档中的两个连续的句子得到的，而负样本是通过采用两个不同文档中的句子得到的。由于负样本中的句子来自不同的文档，所以需要 NSP 任务在进行关系一致性预测的同时对主题进行预测。这是因为，在不同主题中，上下文关系也略有差异。例如介绍娱乐主题的新闻文章和介绍人工智能科研主题的技术文章，其中的实体词、语言风格会有所不同。

在 ALBERT 中，为了只保留一致性任务，去除了主题识别的影响，提出了一个新的任务 sentence-order prediction（SOP）。SOP 正样本的获取方式是和 NSP 中一样的，负样本是把正样本的顺序反转。SOP 因为是在同一个文档中选的，所以其只关注句子的顺序，去除了由于样本主题不同而产生的影响。并且，SOP 能解决 NSP 的任务，但 NSP 并不能解决 SOP 的任务。SOP 任务可以使 ALBERT 模型的效果有进一步的提升。

4．移除 Dropout 层

在训练 ALBERT 模型时发现，该模型在 100 万步迭代训练后仍没有出现过拟合现象，这表明 ALBERT 模型本身具有很强的泛化能力。在尝试移除 Dropout 层后，发现居然还会对下游任务的处理效果有一定的提升。

实验可以证明 Dropout 层会对大规模的预训练模型造成负面影响。

另外，为加快训练速度，ALBERT 模型还用 LAMB 作为优化器，并进行了大批次（4 096）的训练。LAMB 优化器支持对特别大批次（高达 6 万）的样本进行训练。

5．ALBERT 模型与 BERT 模型的对比

在相同的训练时间内，ALBERT 模型的效果比 BERT 模型的效果好。但如果训练时间更长，则 ALBERT 模型的效果会比 BERT 模型的效果略低一些。其原因主要是，ALBERT 模型中的参数共享技术使得整体效果下降。

ALBERT 模型相比 BERT 模型的优势是：内存占用小、训练速度快，但是精度略低。鱼与熊掌不可兼得，尤其是对于工程落地而言，在模型的选择上，还需要在速度与效果之间做一个权衡。

ALBERT 模型的缺点是：时间复杂度太高，所需的训练时间更多。训练 ALBERT 模型所需的时间要远远大于训练 RoBERTa 模型所需的时间。

6.11.13　DistillBERT 模型与知识蒸馏

DistillBERT 模型是在 BERT 模型的基础上，用知识蒸馏技术训练出来的小型模型。知识蒸馏技术将模型大小减小了 40%（66MB），推断速度提升了 60%，但性能只降低了约 3%（参见 arXiv 网站上编号为"1910.01108"的论文）。

1．DistillBERT 模型的具体做法

DistillBERT 模型的具体做法如下：
（1）用给定的原始 BERT 模型作为教师模型，用待训练的模型作为学生模型。
（2）将教师模型的网络层数减为原来的一半，从原来的 12 层减少到 6 层，同时去掉 BERT 模型的 pooler 层，得到学生模型。
（3）用教师模型的软标签和教师模型的隐层参数来训练学生模型。

在训练过程中，移除了 BERT 模型原有的 NSP 子任务。

在训练之前，还要用教师模型的参数对学生模型进行初始化。由于学生模型的网络层数是 6，而教师模型的网络层数是 12，所以在初始化时，用教师模型的第 2 层初始化学生模型的第 1 层，用教师模型的第 4 层初始化学生模型的第 2 层，以此类推。

 提示：
在设计学生模型时，只减少了网络的层数，而没有减少隐层大小。这么做的原因是，经过实验发现，降低输出结果的维度（隐层大小）对计算效率提升不大，而减少网络的层数则可以提升计算效率。

2. DistillBERT 模型的损失函数

DistillBERT 模型训练时使用了以下 3 种损失函数。

- LceLce：计算教师模型和学生模型 softmax 层输出结果（MLM 任务的输出）的交叉熵。
- LmlmLmlm：计算学生模型中 softmax 层输出结果和真实标签（one-hot 编码）的交叉熵。
- LcosLcos：计算教师模型和学生模型中隐藏层输出结果的余弦相似度，由于学生模型的网络层数是 6，而教师模型的网络层数是 12，所以在计算该损失时，是用学生模型的第 1 层对应教师模型的第 2 层，用学生模型的第 2 层对应教师模型的第 4 层，以此类推。

6.12 用迁移学习训练 BERT 模型来对中文分类

Transformers 库中提供了大量的预训练模型，这些模型都是在通用数据集中训练出来的。它们并不能适用于实际工作中的 NLP 任务。

如果要根据自己的文本数据来训练模型，则还需要用迁移学习的方式对预训练模型进行微调。本实例就来微调一个 BERT 模型，使其能够对中文文本进行分类。

6.12.1 样本介绍

本实例所使用的数据集来源于 GitHub 网站中的 Bert-Chinese-Text-Classification-Pytorch 项目，具体链接见本书配套资源中的"6.12 节数据集链接.txt"文件。

本例所使用的数据集是由从 THUCNews 数据集中抽取的 20 万条新闻标题所组成的，每个样本的长度为 20~30，一共 10 个类别，每类 2 万条。

10 个类别分别是：财经、房产、股票、教育、科技、社会、时政、体育、游戏、娱乐。它们被放在文件 "class.txt" 中。数据集划分如下。

- 训练数据集：18 万条，在文件 "train.txt" 中。
- 测试数据集：1 万条，在文件 "test.txt" 中。
- 验证数据集：1 万条，在文件 "dev.txt" 中。

数据集文件在当前代码的目录 "THUCNews\data" 下。其中，数据集文件 train.txt、test.txt 与 dev.txt 中的内容格式完全一致。

图 6-32 中显示了数据集文件 test.txt 的内容。可以看到，每条样本分为两部分：文本字符串和其所属的类别标签索引。类别标签索引对应于 class.txt 中的类名顺序。class.txt 中的内容如图 6-33 所示。

图 6-32　test.txt 数据集　　　　　图 6-33　类别名称的内容

6.12.2　代码实现：构建并加载 BERT 预训练模型

Transformers 库中提供了一个 BERT 的预训练模型"bert-base-chinese"，该模型权重由 BERT 模型在中文数据集中训练而成，可以用它来进行迁移学习。

 提示：

本实例使用的 BERT 模型并不是唯一的。读者还可以根据 6.8.3 节中的方法找到更多的中文预训练模型进行加载。

本实例中的 NLP 任务属于文本分类任务，按照 6.8 节介绍的自动模型类，应该用 TFAutoModelForSequenceClassification 类进行实例化。具体代码如下：

代码 6-9　迁移训练 BERT 模型对中文分类

```
01 import tensorflow as tf
02 from transformers import *
03 import os
04
05 data_dir='./THUCNews/data'  #定义数据集根目录
06
07 class_list = [x.strip() for x in open( #获取分类信息
08         os.path.join(data_dir, "class.txt")).readlines()]
09
10 tokenizer = BertTokenizer.from_pretrained(
11                 r'./bert-base-chinese/bert-base-chinese-vocab.txt')
12 #定义配置文件，用来指定分类
13 config = AutoConfig.from_pretrained(
14
   r'./bert-base-chinese/bert-base-chinese-config.json',
```

```
15                        num_labels=len(class_list))
16 #初始化模型,单独指定config,在config中指定分类个数
17 model = TFAutoModelForSequenceClassification.from_pretrained(
18     r'./bert-base-chinese/bert-base-chinese-tf_model.h5',
   config=config)
```

代码第 7 行,获取数据集中的分类信息。

代码第 13 行,在初始化配置文件时单独指定模型所输出的分类个数。

代码第 17 行,根据配置文件来定义模型,并载入已有的预训练中文模型。

6.12.3 代码实现:构建数据集

接下来定义函数 read_file 以获取数据集中的文本内容,并定义函数 getdataset 将文本内容封装成 tf.data.Dataset 接口的数据集。具体代码如下。

代码 6-9 迁移训练 BERT 模型对中文分类(续)

```
19 def read_file(path):            #读取数据集中的文本内容
20     with open(path, 'r', encoding="UTF-8") as file:
21         docus = file.readlines()
22         newDocus = []
23         labs = []
24         for data in docus:
25             content, label = data.split('\t')
26             label = int(label)
27             newDocus.append(content)
28             labs.append(label)
29 
30     ids = tokenizer.batch_encode_plus( newDocus,   #用词表工具进行处理
31             max_length=model.config.max_position_embeddings,
32             pad_to_max_length=True)
33 
34     return (ids["input_ids"],ids["attention_mask"],labs)
35 
36 #获得训练集和测试集
37 trainContent = read_file(os.path.join(data_dir, "train.txt"))
38 testContent = read_file(os.path.join(data_dir, "test.txt"))
39 
40 def getdataset(features):       #定义函数,封装数据集
41     def gen():                  #定义生成器
42         for ex in zip(features[0],features[1],features[2]):
43             yield (
```

```
44                  {
45                      "input_ids": ex[0],
46                      "attention_mask": ex[1],
47                  },
48                  ex[2],
49              )
50
51      return tf.data.Dataset.from_generator(  #返回数据集
52              gen,
53              ({"input_ids": tf.int32, "attention_mask": tf.int32},
   tf.int64),
54              (
55                  {
56                      "input_ids": tf.TensorShape([None]),
57                      "attention_mask": tf.TensorShape([None]),
58                  },
59                  tf.TensorShape([]),
60              ),
61          )
62
63  #制作数据集
64  valid_dataset = getdataset(testContent)
65  train_dataset = getdataset(trainContent)
66  #设置批次
67  train_dataset = train_dataset.shuffle(100).batch(8).repeat(2)
68  valid_dataset = valid_dataset.batch(16)
```

代码第 25 行，在自定义数据集类中，在返回具体数据时对每条数据使用 tab 符号进行分割，并将数据中的中文字符串和该字符串所属的类别索引分开。

代码第 31 行，在使用词表工具时，指定模型的配置文件中的最大长度（model.config.max_position_embeddings）。在本实例中，该长度为 512。当输入文本大于这个长度时会被自动截断。

6.12.4 BERT 模型类的内部逻辑

在 6.8 节中介绍过，TFAutoModelForSequenceClassification 类只是对底层模型类的一个封装，该类在加载预训练模型时，会根据具体的模型文件找到对应的底层模型类来进行调用。

1. 输出类别与 num_labels 参数的关系

在本实例中，TFAutoModelForSequenceClassification 类最终调用的底层类为

TFBertForSequenceClassification。通过TFBertForSequenceClassification类中的定义，可以看到输出层与配置文件中num_labels参数的关系。

TFBertForSequenceClassification类定义在Transformers安装目录下的modeling_tf_bert.py文件中。例如作者本地的路径如下：

```
D:\ProgramData\Anaconda3\envs\tf21\Lib\site-packages\transformers\modeling_tf_bert.py
```

在modeling_tf_bert.py文件中，TFBertForSequenceClassification类的定义代码如下：

modeling_tf_bert.py（片段）

```
01  class TFBertForSequenceClassification(TFBertPreTrainedModel):
02  def __init__(self, config):
03      super().__init__(config)
04      self.num_labels = config.num_labels
05      self.bert = TFBertModel(config)           #调用BERT基础模型
06      self.dropout = nn.Dropout(config.hidden_dropout_prob)
07      self.classifier = nn.Linear( config.hidden_size, self.config.num_labels)
08      self.init_weights()
```

从代码第7行可以看到，TFBertForSequenceClassification类是在基础类TFBertModel之后添加了一个全连接输出层，该层直接对BertModel类的输出做维度变换，生成num_labels维度的向量，该向量就是预测的分类结果。

2. 基础模型BertModel类的输出结果

在6.7.3节的特征提取实例中，预训练模型的输出结果形状是[批次, 序列, 维度]，这个形状属于三维数据，而全连接神经网络只能处理二维数据。它们之间是如何匹配的呢？

在预训练模型"bert-base-chinese"的配置文件中，可以看到有个关于池化器的配置，如图6-34所示。

TFBertModel类在返回序列向量的同时，会将序列向量放到池化器BertPooler类中进行处理。图6-33中的pooler_type表示：从TFBertModel类返回的序列向量中，取出第1个词（特殊标记"[CLS]"）对应的向量（在实际实现时，还需要将取出的向量做全连接转换）。这样结果池化器处理后的BertModel类的结果，其形状就变成了[批次，维度]，可以与TFBertForSequenceClassification类中的全连接网络进行相连了。

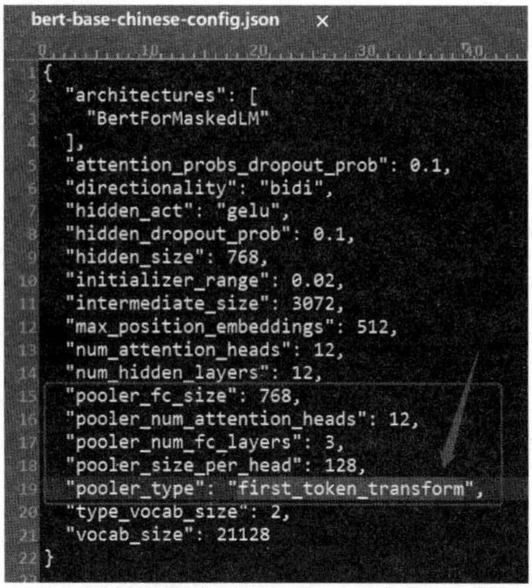

bert-base-chinese-config.json

```
{
  "architectures": [
    "BertForMaskedLM"
  ],
  "attention_probs_dropout_prob": 0.1,
  "directionality": "bidi",
  "hidden_act": "gelu",
  "hidden_dropout_prob": 0.1,
  "hidden_size": 768,
  "initializer_range": 0.02,
  "intermediate_size": 3072,
  "max_position_embeddings": 512,
  "num_attention_heads": 12,
  "num_hidden_layers": 12,
  "pooler_fc_size": 768,
  "pooler_num_attention_heads": 12,
  "pooler_num_fc_layers": 3,
  "pooler_size_per_head": 128,
  "pooler_type": "first_token_transform",
  "type_vocab_size": 2,
  "vocab_size": 21128
}
```

图 6-34　配置文件

在 TFBertForSequenceClassification 类的 forward()方法中可以看到具体的取值过程，代码如下：

modeling_tf_bert.py（片段）

```
01 …
02 outputs = self.bert( input_ids,attention_mask=attention_mask,
03     token_type_ids=token_type_ids, position_ids=position_ids,
04     head_mask=head_mask, inputs_embeds=inputs_embeds,)
05
06 pooled_output = outputs[1]
07
08 pooled_output = self.dropout(pooled_output)
09 logits = self.classifier(pooled_output)
10 …
```

代码第 2 行，调用 TFBertModel 类所实例化的模型对象 self.bert 进行特征的提取。

代码第 6 行，从返回结果的 outputs 对象中取出池化器处理后的结果。Outputs 对象有两个元素，第 1 个为全序列特征结果，第 2 个为经过池化器转换后的特征结果，

代码第 8、9 行，实现维度转换，将特征数据转成与标签类别相同的输出维度。

6.12.5　代码实现：定义优化器并训练模型

在训练 BERT 模型时需要小心，用不同的训练方法训练出来的模型精度会差别很大。在预编译模型上进行微调时，学习率不能设置得太大。

在本实例中使用的是 Adam 优化器，使用的学习率是 0.000 03。具体代码如下：

代码 6-9　迁移训练 BERT 模型对中文分类（续）

```
69 #定义优化器
70 optimizer = tf.keras.optimizers.Adam(learning_rate=3e-5,
71                                      epsilon=1e-08, clipnorm=1.0)
72 loss = tf.keras.losses.SparseCategoricalCrossentropy(from_logits=True)
73 metric = tf.keras.metrics.SparseCategoricalAccuracy('accuracy')
74 model.compile(optimizer=optimizer, loss=loss, metrics=[metric])
75
76 #训练模型
77 history = model.fit(train_dataset, epochs=2, steps_per_epoch=115,
78                     validation_data=valid_dataset, validation_steps=7)
79
80 #保存模型
81 savedir = r'./myfinetun-bert_chinese/'
82 os.makedirs(savedir, exist_ok=True)
83 model.save_pretrained(savedir)
```

为了使训练更为平稳，代码第 71 行用 clipnorm=1.0 的方式限制传播过程中梯度的变化范围。代码运行后输出结果如下：

```
Train for 115 steps, validate for 7 steps
Epoch 1/2
115/115 [==============================] - 2167s 19s/step - loss: 1.2805 - accuracy: 0.6446 - val_loss: 0.2897 - val_accuracy: 0.9554
Epoch 2/2
115/115 [==============================] - 2054s 18s/step - loss: 0.6509 - accuracy: 0.8283 - val_loss: 0.3658 - val_accuracy: 0.9107
```

同时，系统会在本地代码的 myfinetun-bert_chinese 目录下生成训练好的 BERT 模型文件 tf_model.h5。

6.12.6　扩展：更多的中文预训练模型

在 GitHub 上有一个高质量的中文预训练模型集合项目，该项目中包含最先进大模型、最快小模型、相似度专门模型，参见 arXiv 网站上编号为"2003.01355"的论文。

读者可以通过本书配套资源中"6-12 中文模型链接.txt"中的方法获取更多资源，并将其应用在自己的项目中。

第 7 章

机器视觉处理

机器视觉是人工智能研究的一个方向。其目标是通过算法让机器能够对图像数据进行处理。

在机器视觉领域中,使用最广泛的便是卷积神经网络。它是深度学习中非常重要的一个模型。随着深度学习的发展,卷积神经网络也衍生出了很多高级的网络结构及算法单元,其功能也由最初的整体分类扩展到细粒度的区域分类。

本章就来具体学习机器视觉领域中的卷积神经网络。

7.1 实例 34:使用预训练模型识别图像

本实例将加载在 ImageNet 数据集上训练好的 ResNet50 模型,并用该模型识别图片。本实例使用 tf.Keras 接口进行实现。

7.1.1 了解 ResNet50 模型与残差网络

ResNet50 模型是 ResNet(残差网络)的第 1 个版本,共有 50 层。

残差网络是 ResNet50 模型的核心,它解决了深层神经网络难以训练的问题。残差网络借鉴了 Highway Network(高速通道网络)的思想,在网络的主处理层旁边开了一个额外的通道,使得输入可以直接输出。其结构如图 7-1 所示。

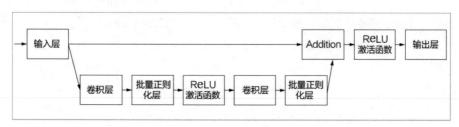

图 7-1 残差网络的结构

假设 x 经过神经网络层处理后输出的结果为 $H(x)$,则图 7-1 所示的残差网络结构输出的结果为 $Y(x)=H(x)+x$。

在 2015 年的 ILSVRC(ImageNet 大规模视觉识别挑战赛)中,ResNet 模型以 79.26%的 Top 1 准确率和 94.75%的 Top 5 准确率,取得了当年比赛的第一名。这个模型简单实用,经常被嵌入其他深层网络结构中,作为特征提取层使用。

> **提示:**
> Top 1 与 Top 5 是指,在计算模型准确率时,对模型预测结果的两种采样方式:
> · Top 1 是从模型的预测结果中,取出概率最高的那个类别作为模型的最终结果。
> · Top 5 是从模型的预测结果中,取出概率最高的前 5 个类别作为模型的最终结果。
> 在对 Top 1 结果进行准确率计算时,模型只有 1 个预测结果,如果该结果与真实标签不同,则认为模型预测错误;否则认为模型预测正确。
> 在对 Top 5 结果进行准确率计算时,模型会有 5 个预测结果,如果 5 个结果都与真实标签不同,则认为模型预测错误;否则认为模型预测正确。

该模型在 ImageNet 数据集上训练后,可以识别 1 000 个类别的图片。ImageNet 数据集是目前在计算机视觉领域中应用比较多的大规模图片数据集合。创建该数据集的最初目的是为了促进计算机图像识别技术的发展。

该数据集共有 1400 多万张图片,共分为 2 万多个类别,其中超过 100 万张图片有类别标注和物体位置标注。图片分类、目标检测等研究工作大都基于这个数据集,该数据集是深度学习图像领域检验算法性能的标准数据集之一。

7.1.2 获取预训练模型

tf.Keras 接口中包含许多成熟模型的源码,例如 DenseNet、NASNet、MobileNet 等。用户可以很方便地用这些源码对自己的样本进行训练;也可以加载训练好的模型文件,用文件里的参数值给模型源码中的权重赋值,被赋值后的模型可以用来进行预测。

在 GitHub 网站的 keras 主页上也提供了许多在 ImageNet 数据集上训练好的模型文件,这些模型文件被叫作预训练模型,可以被直接加载到模型中进行预测。具体地址在 GitHub 网站的 keras-team 项目中,搜索 keras-applications 子项目可以找到。

打开该项目网站的 releases 页面后,可以找到模型文件 resnet50_weights_tf_dim_ordering_tf_kernels.h5 的下载地址,如图 7-2 所示,单击它后开始下载到本地。

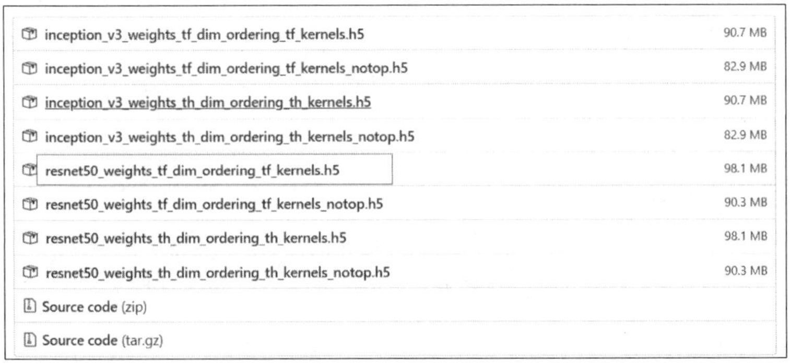

```
inception_v3_weights_tf_dim_ordering_tf_kernels.h5                 90.7 MB
inception_v3_weights_tf_dim_ordering_tf_kernels_notop.h5           82.9 MB
inception_v3_weights_th_dim_ordering_th_kernels.h5                 90.7 MB
inception_v3_weights_th_dim_ordering_th_kernels_notop.h5           82.9 MB
resnet50_weights_tf_dim_ordering_tf_kernels.h5                     98.1 MB
resnet50_weights_tf_dim_ordering_tf_kernels_notop.h5               90.3 MB
resnet50_weights_th_dim_ordering_th_kernels.h5                     98.1 MB
resnet50_weights_th_dim_ordering_th_kernels_notop.h5               90.3 MB
Source code (zip)
Source code (tar.gz)
```

图 7-2 ResNet 模型的下载页面

在图 7-2 中可以看到，每一种模型会有两个文件：一个是正常模型文件，另一个是以 notop 结尾的文件。例如，resnet50 文件如下：

```
resnet50_weights_tf_dim_ordering_tf_kernels.h5
resnet50_weights_tf_dim_ordering_tf_kernels_notop.h5
```

其中，以 notop 结尾的文件是提取特征的模型，用于微调模型使用。而正常的模型文件（NASNet-large.h5）直接用于预测。

另外，对于在 Theano 中运行的 keras 模型文件，应将中间的 tf 换成 th。例如：

```
resnet50_weights_th_dim_ordering_th_kernels.h5
resnet50_weights_th_dim_ordering_th_kernels_notop.h5
```

在 Theano 中运行的 keras 模型文件与在 TensorFlow 中运行的 keras 模型文件，最大的区别是图片维度的顺序不同：

- 在 Theano 框架中，图片的通道维度在前，例如 (3, 224, 224)，第 1 个数字 3 表示通道数。
- 在 TensorFlow 框架中，图片的通道维度在后，例如 (224, 224, 3)，最后一个数字 3 表示通道数。

> **提示：**
>
> 在图 7-2 中，以 .h5 结尾的文件（简称 H5 文件）是由美国超级计算与应用中心研发的层次数据格式（hierarchical data format）的第 5 个版本（HDF5），是存储和组织数据的一种文件格式。
>
> HDF5 将文件结构简化成两个主要的对象类型：①数据集，它是相同数据类型的多维数组；②组，它是一种复合结构，可以包含数据集和其他组。

目前很多语言都支持 H5 文件的读写，如 Java、Python 等。H5 文件在内存占用、压缩、访问速度方面都非常优秀，在工业领域和科学领域都有很多应用。

7.1.3 使用预训练模型

将下载后的模型文件 resnet50_weights_tf_dim_ordering_tf_kernels.h5 放到代码的同级目录中，完成本地部署，然后用 tf.keras 接口完成模型的加载和调用。具体代码如下。

代码 7-1 用 AI 模型识别图像

```
01 from tensorflow.keras.applications.resnet50 import ResNet50
02 from tensorflow.keras.preprocessing import image
03 from tensorflow.keras.applications.resnet50 import preprocess_input,
   decode_predictions
04 import numpy as np
05 #创建 ResNet 模型
06 model=ResNet50(weights='resnet50_weights_tf_dim_ordering_tf_kernels.h5 ')
07 #载入图片进行处理
08 img_path = 'book2.png'
09 img = image.load_img(img_path, target_size=(224, 224))
10 x = image.img_to_array(img)
11 x = np.expand_dims(x, axis=0)
12 x = preprocess_input(x)
13 #使用模型预测
14 predtop3 = decode_predictions(model.predict(x) , top=3)[0]
15 print('Predicted:', predtop3)   #输出结果
```

执行第 6 行代码时，会从本地加载模型。

执行第 14 行代码时，会从网上下载类名文件并载入。

整个代码运行后输出以下结果：

```
...
Downloading data from https://s3.amazonaws.com/deep-learning-models/image-models/imagenet_class_index.json
40960/35363 [==============================] - 2s 37us/step
Predicted: [('n02870880', 'bookcase', 0.616435), ('n02840245', 'binder', 0.1567582), ('n07248320', 'book_jacket', 0.101289585)]
```

在结果中，前两行是下载类名文件，最后一行是显示结果。预测结果为 bookcase（书架）。其可视化结果如图 7-3 所示。

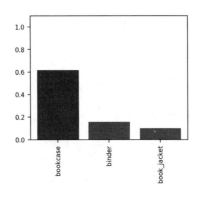

图 7-3　模型预测的结果

7.1.4　预训练模型的更多调用方式

在网络条件好的情况下，还可以使用自动下载方式调用预训练模型，只需将代码 7-1 的第 6 行代码改成以下即可：

代码 7-1　用 AI 模型识别图像（片段）

```
06 model = ResNet50(weights='imagenet')
```

该代码的作用是，自动从网上下载模型文件并载入。

如果使用的是自己的模型，则可以按照以下参数来构建模型：

```
def ResNet50(include_top=True,      #是否返回顶层结果。False 代表返回特征
            weights='imagenet',     #加载权重路径
            input_tensor=None,      #输入张量，用于嵌入的其他网络中
            input_shape=None,       #输入的形状
            pooling=None, #可以取值 avg、max, 对返回的特征进行（全局平局、最大）池化操作
            classes=1000):          #分类个数
```

在实际使用时，可以修改 weights 参数来指定模型加载的权重文件，修改 include_top 参数来指定模型返回的结构，修改 classes 参数来指定模型的分类个数。

7.2　了解 EfficientNet 系列模型

EfficientNet 系列模型是 Google 公司通过机器搜索得来的模型。Google 公司使用图片的深度（depth）、宽度（width）、尺寸（resolution）共同调节技术开发了一系列版本。在模型中，图片的尺寸常用图片的分辨率来表示。

目前已经有 EfficientNet-B0～EfficientNet-B8 再加上 EfficientNet-L2 和 Noisy Student 共 11

个版本。其中性能最好的是 Noisy Student 版本。该版本模型在 Imagenet 数据集上达到了 87.4% 的 Top 1 准确性和 98.2% 的 Top 5 准确性。下面就来介绍一下该系列模型背后的技术。

7.2.1 EfficientNet 系列模型的主要结构

EfficientNet 系列模型的主要结构要从该模型的构建方法说起。该模型的构建方法主要包括以下两个步骤：

（1）用 MnasNet 模型（该模型是用强化学习算法实现的）生成基线模型 EfficientNet-B0。

（2）采用复合缩放的方法，在预先设定的内存和计算量大小的限制条件下，对 EfficientNet-B0 模型的深度、宽度（特征图的通道数）、尺寸这 3 个维度同时进行缩放，这 3 个维度的缩放比例由网格搜索得到。最终输出 EfficientNet 模型。

> 提示：
> MnasNet 模型是 Google 团队提出的一种神经结构的自动搜索方法。

EfficientNet 系列模型的调参过程如图 7-4 所示。

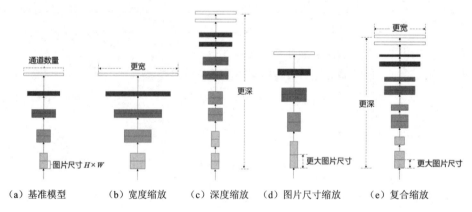

图 7-4　EfficientNet 系列模型

图 7-4 中的各个子图的含义如下。

（a）子图是基准模型。

（b）子图在基准模型的基础上进行宽度缩放，即增加图片的通道数量。

（c）子图在基准模型的基础上进行深度缩放，即增加网络的层数。

（d）子图在基准模型的基础上对图片的大小进行缩放。

（e）子图在基准模型的基础上对图片的深度、宽度、尺寸同时进行缩放。

EfficientNet 系列模型的原始论文参见 arXiv 网站上编号为"1905.11946"的论文。

7.2.2 MBConv 卷积块

EfficientNet 模型的内部是通过多个 MBConv 卷积块实现的，每个 MBConv 卷积块的具体结构如图 7-5 所示。

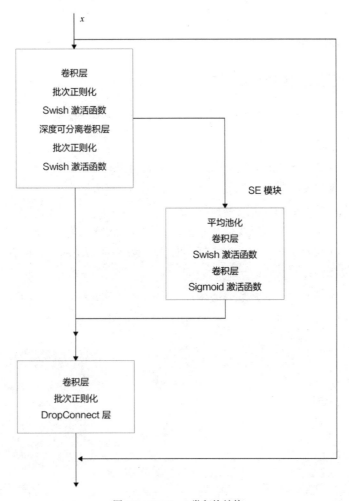

图 7-5　MBConv 卷积块结构

从图 7-5 中可以看到，MBConv 卷积块也使用的是类似残差链接的结构，不同的是：在短连接部分使用了 SE 模块，并且将常用的 ReLU 激活函数换成了 Swish 激活函数。另外还使用了 DropConnect 层来代替传统的 Dropout 层。

> **提示：**
> 在 SE 模块中没有使用 BN 操作，而且其中的 Sigmoid 激活函数也没有被 Swish 替换。在其他层中，BN 操作是放在激活函数与卷积层之间的。这么做是基于激活函数与 BN 操作间的数据分布关系。

图 7-5 中所使用的深度可分离卷积层、DropConnect 层请参考本书 7.2.3、7.2.4 节。

7.2.3 什么是深度可分离卷积

在了解深度可分离卷积前，需要先明白什么是空洞卷积和深度卷积。

1. 空洞卷积

空洞卷积（dilated convolutions），又被叫作扩展卷积或带孔卷积（atrous convolutions）。

这种卷积在图像语义分割相关任务（例如 DeepLab2 模型）中用处很大。它的功能与池化层类似，可以降低维度并能够提取主要特征。

相对于池化层，空洞卷积可以避免在卷积神经网络中进行池化操作时造成信息丢失问题。

空洞卷积的操作相对简单，只是在卷积操作之前对卷积核做了膨胀处理。而在卷积过程中，它与正常的卷积操作一样。

在使用时，空洞卷积会通过参数 rate 来控制卷积核的膨胀大小。参数 rate 与卷积核膨胀的关系如图 7-6 所示。

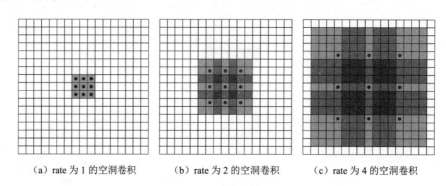

(a) rate 为 1 的空洞卷积　　(b) rate 为 2 的空洞卷积　　(c) rate 为 4 的空洞卷积

图 7-6　空洞卷积的操作

图 7-6 中的规则解读如下。
- 图 7-6（a）：如果参数 rate 为 1，则表示卷积核不需要膨胀，值为 3×3，如图中圆点部分。此时的空洞卷积操作等效于普通的卷积操作。
- 图 7-6（b）：如果 rate 为 2，则表示卷积核中的每个数字由 1 膨胀到 2。膨胀出来的卷

- 图 7-6（c）：如果 rate 为 4，则表示卷积核中的每个数字由 1 膨胀到 4。膨胀出来的卷积核值为 0，原有卷积核值并没有变，如图中圆点部分。值变成了 15×15。

另外，在卷积操作中，所有的空洞卷积的步长都是 1。

因为空洞卷积在膨胀时，只是向卷积核中插入了 0，所以仅仅增加了卷积核的大小，并没有增加参数的数量。

与池化的效果类似，使用膨胀后的卷积核在原有输入上做窄卷积（padding 参数为"VALID"）操作，可以把维度降下来，并且会保留比池化更丰富的数据。

2. 深度卷积

深度卷积是指，将不同的卷积核独立地应用在输入数据的每个通道上。相比正常的卷积操作，深度卷积缺少了最后的"加和"处理。其最终的输出为"输入通道与卷积核个数的乘积"。

在 TensorFlow 中，深度卷积函数的定义方法如下：

```
def depthwise_conv2d(input, filter, strides, padding, rate=None, name=None, data_format=None)
```

具体参数含义如下。
- input：需要做卷积的输入图像。
- filter：卷积核。要求是一个四维张量，形状为[filter_height, filter_width, in_channels, channel_multiplier]。这里的 channel_multiplier 是卷积核的个数。
- strides：卷积的滑动步长。
- padding：字符串类型的常量，其值只能取"SAME"或"VALID"。它用于指定不同边缘的填充方式，与普通卷积中的 padding 一样。
- rate：卷积核膨胀的参数。要求是一个 int 型的正数。
- name：该函数在张量图中的操作名称。
- data_format：参数 input 的格式，默认为"NHWC"，也可以写成"NCHW"。

该函数会返回 in_channels×channel_multiplier 个通道的特征数据。

3. 深度可分离卷积

深度可分离卷积是指：先从深度方向把不同 channels 独立开，进行特征抽取，再进行特征融合。这样做可以用更少的参数取得更好的效果。

在具体实现时，先将深度卷积的结果作为输入，然后进行一次正常的卷积操作。所以，该函数需要两个卷积核作为输入：深度卷积的卷积核 depthwise_filter、用于融合操作的普通卷积核 pointwise_filter。

例如：对一个输入 input 进行深度可分离卷积，具体步骤如下：

（1）在模型内部对输入的数据进行深度卷积，得到 in_channels×channel_multiplier 个通道的特征数据（feature map）。

> **提示：**
> in_channels 与 channel_multiplier 是 depthwise_conv2d 函数的参数 filter 中的输入通道数和卷积核个数。

（2）将特征数据（feature map）作为输入，用普通卷积核 pointwise_filter 进行一次卷积操作。

4．TensorFlow 中的深度可分离卷积函数

在 TensorFlow 中，深度可分离卷积的函数定义如下：

```
def separable_conv2d(input,depthwise_filter,pointwise_filter,strides,padding,
rate=None,name=None,data_format=None)
```

具体参数含义如下。
- input：需要做卷积的输入图像。
- depthwise_filter：用来做函数 depthwise_conv2d 的卷积核，即这个函数对输入做一次深度卷积。它的形状是[filter_height, filter_width, in_channels, channel_multiplier]。
- pointwise_filter：用于融合操作的普通卷积核。例如：形状为[1, 1, channel_multiplier × in_channels, out_channels]的卷积核，代表在深度卷积后的融合操作是采用卷积核为 1×1、输入为 channel_multiplier × in_channels、输出为 out_channels 的卷积层来实现的。
- strides：卷积的滑动步长。
- padding：字符串类型的常量，只能是"SAME""VALID"其中之一。先用来指定不同边缘的填充方式，与普通卷积中的 padding 一样。
- rate：卷积核膨胀的参数。要求是一个 int 型的正数。
- name：该函数在张量图中的操作名字。
- data_format：参数 input 的格式，默认为"NHWC"，也可以写成"NCHW"。

5．其他接口中的深度可分离卷积函数

在 tf.keras 中，深度方向可分离的卷积函数有以下两个。
- tf.keras.layers.SeparableConv1D：支持一维卷积的、深度方向可分离的卷积函数。
- tf.keras.layers.SeparableConv2D：支持二维卷积的、深度方向可分离的卷积函数。

参数 depth_multiplier 用于设置沿每个通道的深度方向进行卷积时输出的通道数量。

7.2.4 什么是 DropConnect 层

在深度神经网络中，DropConnect 与 Dropout 的作用都是防止模型产生过拟合的情况。相比之下，DropConnect 的效果会更好一些。

DropConnect 层与 Dropout 层不同的地方是：在训练神经网络模型过程中，DropConnect 层不是对隐层节点的输出进行随机的丢弃，而是对隐层节点的输入进行随机的丢弃，如图 7-7 所示。

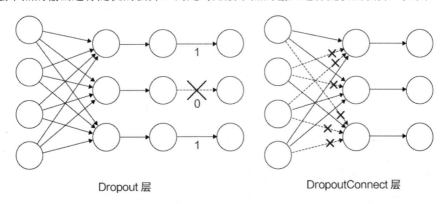

图 7-7　空洞卷积的操作

7.2.5 模型的规模和训练方式

EfficientNet 系列模型主要从两个方面进行演化。

1. 模型结构的规模

在 EfficientNet 系列模型的后续版本中，随着模型的规模越来越大，精度也越来越高。模型的规模主要是由宽度、深度、尺寸这 3 个维度的缩放参数决定的。每个版本的缩放参数见表 7-1。

表 7-1　每个 EfficientNet 版本的缩放参数和丢弃率

版本名称	缩放参数：宽度	缩放参数：深度	缩放参数：尺寸（即图像的宽度和高度，单位 px）	丢弃率（Dropout 层中的参数）
EfficientNet-B0	1	1	224×224	0.2
EfficientNet-B1	1	1.1	240×240	0.2
EfficientNet-B2	1.1	1.2	260×260	0.3
EfficientNet-B3	1.2	1.4	300×300	0.3
EfficientNet-B4	1.4	1.8	380×380	0.4
EfficientNet-B5	1.6	2.2	456×456	0.4
EfficientNet-B6	1.8	2.6	528×528	0.5

续表

版本名称	缩放参数：宽度	缩放参数：深度	缩放参数：尺寸（即图像的宽度和高度，单位 px）	丢弃率（Dropout 层中的参数）
EfficientNet-B7	2.0	3.1	600×600	0.5
EfficientNet-B8	2.2	3.6	672×672	0.5
EfficientNet-L2	4.3	5.3	800×800	0.5

> **提示：**
> EfficientNet 系列模型的 3 个维度并不是相互独立的，如果输入的图片尺寸较大，则需要用较深的网络来获得更大的视野，用较多的通道来获取更精确的特征。在 EfficientNet 的论文中，也用公式介绍了三者之间的计算关系，参见 arXiv 网站上编号为 "1906.11946" 的论文。

其中，Noisy Student 版本使用的是与 EfficientNet-L2 一样规模的模型，只不过训练方式不同。

从表 7-1 中可以看到，随着模型缩放参数的逐渐变大，其 Dropout 层的丢弃率参数也在增大。这是因为：模型中的参数越多，模型的拟合效果越强，也越容易产生过拟合。

为了避免过拟合问题，单靠增加 Dropout 层的丢弃率是不够的，还需要借助训练方式的改进来提升模型的泛化能力。

2．模型的训练方式

EfficientNet 系列模型在 EfficientNet-B7 版本之前主要是通过调整缩放参数，增大网络规模来提升精度。在 EfficientNet-B7 版本之后，主要是通过改进训练方式和增大网络规模这两种方法并行来提升模型精度。主要的训练方法如下。

- 随机数据增强：又被叫作 Randaugment，是一种更高效的数据增强方法。该方法在 EfficientNet-B7 版本中使用。
- 用对抗样本训练模型：应用在 EfficientNet-B8 和 EfficientNet-L2 版本中，该版本又被叫作 AdvProp。
- 使用自训练框架：应用在 Noisy Student 版本中。

其中，随机数据增强可以直接替换原有训练框架中的自动数据增强方法 AutoAugment；而 AdvProp 和 Noisy Student 则是使用新的训练框架所完成的训练方法，这部分内容将在 7.2.7、7.2.8 节详细介绍。

7.2.6 随机数据增强（RandAugment）

随机数据增强（RandAugment）是一种新的数据增强方法，比自动数据增强（AutoAugment）简单又好用。

自动数据增强方法包含 30 多个参数，可以对图片数据进行各种变换（参见 arXiv 网站上编号为"1805.09501"的论文）。

随机数据增强方法是在自动数据增强方法的基础上，对 30 多个参数进行了策略级的优化管理，将这 30 多个参数简化成 2 个参数：图像的 N 个变换和每个转换的强度 M。其中每次变换的强度参数 M 取值为 0~10 的整数，表示使原有图片增强失真（augmentation distortion）的大小。

随机数据增强方法以结果为导向，使数据增强过程更加"面向用户"。在减少自动数据增强的运算消耗的同时，还使增强的效果变得可控（参见 arXiv 网站上编号为"1909.13719"的论文）。

7.2.7 用对抗样本训练的模型——AdvProp

AdvProp 模型是一种使用对抗样本进行训练的模型。在实现时，使用独立的辅助批处理规范来处理对抗样本，即使用额外的一个辅助 BN 操作单独作用于对抗样本。这种方法可以减少模型的过拟合问题。

对抗样本是指：在图像上添加不可察觉的扰动，而产生的对抗样本可能导致卷积神经网络做出错误的预测。

为了进一步提升模型精度，放大 EfficientNet-B7 版本的模型规模，并用对抗样本进行训练，于是便推出了 EfficientNet-B8 版本，该版本也被叫作 AdvProp 模型。

AdvProp 模型在不需要添加额外的训练数据情况下，用对抗样本进行训练，在 ImageNet 数据集上获得了 85.5% 的 Top 1 精度。

1. AdvProp 模型中的对抗样本算法

在 AdvProp 模型的训练过程中，使用了 3 种对抗样本的生成算法，分别为 PGD、I-FGSM 和 GD。

- PGD：投影梯度下降（project gradient descent）攻击是一种迭代攻击，即带有多次迭代的 FGSM——K-FGSM（K 表示迭代的次数）。FGSM 是仅做一次迭代，走一大步；而 PGD 是做多次迭代，每次走一小步，每次迭代都会将扰动投影到规定范围内。在训练过程中，将 PGD 的扰动级别分为 0~4，生成扰动的迭代次数 n 按照"扰动级别+1"进行计算。攻击的步长固定为 1（参见 arXiv 网站上编号为"1706.06083"的论文）。

- **I-FGSM**：在 PGD 的基础上，将随机初始化的步骤去掉，直接基于原始样本做扰动。同时将扰动级别设为 4，迭代次数设为 5，攻击步长设为 1。这种方式生成的对抗样本针对性更强，但泛化攻击的能力较弱。
- **GD**：在 PGD 基础之上，将投影环节去掉，不再对扰动大小进行限制，直接将扰动级别设为 4，迭代次数设为 5，攻击步长设为 1。这种方式生成的对抗样本更为宽松，但有可能失真更大（对原有样本的分布空间改变更大）。

在模型规模较小时，FGSM 的效果更好；在模型规模较大时，GD 的效果更好。

有关对抗样本的更多内容和配套代码可以参考《深度学习之 TensorFlow——工程化项目实战》一书的第 11 章 "模型的攻防"。

2. AdvProp 模型中的关键技术

用对抗样本进行训练的方法并不是绝对有效的，因为普通样本和对抗样本之间的分布是不匹配的，在训练过程中有可能会改变模型所适应的样本空间。一旦模型适应了对抗样本的分布，则在真实样本中便无法取得很好的效果，从而导致模型的精度下降。表 7-2 中对比了多种训练方式。

表 7-2 多种训练方式对比

训练方式	模型的精度			
	ResNet-50	ResNet-101	ResNet-152	ResNet-200
普通方式	76.7	78.3	79.0	79.3
对抗样本方式	−3.2	−1.8	−2.0	−1.4
AdvProp 方式	+0.4	+0.6	+0.8	+0.8

表 7-2 显示了使用对抗样本和对抗样本在 ResNet 模型上训练的效果。可以看到，直接使用对抗样本训练方式使模型的精度下降了，而 AdvProp 训练方式可以使模型的精度有所提升。

在使用 AdvProp 方式训练时，将生成的对抗样本与真实的样本做了区分，使用了两个独立的 BN 分别对其进行处理，使模型在归一化层上能够正确分解对抗样本和真实样本这两个分布，在反向传播过程中能够有针对性地对权重进行优化。AdvProp 训练方式使模型既能够使用对抗样本进行训练，又不会因为对抗样本的不真实性而降低性能。具体步骤如下：

（1）在训练时，取出一个批次的原数据。

（2）用该批次的原数据攻击网络，生成对应的对抗样本。

（3）将该批次原数据和对抗样本一起输入网络，其中，批次原数据输入主 BN 接口进行处理，对抗样本输入辅助 BN 接口进行处理。而网络中的其他层同时处理二者的联合数据。

（4）在计算损失时，对批次原数据和对抗样本的损失分别进行计算。再将它们加和，将其结果作为总的损失值进行迭代优化。

（5）在测试时，将所有的辅助 BN 接口丢弃，只保留主 BN 接口以验证模型性能。

有关 AdvProp 的更多内容请参见 arXiv 网站上编号为"1911.09665"的论文。

7.2.8 用自训练框架训练的模型——Noisy Studet

Noisy Student 模型是目前图片分类界精度最高的模型之一。该模型在训练过程中使用了自训练框架。自训练框架的工作原理可以分解为以下步骤：

（1）用常规方法在带有标注的数据集（ImageNet）上训练一个模型，将其作为教师模型。

（2）利用该教师模型对一些未标注过的图片进行分类，并将分类分数大于指定阈值（0.3）的样本收集起来作为伪标注数据集。

（3）在标注和伪标注混合数据集上重新训练一个学生模型。

（4）将训练好的学生模型作为教师模型，重复第（2）步和第（3）步进行多次迭代，最终得到的学生模型便是目标模型。

> **提示：**
> 在 Noisy Student 模型的训练细节上也用了一些技巧，具体如下：
> - 第（2）步可以直接用模型输出的分数结果当作数据集的标签（软标签），这种效果会比直接使用 one-hot 编码的标注（硬标签）效果更好。
> - 在训练学生模型时，为其增加更多的噪声源，（使用了诸如数据增强、Dropout 层、随机深度等方法），使得模型的训练难度加大。用这种方法训练出来的学生模型更加稳定，能够生成质量更高的伪标注数据集。
> - 在制作伪标签数据集时，可以按照每个分类相同的数量提取伪标签数据（具体做法是：从每个类别中挑选具有最高信任度的 13 万张图片，对于不足 13 万张的类别则随机再复制一些），这样做可以保证样本是均衡的。
> - 引入了一个修复训练测试分辨率差异的技术来训练学生模型：首先用小分辨率图片（小尺寸图片）正常训练 350 个周期，然后对没有进行数据增强的大分辨率图片（大尺寸图片）进行微调。（参见 arXiv 网站上编号为"1906.06423"的论文。）

Noisy Student 模型的精度不依赖训练过程的批次大小，可以根据实际内存进行调节。

Noisy Student 模型的自训练框架具有一定的通用性。在实际应用时，对于大模型，无标注数据集上的批次是有标注数据集上的批次的 3 倍；对于小模型，则使用相同的批次。该方法对

EfficientNet 系列模型的各个版本都能带来 0.8%左右的性能提升。

有关 Noisy Student 模型的更多详细内容请参见 arXiv 网站上编号为"1911.04252"的论文。

7.2.9 主流卷积模型的通用结构——单调设计

无论是由人类专家设计的卷积模型,还是由机器搜索得到的卷积模型,它们的架构都有一个相同点——其架构都可以分为普通模块和归约模块(reduction block)。

卷积模型的具体架构设计步骤如下。

(1)在每个阶段开始时插入一个归约模块。

(2)反复堆叠普通模块。

(3)以第(1)步和第(2)步为单元进行多次重复堆叠。

在设计卷积模型时,每个阶段的归约模块的实现方式可能各不相同;每个阶段的普通模块堆叠数量也可能各不相同。这种设计模式被叫作单调设计,如图 7-8 所示。

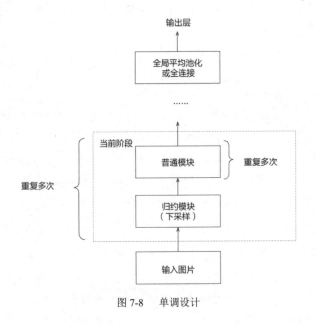

图 7-8 单调设计

建议读者完全理解这种单调设计的思想,它对于掌握已有的网络结构和学习新的网络结构都会有很大帮助。

7.2.10 什么是目标检测中的上采样与下采样

接触过视觉模型源码的读者会发现，在类似 NasNet、Inception Vx、ResNet 这种模型的代码中会经常出现上采样（upsampling）与下采样（downsampling）这样的函数。它们的意义是什么呢？这里来解释一下。

上采样与下采样是指对图片的缩放操作：
- 上采样是将图片放大。
- 下采样是将图片缩小。

上采样与下采样操作并不能给图片带来更多的信息，但是会对图片的质量产生影响。在深度卷积网络模型的运算中，通过上采样与下采样操作可实现本层数据与上下层的维度匹配。

在模型以外用上采样或下采样直接对图片进行操作时，常会使用一些特定的算法，以优化缩放后的图片质量。

7.2.11 用八度卷积替换模型中的普通卷积

八度卷积（octave convolution）是一种基于高低分辨率交叉卷积特征的卷积方法，可用于增大模型的感受范围，从而提高模型的识别能力。该卷积方法能够解决在传统 CNN 模型中普遍存在的空间冗余问题，提升模型效率。其中，octave 一词表示"八音阶"或"八度"（在音乐里，降 8 个音阶表示频率减半）。

7.2.9 节介绍过主流卷积模型的通用结构。八度卷积主要针对每个单元中的卷积结构进行了优化。

在八度卷积中，将每个处理环节中的数据流改成了高分辨率和低分辨率两个部分，并在初始和结束环节进行特殊处理，将高、低分辨率部分的结果融合成一部分，使其与普通卷积的输出形状相同。在八度卷积结构中，共有以下 3 种类型的模块。

- 初始模块：对输入数据先进行卷积，再进行下采样操作。卷积的结果可作为高分辨率特征，下采样的结果可作为低分辨率特征。
- 普通模块：根据输入的高、低分辨率特征，按照指定的通道比例分别进行处理，得到 f_h、f_l；对 f_l 进行上采样并将结果与 f_h 融合，输出最终的高分辨率特征（f_h_output）；然后对 f_h 下采样并将结果与 f_l 融合，输出最终的低分辨率特征（f_l_output）。
- 结尾模块：直接将高分辨率特征下采样与低分辨率特征融合，输出最终的卷积结果。

在实际实现时，这 3 种模块可以归纳成一种结构，并统一由参数 a 进行调节，如图 7-9 所示。

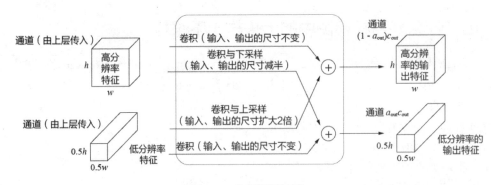

图 7-9 八度卷积的结构

图 7-9 中的参数 a_{out} 代表输出结果中低分辨率的占比；c_{out} 代表卷积操作中输出的通道数。在初始模块中，只以高分辨率数据（低分辨率的通道数为 0）作为输入，并按照指定的参数 a 来分配高、低分辨率特征的输出通道数量。

在结尾模块中，不再对高分辨率特征下采样，而直接将其卷积后的结果与低分辨率特征卷积后的结果进行融合。

> **提示：**
> 下采样的实现方式并没有使用步长为 2 的卷积操作，而是用平均池化完成的。这么做的原因是：
> 对于使用步长为 2 的卷积操作所得到的下采样特征，在进行上采样（低频到高频）时，会出现中心偏移的错位情况（misalignment）。如果在此结果之上继续进行特征图融合，则会造成特征无法对齐，进而影响性能。所以，最终选择用平均池化来进行下采样。

对于八度卷积而言，对低分辨率特征进行卷积，实际上增大了模型的感受范围。相对于普通的卷积操作，八度卷积几乎等价于将感受范围扩大为原来的两倍，这可以进一步帮助八度卷积层捕捉远距离的上下文信息，从而提升性能。

经过实验，利用八度卷积的结构来代替任意模型（例如 ResNet、ResNeXt、MobileNet，以及 SE-Net 等）中的传统卷积，会对性能和精度有很大的提升。（参见 arXiv 网站上编号为"1904.05049"的论文。）

在 GitHub 网站搜索 TensorFlow_octConv，即可查看在 ResNet 模型中用八度卷积改造过的源代码，里面有八度卷积的相关基础模块。

7.2.12 实例 35：用 EfficientNet 模型识别图像

使用 EfficientNet 模型的方式与 7.1 节使用 ResNet50 的方式几乎一样。不同的是，在

TensorFlow 2.1 版本中还没有集成 EfficientNet 模型（在 2.1 的后续版本中可以找到 EfficientNet 模型）。不过可以通过安装第三方库的方式对 EfficientNet 模型进行加载，安装命令如下：

```
pip install keras_efficientnets
```

keras_efficientnets 库是 Keras 框架的一个第三方库，所以还需要安装 Keras 框架才能运行它。编写代码的方式与 7.1 节 ResNet50 的使用方式完全一致。读者可以参考本书配套资源中的代码文件"7-2 用 EfficientNet 模型识别图像.py"。

7.3 实例 36：在估算器框架中用 tf.keras 接口训练 ResNet 模型，识别图片中是橘子还是苹果

tf.keras 接口中的预训练模型不仅可以直接拿来使用，还可以对其进行微调，生成适合自定义分类的模型。尤其在样本量不足的情况下，使用预训练模型做迁移训练，是一种非常快捷的解决方案。

本实例以 ResNet50 模型为例，使用估算器框架中的 train_and_evaluate()方法，对其进行迁移训练，使模型能够区分苹果和橘子。

7.3.1 样本准备

该实例的样本是各种各样的橘子和苹果的图片。样本下载地址参见本书配套资源中的"代码 7-3 数据集地址.txt"。

将样本下载后，放到本地代码的同级目录下即可。该样本的结构与 4.7 节实例中样本的结构几乎一样。

在样本处理环节，可以直接重用 4.7 节数据集部分的代码：
（1）将 4.7 节数据集部分的代码复制到本地。
（2）修改数据集路径，使其指向本地的橘子和苹果数据集。

运行程序后可以看到输出的结果，如图 7-10 所示。

图 7-10 橘子和苹果样本

7.3.2 代码实现：准备训练与测试数据集

将 4.7 节的实例中的代码文件 "4-10　将图片文件制作成 Dataset 数据集.py" 复制到本地代码的同级目录下，修改其中的图片归一化函数_norm_image，具体代码如下：

代码 7-3　用 ResNet 识别橘子和苹果

```
01  def _norm_image(image,size,ch=1,flattenflag = False):    #定义函数，实现数据归一化处理
02      image_decoded = image/127.5-1
03      if flattenflag==True:
04          image_decoded = tf.reshape(image_decoded, [size[0]*size[1]*ch])
05      return image_decoded
```

7.3.3 代码实现：制作模型输入函数

制作模型的输入函数，并对其进行测试。具体代码如下：

代码 7-3　用 ResNet 识别橘子和苹果（续）

```
06  from tensorflow.keras.preprocessing import image
07  from tensorflow.keras.applications.resnet50 import ResNet50
08  from tensorflow.keras.applications.resnet50 import preprocess_input,
    decode_predictions
09
10  size = [224,224]              #图片尺寸
11  batchsize = 10                #批次大小
12
13  sample_dir=r"./apple2orange/train"
14  testsample_dir = r"./apple2orange/test"
15
16  traindataset = dataset(sample_dir,size,batchsize) #训练集
17  testdataset = dataset(testsample_dir,size,batchsize,shuffleflag = False)#
    测试集
18
19  print(tf.compat.v1.data.get_output_types(traindataset))#打印数据集的输出信息
20  print(tf.compat.v1.data.get_output_shapes(traindataset))
21
22  def imgs_input_fn(dataset):
23      iterator = tf.compat.v1.data.make_one_shot_iterator(dataset) #生成一个迭代器
24      one_element = iterator.get_next()    #从 iterator 里取一个元素
```

```
25        return one_element
26
27 next_batch_train = imgs_input_fn(traindataset)   #从traindataset里取一个元素
28 next_batch_test = imgs_input_fn(testdataset)     #从testdataset里取一个元素
29    if flattenflag==True:
30 with tf.compat.v1.Session() as sess:     #建立会话(session)
31    sess.run(tf.compat.v1.global_variables_initializer())   #初始化
32    try:
33        for step in np.arange(1):
34            value = sess.run(next_batch_train)
35            showimg(step,value[1],np.asarray(
36                    (value[0]+1)*127.5,np.uint8),10)   #显示图片
37    except tf.errors.OutOfRangeError:               #捕获异常
38        print("Done!!!")
```

代码第 30 行是用会话（session）对输入函数进行测试的。运行后，如果看到如图 7-10 所示的效果，则表示输入函数正确。

7.3.4 代码实现：搭建 ResNet 模型

搭建 ResNet 模型的步骤如下：

（1）手动将预训练模型文件 "resnet50_weights_tf_dim_ordering_tf_kernels_notop.h5" 下载到本地（也可以采用 7.1 节的方法——在程序执行时通过设置让其自动从网上下载）。

（2）用 tf.keras 接口加载 ResNet50 模型，并将其作为一个网络层。

（3）用 tf.keras.models 类在 ResNet50 模型后添加两个全连接网络层。

（4）用激活函数 Sigmoid 对模型最后一层的结果进行处理，得出最终的分类结果：是橘子还是苹果。

具体代码如下：

代码 7-3　用 ResNet 识别橘子和苹果（续）

```
39 img_size = (224, 224, 3)
40 inputs = tf.keras.Input(shape=img_size)
41 conv_base =
   ResNet50(weights='resnet50_weights_tf_dim_ordering_tf_kernels_notop.h5',
   input_tensor=inputs,input_shape = img_size ,include_top=False)#创建ResNet
42
43 model = tf.keras.models.Sequential()       #创建整个模型
44 model.add(conv_base)
45 model.add(tf.keras.layers.Flatten())
```

```
46 model.add(tf.keras.layers.Dense(256, activation='relu'))
47 model.add(tf.keras.layers.Dense(1, activation='sigmoid'))
48 conv_base.trainable = False        #不训练 ResNet 的权重
49 model.summary()
50 model.compile(loss='binary_crossentropy',    #构建反向传播
51               optimizer=tf.keras.optimizers.RMSprop(lr=2e-5),
52               metrics=['acc'])
```

代码第 48 行，将 ResNet50 模型（conv_base）的权重设为不可训练，以固定 ResNet50 模型的权重，让其只输出图片的特征结果，并用该特征结果去训练后面的两个全连接层。

7.3.5 代码实现：训练分类器模型

训练分类器模型的步骤如下：

（1）用 tf.keras.estimator.model_to_estimator()方法创建估算器模型 est_app2org。

（2）用 train_and_evaluate()方法对估算器模型 est_app2org 进行训练。

具体代码如下。

代码 7-3 用 ResNet 识别橘子和苹果（续）

```
53 model_dir ="./models/app2org"
54 os.makedirs(model_dir, exist_ok=True)
55 print("model_dir: ",model_dir)
56 est_app2org = tf.keras.estimator.model_to_estimator(keras_model=model,
   model_dir=model_dir)
57 import time
58 start_time = time.time()
59 with tf.compat.v1.Session() as sess1: # 训练模型，建立会话（session）
60     sess1.run(tf.compat.v1.global_variables_initializer())    #初始化
61     train__=sess1.run(next_batch_train)
62     eval__=sess1.run(next_batch_test)
63     train_spec = tf.estimator.TrainSpec(input_fn=lambda:
   train__,max_steps=500)
64     eval_spec = tf.estimator.EvalSpec(input_fn=lambda: eval__)
65     tf.estimator.train_and_evaluate(est_app2org, train_spec, eval_spec)
66 print("--- %s seconds ---" % (time.time() - start_time))
```

代码第 63 行，指定了迭代训练的次数是 500 次。还可以通过增大训练次数的方式来提高模型的精度。如果要缩短训练时间，则可以运用 3.4 节的知识在多台机器上进行分布训练。

代码运行后，在本地路径 "models\app2org" 下生成了检查点文件。该文件是最终的结果。

7.3.6 运行程序：评估模型

评估模型的代码实现部分与 3.2 节几乎一样，只是需要将 estimator.train()方法替换成 tf.estimator.train_and_evaluate()方法即可。

具体代码如下。

代码 7-3　用 ResNet 识别橘子和苹果（续）

```
67  img = value[0]                    #准备评估数据
68  lab = value[1]
69
70  pre_input_fn =
    tf.compat.v1.estimator.inputs.numpy_input_fn(img,batch_size=10,shuffle=F
    alse)
71  predict_results = est_app2org.predict( input_fn=pre_input_fn)#评估输入的图片
72
73  predict_logits = []               #处理评估结果
74  for prediction in predict_results:
75      print(prediction)
76      predict_logits.append(prediction['dense_1'][0])
77  #可视化结果
78  predict_is_org = [int(np.round(logit)) for logit in predict_logits]
79  actual_is_org = [int(np.round(label[0]))  for label in lab]
80  showimg(step,value[1],np.asarray( (value[0]+1)*127.5,np.uint8),10)
81  print("Predict :",predict_is_org)
82  print("Actual  :",actual_is_org)
```

代码第 67、68 行，将数组 value 分成图片和标签作为待输入的样本数据。数组 value 是通过代码第 34 行从输入函数中取出的。

在实际应用中，第 67、68 行的代码还需要被换成真正的待测数据。代码运行后可以看到评估结果，如图 7-11 所示。

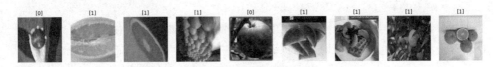

图 7-11　模型的评估结果

输出的预测结果与真实值如下：

```
Predict: [0, 1, 1, 1, 0, 1, 1, 1, 1, 0]
Actual:  [0, 1, 1, 1, 0, 1, 1, 1, 1, 1]
```

7.3.7 扩展：全连接网络的优化

要想获得更高的精度，除增加训练次数外，还可以使用以下优化方案：
- 在模型最后两层全连接网络中，加入 Dropout 层和正则化处理方法，使模型具有更好的泛化能力。
- 将模型最后两层全连接的网络结构改成"一层全尺度卷积与一层 1×1 卷积组合"的结构。
- 在数据集处理部分，对图片做更多的增强变换。

有兴趣的读者可以自行尝试。

7.3.8 在微调过程中如何选取预训练模型

在微调过程中，选取预训练模型也是有讲究的，应根据不同的应用场景来定。建议按照以下规则进行选取。
- 单独使用的预训练模型：如果样本量充足，则可以首选精度最高的模型；如果样本量不足，则可以使用 ResNet 模型。
- 嵌入模型中的预训练模型：需要根据模型的功能来定。
  - 如果模型的输入尺寸是固定的，则优先选择 ResNet 模型。
  - 如果模型的输入尺寸是不固定的，则使用类似 VGG 模型的这类支持输入变长尺寸的模型。

> 提示：
> 在实际工作中，以上建议还应根据具体的网络特征来定。例如在 YOLO V3 模型（一个知名的目标识别模型）中就用 Darknet-53 模型作为嵌入层，而非 ResNet 模型（见 7.5 节）。

- 在嵌入式上运行的预训练模型：优先选择 TensorFlow 中提供的裁剪后的模型。

ResNet 模型在 ImageNet 数据集上输出的特征向量所表现的泛化能力是最强的，具体可以参考 arXiv 网站上编号为"1805.08974"的论文。

另外，微调模型只是适用于样本不足或运算资源不足的情况下。如果样本不足，则模型微调后的精度与泛化能力会略低于原有的预训练模型；如果样本充足，最好还是使用精度最高的模型从头开始训练。因为：在样本充足情况下，能在 ImageNet 数据集上表现出高精度的模型，在自定义数据集上也同样可以。

7.4 基于图片内容的处理任务

基于图片内容的处理任务，主要包括目标识别、图片分割两大任务。二者的特点对比如下：
- 目标识别任务的精度相对较粗，主要是以矩形框的方式，找出图片中目标物体所在的坐标。该模型运算量相对较小，速度相对较快。
- 图片分割任务的精度相对较细，主要是以像素点集合的方式，找出图片中目标物体边缘的具体像素点。该模型运算量相对较大，速度相对较慢。

在实际应用中，应根据硬件的条件、精度的要求、运行速度的要求等因素来权衡该使用哪种模型。

7.4.1 了解目标识别任务

目标识别任务是视觉处理中的常见任务。该任务要求模型能检测出图片中特定的物体目标，并获得这个目标的类别信息和位置信息。

在目标识别任务中，模型的输出是一个列表，列表的每一项用一个数据组给出检出目标的类别和位置（常用矩形检测框的坐标表示）。

实现目标识别任务的模型，大概可以分为以下两类。
- 单阶段（1-stage）检测模型：直接从图片获得预测结果，也被称为 Region-free 模型。相关的模型有 YOLO、SSD、RetinaNet 等。
- 两阶段（2-stage）检测模型：先检测包含实物的区域，再对该区域内的实物进行分类识别。相关的模型有 R-CNN、Faster R-CNN 等。

在实际工作中，两阶段检测模型在位置框方面表现出的精度更高一些，而单阶段检测模型在分类方面表现出的精度更高一些。

7.4.2 了解图片分割任务

图片分割是对图中的每个像素点进行分类，适用于对像素理解要求较高的场景（例如，在无人驾驶中对道路和非道路进行分割）。

图片分割包括语义分割（semantic segmentation）和实例分割（instance segmentation）。
- 语义分割：将图片中具有不同语义的部分分开。
- 实例分割：描述出目标的轮廓（比检测框更为精细）。

目标检测、语义分割、实例分割三者的关系如图 7-12 所示。

(a)目标检测　　　　　　　(b)语义分割　　　　　　　(c)实例分割

图 7-12　图片分割任务

在图 7-12 中，3 个子图的意义如下：

- 图 7-12（a）是目标检测的结果，该任务是在原图上找到目标物体的矩形框。
- 图 7-12（b）是语义分割的结果，该任务是在原图上找到目标物体所在的像素点。例如 Mask R-CNN 模型。
- 图 7-12（c）是实例分割的结果，该任务在语义分割的基础上还要识别出单个的具体个体。

图片分割任务需要对图片内容进行更高精度的识别，这一类任务大都采用两阶段（2-stage）检测模型来实现。

7.4.3　什么是非极大值抑制（NMS）算法

在目标检测任务中，通常模型会从一张图片中检测出很多个结果，其中很有可能会包括重复物体（中心和大小略有不同）。为了能够保留检测结果的唯一性，需要使用非极大值抑制（non-max suppression，NMS）算法对检测的结果进行去重。

非极大值抑制算法的过程很简单：

（1）从所有的检测框中找到置信度较大（置信度大于某个阈值）的那个框。
（2）挨个计算其与剩余框的区域面积的重合度（intersection over union，IOU）。
（3）按照 IOU 阈值进行过滤。如果 IOU 大于一定阈值（重合度过高），则将该框剔除。
（4）对剩余的检测框重复上述过程，直到处理完所有的检测框。

在整个过程中，用到的置信度阈值与 IOU 阈值需要提前给定。在 TensorFlow 中，直接调用 tf.image.non_max_suppression 函数即可实现。

7.4.4 了解 Mask R-CNN 模型

Mask R-CNN 模型属于两阶段（2-stage）检测模型，即该模型会先检测包含实物的区域，再对该区域内的实物进行分类识别。

1. 检测实物区域的步骤

具体步骤如下：

（1）按照算法将一张图片分成多个子框。这些子框被叫作锚点，锚点是不同尺度的矩形框，彼此间存在部分重叠。

（2）在图片中为具体的实物标注位置坐标（所属的位置区域）。

（3）根据实物标注的位置坐标与锚点区域的面积重合度（intersection over union，IOU）计算出哪些锚点属于前景、哪些锚点属于背景（重合度高的就是前景，重合度低的就是背景，重合度一般的就忽略掉）。

（4）根据第（3）步结果中属于前景的锚点坐标和第（2）步结果中实物标注的位置坐标，计算出二者的相对位移和长宽的缩放比例。

最终检测区域中的任务会被转化成对一堆锚点框的分类（前景和背景）和回归任务（偏移和缩放）。如图 7-13 所示，会将每张图片的标注信息转化为与锚点对应的标签，让模型对已有的锚点进行训练或识别。

在 Mask R-CNN 模型中，担当区域检测功能的网络被称作 RPN（region proposal network）。

在实际处理过程中，会从 RPN 的输出结果中选取前景概率较高的一定数量锚点作为感兴趣区（region of interest，ROI），送到第 2 阶段的网络中进行计算。

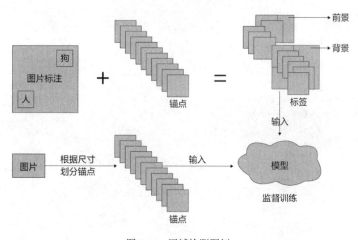

图 7-13　区域检测图例

2. Mask R-CNN 模型的完整步骤

Mask R-CNN 模型可以拆分成以下 5 个子步骤。

（1）提取主特征：这部分的模型又被叫作骨干网络。它用来从图片中提取出一些不同尺度的重要特征，通常用于一些预训练好的网络（如 VGG 模型、Inception 模型、Resnet 模型等）。这些获得的特征数据被称作 Feature Map。

（2）特征融合：用特征金字塔网络（feature pyramid network，FPN）整合骨干网络中不同尺度的特征。最终的特征信息用于后面的 RPN 网络和最终的分类器网络。

（3）提取感兴趣区：主要通过 RPN 来实现。该网络的作用是，先在众多锚点中计算出前景和背景的预测值，并算出基于锚点的偏移，然后对前景概率较大的感兴趣区用 NMS 算法去重，并从最终结果中取出指定个数的 ROI 用于后续网络的计算。

（4）ROI 池化：用 ROI 对齐（ROI Align）的方式进行。将第（2）步的结果当作图片，按照 ROI 中的区域框位置从图中取出对应的内容，并将形状统一成指定大小，用于后面的计算。

（5）最终检测：先将第（4）步的结果输入依次送入分类器网络（classifier）进行分类与边框坐标的计算；再将带有精确边框坐标的分类结果一起送到检测器网络（detectioner）进行二次去重（过滤掉类别分数较小且重复度高于指定阈值的 ROI），以实现实物矩形检测功能；最后将前面检测器的结果与第（2）步结果一起送入掩码检测器（Mask_Detectioner）进行实物像素分割。

完整的架构如图 7-14 所示。

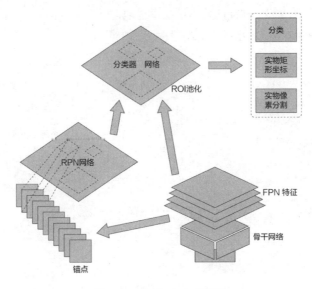

图 7-14　Mask-RCNN 架构图

7.4.5　了解 Anchor-Free 模型

目前在目标识别模型中，无论是单阶段检测模型（如 RetinaNet、SSD、YOLO V3），还是两阶段检测模型（如 Faster R-CNN），大都依赖预定义的锚框（Anchor boxes）进行实现。

通过预定义 Anchor boxes 的方式所实现的模型被叫作 Anchor 模型。相反，没有使用预定义 Anchor boxes 的方式所实现的模型被叫作 Anchor-Free 模型。

Anchor-Free 模型在传统的目标识别模型基础上去掉了预定义的锚框，避免了与锚框相关的复杂计算，使其在训练过程中不再需要使用非极大值抑制算法（NMS）。另外该模型还减少了训练内存，也不再需要设定所有与锚框相关的超参数。

目前主流的 Anchor-Free 模型有 FCOS 模型、CornerNet-Lite 模型、Fovea 模型、CenterNet 模型、DuBox 模型等。这些模型的思路大致相同，只是在具体的处理细节上略有差别。它们的效果优于基于锚框的单阶段检测模型。

提示：

YOLO 的 V1 模型是较早的 Anchor-Free 模型，该模型在预测边界框的过程中，使用了逐像素回归策略，即针对每个指定像素中心点进行边框的预测。该方法的缺点是预测出的边框偏少，只能预测出目标物体中心点附近的点的边界框。也正是为了改善这个问题，在 YOLO 的 V2、V3 版本中才加入 Anchor 策略。

衡量目标检测最重要的两个性能是精度（mAP）和速度（FPS），目前效果最好的模型是 Matrix Net（xNet），它是一个矩阵网络，具有参数少、效果好、训练快、显存占用低等特点。

在 GitHub 网站的 VCBE123 项目里搜索 AnchorFreeDetection，即可找到所有的 Anchor-Free 模型的链接。该链接对应的网页中列出了所有的 Anchor-Free 模型名称，以及该模型所对应的论文，如图 7-15 所示。

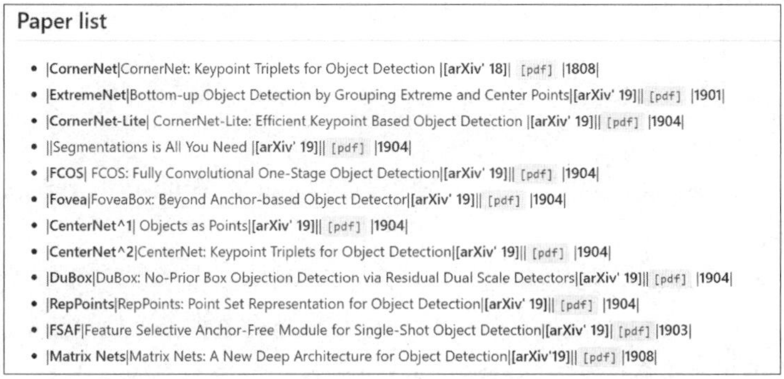

Paper list

- |CornerNet|CornerNet: Keypoint Triplets for Object Detection |[arXiv' 18]| [pdf] |1808|
- |ExtremeNet|Bottom-up Object Detection by Grouping Extreme and Center Points|[arXiv' 19]|| [pdf] |1901|
- |CornerNet-Lite| CornerNet-Lite: Efficient Keypoint Based Object Detection |[arXiv' 19]|| [pdf] |1904|
- ||Segmentations is All You Need |[arXiv' 19]|| [pdf] |1904|
- |FCOS| FCOS: Fully Convolutional One-Stage Object Detection|[arXiv' 19]|| [pdf] |1904|
- |Fovea|FoveaBox: Beyond Anchor-based Object Detector|[arXiv' 19]|| [pdf] |1904|
- |CenterNet^1| Objects as Points|[arXiv' 19]|| [pdf] |1904|
- |CenterNet^2|CenterNet: Keypoint Triplets for Object Detection|[arXiv' 19]|| [pdf] |1904|
- |DuBox|DuBox: No-Prior Box Objection Detection via Residual Dual Scale Detectors|[arXiv' 19]|| [pdf] |1904|
- |RepPoints|RepPoints: Point Set Representation for Object Detection|[arXiv' 19]|| [pdf] |1904|
- |FSAF|Feature Selective Anchor-Free Module for Single-Shot Object Detection|[arXiv' 19]| [pdf] |1903|
- |Matrix Nets|Matrix Nets: A New Deep Architecture for Object Detection|[arXiv'19]|| [pdf] |1908|

图 7-15　Anchor-Free 模型汇总

7.4.6 了解 FCOS 模型

FCOS 模型的思想与 YOLO V1 模型非常相似，都是在 FPN（特征金字塔）层基础上实现的，即：先是一个骨干网络（resnet101 或 resneXt），再接一个 FPN 层，最后在模型的输出部分生成一堆特征图，如图 7-16 所示。

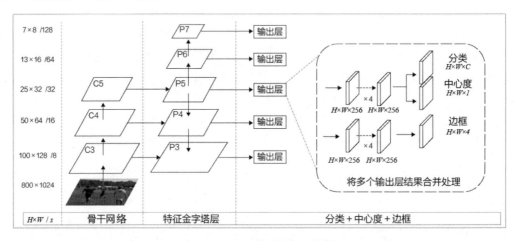

图 7-16 FCOS 模型的 FPN 结构

FCOS 模型与 YOLO V1 模型唯一不同的是：FCOS 模型并没有只考虑中心附近的点，而是利用 Ground Truth 边框（样本中的标注边框）中所有的点来预测边框。具体如下：

（1）将原图上的每个点分别制作成标签。

（2）如果某个点落在 Ground Truth 边框中，则它会被当作正样本拿来训练。

（3）一张图片样本中的一个目标会被制作成两个标签，分类标签形状为[H,W,C]（C 代表类别个数），坐标标签形状为[H,W,4]（4 代表点的坐标）。

（4）在计算损失部分，除对分类的损失、坐标的损失进行计算外，还会对 center-ness（中心度）的损失进行计算。

（5）在对分类的损失计算上，用 focal 损失的计算方法（见 7.4.7 节）解决了正负样本的分布不均衡的问题。

（6）计算 center-ness（中心度）损失，使得距离 Ground Truth 边框中心点越近的值越接近于 1，否则就越接近于 0。

（7）在输出预测边框时，使用 NMS 算法根据 center-ness 的值对低质量（距离目标中心较远）边框进行抑制。这种做法改善了 YOLO V1 模型总会漏掉部分检测边框的缺点。

有关 FCOS 模型的更多详细内容请参见 arXiv 网站上编号为"1904.01355"的论文。

7.4.7 了解 focal 损失

focal 损失是对交叉熵损失算法的一个优化,用于解决由于样本不均衡而影响模型训练效果的问题。

1. 样本不均衡的情况

训练过程中的样本不均衡主要分为以下两种情况。

- 正负样本不均衡:由于正向和负向的比例不均,导致模型对比例较大的样本数据更为敏感。
- 难易样本不均衡:大量特征相似的样本(易样本)会将少量具有同样分类但却具有不同特征的样本(难样本)淹没,使得模型将难样本当作噪声处理,而无法进行正确识别。

focal 损失在原有的交叉熵算法中加了一个权重,通过该权重来调节样本不均衡对模型的 loss 值所带来的影响。

2. focal 损失的算法原理

学习 focal 损失算法,要从交叉熵开始。以二分类为例,交叉熵的公式见式(7.1):

$$\text{CE}(p,y) = \begin{cases} -\log(p), & p = 1 \\ -\log(1-p), & p \neq 1 \end{cases} \tag{7.1}$$

在式(7.1)中,p 代表模型输出的概率;y 代表期待模型输出的目标标签。为了便于表示,将式(7.1)中等号两边的 $-\log$ 去掉,可以得到式(7.2):

$$p_t = \begin{cases} p, & p = 1 \\ 1-p, & p \neq 1 \end{cases} \tag{7.2}$$

在式(7.2)中,p_t 代表去掉-log 的交叉熵 $CE(p,y)$。将式(7.2)代入式(7.1)中,得到式(7.3):

$$\text{CE}(p,y) = \text{CE}(p_t) = -\log(p_t) \tag{7.3}$$

为交叉熵加一个权重,来平衡负样本过多对正样本产生的影响,见式(7.4):

$$\text{FL}(p_t) = -\alpha_t \log(p_t) \tag{7.4}$$

式(7.4)中,FL代表 focal 损失,权重因子 α_t 一般为相反类的比重。这样负样本越多,它的权重就越小,就可以降低负样本的影响。

解决难易样本不均衡问题可以使用式(7.5):

$$\text{FL}(p_t) = -(1-p_t)^\gamma \log(p_t) \tag{7.5}$$

其中,γ 的值一般为 0~5。对于 p_t 较大的易样本,其权重会减小。对于 p_t 较小的难样本,其权重比较大。且这个权重是动态变化的，如果难样本逐渐变得好分，则它的影响也会逐渐下降。

将式（7.4）和（7.5）合并起来，对式（7.3）的交叉熵添加权重因子α_t来平衡负样本影响；再按照式（7.5）的方式对交叉熵添加难易样本均衡处理。focal 损失最终的公式见式（7.6）：

$$FL(p_t) = -\alpha_t(1-p_t)^\gamma \log(p_t) \qquad (7.6)$$

这样，focal 损失既解决了正负样本不平衡的问题，也解决了难易样本不平衡的问题。

在实际应用中，focal 损失配合激活函数 Sigmoid 会有很好的效果，但其中的参数α_t、γ的值还需要额外的微调才可以得到最优的效果。

3. focal 损失的应用

在单阶段检测模型中，由于存在大量的负样本（属于背景的样本），所以影响了模型训练过程中导梯度的更新方向，进行导致 Anchor-Free 类模型学不到有用的信息，无法对目标进行准确分类。

focal 损失的出现，使得 Anchor-Free 类模型的实现变成可能。focal 损失在 FCOS、CenterNet 等模型中都被广泛应用。

7.4.8　了解 CornerNet 与 CornerNet-Lite 模型

CornerNet 模型的原理是：先检测边框的两个拐角（左上角和右下角），然后将这两个拐角组成一组，形成最终的检测边框。CornerNet 模型需要复杂的后处理过程，将相同实例的拐角分组。为了学习如何分组，则需要学习一个额外的用于分组的距离 metric。

有关 CornerNet 模型的更多详细内容请参见 arXiv 网站上编号为"1808.01244"的论文。

CornerNet-Lite 模型是 CornerNet 模型的升级版本。该模型使用注意力机制来避免穷举处理图像的所有像素，同时又使用了更紧凑的模型框架。它在不牺牲准确性的情况下提高了效率，改进了实时效率的准确性。

CornerNet-Lite 模型骨干网络使用的是沙漏模型（见 7.4.9 节），沙漏模型由 3 个沙漏模块组成，深度为 54 层，即 Hourglass-54。（参见 arXiv 网站上编号为"1904.08900"的论文。）

7.4.9　了解沙漏（Hourglass）网络模型

CenterNet 模型中使用沙漏（Hourglass）网络模型来进行图片特征的提取。沙漏网络模型（Hourglass）原本是用来估计人体姿态的，它擅长捕捉图片中各个关键点的空间位置信息，如图 7-17 所示。

图 7-17 沙漏模型在人体姿态估计任务中的使用

沙漏网络模型出自密歇根大学的研究团队。该模型中使用了自顶向下（top-down）到自底向上（bottom-up）的结构，该结构的形状很像沙漏，所以被叫作沙漏模型，参见 arXiv 网站上编号为"1603.06937"的论文。

沙漏网络模型中的沙漏结构是通过全卷积实现的，这种沙漏结构被叫作堆叠式沙漏（stacked hourglass）网络模块。完整的沙漏网络模型是由多个沙漏结构的堆叠式沙漏网络模块堆叠而成的，如图 7-18 所示。

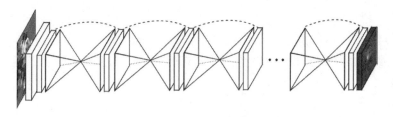

图 7-18 沙漏网络模型结构

1. 堆叠式沙漏网络模块

堆叠式沙漏网络模块可以被当作一个独立的单元。

单个堆叠式沙漏网络模块则是由多个"下采样到上采样"的处理结构嵌套而成的。以一个两层嵌套的堆叠式沙漏网络模块为例，其内部结构如图 7-19 所示。

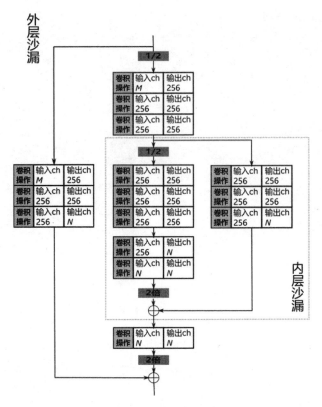

图 7-19 堆叠式沙漏网络模块

如图 7-19 所示,堆叠式沙漏网络模块中的操作可以分为 6 个步骤:

(1)输入数据分为两个分支进行处理,一个进行下采样,另一个对原尺度进行处理。

(2)下采样分支在处理完之后还会进行上采样。应保持整个堆叠式沙漏网络模块的输入/输出尺寸不变。

(3)将每次上采样后得到的结果与原尺度的数据相加。上采样有很多种方式,包括最近邻插值法、双线性插值法,以及反卷积的方式。

(4)在两次下采样之间使用 3 个残差层进行提取特征。

(5)在两次相加之间使用 1 个残差层进行提取特征。

(6)根据需要检测的关键点数量来决定最后的输出。

7.4.10　了解 CenterNet 模型

CenterNet 模型采用关键点估计的方法来找到目标中心点,然后在中心点位置回归出目标的一些属性,例如:尺寸、3D 位置、方向,甚至姿态,参见 arXiv 网站上编号为"1904.07850"

的论文。

CenterNet 模型将目标检测问题变成了标准的关键点估计问题。在具体实现中，将图像传入骨干网络（可以是沙漏网络模型 Hourglass、残差网络模型 ResNet、带多级跳跃连接的图像分类网络模型 DLA），得到一个特征图，并将特征图矩阵中的元素作为检测目标的中心点，基于该中心点预测目标的宽、高和分类信息。该模型不仅用于目标检测，还可根据不同的任务，在每个中心点输出 3D 边框检测任务和人姿态估计任务所需的结果：

- 对于 3D 边框检测任务，可以通过回归方式算出目标的深度信息、3D 框的尺寸、目标朝向。
- 对于人姿态估计任务，将关节（2D joint）位置当作中心点的偏移量进行预测，通过回归方式算出这些偏移量的值。

在训练阶段，CenterNet 模型会将目标物体的中心点坐标、目标尺寸和分类索引作为训练标签，采用高斯核函数和 focal 损失的交叉熵计算方式来进行关键点的 loss 值计算。在目标检测任务中，还添加了对尺寸和偏移值的 L1 损失计算，一起完成 CenterNet 模型的有监督训练。

 提示：

还有 CornerNet 模型的改进版。该模型在 CornerNet 模型基础上，增加了一个关键点来探索候选框内中间区域（靠近几何中心的位置）的信息。

这种做法解决了 CornerNet 的一个局限性缺陷——缺乏对物体全局信息的识别处理。在 CornerNet 模型中，用待识别物体的两个角来表示物体的边框，这种方法虽然可以很容易地计算出待识别物体的边界框信息，但是很难确定哪两个关键点属于同一个物体，所以经常导致模型产生一些错误的边框，参见 arXiv 网站上编号为"1904.08189"的论文。

7.5 实例 37：用 YOLO V3 模型识别门牌号

本节将使用 YOLO V3 模型来完成一个目标识别任务——识别门牌号。

7.5.1 模型任务与样本介绍

本实例是在动态图框架中用 tf.keras 接口来实现的。数据集使用的是 SVHN（street view house numbers，街道门牌号码）数据集。加载预训练好的模型，并在其基础上进行二次训练。

SVHN 数据集是斯坦福大学发布的一个真实图像数据集。该数据集的作用和 MNIST 数据集的作用差不多，在图像算法领域经常使用它。具体下载地址见本书配套资源中的"门牌号数据集连接.txt"。

在目标识别任务中,光有图片是不够的,还需要有标注信息。例如 COCO 数据集中的每张图片都有对应的标注信息。在本书的配套资源里,也为每张 SVHN 图片提供了对应的标注文件(本书配套资源中提供的样本不多,只是为了演示),其格式与对应关系如图 7-20 所示。

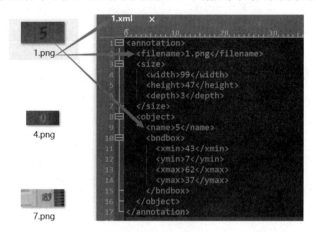

图 7-20 样本与标注

如图 7-20 所示,每张图片对应一个与其同名的 XML 文档。该 XML 文档里放置了图片的尺寸数据(高、宽),以及内容(例如图中的数字 5)对应的位置坐标。

7.5.2 代码实现:读取样本数据并制作标签

本节分为两步实现:读取样本与制作标签。

1. 读取样本

读取原始样本数据的代码是在代码文件"7-4 annotation.py"中实现的。该代码主要通过 parse_annotation 函数解析 XML 文档,并返回图片与内容的对应关系。例如,其返回值为:

```
G:/python3/8-20_yolov3numbers/data/img/9.png    #图片文件路径
[[27  8 39 26]                                  #图片的坐标、高、宽
 [40  5 53 23]
 [52  7 67 25]]
 [1, 4, 4]                                      #图片中的数字
```

该文件中的代码功能单一,可以直接被当作工具使用,不需要过多研究。

2. 制作标签

该步骤是将原始数据转为 YOLO V3 模型需要的标签格式。YOLO V3 模型中的标签格式是与其内部结构相关的,具体描述如下:

- YOLO V3 模型的标签由 3 个矩阵组成。
- 3 个矩阵的高、宽分别与 YOLO V3 模型的 3 对输出尺度相同。
- 每种尺度的矩阵对应 3 个候选框。
- 矩阵在高、宽维度上的每个点被称为格子。
- 在每个格子中有 3 个同样的结构,对应格子所在矩阵的 3 个候选框。
- 每个结构中的内容都是候选框信息。

每个候选框信息的内容包括中心点坐标、高(相对候选框的缩放值)、宽(相对候选框的缩放值)、属于该分类的概率、该分类的 one-hot 编码。

整体结构如图 7-21 所示。

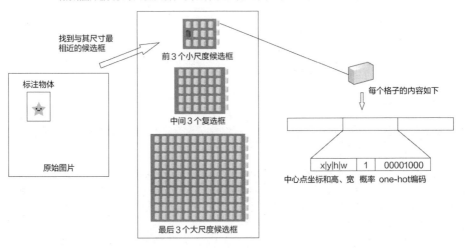

图 7-21　制作 YOLO V3 的样本标签

从图 7-21 中的结构可以看出,3 个不同尺度的矩阵分别存放原始图片中不同大小的标注物体。矩阵中的格子可以理解为原图中对应区域的映射。

具体实现见代码文件"7-5　generator.py"中的 BatchGenerator 类。其步骤如下:

(1)根据原始图片,构造 3 个矩阵当作放置标签的容器(见图 7-21 中间的 3 个方块),并向这 3 个矩阵填充 0 作为初始值。见代码第 67 行的_create_empty_xy 函数。

(2)根据标注中物体的高、宽尺寸,在候选框中找到最接近的框。见代码第 96 行的_find_match_anchor 函数。

(3)根据_find_match_anchor 函数返回的候选框索引定位对应的矩阵。调用函数_encode_box,计算物体在该矩阵上的中心点位置,以及自身尺寸相对于该候选框的缩放比例。见代码第 57 行。

（4）调用_assign_box 函数，根据最接近的候选框索引定位到格子里的具体结构，并将步骤（3）算出来的值与分类信息填入。见代码第 58 行。

完整代码如下。

代码 7-5　generator

```
01  import numpy as np
02  from random import shuffle
03  annotation = __import__("代码7-4  annotation ")
04  parse_annotation = annotation.parse_annotation
05  ImgAugment= annotation.ImgAugment
06  box = __import__("代码7-6  box")
07  find_match_box = box.find_match_box
08  DOWNSAMPLE_RATIO = 32
09
10  class BatchGenerator(object):
11      def __init__(self, ann_fnames, img_dir,labels,
12                   batch_size, anchors,  net_size=416,
13                   jitter=True, shuffle=True):
14          self.ann_fnames = ann_fnames
15          self.img_dir = img_dir
16          self.lable_names = labels
17          self._net_size = net_size
18          self.jitter = jitter
19          self.anchors = create_anchor_boxes(anchors)#按照候选框尺寸生成坐标
20          self.batch_size = batch_size
21          self.shuffle = shuffle
22          self.steps_per_epoch = int(len(ann_fnames) / batch_size)
23          self._epoch = 0
24          self._end_epoch = False
25          self._index = 0
26
27      def next_batch(self):
28          xs,ys_1,ys_2,ys_3 = [],[],[],[]
29          for _ in range(self.batch_size): #按照指定的批次获取样本数据，并做成标签
30              x, y1, y2, y3 = self._get()
31              xs.append(x)
32              ys_1.append(y1)
33              ys_2.append(y2)
34              ys_3.append(y3)
35          if self._end_epoch == True:
36              if self.shuffle:
```

```
37                shuffle(self.ann_fnames)
38            self._end_epoch = False
39            self._epoch += 1
40        return np.array(xs).astype(np.float32),
    np.array(ys_1).astype(np.float32), np.array(ys_2).astype(np.float32),
    np.array(ys_3).astype(np.float32)
41
42    def _get(self):      #获取一条样本数据并做成标签
43        net_size = self._net_size
44        #解析标注文件
45        fname, boxes, coded_labels =
    parse_annotation(self.ann_fnames[self._index], self.img_dir,
    self.lable_names)
46
47        #读取图片,并按照设置修改图片的尺寸
48        img_augmenter = ImgAugment(net_size, net_size, self.jitter)
49        img, boxes_ = img_augmenter.imread(fname, boxes)
50
51        #生成3种尺度的格子
52        list_ys = _create_empty_xy(net_size, len(self.lable_names))
53        for original_box, label in zip(boxes_, coded_labels):
54            #在anchors中,找到与其面积区域最匹配的候选框max_anchor、对应的尺度索引、
    该尺度下的第几个锚点
55            max_anchor, scale_index, box_index =
    _find_match_anchor(original_box, self.anchors)
56            #计算在对应尺度上的中心点坐标,以及对应候选框的长宽缩放比例
57            _coded_box = _encode_box(list_ys[scale_index], original_box,
    max_anchor, net_size, net_size)
58            _assign_box(list_ys[scale_index], box_index, _coded_box, label)
59
60        self._index += 1
61        if self._index == len(self.ann_fnames):
62            self._index = 0
63            self._end_epoch = True
64        return img/255., list_ys[2], list_ys[1], list_ys[0]
65
66 #初始化标签
67 def _create_empty_xy(net_size, n_classes, n_boxes=3):
68     #获得最小矩阵格子
69     base_grid_h, base_grid_w = net_size//DOWNSAMPLE_RATIO,
    net_size//DOWNSAMPLE_RATIO
70     #初始化3种不同尺度的矩阵,用于存放标签
```

```
71      ys_1 = np.zeros((1*base_grid_h,  1*base_grid_w, n_boxes, 4+1+n_classes))
72      ys_2 = np.zeros((2*base_grid_h,  2*base_grid_w, n_boxes, 4+1+n_classes))
73      ys_3 = np.zeros((4*base_grid_h,  4*base_grid_w, n_boxes, 4+1+n_classes))
74      list_ys = [ys_3, ys_2, ys_1]
75      return list_ys
76
77  def _encode_box(yolo, original_box, anchor_box, net_w, net_h):
78      x1, y1, x2, y2 = original_box
79      _, _, anchor_w, anchor_h = anchor_box
80      #取出格子在高和宽方向上的个数
81      grid_h, grid_w = yolo.shape[:2]
82
83      #根据原始图片到当前矩阵的缩放比例，计算当前矩阵中物体的中心点坐标
84      center_x = .5*(x1 + x2)
85      center_x = center_x / float(net_w) * grid_w
86      center_y = .5*(y1 + y2)
87      center_y = center_y / float(net_h) * grid_h
88
89      #计算物体相对于候选框的尺寸缩放值
90      w = np.log(max((x2 - x1), 1) / float(anchor_w))
91      h = np.log(max((y2 - y1), 1) / float(anchor_h))
92      box = [center_x, center_y, w, h]#将中心点和缩放值打包返回
93      return box
94
95  #找到与物体尺寸最接近的候选框
96  def _find_match_anchor(box, anchor_boxes):
97      x1, y1, x2, y2 = box
98      shifted_box = np.array([0, 0, x2-x1, y2-y1])
99      max_index = find_match_box(shifted_box, anchor_boxes)
100     max_anchor = anchor_boxes[max_index]
101     scale_index = max_index // 3
102     box_index = max_index%3
103     return max_anchor, scale_index, box_index
104 #将具体的值放到标签矩阵里，作为真正的标签
105 def _assign_box(yolo, box_index, box, label):
106     center_x, center_y, _, _ = box
107     #向下取整，得到的就是格子的索引
108     grid_x = int(np.floor(center_x))
109     grid_y = int(np.floor(center_y))
110     #填入所计算的数值，作为标签
111     yolo[grid_y, grid_x, box_index]      = 0.
112     yolo[grid_y, grid_x, box_index, 0:4] = box
```

```
113        yolo[grid_y, grid_x, box_index, 4  ] = 1.
114        yolo[grid_y, grid_x, box_index, 5+label] = 1.
115
116 def create_anchor_boxes(anchors):  #将候选框变为box
117     boxes = []
118     n_boxes = int(len(anchors)/2)
119     for i in range(n_boxes):
120         boxes.append(np.array([0, 0, anchors[2*i], anchors[2*i+1]]))
121     return np.array(boxes)
```

代码第 10 行定义了 BatchGenerator 类，用来实现数据集的输入功能。在实际使用时，可以用 BatchGenerator 类的 next_batch()方法（见代码第 27 行）来获取一个批次的输入样本和标签数据。

在 next_batch()方法中，用_get 函数读取样本和转换标注（见代码第 30 行）。

代码第 90 行是计算物体相对于候选框的尺寸缩放值。代码解读如下：

（1）"x2–x1" 代表计算该物体的宽度。

（2）在其外层又加了一个 max 函数，取 "x2 – x1" 和 1 中更大的那个值。

 提示：

代码第 90 行中的 max 函数可以保证计算出的宽度值永远大于 1，这样可以增强程序的健壮性。

7.5.3　YOLO V3 模型的样本与结构

YOLO V3 模型属于监督式训练模型。训练该模型所使用的样本需要包含两部分的标注信息：

- 物体的位置坐标（矩形框）。
- 物体的所属类别。

将样本中的图片作为输入，将图片上的物体类别及位置坐标作为标签，对模型进行训练，最终得到的模型会具有计算物体位置坐标及识别物体类别的能力。

在 YOLO V3 模型中，主要通过以下两部分来完成物体位置坐标计算和分类预测。

- 特征提取部分：用于提取图像特征。
- 检测部分：用于对提取的特征进行处理，预测出图像的边框坐标（bounding box）和标签（label）。

YOLO V3 模型的更多信息请参见 arXiv 网站上编号为 "1804.02767" 的论文。

1. 特征提取部分（Darknet-53 模型）

在 YOLO V3 模型中，用 Darknet-53 模型来提取特征。该模型包括 52 个卷积层和 1 个全局平均池化层，如图 7-22 所示。

	类型	卷积核个数	大小	输出
	Convolutional	32	3×3	256×256
	Convolutional	64	3×3/2	128×128
1×	Convolutional	32	1×1	①
	Convolutional	64	3×3	
	Residual			128×128
	Convolutional	128	3×3/2	64×64
2×	Convolutional	64	1×1	②
	Convolutional	128	3×3	
	Residual			64×64
	Convolutional	256	3×3/2	32×32
8×	Convolutional	128	1×1	③
	Convolutional	256	3×3	
	Residual			32×32
	Convolutional	512	3×3/2	16×16
8×	Convolutional	256	1×1	④
	Convolutional	512	3×3	
	Residual			16×16
	Convolutional	1024	3×3/2	8×8
4×	Convolutional	512	1×1	⑤
	Convolutional	1024	3×3	
	Residual			8×8
	Avgpool		Global	
	Connected		1000	
	Softmax			

图 7-22 Darknet-53 模型的结构

在实际的使用中，没有用最后的全局平均池化层，只用了 Darknet-53 模型中的第 52 层。

2. 检测部分（YOLO V3 模型）

YOLO V3 模型的检测部分所完成的步骤如下。

（1）将 Darknet-53 模型提取到的特征输入检测块中进行处理。

（2）在检测块处理后，生成具有 bbox attrs 单元的检测结果。

（3）根据 bbox attrs 单元检测到的结果在原有的图片上进行标注，完成检测任务。

bbox attrs 单元的维度为 "5+C"。其中：

- 5 代表边框坐标为 5 维，包括中心坐标（x, y）、长宽（h, w）、目标得分（置信度）。
- C 代表具体分类的个数。

具体细节见下面的代码。

7.5.4 代码实现：用 tf.keras 接口构建 YOLO V3 模型并计算损失

用 tf.keras 接口构建 YOLO V3 模型，并计算模型的输出结果与标签（见 7.5.2 节）之间的 loss 值，训练模型。

1. 构建 YOLO V3 模型

在本书的配套资源里有代码文件"7-6　box.py"，该文件实现了 YOLO V3 模型中边框处理相关的功能，可以被当作工具代码使用。

YOLO V3 模型分为 4 个代码文件来完成，具体如下。

- 代码文件"7-7　darknet53.py"：实现 Darknet-53 模型的构建。
- 代码文件"7-8　yolohead.py"：实现 YOLO V3 模型多尺度特征融合部分的构建。
- 代码文件"7-9　yolov3.py"：实现 YOLO V3 模型的构建。
- 代码文件"7-10　weights.py"：实现加载 YOLO V3 的预训练模型功能。

在代码文件"7-9　yolov3.py"中定义了 Yolonet 类，用来实现 YOLO V3 模型的网络结构。Yolonet 类在对原始图片进行计算后，会输出一个含有 3 个矩阵的列表，该列表的结构与 7.5.2 节中的标签结构一致。

YOLO V3 模型的正向网络结构在 7.5.3 节已经介绍，这里不再详细说明。

2. 计算值

YOLO V3 模型的输出结构与样本标签一致，都是一个含有 3 个矩阵的列表。在计算值时，需要先对这 3 个矩阵依次计算 loss 值，然后将每个矩阵的 loss 值结果相加再开平方得到最终结果，见代码 7-11 中第 118 行的 loss_fn 函数。

定义函数 loss_fn，用来计算 loss 值（见代码 7-11 中第 118 行）。在函数 loss_fn 中，具体的计算步骤如下：

（1）遍历 YOLO V3 模型的预测列表与样本标签列表（如图 7-21 的中间部分所示，列表中一共有 3 个矩阵）。

（2）从两个列表（预测列表和标签列表）中取出对应的矩阵。

（3）将取出的矩阵和对应的候选框一起传入 lossCalculator 函数中进行 loss 值计算。

（4）重复第（2）步和第（3）步，依次对列表中的每个矩阵进行 loss 值计算。

（5）将每个矩阵的 loss 值结果相加，再开平方，得到最终结果。

具体代码如下。

代码 7-11　yololoss

```
01  import tensorflow as tf
02
```

```python
03 def _create_mesh_xy(batch_size, grid_h, grid_w, n_box):    #生成带序号的网格
04     mesh_x = tf.cast(tf.reshape(tf.tile(tf.range(grid_w), [grid_h]), (1, grid_h, grid_w, 1, 1)),tf.float)
05     mesh_y = tf.transpose(mesh_x, (0,2,1,3,4))
06     mesh_xy = tf.tile(tf.concat([mesh_x,mesh_y],-1), [batch_size, 1, 1, n_box, 1])
07     return mesh_xy
08
09 def adjust_pred_tensor(y_pred):#将网格信息融入坐标,置信度做Sigmoid运算,并重新组合
10     grid_offset = _create_mesh_xy(*y_pred.shape[:4])
11     pred_xy    = grid_offset + tf.sigmoid(y_pred[..., :2])  #计算该尺度矩阵上的坐标
12     pred_wh    = y_pred[..., 2:4]                            #取出预测物体的尺寸t_wh
13     pred_conf  = tf.sigmoid(y_pred[..., 4])                  #对分类概率(置信度)做Sigmoid转换
14     pred_classes = y_pred[..., 5:]                           #取出分类结果
15     #重新组合
16     preds = tf.concat([pred_xy, pred_wh, tf.expand_dims(pred_conf, axis=-1), pred_classes], axis=-1)
17     return preds
18
19 #生成一个矩阵,每个格子里放有3个候选框
20 def _create_mesh_anchor(anchors, batch_size, grid_h, grid_w, n_box):
21     mesh_anchor = tf.tile(anchors, [batch_size*grid_h*grid_w])
22     mesh_anchor = tf.reshape(mesh_anchor, [batch_size, grid_h, grid_w, n_box, 2])    #每个候选框有两个值
23     mesh_anchor = tf.cast(mesh_anchor, tf.float32)
24     return mesh_anchor
25
26 def conf_delta_tensor(y_true, y_pred, anchors, ignore_thresh):
27
28     pred_box_xy, pred_box_wh, pred_box_conf = y_pred[..., :2], y_pred[..., 2:4], y_pred[..., 4]
29     #创建带有候选框的格子矩阵
30     anchor_grid = _create_mesh_anchor(anchors, *y_pred.shape[:4])
31     true_wh = y_true[:,:,:,:,2:4]
32     true_wh = anchor_grid * tf.exp(true_wh)
33     true_wh = true_wh * tf.expand_dims(y_true[:,:,:,:,4], 4)#还原真实尺寸
34     anchors_ = tf.constant(anchors, dtype='float', shape=[1,1,1,y_pred.shape[3],2])  #y_pred.shape[3]是候选框个数
35     true_xy = y_true[..., 0:2]          #获取中心点
36     true_wh_half = true_wh / 2.
```

```
37      true_mins    = true_xy - true_wh_half  #计算起始坐标
38      true_maxes   = true_xy + true_wh_half  #计算尾部坐标
39
40      pred_xy = pred_box_xy
41      pred_wh = tf.exp(pred_box_wh) * anchors_
42
43      pred_wh_half = pred_wh / 2.
44      pred_mins    = pred_xy - pred_wh_half   #计算起始坐标
45      pred_maxes   = pred_xy + pred_wh_half   #计算尾部坐标
46
47      intersect_mins  = tf.maximum(pred_mins, true_mins)
48      intersect_maxes = tf.minimum(pred_maxes, true_maxes)
49
50      #计算重叠面积
51      intersect_wh    = tf.maximum(intersect_maxes - intersect_mins, 0.)
52      intersect_areas = intersect_wh[..., 0] * intersect_wh[..., 1]
53
54      true_areas = true_wh[..., 0] * true_wh[..., 1]
55      pred_areas = pred_wh[..., 0] * pred_wh[..., 1]
56      #计算不重叠面积
57      union_areas = pred_areas + true_areas - intersect_areas
58      best_ious   = tf.truediv(intersect_areas, union_areas) #计算IOU
59      #如果IOU小于阈值,则将其作为负向的loss值
60      conf_delta = pred_box_conf * tf.cast(best_ious < ignore_thresh,tf.float)
61      return conf_delta
62
63  def wh_scale_tensor(true_box_wh, anchors, image_size):
64      image_size_ = tf.reshape(tf.cast(image_size, tf.float32), [1,1,1,1,2])
65      anchors_    = tf.constant(anchors, dtype='float', shape=[1,1,1,3,2])
66
67      #计算高和宽的缩放范围
68      wh_scale = tf.exp(true_box_wh) * anchors_ / image_size_
69      #物体尺寸占整个图片的面积比
70      wh_scale = tf.expand_dims(2 - wh_scale[..., 0] * wh_scale[..., 1], axis=4)
71      return wh_scale
72
73  def loss_coord_tensor(object_mask, pred_box, true_box, wh_scale, xywh_scale):
    #计算基于位置的损失值:将box的差与缩放比相乘,所得的结果再进行平方和运算
74      xy_delta   = object_mask  * (pred_box-true_box) * wh_scale * xywh_scale
75
76      loss_xy    = tf.reduce_sum(tf.square(xy_delta),    list(range(1,5)))
77      return loss_xy
```

```python
78
79 def loss_conf_tensor(object_mask, pred_box_conf, true_box_conf, obj_scale,
   noobj_scale, conf_delta):
80     object_mask_ = tf.squeeze(object_mask, axis=-1)
81     #计算置信度loss值
82     conf_delta = object_mask_ * (pred_box_conf-true_box_conf) * obj_scale +
   (1-object_mask_) * conf_delta * noobj_scale
83     #按照1、2、3(候选框)归约求和,0为批次
84     loss_conf = tf.reduce_sum(tf.square(conf_delta),    list(range(1,4)))
85     return loss_conf
86
87 #分类损失直接用交叉熵
88 def loss_class_tensor(object_mask, pred_box_class, true_box_class,
   class_scale):
89     true_box_class_ = tf.cast(true_box_class, tf.int64)
90     class_delta = object_mask * \
91                  tf.expand_dims(tf.nn.softmax_cross_entropy_with_logits_v2
   (labels=true_box_class_, logits=pred_box_class), 4) * \
92                  class_scale
93
94     loss_class = tf.reduce_sum(class_delta,            list(range(1,5)))
95     return loss_class
96
97 ignore_thresh=0.5       #小于该阈值的box,被认为没有物体
98 grid_scale=1            #每个不同矩阵的总loss值缩放参数
99 obj_scale=5             #有物体的loss值缩放参数
100 noobj_scale=1          #没有物体的loss值缩放参数
101 xywh_scale=1           #坐标loss值缩放参数
102 class_scale=1          #分类loss值缩放参数
103
104 def lossCalculator(y_true, y_pred, anchors,image_size):
105     y_pred = tf.reshape(y_pred, y_true.shape)  #统一形状
106
107     object_mask = tf.expand_dims(y_true[..., 4], 4)#取置信度
108     preds = adjust_pred_tensor(y_pred)   #将box与置信度数值变化后重新组合
109     conf_delta = conf_delta_tensor(y_true, preds, anchors, ignore_thresh)
110     wh_scale = wh_scale_tensor(y_true[..., 2:4], anchors, image_size)
111
112     loss_box = loss_coord_tensor(object_mask, preds[..., :4],
   y_true[..., :4], wh_scale, xywh_scale)
113     loss_conf = loss_conf_tensor(object_mask, preds[..., 4], y_true[..., 4],
   obj_scale, noobj_scale, conf_delta)
```

```
114    loss_class = loss_class_tensor(object_mask, preds[...,5:], y_true[...,
    5:], class_scale)
115    loss = loss_box + loss_conf + loss_class
116    return loss*grid_scale
117
118 def loss_fn(list_y_trues, list_y_preds,anchors,image_size):
119    inputanchors = [anchors[12:],anchors[6:12],anchors[:6]]
120    losses = [lossCalculator(list_y_trues[i], list_y_preds[i],
    inputanchors[i],image_size) for i in range(len(list_y_trues)) ]
121    return tf.sqrt(tf.reduce_sum(losses))   #将3个矩阵的loss值相加再开平方
```

代码第104行，lossCalculator函数用于计算预测结果中每个矩阵的loss值。lossCalculator函数内部的计算步骤如下。

（1）定义掩码变量object_mask：通过获取样本标签中的置信度值（有物体为1，没物体为0）来标识有物体和没有物体的两种情况（见代码第107行）。

（2）用loss_coord_tensor函数计算位置损失：计算标签位置与预测位置相差的平方。

（3）用loss_conf_tensor函数计算置信度损失：分别在有物体和没有物体的情况下，计算标签与预测置信度的差，并将二者的和进行平方。

（4）用loss_class_tensor函数计算分类损失：计算标签分类与预测分类的交叉熵。

（5）将第（2）（3）（4）步骤的结果加起来，作为该矩阵的最终损失返回。

其中，在求其他的损失时只对有物体的情况进行计算。

代码第112行，在用loss_coord_tensor函数计算位置损失时传入了一个缩放值wh_scale。该值代表标签中的物体尺寸在整个图片上的面积占比。

wh_scale值是在函数wh_scale_tensor中计算的（见代码第68行）。具体步骤如下。

（1）对标签尺寸true_box_wh做tf.exp(true_box_wh) * anchors_计算（anchors_为候选框的尺寸），得到了该物体的真实尺寸（该计算正好是7.5.2节代码第90、91行的逆运算）。

（2）用物体的真实尺寸除以image_size_（image_size_是图片的真实尺寸），得到物体在整个图上的面积占比。

在函数loss_conf_tensor中计算置信度损失是在代码第82行实现的，该代码解读如下。

- 前半部分：object_mask_ * (pred_box_conf-true_box_conf) * obj_scale是有物体情况下置信度的loss值。
- 后半部分：(1-object_mask_) * conf_delta * noobj_scale是没有物体情况下置信度的loss值。执行完"1-object_mask_"操作后，矩阵中没有物体的置信度字段都会变为1，而conf_delta是由conf_delta_tensor得来的。在conf_delta_tensor中，先计算真实与预测框（box）的重合度（IOU），再通过阈值来控制是否需要计算。如果低于阈值，则将其置信度纳入没有物体情况的loss值中来计算。

代码第 97～102 行，定义了训练中不同 loss 值的占比参数。这里将 obj_scale 设为 5，是让模型对有物体情况的置信度准确性偏大一些。在实际训练中，还可以根据具体的样本情况适当调整该值。

7.5.5 代码实现：训练模型

在训练过程中，需要使用候选框和预训练文件。其中，候选框来自 COCO 数据集聚类后的结果。下面介绍具体细节。

1．获取预训练文件

下载预训练模型文件 yolov3.weights，并保存到本地（具体下载地址见随书配套资源中的"yolov3.weights"文件）。

yolov3.weights 是在 COCO 数据集上训练好的 YOLO V3 模型文件。该文件是二进制格式的。在文件中，前 5 个 int32 值是标题信息，包括以下 4 部分内容：

- 主要版本号（占 1 个 int32 空间）。
- 次要版本号（占 1 个 int32 空间）。
- 子版本号（占 1 个 int32 空间）。
- 训练图片个数（占 2 个 int32 空间）。

在标题信息之后，便是网络的权重。

2．建立类信息，加载数据集

因为样本中的分类全部是数字，所以手动建立一个 0~9 的分类信息，见代码第 27 行。接着用 BatchGenerator 类实例化一个对象 generator，作为数据集。具体代码如下。

代码 7-12　mainyolo

```
01 import os
02 import tensorflow as tf
03 import glob
04 from tqdm import tqdm
05 import cv2
06 import matplotlib.pyplot as plt
07
08 generator = __import__("代码7-5 generator")
09 BatchGenerator = generator.BatchGenerator
10 box = __import__("代码7-6 box")
11 draw_boxes = box.draw_boxes
12 yolov3 = __import__("代码7-9 yolov3")
```

```
13 Yolonet = yolov3.Yolonet
14 yololoss = __import__("代码7-11 yololoss")
15 loss_fn = yololoss.loss_fn
16
17
18
19 PROJECT_ROOT = os.path.dirname(__file__)#获取当前目录
20 print(PROJECT_ROOT)
21
22 #定义COCO锚点的候选框
23 COCO_ANCHORS = [10,13, 16,30, 33,23, 30,61, 62,45, 59,119, 116,90, 156,198,
    373,326]
24 #定义预训练模型的路径
25 YOLOV3_WEIGHTS = os.path.join(PROJECT_ROOT, "yolov3.weights")
26 #定义分类
27 LABELS = ['0',"1", "2", "3",'4','5','6','7','8', "9"]
28
29 #定义样本路径
30 ann_dir = os.path.join(PROJECT_ROOT, "data", "ann", "*.xml")
31 img_dir = os.path.join(PROJECT_ROOT, "data", "img")
32
33 train_ann_fnames = glob.glob(ann_dir)#获取该路径下的XML文件
34
35 imgsize =416      #定义输入图片大小
36 batch_size =2     #定义批次
37 #制作数据集
38 generator = BatchGenerator(train_ann_fnames,img_dir,
39                     net_size=imgsize,
40                     anchors=COCO_ANCHORS,
41                       batch_size=2,
42                       labels=LABELS,
43                       jitter = False)#随机变化尺寸,数据增强
```

代码第35行,定义图片的输入尺寸为 416pixel×416pixel。这个值必须大于 COCO_ANCHORS 中的最大候选框,否则候选框没有意义。

由于使用了COCO数据集的候选框,所以在选择输入尺寸时,尽量也使用与在COCO数据集上训练的YOLO V3模型一致的输入尺寸。这样会有相对较好的训练效果。

 提示:
在实例中,直接用COCO数据集的候选框作为模型的候选框,这里这么做只是为了演示

> 方便。在实际训练中,为了得到更好的精度,建议用训练数据集聚类后的结果作为模型的候选框。

3. 定义模型及训练参数

定义两个循环处理函数:

- _loop_validation 函数用于循环所有数据集,进行模型的验证。
- _loop_train 函数用于对全部的训练数据集进行训练。

为了演示方便,这里只用一个数据集,既做验证用,也做训练用。具体代码如下:

代码 7-12　mainyolo（续）

```
44  learning_rate = 1e-4      #定义学习率
45  num_epoches =85           #定义迭代次数
46  save_dir = "./model"      #定义模型路径
47
48  #循环整个数据集,进行loss值验证
49  def _loop_validation(model, generator):
50      n_steps = generator.steps_per_epoch
51      loss_value = 0
52      for _ in range(n_steps):   #按批次循环获取数据,并计算loss值
53          xs, yolo_1, yolo_2, yolo_3 = generator.next_batch()
54          xs=tf.convert_to_tensor(value = xs)
55          yolo_1=tf.convert_to_tensor(value = yolo_1)
56          yolo_2=tf.convert_to_tensor(value = yolo_2)
57          yolo_3=tf.convert_to_tensor(value = yolo_3)
58          ys = [yolo_1, yolo_2, yolo_3]
59          ys_ = model(xs )
60          loss_value += loss_fn(ys, ys_,anchors=COCO_ANCHORS,
61              image_size=[imgsize, imgsize] )
62      loss_value /= generator.steps_per_epoch
63      return loss_value
64
65  #循环整个数据集,进行模型训练
66  def _loop_train(model,optimizer, generator,grad):
67      n_steps = generator.steps_per_epoch
68      for _ in tqdm(range(n_steps)):   #按批次循环获取数据,并进行训练
69          xs, yolo_1, yolo_2, yolo_3 = generator.next_batch()
70          xs=tf.convert_to_tensor(value = xs)
71          yolo_1=tf.convert_to_tensor(value = yolo_1)
72          yolo_2=tf.convert_to_tensor(value = yolo_2)
73          yolo_3=tf.convert_to_tensor(value = yolo_3)
```

```
74          ys = [yolo_1, yolo_2, yolo_3]
75          optimizer.apply_gradients(zip(grad(yolo_v3,xs, ys) ,
76                              yolo_v3.variables))
77 if not os.path.exists(save_dir):
78     os.makedirs(save_dir)
79 save_fname = os.path.join(save_dir, "weights")
80
81 yolo_v3 = Yolonet(n_classes=len(LABELS))  #实例化YOLO模型的类对象
82 #加载预训练模型
83 yolo_v3.load_darknet_params(YOLOV3_WEIGHTS, skip_detect_layer=True)
84
85 #定义优化器
86 optimizer = tf.compat.v1.train.AdamOptimizer(learning_rate=learning_rate)
87
88 #定义函数以计算loss值
89 def _grad_fn(yolo_v3, images_tensor, list_y_trues):
90     with tf.GradientTape() as tape:
91         logits = yolo_v3(images_tensor)
92         loss = loss_fn(list_y_trues, logits,anchors=COCO_ANCHORS,
93              image_size=[imgsize, imgsize])
94     return tape.gradient(target=loss,sources=yolo_v3.variables)
95 grad = _grad_fn    #获得计算梯度的函数
```

代码第77~95行,实现了在动态图里建立梯度函数、优化器及YOLO V3模型的操作。

3. 启用循环训练模型

按照指定的迭代次数循环,并用history列表接收测试的Loss值,将Loss值最小的模型保存起来。具体代码如下:

代码7-12　mainyolo（续）

```
96 history = []
97 for i in range(num_epoches):
98     _loop_train( yolo_v3,optimizer, generator,grad)   #训练
99
100    loss_value = _loop_validation(yolo_v3, generator) #验证
101    print("{}-th loss = {}".format(i, loss_value))
102
103    #收集loss值
104    history.append(loss_value)
105    if loss_value == min(history):    #只有在loss值创新低时才保存模型
```

```
106            print("    update weight {}".format(loss_value))
107            yolo_v3.save_weights("{}.h5".format(save_fname))
```

代码运行后，输出以下结果：

```
100%|██████████| 16/16 [00:23<00:00, 1.46s/it]
0-th loss = 16.659032821655273
    update weight 16.659032821655273
...
100%|██████████| 16/16 [00:22<00:00, 1.42s/it]
81-th loss = 0.8185760378837585
    update weight 0.8185760378837585
100%|██████████| 16/16 [00:22<00:00, 1.42s/it]
...
85-th loss = 0.9106661081314087
100%|██████████| 16/16 [00:22<00:00, 1.42s/it]
```

从结果中可以看到，模型在训练时 loss 值会发生一定的抖动。在第 81 次时，loss 值为 0.81 达到了最小，程序将当时的模型保存了起来。

在真实训练的环境下，可以使用更多的样本数据，设置更多的训练次数，来让模型达到更好的效果。

同时，还可以在代码第 43 行将变量 jitter 设为 True，对数据进行尺度变化（这是数据增强的一种方法），以便让模型有更好的泛化效果。一旦使用了数据增强，则模型会需要更多次数的迭代训练才可以收敛。

7.5.6 代码实现：用模型识别门牌号

编写代码，载入 test 目录下的测试样本，并输入模型进行识别。具体代码如下：

代码 7-12　mainyolo（续）

```
108 IMAGE_FOLDER = os.path.join(PROJECT_ROOT, "data", "test","*.png")
109 img_fnames = glob.glob(IMAGE_FOLDER)
110
111 imgs = []          #存放图片
112 for fname in img_fnames:       #读取图片
113     img = cv2.imread(fname)
114     img = cv2.cvtColor(img, cv2.COLOR_BGR2RGB)
115     imgs.append(img)
116
117 yolo_v3.load_weights(save_fname+".h5")  #载入训练好的模型
118 import numpy as np
```

```
119 for img in imgs:              #依次传入模型
120     boxes, labels, probs = yolo_v3.detect(img, COCO_ANCHORS,imgsize)
121     print(boxes, labels, probs)
122     image = draw_boxes(img, boxes, labels, probs, class_labels=LABELS,
    desired_size=400)
123     image = np.asarray(image,dtype= np.uint8)
124     plt.imshow(image)
125     plt.show()
```

代码运行后输出以下结果（见图 7-23~图 7-28）：

```
[[ 72.   24.   94.   66. ]
 [ 71.5  26.5  94.5  69.5]
 [ 93.   22.  119.   72. ]] [5 1 6] [0.1293204  0.83631355 0.94269735]
5: 12.932039779730606%  1: 83.63134570388885%  6: 94.26973462104797%
```

图 7-23　YOLO V3 结果 1

```
[[44.5 11.  55.5 33. ]] [6] [0.8771134]
6: 87.71134018898010%
```

图 7-24　YOLO V3 结果 2

```
[[35.   6.5 45.  25.5]] [5] [0.6734172]
5: 67.34172105789185%
```

图 7-25　YOLO V3 结果 3

```
[[65. 16. 85. 50.]] [8] [0.49630296]
8: 49.63029623031616%
```

图 7-26　YOLO V3 结果 4

```
[[105.5  14.5 126.5  49.5]] [9] [0.719958]
9: 71.99580073356628%
```

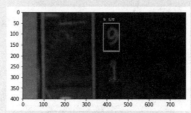

图 7-27　YOLO V3 结果 5

```
[[60.  30.  74.  58. ]
 [75.5 34.  90.5 60. ]] [6 9] [0.62158585 0.95006496]
6: 62.158584594722656%
9: 95.006495714118762%
```

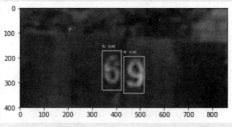

图 7-28　YOLO V3 结果 6

7.5.7　扩展：标注自己的样本

本节介绍两个标注样本的工具。可以利用它们对自己的数据进行标注，然后按照前面实例介绍的方法训练自己的模型。

1．Label-Tool

该工具是用 Python Tkinter 开发的。源码地址在 GitHub 网站 puzzledqs 项目的 BBox-Label-Tool 子项目中。

在该项目的页面中可以看到该软件的操作界面，如图 7-29 所示。

图 7-29　Label-Tool 工具

2. labelImg

该工具是用 Python 和 Qt 开发的。源码地址在 GitHub 网站 tzutalin 项目的 labelImg 子项目中。该软件的操作界面如图 7-30 所示。

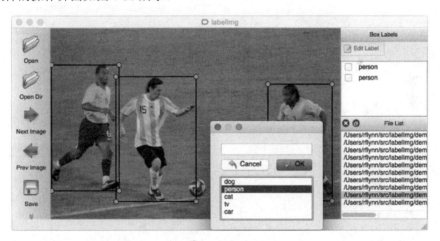

图 7-30　Label Img 工具

另外，在 tzutalin.github.io 网站中搜索 labelImg，还可以找到该软件的安装包。

第4篇 高级

第 8 章

生成式模型——能够输出内容的模型

生成式模型的主要功能是输出具体样本。该模型用在模拟生成任务中。

生成式模型包括自编码网络模型、对抗神经网络模型。这种模型输出的不再是分类或预测结果，而是一个个体，该个体所在的分布空间，与输入样本的分布空间一致。例如：生成与用户匹配的 3D 假牙、合成一些有趣的图片或音乐，甚至是创作小说或是编写代码。当然这些技术都比较前沿，大部分还没成熟或普及。

目前，生成式模型主要用于提升已有模型的性能。例如：

- 用生成式模型可以模拟生成已有的样本，从扩充数据集的角度提升模型的泛化能力（适用于样本不足的场景）。
- 用生成式模型可以制作目标模型的对抗样本。该对抗样本能够提升目标模型的健壮性。
- 将生成式模型嵌入已有分类或回归任务模型里，通过损失值来增加对模型的约束，从而实现精度更好的分类或回归模型。例如在胶囊网络模型中就嵌入了自编码网络模型，以完成重建损失的功能。

> 提示：
> 本章的 8.1 节是信息熵的相关知识，这部分知识对掌握神经网络模型理论大有帮助。非常建议读者先看一下这部分内容。如果读者已经掌握信息熵，则可以直接从 8.2 节开始。

8.1 快速了解信息熵（information entropy）

信息熵（information entropy）是一个度量单位，用来对信息进行量化。比如可以用信息熵来量化一本书所含有的信息量。它就好比用米、厘米对长度进行量化。

信息熵这个词是从热力学中借用过来的。在热力学中，用熵来表示分子状态混乱程度的物理量。可以用"信息熵"这个概念来描述信源的不确定度。

8.1.1 信息熵与概率的计算关系

任何信息都存在冗余，冗余的大小与信息中每个符号（数字、字母或单词）的出现概率（或者说不确定性）有关。

信息熵是指去掉冗余信息后的平均信息量。其值与信息中每个符号的概率密切相关。

> **提示：**
> 在 Shannon 编码定理中，介绍了熵是传输一个随机变量状态值所需的比特位下界。该定理的主要依据就是信息熵中没有冗余信息。
> 依据 Shannon 编码定理，信息熵还可以应用在数据压缩方面。

一个信源发送出的符号是不确定的，可以根据其出现的概率来衡量它。概率大，则出现机会多，不确定性小；反之，不确定性就大，则信息熵就越大。

1. 信息熵的特点

假设计算信息熵的函数是 I，计算概率的函数是 P，则信息熵的特点可以有如下表示：

（1）I 是 P 的减函数。

（2）两个独立符号所产生的不确定性（信息熵）等于各自不确定性之和，即 $I(P1,P2)=I(P1)+I(P2)$。

2. 自信息的计算公式

信息熵属于一个抽象概念，其计算方法本没有固定公式。任何符合信息熵特点的公式都可以被用作信息熵的计算。

对数函数是一个符合信息熵特性的函数。具体解释如下：

（1）假设两个是独立不相关事件的概率为 $P(x,y)$，则 $P(x,y)=P(x)P(y)$。

（2）如果将对数公式引入信息熵的计算，则 $I(x,y)= \log(P(x,y))=\log(P(x))+\log(P(y))$。

（3）因为 $I(x)=\log(P(x))$，$I(y)=\log(P(y))$，则 $I(x,y)=I(x)+I(y)$ 正好符合信息熵的可加性。

为了满足 I 是 P 的减函数，则直接对 P 取倒数。于是，引入对数函数的信息熵公式可以写成式（8.1）。

$$I(p) = \log(\frac{1}{p}) = -\log(p) \tag{8.1}$$

在式（8.1）中，p 是概率函数 $P(x)$ 的结果，$I(x)$ 是随机变量 x 的自信息（self-information），它描述的是某个事件发生所产生的信息量。该函数的曲线如图 8-1 所示。

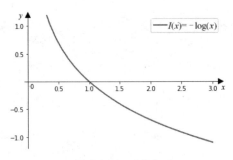

图 8-1　自信息函数曲线

由图 8-1 可以看出，因为概率 p 的取值范围为 0～1，式（8.1）中的负号也可以用来保证信息量是非负数。

3．信息熵的计算公式

在信源中，假如一个符号 U 可以有 n 种取值：$U1\cdots Ui\cdots Un$，对应概率函数为：$P1\cdots Pi\cdots Pn$，且各种符号的出现彼此独立，则该信源所表达的信息量可以通过求 $I(x)=-\log P(U)$ 关于概率分布 $P(U)$ 的期望得到。U 的信息熵可以写成式（8.2）。

$$H(U) = -\sum_{i=1}^{n} p_i \log(p_i) \tag{8.2}$$

目前，信息熵大多都是通过式（8.2）进行计算的，式中的 p_i 是概率函数 $P_i(U_i)$ 的结果。在数学中，信息熵的对数一般以 2 为底，单位为比特（bit）。在神经网络中，信息熵的对数一般以自然数 e 为底，单位为奈特（nat）。

由式（8.2）可以看出，随机变量的取值个数越多，则状态数也就越多，信息熵就越大，说明混乱程度也越大。

以一个最简单的单符号二元信源为例，该信源中的符号 U 仅可以取值为 a 或 b。其中，取 a 的概率为 p，则取 b 的概率为 $1-p$。该信源的信息熵可以记为 $H(U)=p \times I(p)+(1-p)\times I(1-p)$，所形成的曲线如图 8-2 所示。

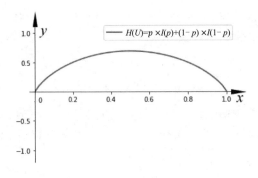

图 8-2　二元信源的信息熵曲线

图 8-2 中，x 轴代表符号 U 取值为 a 的概率值 p，y 轴代表符号 U 的信息熵 H(U)。由图 8-2 可以看出信息熵有如下几个特性。

（1）确定性：当符号 U 取值为 a 的概率值 p=0 和 p=1 时，U 的值是确定的，没有任何变化量，所以信息熵为 0。

（2）极值性：当 p=0.5 时，U 的信息熵达到了最大。这表明当变量 U 的取值为均匀分布时（所有的取值的概率都相同），熵最大。

（3）对称性：即对称于 p=0.5。

（4）非负性：即收到一个信源符号所获得的信息量应为正值，$H(U) \geqslant 0$。

4. 了解连续信息熵及其特性

在"3. 信息熵的计算公式"中介绍的公式适用于离散信源，即信源中的变量都是从离散数据中取值的。

在信息论中，还有一种连续信源，即信源中的变量是从连续数据中取值的。连续信源可以取值无限，信息量可以无限大，对其求信息熵已无意义。对连续信源的度量可以使用相对熵的值进行度量。此时连续信息熵可以用 $H_c(U)$ 来表示，它是一个有限的相对值，又称相对熵（见 8.1.4 节）。

连续信息熵与离散信源的信息熵特性相似，仍具有可加性。不同的是，连续信源的信息熵不具非负性。但是，在取两熵的差值为互信息时，它仍具有非负性。这与力学中"势能"的定义相仿。

8.1.2 联合熵（joint entropy）及其公式介绍

联合熵（joint entropy）是将一维随机变量分布推广到多维随机变量分布。设两个变量集合 X 和 Y（它们中的个体分别为 x、y），它们的联合熵也可以由联合概率函数 P(X,Y) 计算得来，见式（8.3）。

$$H(X,Y) = -\sum_{X,Y} P(x,y) \log P(x,y) \tag{8.3}$$

式（8.3）中的联合概率分布函数 P(X,Y) 是指集合 X 和集合 Y 同时满足某一条件的概率。它还可以被记作 P(XY) 或者 P(X∩Y)。

8.1.3 条件熵（conditional entropy）及其公式介绍

条件熵 H(Y|X) 表示在已知随机变量集合 X 的条件下随机变量集合 Y 的不确定性。条件熵 H(Y|X) 可以由联合概率函数 P(x,y) 和条件概率函数 P(y|x) 计算得来（x、y 是集合 X 和 Y 指中的个体），见式（8.4）。

$$H(Y|X) = -\sum_{X,Y} P(x,y)\log P(y|x) \tag{8.4}$$

1. 条件概率及对应的计算公式

式（8.4）中的条件概率分布函数 $P(Y|X)$ 是指集合 Y 基于集合 X 的条件概率，即在集合 X 的条件下集合 Y 出现的概率。它与联合概率的关系见式（8.5）。

$$P(X,Y) = P(Y|X)P(X) \tag{8.5}$$

式（8.5）中的 $P(X)$ 是指集合 X 的边际概率（也叫作边缘概率）。整个公式可以描述为："集合 X 和集合 Y 的联合概率"等于"集合 Y 基于集合 X 的条件概率"乘以"集合 X 的边际概率"。

2. 条件熵对应的计算公式

条件熵 $H(Y|X)$ 的计算公式与条件概率非常相似，也可以由集合 X 和集合 Y 的联合信息熵计算得来，见式（8.6）。

$$H(Y|X) = H(X,Y) - H(X) \tag{8.6}$$

式（8.6）可以描述为：条件熵 $H(Y|X)$=联合熵 $H(X,Y)$ 减去集合 X 单独的熵（边缘熵）$H(X)$。即描述集合 X 和集合 Y 所需的信息是"集合 X 的边缘熵"加上"给定集合 X 的条件下具体化集合 Y 所需的额外信息"。

8.1.4 交叉熵（cross entropy）及其公式介绍

交叉熵在神经网络中常用于计算分类模型的损失（原因解释见 8.1.5 节）。交叉熵表达的是实际输出（概率）与期望输出（概率）之间的距离。交叉熵越小则两个概率越接近。其数学意义可以有如下解释。

1. 交叉熵公式

假设样本集的概率分布函数为 $P(x)$，模型预测结果的概率分布函数为 $Q(x)$，则真实样本集的信息熵如式（8.7）（p 是函数 $P(x)$ 的值）。

$$H(p) = \sum_x P(x)\log \frac{1}{P(x)} \tag{8.7}$$

如果用模型预测结果的概率分布函数 $Q(x)$ 来表示数据集中样本分类的信息熵，则式（8.7）可以写成式（8.8），其中 q 是函数 $Q(x)$ 的值。

$$H_{\text{cross}}(p,q) = \sum_x P(x)\log \frac{1}{Q(x)} \tag{8.8}$$

式（8.8）则为 $Q(x)$ 与 $P(x)$ 的交叉熵。因为分类的概率来自样本集，所以式中的概率部分用 $Q(x)$，而熵部分则是神经网络的计算结果，所以用 $Q(x)$。

2. 理解交叉熵损失

交叉熵损失的公式见式（8.9）。

$$\text{Loss}_{\text{cross}} = -\frac{1}{n}\sum_{x}[y\log(a) + (1-y)\log(1-a)] \quad (8.9)$$

从交叉熵角度理解，交叉熵损失的公式是模型对正向样本预测的交叉熵（第1项）和负向样本预测的交叉熵（第2项）之和。

> 📖 提示：
> 预测正向样本的概率为 a，预测负向样本的概率为 $1-a$。

8.1.5 相对熵（relative entropy）及其公式介绍

相对熵（relative entropy）又被称为 KL 散度（kullback-leibler divergence）或信息散度（information divergence），用来度量的是两个概率分布（probability distribution）间的非对称性差异。在信息理论中，相对熵等价于两个概率分布的信息熵（shannon entropy）的差值。

1. 相对熵的公式

设 $P(x)$、$Q(x)$ 是离散随机变量集合 X 中取值的两个概率分布函数，它们的结果分别为 p、q，则 p 对 q 的相对熵见式（8.10）。

$$D_{\text{KL}}(p\|q) = \sum_{X} P(x)\log\frac{P(x)}{Q(x)} := E_p\left[\log\frac{\mathrm{d}P(x)}{\mathrm{d}Q(x)}\right] \quad (8.10)$$

由式（8.10）可知，当 $P(x)$ 与 $Q(x)$ 两个概率分布函数相同时，相对熵为 0（因为 log1=0），并且相对熵具有不对称性。

> 📖 提示：
> 在式（8.10）中，符号"$:=$"是"定义为"的意思。
> 在式（8.10）中，符号"E_p"是期望的意思。期望是指，每次可能结果的概率乘以其结果的总和。

2. 相对熵的与交叉熵之间的关系

将式（8.10）的对数部分展开，可以看到相对熵与交叉熵之间的关系，见式（8.11）。

$$D_{\text{KL}}(p\|q) = \sum_{X} P(x)\log P(x) + \sum_{X} P(x)\log\frac{1}{Q(x)}$$
$$= -H(p) + H_{\text{cross}}(p,q) = H_{\text{cross}}(p,q) - H(p) \quad (8.11)$$

由式（8.11）可以看出，p 与 q 的相对熵由二者的交叉熵去掉 p 的边缘熵而来。在神经网络中，由于训练数据集是固定的（即 p 的熵是一定的），所以最小化交叉熵等价于最小化预测结果与真实分布之间的相对熵（模型的输出分布与真实分布的相对熵越小，则表明模型对真实样本拟合效果越好）。这也是为什么要用交叉熵作为损失函数的原因。

用一句话可以更直观地概括二者的关系：相对熵是交叉熵中去掉熵的部分。

在变分自编码（见 8.3.4 节）中，使用相对熵来计算损失，该损失函数用于指导生成器模型输出的样本分布更接近于高斯分布。因为目标分布不再是常数（不来自于固定的样本集），所以无法用交叉熵来代替它。这也是为什么在变分自编码中使用 KL 散度的原因。

8.1.6　JS 散度及其公式介绍

KL 散度可以表示两个概率分布的差异，但它并不是对称的。在使用 KL 散度来训练神经网络时，可能会因为顺序不同而造成训练结果不同的情况。

1. JS 散度的公式

JS（jensen-shannon）散度是在 KL 散度的基础上做了一次变换，使两个概率分布间的差异度量具有对称性，见式（8.12）。

$$D_{\mathrm{JS}} = \frac{1}{2} D_{\mathrm{KL}}\left(q \left\| \frac{q+p}{2}\right.\right) + \frac{1}{2} D_{\mathrm{KL}}\left(p \left\| \frac{q+p}{2}\right.\right) \tag{8.12}$$

2. JS 散度的特性

JS 散度与 KL 散度相比，更适合在神经网络中应用。它具有以下特性。

（1）对称性：可以用于衡量两种不同分布之间的差异。

（2）大于 0：当两个分布完全重叠时，JS 散度达到最小值 0。

（3）有上界：当两个分布差异越来越大，它们的 JS 散度的值会逐渐增大。当它们足够大时，其值会收敛到 ln2，而 KL 散度是没有上界的。在互信息的最大化任务中，常用 JS 散度来代替 KL 散度。

8.1.7　互信息（mutual information）及其公式介绍

互信息（mutual information，MI）是衡量随机变量之间相互依赖程度的度量，它用于度量两个变量间的共享信息量。可以将它看成是一个随机变量与另一个随机变量相关的信息量，或者说是一个随机变量由于已知另一个随机变量而减少的不肯定性。例如：到中午的时间，"去吃饭的不确定性"与"不知道时间是否是中午直接去吃饭"的不确定性之差。

1. 互信息公式

设两个变量集合 X 和 Y（它们中的个体分别为 x、y），它们的联合概率分布为 $P(X,Y)$，边际概率分别是 $P(X)$、$P(Y)$。互信息是指联合概率 $P(X,Y)$ 与边际概率 $P(X)$、$P(Y)$ 的相对熵，见式

（8.13）。

$$I(X;Y) = \sum_{X,Y} P(x,y) \log \frac{P(x,y)}{P(x)P(y)} \tag{8.13}$$

2．互信息的特性

互信息具有以下特性。

（1）对称性：由于互信息属于两个变量间的共享信息，则$I(X;Y) = I(Y;X)$。

（2）独立的变量间互信息为 0：如果两个变量独立，则它们之间没有任何共享信息，所以此时的互信息为 0。

（3）非负性：共享信息要么有，要么没有，所以互信息量不会出现负值。

3．互信息与条件熵之间的换算

由条件熵的式（8.6）得知（见 8.1.3 节），联合熵 $H(X,Y)$ 可以由条件熵 $H(Y|X)$ 与集合 X 边缘熵 $H(X)$ 相加而成，见式（8.14）。

$$H(X,Y) = H(Y|X) + H(X) = H(X|Y) + H(Y) \tag{8.14}$$

将式（8.14）中等号两边交换位置，则可以得到互信息的公式，见式（8.15）。

$$I(X;Y) = H(X) - H(X|Y) = H(Y) - H(Y|X) \tag{8.15}$$

式（8.15）与（8.13）是等价的（这里省略了证明等价的推导过程）。

4．互信息与联合熵之间的换算

将式（8.15）的互信息公式进一步展开，可以得到互信息与联合熵之间的关系，见式（8.16）。

$$H(X) + H(Y) - H(X,Y) = H(X,Y) - H(X|Y) - H(Y|X) \tag{8.16}$$

如果把互信息当作集合运算中的并集，则会更好理解，如图 8-3 所示。

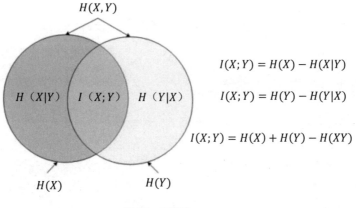

图 8-3　互信息

5. 互信息与相对熵之间的换算

对比式（8.13）右侧部分与式（8.10）中间部分可以发现，互信息还可以表示为"两个随机变量集合 X、Y 边缘分布的乘积"与"联合概率分布"的相对熵，具体见式（8.17）。

$$I(X;Y) = D_{KL}(P(x,y)\|P(x)P(y)) \tag{8.17}$$

> **提示：**
> 在实际情况中，一般会要求集合 X 对集合 Y 绝对连续，即：对于分布 集合 X 为零的区域，分布集合 Y 也必须为零，否则集合 X 与集合 Y 的相对熵会过大，没有意义。

6. 互信息的应用

互信息已被用作机器学习中特征选择和特征转换的标准。它可用于表征变量的相关性和冗余性，例如最小冗余特征选择。它可以确定数据集的两个不同聚类的相似性。

在时间序列分析中，它还可以用于相位同步的检测。

在对抗神经网络（例如 DIM 模型）和图神经网络（例如 DGI 模型）中，使用了互信息来作为无监督方式提取特征的方法。具体实现过程请参考 8.9 节。

8.2 通用的无监督模型——自编码与对抗神经网络

在有监督学习中，模型能根据预测结果与标签差值来计算损失，并向着损失最小的方向进行收敛；在无监督学习中，无法通过样本标签为模型权重指定收敛方向，这就要求模型必须有自我监督的功能。

最为典型的两个神经网络是自编码神经网络和对抗神经网络。

- 自编码神经网络将输入数据当作标签来指定收敛方向。
- 对抗神经网络一般会使用两个或多个子模型进行同时训练，利用多个模型之间的关系来实现互相监督的效果。

8.2.1 了解自编码网络模型

自编码（Auto-Encoder，AE）网络模型是一种输出和输入相等的模型。它是典型的无监督学习模型。输入的数据在网络模型中经过一系列特征转换，但在输出时还与输入时一样。

自编码网络模型虽然对单个样本没有意义，但对整体样本集却很有价值。它可以很好地学习到该数据集中样本的分布情况，既能对数据集进行特征压缩，实现提取数据主成分功能；又能与数据集的特征相拟合，实现生成模拟数据的功能。

8.2.2 了解对抗神经网络模型

对抗神经网络（GAN）模型由以下两个模型组成。
- 生成器模型：用于合成与真实样本相差无几的模拟样本。
- 判别器模型：用于判断某个样本是来自真实世界还是模拟生成的。

生成器模型的作用是，让判别器模型将合成样本当作真实样本；判别器模型的作用是，将合成样本与真实样本分辨出来。二者存在矛盾关系。将两个模型放在一起同步训练，则生成器模型生成的模拟样本会更加真实，判别器模型对样本的判断会更加精准。生成器模型可以被当作生成式模型，用来独立处理生成式任务；判别器模型可以被当作分类器模型，用来独立处理分类任务。

8.2.3 自编码网络模型与对抗神经网络模型的关系

自编码网络模型和对抗神经网络模型都属于多模型网络结构。二者常常混合使用，以实现更好的生成效果。

自编码网络模型和对抗神经网络模型都属于无监督（或半监督训练）模型。它们会在原有样本的分布空间中随机生成模拟数据。为了使随机生成的方式变得可控，常常会加入条件参数。

从某种角度看，如果自编码网络模型和对抗神经网络模型带上条件参数会更有价值。本书8.7节实现的AttGAN模型就是一个基于条件的模型，它由自编码网络模型和对抗神经网络模型组合而成。

8.3 实例38：用多种方法实现变分自编码神经网络

在《深度学习之 TensorFlow——工程化项目实战》一书中，介绍了 TensorFlow 框架中不少于 10 种的子开发框架。每种都各自独立，互不兼容。TensorFlow 2.X 中砍掉了好多子开发框架，这使得好多 TensorFlow 深度用户一夜之间对该框架感到陌生。

在《深度学习之 TensorFlow——入门、原理与进阶实战》一书中，第 10 章介绍过变分自编码，以及其在 TensorFlow 1.X 版本下静态图模式的代码实现。该模型的结构相对来讲较为"奇特"，选用其作为例子讲解，可以让读者触碰到很多真实开发中遇到的特殊情况。

为了使读者能够掌握 TensorFlow 2.X 开发模式，这里选用与《深度学习之 TensorFlow——入门、原理与进阶实战》书中一样的模型和 MNIST 数据集，使用 tf.keras 接口进行模型搭建，使用 tf.keras 接口和动态图接口两种方式进行模型训练。

8.3.1 什么是变分自编码神经网络

变分自编码器学习的不再是样本的个体,而是要学习样本的规律。这样训练出来的自编码器不仅具有重构样本的功能,还具有仿照样本的功能。

听起来这么强大的功能到底是怎么做到的呢?

变分自编码器,其实就是在编码过程中改变了样本的分布("变分"可以理解为改变分布)。上面所说的"学习样本的规律",具体指的是样本的分布。假设我们知道样本的分布函数,就可以从这个函数中随机取一个样本进行网络解码层的正向传导,生成一个新的样本。

为了得到这个样本的分布函数,模型的训练目的将不再是样本本身,而是先通过加一个约束项,将编码器生成一个服从于高斯分布的数据集,然后按照高斯分布的均值和方差规则可以任意取相关的数据,并将该数据输入解码器还原成样本(参见 arXiv 网站上编号为 "1312.6114" 的论文)。

8.3.2 了解变分自编码模型的结构

本实例中的变分自编码模型由以下 3 部分组成。

- 编码器:由两层全连接神经网络组成,第 1 层实现从 784 个维度的输入到 256 个维度的输出;第 2 层并列连接了两个全连接神经网络。每个网络都有 2 个维度,输出的结果分别代表数据分布的均值(mean)与方差(lg_var)。
- 采样器:根据解码器输出的均值(mean)与方差(lg_var)算出数据分布,并从该分布空间中采样得到数据特征 z,然后将 z 输入解码器。
- 解码器:由两层全连接神经网络组成,第 1 层实现从 2 个维度的输入到 256 个维度的输出;第 2 层从 256 个维度的输入到 784 个维度的输出。

完整的结构如图 8-4 所示。

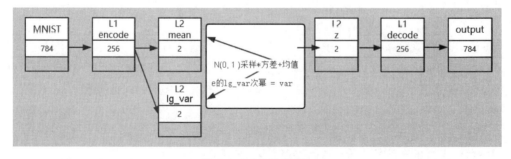

图 8-4 变分自编码结构

图 8-4 中间的圆角方框是采样器部分。采样器的左右两边分别是编码器和解码器。

图 8-4 中的方差节点（lg_var）是取了对数后的方差值。

整个采样器的工作步骤如下：

（1）用 lg_var.exp() 方法算出真正的方差值。

（2）用方差值的 sqrt() 方法进行开平方运算，得到标准差。

（3）在符合标准正态分布的空间里随意采样，得到一个具体的数。

（4）用采样后的数乘以标准差，再加上均值，得到符合编码器输出的数据分布（均值为 mean，方差为 sigma）集合中的一个点（sigma 是指网络生成的 lg_var 变换后的值）。

这样便可以将经过采样器后所合成的点输入解码器进行模拟样本的生成。

> **提示：**
> 在神经网络中，可以把某个节点输出的值当成任意一个映射函数，并通过训练得到对应的关系。具体做法为：将具有代表该意义的值代入相应的公式（该公式必须能支持反向传播），计算公式输出值与目标值的误差，并将误差放入优化器，然后通过多次迭代的方式进行训练。

8.3.3　代码实现：用 tf.keras 接口实现变分自编码模型

按照 8.3.2 节所介绍的模型结构，用 tf.keras 接口实现变分自编码模型。具体步骤如下。

1．搭建模型结构

用 tf.keras 接口定义解码器模型类 Encoder、编码器模型类 Decoder 和采样函数 sampling，具体代码如下。

代码 8-1　用 tf.keras 接口实现变分自编码模型（片段）

```
01 tf.compat.v1.disable_v2_behavior()  #使用静态图
02
03 batch_size = 100
04 original_dim = 784    #28*28
05 latent_dim = 2
06 intermediate_dim = 256
07 nb_epoch = 50
08
09 class Encoder(tf.keras.Model):    # 提取图片特征
10     def __init__(self ,intermediate_dim,latent_dim, **kwargs):
11         super(Encoder, self).__init__(**kwargs)
12         self.hidden_layer = Dense(units=intermediate_dim, activation=tf.nn.relu)
13         self.z_mean = Dense(units=latent_dim)
```

```
14        self.z_log_var = Dense(units=latent_dim)
15
16    def call(self, x):
17        activation = self.hidden_layer(x)
18        z_mean = self.z_mean(activation)
19        z_log_var= self.z_log_var(activation)
20        return z_mean,z_log_var
21
22 class Decoder(tf.keras.Model):    # 提取图片特征
23    def __init__(self ,intermediate_dim,original_dim,**kwargs):
24        super(Decoder, self).__init__(**kwargs)
25        self.hidden_layer = Dense(units=intermediate_dim, activation=tf.nn.relu)
26        self.output_layer = Dense(units=original_dim, activation='sigmoid')
27
28    def call(self, z):
29        activation = self.hidden_layer(z)
30        output_layer = self.output_layer(activation)
31        return output_layer
32
33 def samplingfun(z_mean, z_log_var):
34    epsilon = K.random_normal(shape=(K.shape(z_mean)[0], latent_dim), mean=0.,
35                              stddev=1.0)
36    return z_mean + K.exp(z_log_var / 2) * epsilon
37
38 def sampling(args):
39    z_mean, z_log_var = args
40    return samplingfun(z_mean, z_log_var)
```

代码中所实现的模型结构很简单,只有全连接神经网络层。

2.组合模型

定义采样器,并将编码器和解码器组合起来形成变分自编码模型。

代码 8-1 用 tf.keras 接口实现变分自编码模型(续)

```
41 encoder = Encoder(intermediate_dim,latent_dim)
42 decoder = Decoder(intermediate_dim,original_dim)
43
44 inputs = Input(batch_shape=(batch_size, original_dim))
45 z_mean,z_log_var = encoder(inputs)
46
```

```
47 z= samplingfun(z_mean, z_log_var)
48 y_pred = decoder(z)
49
50 autoencoder = Model(inputs, y_pred, name='autoencoder')
51 autoencoder.summary()
```

代码第 44 行，用 Input 张量作为 Keras 模型的占位符。

提示：

在 TensorFlow 2.X 中，代码第 44 行的这种方法必须在静态图中使用。如果去掉代码第 1 行，将程序改成在动态图中运行，则会报如下错误：

_SymbolicException: Inputs to eager execution function cannot be Keras symbolic tensors, but found [<tf.Tensor 'encoder/Identity_1:0' shape=(100, 2) dtype=float32>, <tf.Tensor 'encoder/Identity:0' shape=(100, 2) dtype=float32>]

该错误是由于 TensorFlow 2.1 版本兼容性差造成的。

代码第 47 行，用一个函数作为模型中的一个层，这种做法只能在 TensorFlow 2.X 中使用。如果在 TensorFlow 1.X 中使用，则代码第 47 行会报错误。因为它是一个函数，不能充当一个层，必须将其封装成层才能使用。如果用 Lambda 接口将其封装成层再来调用，则可以兼容 TensorFlow 的 1.X 与 2.X 两个版本。

提示：

在使用 Lambda 时，被封装的函数必须只能有一个参数。如果不注意，则很容易错误地写成如下内容：

z = Lambda(samplingfun, output_shape=(latent_dim,))(z_mean, z_log_var)

这种写法所遇到的错误如图 8-5 所示。

```
<module>
    z = Lambda(samplingfun, output_shape=(latent_dim,))(z_mean, z_log_var)
#no
  File "D:\ProgramData\Anaconda3\envs\tf2\lib\site-packages\tensorflow
\python\keras\engine\base_layer.py", line 612, in __call__
    outputs = self.call(inputs, *args, **kwargs)

  File "D:\ProgramData\Anaconda3\envs\tf2\lib\site-packages\tensorflow
\python\keras\layers\core.py", line 768, in call
    return self.function(inputs, **arguments)

TypeError: samplingfun() missing 1 required positional argument: 'z_log_var'
```

图 8-5 错误的调用方式

该错误的意思是，系统认为调用者只向 Samplingfun 函数传入了 1 个参数，Samplingfun

函数没有收到 z_log_var。

这是个很不好查找的问题,正确的写法是将 z_mean 与 z_log_var 打包一起传入 Lambda,具体如下:

z = Lambda(sampling, output_shape=(latent_dim,))([z_mean, z_log_var])

代码第 51 行运行后,输出模型的结构如下:

```
Model: "autoencoder"
_____
Layer (type)            Output Shape         Param #     Connected to
=================================================================
input_2 (InputLayer)    [(100, 784)]         0
_____
encoder_1 (Encoder)     ((100, 2), (100, 2)) 201988      input_2[0][0]
_____
lambda_1 (Lambda)       (100, 2)             0           encoder_1[0][0]
                                                         encoder_1[0][1]
_____
decoder_1 (Decoder)     (100, 784)           202256      lambda_1[0][0]
=================================================================
Total params: 404,244
Trainable params: 404,244
Non-trainable params: 0
_____
```

3. 定义损失函数并编译模型

用二进制交叉熵做重建损失,再配合 KL 散度损失对模型进行编译,具体代码如下。

代码 8-1　用 tf.keras 接口实现变分自编码模型(续)

```
52 def vae_loss(x, x_decoded_mean): #损失函数
53     xent_loss = original_dim * metrics.binary_crossentropy(x,
   x_decoded_mean)
54     kl_loss = - 0.5 * K.sum(1 + z_log_var - K.square(z_mean) - K.exp(z_log_var),
55                             axis=-1)
56     return xent_loss + kl_loss
57 autoencoder.compile(optimizer='rmsprop', loss=vae_loss) #编译模型
```

在实现过程中,重建损失函数也可以用 MSE 代替。例如代码第 53 行也可以写成如下:

```
xent_loss = 0.5 * K.sum(K.square(x_decoded_mean - x), axis=-1)
```

4. 载入数据集

用 tf.keras 接口的内置代码下载并载入 MNIST 数据集。具体代码如下。

代码 8-1　用 tf.keras 接口实现变分自编码模型（续）

```
58 (x_train, y_train), (x_test, y_test) = mnist.load_data()
59
60 x_train = x_train.astype('float32') / 255.
61 x_test = x_test.astype('float32') / 255.
62 x_train = x_train.reshape((len(x_train), np.prod(x_train.shape[1:])))
63 x_test = x_test.reshape((len(x_test), np.prod(x_test.shape[1:])))
```

代码第 58 行执行后，系统会自动从网络下载 MNIST 数据集 "mnist.pkl.gz" 文件。输出内容如下：

```
Downloading data from https://storage.googleapis.com/tensorflow/tf-keras-datasets/mnist.npz
   11493376/11490434 [==============================] - 19s 2us/step
```

以作者本地路径为例，数据集所下载的路径为：

```
C:\Users\ljh\.keras\datasets
```

5. 训练并使用模型

训练模型的代码非常简单，可以直接用 tf.keras 接口的 fit() 方法来实现。

在使用模型时，可以根据需要将模型中各个层的张量组合起来形成新的模型，并实现预测任务。

本实例中，使用从输入到 z_mean 之间的张量来组成模型。这个模型可以输出数据集中样本的解码均值。具体代码如下。

代码 8-1　用 tf.keras 接口实现变分自编码模型（续）

```
64 autoencoder.fit(x_train, x_train,       #训练模型
65         shuffle=True,
66         epochs=5,#nb_epoch,
67         verbose=2,
68         batch_size=batch_size,
69         validation_data=(x_test, x_test))
70
71 modencoder = Model(inputs, z_mean)    #组成新模型
72
73 #可视化模型结果
74 x_test_encoded = modencoder.predict(x_test, batch_size=batch_size)
```

```
75 plt.figure(figsize=(6, 6))
76 plt.scatter(x_test_encoded[:, 0], x_test_encoded[:, 1], c=y_test)
77 plt.colorbar()
78 plt.show()
```

代码运行后,输出模型的训练结果如下:

```
Train on 60000 samples, validate on 10000 samples
Epoch 1/5
60000/60000 - 4s - loss: 190.5359 - val_loss: 171.4378
Epoch 2/5
60000/60000 - 3s - loss: 169.6338 - val_loss: 168.0826
Epoch 3/5
60000/60000 - 3s - loss: 166.6117 - val_loss: 165.3286
Epoch 4/5
60000/60000 - 3s - loss: 164.5220 - val_loss: 163.8618
Epoch 5/5
60000/60000 - 3s - loss: 163.0858 - val_loss: 162.6917
```

输出模型的可视化结果如图 8-6 所示。

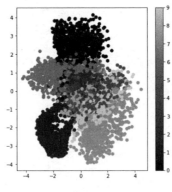

图 8-6 变分自编码结果

8.3.4 代码实现:训练无标签模型的编写方式

在 8.3.3 节所实现的训练方式是典型的有标签训练,即在训练模型时输入的两个样本都是 x_train(见 8.3.3 节代码的第 64 行)。

其实在自编码模型中,标签与输入的样本是一致的,可以完全省略不填。即,在代码文件 "8-1 用 tf.keras 实现变分自编码模型.py" 的基础上,对损失函数稍加修改——不再将标签 y 值传入 fit 函数中。具体代码如下。

代码 8-2 变分自编码模型的无标签训练（片段）

```
01 tf.compat.v1.disable_v2_behavior()
02 …
03 autoencoder = Model(inputs, y_pred, name='autoencoder')
04
05 # 重构损失
06 xent_loss = original_dim * metrics.binary_crossentropy(inputs, y_pred)
07 # 计算KL损失
08 kl_loss = - 0.5 * K.sum(1 + z_log_var -
09                         K.square(z_mean) - K.exp(z_log_var), axis=-1)
10 vae_loss = K.mean(xent_loss + kl_loss)
11
12 autoencoder.add_loss(vae_loss)        #为自编码模型添加损失
13 autoencoder.compile(optimizer='rmsprop')  #编译模型
```

该代码可以在动态图和静态图两个环境中运行。即：将代码第 1 行去掉，使用默认的动态图模式运行（相比之下，8.3.3 节的代码只能够在静态图中运行，这也可以反映出 TensorFlow 2.X 目前仍然不完美，还存在着很多问题）。

该方法的关键所在是代码第 12 行——用模型的 add_loss()方法将张量损失加进来。这样在编译模型时就不需要再为其指定 loss 值了。

提示：

代码第 12 行是很容易出错的地方。通常是没有使用 add_loss()方法，而直接将张量损失编译到模型。例如写成如下内容：

autoencoder.compile(optimizer='rmsprop', loss=vae_loss)

这种写法在运行时会遇到如图 8-7 所示的错误。

```
File "D:\ProgramData\Anaconda3\envs\tf21\lib\site-packages
\tensorflow_core\python\framework\ops.py", line 526, in
_disallow_bool_casting
    self._disallow_in_graph_mode("using a `tf.Tensor` as a
Python `bool`")
    File "D:\ProgramData\Anaconda3\envs\tf21\lib\site-packages
\tensorflow_core\python\framework\ops.py", line 515, in
_disallow_in_graph_mode
    " this function with @tf.function.".format(task))
OperatorNotAllowedInGraphError: using a `tf.Tensor` as a Python
`bool` is not allowed in Graph execution. Use Eager execution
or decorate this function with @tf.function.
```

图 8-7 变分自编码的模型编译错误

所以，张量损失一定要用模型的 add_loss()方法进行添加。

这时，如果直接运行代码，则会报如图 8-8 所示的错误。

```
File "D:\ProgramData\Anaconda3\envs\tf21\lib\site-packages
\tensorflow_core\python\keras\engine\training_utils.py", line
496, in standardize_input_data
    'expected no data, but got:', data)
ValueError: ('Error when checking model target: expected no
data, but got:', array([[0., 0., 0., ..., 0., 0., 0.],
       [0., 0., 0., ..., 0., 0., 0.],
       [0., 0., 0., ..., 0., 0., 0.],
       ...,
       [0., 0., 0., ..., 0., 0., 0.],
       [0., 0., 0., ..., 0., 0., 0.],
       [0., 0., 0., ..., 0., 0., 0.]], dtype=float32))
```

图 8-8　模型输入与训练输入不匹配的错误

原因是：代码第 6~10 行将模型的标签输入从损失计算中去掉了，而在调用 fit 函数训练时还会输入标签。

还需要修改 fit 函数的调用代码，将 8.3.3 节代码的第 64 行改成如下，再次运行即可通过。

```
autoencoder.fit(x_train, validation_split=0.05, epochs=5, batch_size=batch_size)
```

8.3.5　代码实现：将张量损失封装成损失函数

在 8.3.4 节所介绍方法的基础上，也可以再次将 vae_loss 封装成损失函数进行执行。即，将 8.3.4 节代码第 10~13 行改成如下代码。

代码 8-3　将张量损失封装成损失函数（片段）

```
...
08 kl_loss = - 0.5 * K.sum(1 + z_log_var -
09                         K.square(z_mean) - K.exp(z_log_var), axis=-1)
10 vae_loss = xent_loss + kl_loss  #直接相加，去掉计算均值过程
11
12 def vae_lossfun(x, loss):
13     return loss
14 lossautoencoder = Model(inputs, vae_loss, name='lossautoencoder')
15 lossautoencoder.compile(optimizer='rmsprop', loss=vae_lossfun)
```

代码第 10 行在计算损失值 vae_loss 时没有做均值处理。这是需要注意的地方，因为在编译模型的过程中，TensorFlow 2.1 版本的 tf.keras 框架默认会对损失值求均值。如果第 10 行代码再对损失值 vae_loss 计算均值，则在框架内部二次计算均值时就会报错。

提示:

代码第 12 行在定义损失函数时,其参数是固定的(第 1 个是标签,第 2 个是预测值)。虽然第 1 个参数 x 没有使用,但也要写上。如果将 vae_lossfun 的参数改变成如下内容:

def vae_lossfun(loss):

则在运行时会出现如图 8-9 所示错误提示。

```
File "D:\ProgramData\Anaconda3\envs\tf2\lib\site-packages\tensorflow
\python\keras\losses.py", line 96, in __call__
    losses = self.call(y_true, y_pred)
File "D:\ProgramData\Anaconda3\envs\tf2\lib\site-packages\tensorflow
\python\keras\losses.py", line 158, in call
    return self.fn(y_true, y_pred, **self._fn_kwargs)
TypeError: vae_lossfun() takes 1 positional argument but 2 were given
```

图 8-9 自定义损失函数参数错误

虽然自定义损失函数的前两个参数不能改变,但也可以给损失函数添加额外的自定义参数。

本节所介绍的这种损失函数的编写方法非常常见。尤其在很多无监督模型中,由于没有指定训练标签,所以损失函数的返回值就是模型的输出结果,例如最大化互信息模型(DIM)就是这种情况。对于这种类型的模型,使用 8.3.4 节和本节的方法都可以实现。

8.3.6 代码实现:在动态图框架中实现变分自编码

在 8.3.3、8.3.4、8.3.5 节中介绍的编程方法,都是用 tf.keras 接口的方式来训练模型的。这种方法看似方便,但不适合模型的调试环节,尤其在训练中出现 None 时,很难排查错误。

虽然 Keras 框架有单步训练的方式,但仍不够灵活。为了适应训练过程中各种情况的调试,最好还是使用底层的动态图来训练模型。

在动态图框架中训练模型需要自己定义数据集。与训练模型有关的主要代码如下。

代码 8-4 在动态图中实现变分自编码(片段)

```
01 optimizer = Adam(lr=0.001)        # 定义优化器
02 import os
03
04 training_dataset = tf.data.Dataset.from_tensor_slices(
05                                         x_train).batch(batch_size)
06 nb_epoch = 5
07 for epoch in range(nb_epoch):     # 按照指定迭代次数进行训练
```

```
08      for dataone in training_dataset:    # 遍历数据集
09          img = np.reshape(dataone, (batch_size, -1))
10          with tf.GradientTape() as tape:
11
12              z_mean,z_log_var = encoder(img)
13              z= samplingfun(z_mean, z_log_var)  #ok
14              x_decoded_mean = decoder(z)
15
16              xent_loss = K.sum(K.square(x_decoded_mean - img), axis=-1)
17              kl_loss = - 0.5 * K.sum(1 + z_log_var - K.square(z_mean) -
    K.exp(z_log_var), axis=-1)
18
19              thisloss = K.mean(xent_loss)*0.5+K.mean(kl_loss)
20
21              gradients = tape.gradient(thisloss,
22
    encoder.trainable_variables+decoder.trainable_variables)
23              gradient_variables = zip(gradients,
24
    encoder.trainable_variables+decoder.trainable_variables)
25              optimizer.apply_gradients(gradient_variables)
26      print(epoch," loss:",thisloss.numpy())
```

在本书第 3 章介绍了基于动态图的开发流程，读者只需按照流程一步一步实现即可。需要注意，在代码第 21、23 行中需要加入所有要训练的模型的权重。

使用动态图训练好的模型，本质是改变实例化模型类的对象，所以也可以用 keras.model() 方法将其任意组成子模型。

TensorFlow 框架有一个非常值得称赞的地方：它可以非常方便地将子模型提取出来，并通过权重的载入/载出方法将模型保存和加载。例如：

```
modeENCODER.save_weights('my_modeldimvae.h5')    #保存子模型
modeENCODER.load_weights('my_modeldimvae.h5')    #加载子模型
```

这种方法可以非常方便地进行模型工程化部署。

8.3.7　代码实现：以类的方式封装模型损失函数

为了代码工整，还可以用类的方式封装模型损失函数。主要代码如下。

代码 8-5　以类的方式封装模型损失函数（片段）

```
01 class VAE(tf.keras.Model):    # 提取图片特征
```

```
02    def __init__(self ,intermediate_dim,original_dim,latent_dim,**kwargs):
03        super(VAE, self).__init__(**kwargs)
04        self.encoder = Encoder(intermediate_dim,latent_dim)
05        self.decoder = Decoder(intermediate_dim,original_dim)
06
07    def call(self, x):
08        z_mean,z_log_var = self.encoder(x)
09        z = sampling( (z_mean,z_log_var) )
10        y_pred = self.decoder(z)
11        xent_loss = original_dim * metrics.binary_crossentropy(x, y_pred) #ok
12        kl_loss = - 0.5 * K.sum(1 + z_log_var - K.square(z_mean) - K.exp(z_log_var), axis=-1)
13        loss = xent_loss + kl_loss
14        return loss
```

该类的训练方法可以参考 8.3.3 节。

8.3.8 代码实现：更合理的类封装方式

在开发程序时，常常会将特征提取部分单独分开作为一个类，这样利于扩展。

修改 8.3.7 节的代码，把变分自编码封装成一个独立的类，使其只完成训练功能。具体代码如下。

代码 8-6 更合理的类封装方式（片段）

```
01 class Featuremodel(tf.keras.Model):     # 提取图片特征
02    def __init__(self ,intermediate_dim,latent_dim, **kwargs):
03        super(Featuremodel, self).__init__(**kwargs)
04        self.hidden_layer = Dense(units=intermediate_dim, activation=tf.nn.relu)
05    def call(self, x):
06        activation = self.hidden_layer(x)
07        return x,activation
08
09 class Encoder(tf.keras.Model):     # 编码器模型
10    def __init__(self ,intermediate_dim,latent_dim, **kwargs):
11        super(Encoder, self).__init__(**kwargs)
12        self.z_mean = Dense(units=latent_dim)
13        self.z_log_var = Dense(units=latent_dim)
14    def call(self, activation):
15        z_mean = self.z_mean(activation)
16        z_log_var= self.z_log_var(activation)
```

```
17          return z_mean,z_log_var
18
19  def sampling(args):        # 采样器
20      z_mean, z_log_var = args
21      epsilon = K.random_normal(shape=(K.shape(z_mean)[0], latent_dim), mean=0.,
22                                stddev=1.0)
23      return z_mean + K.exp(z_log_var / 2) * epsilon
24
25  class Decoder(tf.keras.Model):      # 解码器模型
26      def __init__(self ,intermediate_dim,original_dim,**kwargs):
27          super(Decoder, self).__init__(**kwargs)
28          self.hidden_layer = Dense(units=intermediate_dim, activation=tf.nn.relu)
29          self.output_layer  = Dense(units=original_dim, activation='sigmoid')
30      def call(self, z):
31          activation = self.hidden_layer(z)
32          output_layer = self.output_layer(activation)
33          return output_layer
34
35  class Autoencoder(tf.keras.Model):      # 自编码器模型
36    def __init__(self, intermediate_dim, original_dim,latent_dim):
37      super(Autoencoder, self).__init__()
38      self.featuremodel = Featuremodel(intermediate_dim,latent_dim)
39      self.encoder = Encoder(intermediate_dim,latent_dim)
40      self.decoder = Decoder(intermediate_dim,original_dim)
41    def call(self, input_features):
42      x,feature =  self.featuremodel(input_features)
43      z_mean,z_log_var = self.encoder(feature)
44      epsilon = K.random_normal(shape=(K.shape(z_mean)[0], latent_dim), mean=0.,
45                                stddev=1.0)
46      code =  z_mean + K.exp(z_log_var / 2) * epsilon
47      reconstructed = self.decoder(code)
48      return reconstructed,z_mean,z_log_var
```

代码中的 Featuremodel 类可以被扩展成更复杂的模型，Autoencoder 类则可以专注于训练。

8.4 常用的批量归一化方法

在《深度学习之 TensorFlow——入门、原理与进阶实战》一书的 8.9.3 节中，介绍过批量归一化（BatchNorm）算法。该算法是对一个批次图片的所有像素求均值和标准差。在深度神经网络模型中，该算法的作用是让模型更容易收敛，提高模型的泛化能力。

归一化方法有很多种，除原始的 BatchNorm 算法、InstanceNorm 算法外，还有 ReNorm 算法、LayerNorm 算法、GroupNorm 算法、SwitchableNorm 算法。

8.4.1　自适应的批量归一化（BatchNorm）算法

所谓自适应的批量归一化算法，就是在批量归一化（BN）算法中加上一个权重参数。通过迭代训练，使 BN 算法收敛为一个合适的值。

当 BN 算法中加入了自适应模式后，其数学公式见式（8.18）。

$$\text{BN} = \gamma \cdot \frac{(x-\mu)}{\sigma} + \beta \tag{8.18}$$

在式（8.18）中，μ 代表均值，σ 代表方差。这两个值都是根据当前数据运算来的。γ 和 β 是参数，代表自适应的意思。在训练过程中，会通过优化器的反向求导来优化出合适的 γ、β 值。

8.4.2　实例归一化（InstanceNorm）算法

实例归一化（InstanceNorm，IN）算法是对输入数据形状中的 H 维度、W 维度做归一化处理。批量归一化是指，对一个批次图片的所有像素求均值和标准差。而实例归一化是指，对单一图片进行归一化处理，即对单个图片的所有像素求均值和标准差，参见 arXiv 网站上编号为"1607.08022"的论文。

在对抗神经网络模型、风格转换这类生成式任务时，常用实例归一化取代批量归一化。因为，生成式任务的本质是——将生成样本的特征分布与目标样本的特征分布进行匹配。生成式任务中的每个样本都有独立的风格，不应该与批次中其他的样本产生太多联系。所以，实例归一化适用于解决这种基于个体的样本分布问题。

有关 InstanceNorm 的使用实例请见 8.7 节。

8.4.3　批次再归一化（ReNorm）算法

ReNorm 算法与 BatchNorm 算法一样，注重对全局数据的归一化，即对输入数据的形状中的 N 维度、H 维度、W 维度做归一化处理。不同的是，ReNorm 算法在 BatchNorm 算法上做了一些改进，使得模型在小批次场景中也有良好的效果，参见 arXiv 网站上编号为"1702.03275"的论文。

在 tf.Keras 接口中，在实例化 BatchNormalization 类后，将 renorm 参数设为 True 即可。

8.4.4 层归一化(LayerNorm)算法

LayerNorm 算法是在输入数据的通道方向上,对该数据形状中的 C 维度、H 维度、W 维度做归一化处理。它主要用在 RNN 模型中,参见 arXiv 网站上编号为"1607.06450"的论文。

在 tf.Keras 接口中,直接实例化 LayerNormalization 类即可。该类在 tf.keras 接口的 layers 模块下定义。以作者本地源码为例,路径为:

```
D:\ProgramData\Anaconda3\envs\tf21\Lib\site-packages\tensorflow_core\python\keras\layers\normalization.py
```

在使用时,直接从 layers 模块引入即可。例如:

```
from tensorflow.keras.layers import LayerNormalization
```

8.4.5 组归一化(GroupNorm)算法

GroupNorm 算法是介于 LayerNorm 算法和 InstanceNorm 算法之间的算法。它首先将通道分为许多组(group),再对每一组做归一化处理。

GroupNorm 算法与 ReNorm 算法的作用类似,都是为了解决 BatchNorm 算法对批次大小的依赖,参见 arXiv 网站上编号为"1803.08494"的论文。

8.4.6 可交换归一化(SwitchableNorm)算法

SwitchableNorm 算法将 BatchNorm 算法、LayerNorm 算法、InstanceNor 算法结合起来使用,并为每个算法都赋予权重,让网络自己去学习归一化层应该使用什么方法(参见 arXiv 网站上编号为"1806.10779"的论文)。

具体应用方法可以参考 8.5 节的实例。

8.5 实例 39:构建 DeblurGAN 模型,将模糊照片变清晰

在拍照时,常常因为手抖或补光不足,导致拍出的照片很模糊。可以使用对抗神经网络模型将模糊的照片变清晰,留住精彩瞬间。本实例将使用 DeblurGAN 模型来将模糊照片变清晰。DeblurGAN 模型属于图像风格转换任务中的一种对抗神经网络模型。

8.5.1 图像风格转换任务与 DualGAN 模型

图像风格转换任务是深度学习中对抗神经网络模型所能实现的经典任务之一。用 CycleGAN 模型生成模拟凡·高风格的图画,已经是一个广为熟知的实例。除此之外,图像风

格转换任务还可以实现橘子与苹果间的转换、斑马与普通马间的转换、照片与油画间的转换，甚至还可以根据一张风景照片生成四季的照片。

图像风格转换任务也被叫作跨域生成式任务。该任务的模型（跨域生成式模型）一般由无监督或半监督方式训练生成。其技术本质是：通过对抗网络学习跨域间的关系，从而实现图像风格转换。

例如：CycleGAN 模型通过采用循环一致性损失（cycle consistency loss）和跨领域的对抗网络损失，在两个图像域之间训练两个双向的传递模型。这种模型的训练样本不用标注，只需要提供两类统一风格的图片即可，不要求一一对应。

另外，还有 DiscoGAN 模型、DualGAN 模型等图像风格转换的优秀模型。

DeblurGAN 模型是一个对抗神经网络模型，由生成器模型和判别器模型组成。
- 生成器模型，根据输入的模糊图片模拟生成清晰的图片。
- 判别器模型，用在训练过程中，帮助生成器模型达到更好的效果。

想了解 DeblurGAN 模型的更多详情请参见 arXiv 网站上编号为"1711.07064"的论文。

8.5.2　模型任务与样本介绍

本实例使用 GOPRO_Large 数据集作为训练样本训练 DeblurGAN 模型，然后用 DeblurGAN 模型将数据集之外的模糊照片变清晰。

GOPRO_Large 数据集里包含高帧相机拍摄的街景照片（其中的照片有的清晰，有的模糊）和人工合成的模糊照片。样本中每张照片的尺寸为 720 pixel×1280 pixel。

1．下载 GOPRO_Large 数据集

可以通过本书配套资源中的"deblur 模型数据集下载链接.txt"来获取 GOPRO_Large 数据集的下载链接。

2．部署 GOPRO_Large 数据集

在 GOPRO_Large 数据集中有若干套实景拍摄的照片。每套照片中包含 3 个文件夹：
- 在 blur 文件夹中，放置了模糊的照片。
- 在 sharp 文件夹中，放置了清晰的照片。
- 在 blur_gamma 文件夹中，放置了人工合成的模糊照片。

从 GOPRO_Large 数据集的 blur 与 sharp 文件夹里，各取出 200 张模糊和清晰的图片，放到本地代码的同级目录 image 文件夹下用作训练。其中，模糊的图片放在 image/train/A 文件夹下，清晰的图片放在 image/train/B 文件夹下。

8.5.3 准备 SwitchableNorm 算法模块

SwitchableNorm 算法与其他的归一化算法一样，可以被当作函数来使用。由于在当前的 API 库里没有该代码的实现，所以需要自己编写一套这样的算法。

SwitchableNorm 算法的实现不是本节重点，其原理已经在 8.4.6 节介绍。这里直接使用本书配套资源代码中的"switchnorm.py"即可。

直接将该代码放到本地代码文件夹下，然后将其引入。

> 提示：
>
> 在 SwitchableNorm 算法的实现过程中，定义了额外的变量参数。所以在运行时，需要通过会话中的 tf.compat.v1.global_variables_initializer 函数对其进行初始化，否则会报"SwitchableNorm 类中的某些张量没有初始化"之类的错误。正确的用法见 8.5.10 节的具体实现。

8.5.4 代码实现：构建 DeblurGAN 中的生成器模型

DeblurGAN 中的生成器模型是使用残差结构实现的。其模型的层次结构顺序如下：

（1）通过 1 层卷积核为 7×7、步长为 1 的卷积变换。保持输入数据的尺寸不变。

（2）将第（1）步的结果进行两次卷积核为 3×3、步长为 2 的卷积操作，实现两次下采样效果。

（3）经过 5 层残差块。其中，残差块是中间带有 Dropout 层的两次卷积操作。

（4）仿照第（1）和第（2）步的逆操作进行两次上采样，再来一个卷积操作。

（5）将第（1）步的输入与第（4）步的输出加在一起，完成一次残差操作。

该结构使用"先下采样，后上采样"的卷积处理方式，这种方式可以表现出样本分布中更好的潜在特征。具体代码如下：

代码 8-7　deblurmodel

```
01  from tensorflow.keras import layers as KL
02  from tensorflow.keras import models as KM
03  from switchnorm import SwitchNormalization    #载入SwitchableNorm算法
04  import tensorflow as tf
05  tf.compat.v1.disable_v2_behavior()
06  ngf, ndf = 64 , 64         #定义生成器和判别器模型的卷积核个数
07  input_nc, output_nc = 3 , 3      #定义输入、输出通道
08  n_blocks_gen = 9           #定义残差层数量
09
```

```python
10  #定义残差块函数
11  def res_block(input, filters, kernel_size=(3, 3), strides=(1, 1),
    use_dropout=False):
12      x = KL.Conv2D(filters=filters, #使用步长为1的卷积操作，保持输入数据的尺寸不变
13              kernel_size=kernel_size,
14              strides=strides, padding='same')(input)
15
16      x = KL.SwitchNormalization()(x)
17      x = KL.Activation('relu')(x)
18
19      if use_dropout:           #添加 Dropout 层
20          x = KL.Dropout(0.5)(x)
21
22      x = KL.Conv2D(filters=filters,  #再做一次步长为1的卷积操作
23              kernel_size=kernel_size,
24              strides=strides,padding='same')(x)
25
26      x = KL.SwitchNormalization()(x)
27
28      #将卷积后的结果与原始输入相加
29      merged = KL.Add()([input, x]) #残差层
30      return merged
31
32  def generator_model(image_shape ,istrain = True): #构建生成器模型
33      #构建输入层（与动态图不兼容）
34      inputs = KL.Input(shape=(image_shape[0],image_shape[1], input_nc))
35      #使用步长为1的卷积操作，保持输入数据的尺寸不变
36      x = KL.Conv2D(filters=ngf, kernel_size=(7, 7), padding='same')(inputs)
37      x = KL.SwitchNormalization()(x)
38      x = KL.Activation('relu')(x)
39
40      n_downsampling = 2
41      for i in range(n_downsampling):   #两次下采样
42          mult = 2**i
43          x = KL.Conv2D(filters=ngf*mult*2, kernel_size=(3, 3), strides=2,
    padding='same')(x)
44          x = KL.SwitchNormalization()(x)
45          x = KL.Activation('relu')(x)
46
47      mult = 2**n_downsampling
48      for i in range(n_blocks_gen):   #定义多个残差层
49          x = res_block(x, ngf*mult, use_dropout= istrain)
```

```
50
51      for i in range(n_downsampling):    #两次上采样
52          mult = 2**(n_downsampling - i)
53          #x = KL.Conv2DTranspose(filters=int(ngf * mult / 2), kernel_size=(3, 3), strides=2, padding='same')(x)
54          x = KL.UpSampling2D()(x)
55          x = KL.Conv2D(filters=int(ngf * mult / 2), kernel_size=(3, 3), padding='same')(x)
56          x = KL.SwitchNormalization()(x)
57          x = KL.Activation('relu')(x)
58
59      #步长为1的卷积操作
60      x = KL.Conv2D(filters=output_nc, kernel_size=(7, 7), padding='same')(x)
61      x = KL.Activation('tanh')(x)
62
63      outputs = KL.Add()([x, inputs])    #与最外层的输入完成一次大残差
64      #为防止特征值域过大,所以进行除2操作(取平均数残差)
65      outputs = KL.Lambda(lambda z: z/2)(outputs)
66      #构建模型
67      model = KM.Model(inputs=inputs, outputs=outputs, name='Generator')
68      return model
```

代码第 11 行,通过定义函数 res_block 搭建残差块的结构。

代码第 32 行,通过定义函数 generator_model 构建生成器模型。由于生成器模型输入的是模糊图片,输出的是清晰图片,所以函数 generator_model 的输入与输出具有相同的尺寸。

代码第 65 行,在使用残差操作时,将输入的数据与生成的数据一起取平均值。这样做是为了防止生成器模型的返回值的值域过大。在计算损失时,一旦生成的数据与真实图片的像素数据值域不同,则会影响收敛效果。

8.5.5　代码实现:构建 DeblurGAN 中的判别器模型

判别器模型的结构相对比较简单。

(1)通过 4 次下采样卷积(见代码第 74~82 行),将输入数据的尺寸变小。

(2)经过两次尺寸不变的 1×1 卷积(见代码第 85~92 行),将通道压缩。

(3)经过两层全连接网络(见代码第 95~97 行),生成判别结果(0 或 1)。

具体代码如下。

代码 8-7　deblurmodel(续)

```
69  def discriminator_model(image_shape):#构建判别器模型
```

```
70
71    n_layers, use_sigmoid = 3, False
72    inputs = KL.Input(shape=(image_shape[0],image_shape[1],output_nc))
73    #下采样卷积
74    x = KL.Conv2D(filters=ndf, kernel_size=(4, 4), strides=2,
      padding='same')(inputs)
75    x = KL.LeakyReLU(0.2)(x)
76
77    nf_mult, nf_mult_prev = 1, 1
78    for n in range(n_layers):#继续3次下采样卷积
79        nf_mult_prev, nf_mult = nf_mult, min(2**n, 8)
80        x = KL.Conv2D(filters=ndf*nf_mult, kernel_size=(4, 4), strides=2,
      padding='same')(x)
81        x = KL.BatchNormalization()(x)
82        x = KL.LeakyReLU(0.2)(x)
83
84    #步长为1的卷积操作,尺寸不变
85    nf_mult_prev, nf_mult = nf_mult, min(2**n_layers, 8)
86    x = KL.Conv2D(filters=ndf*nf_mult, kernel_size=(4, 4), strides=1,
      padding='same')(x)
87    x = KL.BatchNormalization()(x)
88    x = KL.LeakyReLU(0.2)(x)
89
90    #步长为1的卷积操作,尺寸不变。将通道压缩为1
91    x = KL.Conv2D(filters=1, kernel_size=(4, 4), strides=1,
      padding='same')(x)
92    if use_sigmoid:
93        x = KL.Activation('sigmoid')(x)
94
95    x = KL.Flatten()(x) #两层全连接,输出判别结果
96    x = KL.Dense(1024, activation='tanh')(x)
97    x = KL.Dense(1, activation='sigmoid')(x)
98
99    model = KM.Model(inputs=inputs, outputs=x, name='Discriminator')
100   return model
```

代码第81行,调用了批量归一化函数BatchNormalization(),该函数有一个参数trainable,在对参数trainable不做任何设置时,默认值为True。

代码第99行,用tf.keras接口的Model类构造判别器模型model。在使用model时,可以设置trainable参数来控制模型的内部结构。

8.5.6 代码实现：搭建 DeblurGAN 的完整结构

将判别器模型与生成器模型结合起来，构成 DeblurGAN 模型的完整结构。具体代码如下。

代码 8-7　deblurmodel（续）

```
101 def g_containing_d_multiple_outputs(generator,
    discriminator,image_shape):
102     inputs = KL.Input(shape=(image_shape[0],image_shape[1],input_nc) )
103     generated_image = generator(inputs)          #调用生成器模型
104     outputs = discriminator(generated_image)     #调用判别器模型
105     #构建模型
106     model = KM.Model(inputs=inputs, outputs=[generated_image, outputs])
107     return model
```

函数 g_containing_d_multiple_outputs 用于训练生成器模型。在使用时，需要将判别器模型的权重固定，让生成器模型不断地调整权重。具体可以参考 8.5.11 节代码。

8.5.7 代码实现：引入库文件，定义模型参数

编写代码实现如下步骤：

（1）载入模型文件——代码文件"8-7　deblurmodel.py"。
（2）定义训练参数。
（3）定义函数 save_all_weights，将模型的权重保存起来。

具体代码如下。

代码 8-8　训练 deblur

```
01 import os
02 import datetime
03 import numpy as np
04 import tqdm
05 import tensorflow as tf
06 import glob
07 from tensorflow.python.keras.applications.vgg16 import VGG16
08 from functools import partial
09 from tensorflow.keras import models as KM
10 from tensorflow.keras import backend as K      #载入 Keras 的后端实现
11 deblurmodel = __import__("代码8-7  deblurmodel")  #载入模型文件
12 generator_model = deblurmodel.generator_model
13 discriminator_model = deblurmodel.discriminator_model
```

```
14 g_containing_d_multiple_outputs = 
   deblurmodel.g_containing_d_multiple_outputs
15 tf.compat.v1.disable_v2_behavior()
16 RESHAPE = (360,640)        #定义处理图片的大小
17 epoch_num = 500            #定义迭代训练次数
18
19 batch_size =4              #定义批次大小
20 critic_updates = 5         #定义每训练一次生成器模型需要训练判别器模型的次数
21 #保存模型
22 BASE_DIR = 'weights/'
23 def save_all_weights(d, g, epoch_number, current_loss):
24     now = datetime.datetime.now()
25     save_dir = os.path.join(BASE_DIR, '{}{}'.format(now.month, now.day))
26     os.makedirs(save_dir, exist_ok=True)    #创建目录
27     g.save_weights(os.path.join(save_dir,
   'generator_{}_{}.h5'.format(epoch_number, current_loss)), True)
28     d.save_weights(os.path.join(save_dir,
   'discriminator_{}.h5'.format(epoch_number)), True)
```

代码第 16 行将输入图片的尺寸设为（360，640），使其与样本中图片的高、宽比例相对应（样本中图片的尺寸比例为 720∶1280）。

提示：

在 TensorFlow 中，默认的图片尺寸顺序是"高"在前，"宽"在后。

8.5.8 代码实现：定义数据集，构建正反向模型

本节代码的步骤如下：

（1）用 tf.data.Dataset 接口完成样本图片的载入（见代码第 29～54 行）。

（2）将生成器模型和判别器模型搭建起来。

（3）构建 Adam 优化器，用于生成器模型和判别器模型的训练过程。

（4）以 WGAN 的方式定义损失函数 wasserstein_loss，用于计算生成器模型和判别器模型的损失值。其中，生成器模型的损失值由 WGAN 损失与特征空间损失（见 8.5.9 节）两部分组成。

（5）将损失函数 wasserstein_loss 与优化器一起编译到可训练的判别器模型中（见代码第 70 行）。

具体代码如下。

代码 8-8　训练 deblur（续）

```
29  path = r'./image/train'
30  A_paths, =os.path.join(path, 'A', "*.png")    #定义样本路径
31  B_paths = os.path.join(path, 'B', "*.png")
32  #获取该路径下的.png文件
33  A_fnames, B_fnames = glob.glob(A_paths),glob.glob(B_paths)
34  #生成 Dataset 对象
35  dataset = tf.data.Dataset.from_tensor_slices((A_fnames, B_fnames))
36
37  def _processimg(imgname):              #定义函数调整图片大小
38      image_string = tf.io.read_file(imgname)         #读取整个文件
39      image_decoded = tf.image.decode_image(image_string)
40      image_decoded.set_shape([None, None, None])#设置形状，否则下面会转换失败
41      #变化尺寸
42      img =tf.image.resize( image_decoded,RESHAPE)
43      image_decoded = (img - 127.5) / 127.5
44      return image_decoded
45
46  def _parseone(A_fname, B_fname):            #解析一个图片文件
47      #读取并预处理图片
48      image_A,image_B = _processimg(A_fname),_processimg(B_fname)
49      return image_A,image_B
50
51  dataset = dataset.shuffle(buffer_size=len(B_fnames))
52  dataset = dataset.map(_parseone)           #转换为有图片内容的数据集
53  dataset = dataset.batch(batch_size)        #将数据集按照 batch_size 划分
54  dataset = dataset.prefetch(1)
55
56  #定义模型
57  g = generator_model(RESHAPE)              #生成器模型
58  d = discriminator_model(RESHAPE)          #判别器模型
59  d_on_g = g_containing_d_multiple_outputs(g, d,RESHAPE)  #联合模型
60
61  #定义优化器
62  d_opt = tf.keras.optimizers.Adam(lr=1E-4, beta_1=0.9, beta_2=0.999,
    epsilon=1e-08)
63  d_on_g_opt = tf.keras.optimizers.Adam(lr=1E-4, beta_1=0.9, beta_2=0.999,
    epsilon=1e-08)
64
65  #WGAN 的损失
66  def wasserstein_loss(y_true, y_pred):
```

```
67     return tf.reduce_mean(input_tensor=y_true*y_pred)
68
69 d.trainable = True
70 d.compile(optimizer=d_opt, loss=wasserstein_loss)  #编译模型
71 d.trainable = False
```

代码第 70 行，用判别器模型对象的 compile() 方法对模型进行编译。之后，将该模型的权重设置成不可训练（见代码第 71 行）。这是因为，在训练生成器模型时，需要将判别器模型的权重固定。只有这样，训练生成器模型过程才不会影响判别器模型。

8.5.9　代码实现：计算特征空间损失，并将其编译到生成器模型的训练模型中

生成器模型的损失值由 WGAN 损失与特征空间损失两部分组成。WGAN 损失已经由 8.5.6 节的第 66 行代码实现。本节将实现特征空间损失，并将其编译到可训练的生成器模型中。

1. 计算特征空间损失的方法

计算特征空间损失的方法如下：

（1）用 VGG 模型对目标图片与输出图片做特征提取，得到两个特征数据。

（2）对这两个特征数据做平方差计算。

2. 特征空间损失的具体实现

在计算特征空间损失时，需要将 VGG 模型嵌入当前网络中。这里使用已经下载好的预训练模型文件"vgg16_weights_tf_dim_ordering_tf_kernels_notop.h5"。读者可以自行下载，也可以在本书配套资源中找到。

将预训练模型文件放在当前代码的同级目录下。然后参照本书 7.1 节的内容，用 tf.keras 接口将其加载。

3. 编译生成器模型的训练模型

将 WGAN 损失函数与特征空间损失函数放到数组 loss 中，调用生成器模型的 compile() 方法将损失值数组 loss 编译进去，实现生成器模型的训练模型。

具体代码如下。

代码 8-8　训练 deblur（续）

```
72 #计算特征空间损失
73 def perceptual_loss(y_true, y_pred,image_shape):
74     vgg = VGG16(include_top=False,
```

```
75 weights="vgg16_weights_tf_dim_ordering_tf_kernels_notop.h5",
76             input_shape=(image_shape[0],image_shape[1],3) )
77
78     loss_model = KM.Model(inputs=vgg.input,
   outputs=vgg.get_layer('block3_conv3').output)
79     loss_model.trainable = False
80     return tf.reduce_mean(input_tensor=tf.square(loss_model(y_true) -
   loss_model(y_pred)))
81
82 myperceptual_loss = partial(perceptual_loss, image_shape=RESHAPE)
83 myperceptual_loss.__name__ = 'myperceptual_loss'
84 #构建损失
85 loss = [myperceptual_loss, wasserstein_loss]
86 loss_weights = [100, 1]          #将损失调为统一数量级
87 d_on_g.compile(optimizer=d_on_g_opt, loss=loss, loss_weights=loss_weights)
88 d.trainable = True
89
90 output_true_batch, output_false_batch = np.ones((batch_size, 1)),
   -np.ones((batch_size, 1))
91
92 #生成数据集迭代器
93 iterator = tf.compat.v1.data.make_initializable_iterator(dataset)
94 datatensor = iterator.get_next()
```

代码第 85 行，在计算生成器模型损失时，将损失值函数 myperceptual_loss 与损失值函数 wasserstein_loss 一起放到列表里。

代码第 86 行，定义了损失值的权重比例[100, 1]。这表示最终的损失值是：函数 myperceptual_loss 的结果乘以 100，将该积与函数 wasserstein_loss 的结果相加得到和。

> **提示：**
> 权重比例是根据每个函数返回的损失值得来的。
> 将 myperceptual_loss 的结果乘以 100，是为了让最终的损失值与函数 wasserstein_loss 的结果在同一个数量级上。

损失值函数 myperceptual_loss、wasserstein_loss 分别与模型 d_on_g 对象的输出值 generated_image、outputs 相对应。模型 d_on_g 对象的输出节点部分是在 8.5.6 节代码第 106 行定义的。

8.5.10 代码实现：按指定次数训练模型

先按照指定次数迭代调用训练函数 pre_train_epoch，然后在函数 pre_train_epoch 内遍历整个 Dataset 数据集，并进行训练。步骤如下：

（1）取一批次数据。
（2）训练判别器模型 5 次。
（3）将判别器模型权重固定，训练生成器模型 1 次。
（4）将判别器模型设为可训练，并循环第（1）步，直到整个数据集遍历结束。

具体代码如下。

代码 8-8　训练 deblur（续）

```
95  #定义配置文件
96  config = tf.compat.v1.ConfigProto()
97  config.gpu_options.allow_growth = True
98  config.gpu_options.per_process_gpu_memory_fraction = 0.5
99  sess = tf.compat.v1.Session(config=config)   #建立会话（session）
100
101 def pre_train_epoch(sess, iterator,datatensor): #迭代整个数据集进行训练
102     d_losses = []
103     d_on_g_losses = []
104     sess.run( iterator.initializer )
105
106     while True:
107         try:            #获取一批次的数据
108             (image_blur_batch,image_full_batch) = sess.run(datatensor)
109         except tf.errors.OutOfRangeError:
110             break       #如果数据取完则退出循环
111
112         generated_images = g.predict(x=image_blur_batch,
    batch_size=batch_size)          #将模糊图片输入生成器模型
113
114         for _ in range(critic_updates):     #训练判别器模型 5 次
115             d_loss_real = d.train_on_batch(image_full_batch,
    output_true_batch)           #训练，并计算还原样本的 loss 值
116
117             d_loss_fake = d.train_on_batch(generated_images,
    output_false_batch)          #训练，并计算模拟样本的 loss 值
118             d_loss = 0.5 * np.add(d_loss_fake, d_loss_real)#二者相加，再除以 2
119             d_losses.append(d_loss)
120
```

```
121         d.trainable = False        #固定判别器模型参数
122         d_on_g_loss = d_on_g.train_on_batch(image_blur_batch,
    [image_full_batch, output_true_batch])      #训练并计算生成器模型loss值
123         d_on_g_losses.append(d_on_g_loss)
124
125         d.trainable = True         #恢复判别器模型参数可训练的属性
126         if len(d_on_g_losses)%10== 0:
127             print(len(d_on_g_losses),np.mean(d_losses),
    np.mean(d_on_g_losses))
128     return np.mean(d_losses), np.mean(d_on_g_losses)
129 #初始化SwitchableNorm变量
130 tf.compat.v1.keras.backend.get_session().run(tf.compat.v1.global_
    variables_initializer())
131 for epoch in tqdm.tqdm(range(epoch_num)):   #按照指定次数迭代训练
132     #训练数据集1次
133     dloss,gloss = pre_train_epoch(sess, iterator,datatensor)
134     with open('log.txt', 'a+') as f:
135         f.write('{} - {} - {}\n'.format(epoch, dloss, gloss))
136     save_all_weights(d, g, epoch, int(gloss))    #保存模型
137 sess.close()           #关闭会话
```

代码第 130 行，进行全局变量的初始化。在初始化之后，SwitchableNorm 算法就可以正常使用了。

> **提示：**
> 即便是 tf.keras 接口，其底层也是通过静态图中的会话（session）来运行代码的。
> 在代码第 130 行中演示了一个用 tf.keras 接口实现全局变量初始化的技巧：
> （1）用 tf.keras 接口的后端类 backend 中的 get_session 函数，获取 tf.keras 接口当前正在使用的会话（session）。
> （2）得到 session 后，运行 tf.compat.v1.global_variables_initializer()方法进行全局变量的初始化。
> （3）代码运行后输出如下结果：
> 1%| | 6/50 [15:06<20:43:45, 151.06s/it]10 -0.4999978220462799 678.8936
> 20 -0.4999967348575592 680.67926
> …
> 1%| | 7/50 [17:29<20:32:16, 149.97s/it]10 -0.49999643564224244 737.67645
> 20 -0.49999758243560793 700.6202

```
30 -0.4999980672200521 672.0518
40 -0.49999826729297636 666.23425
50 -0.4999982775449753 665.67645
...
```

同时可以看到,在本地目录下生成了一个 weights 文件夹,里面放置的便是模型文件。

8.5.11 代码实现:用模型将模糊图片变清晰

接下来在权重 weights 文件夹里找到以 "generator" 开头并且是最新生成(按照文件的生成时间排序)的文件,将其复制到本地路径下(作者本地的文件名称为 "generator_499_0.h5")。这个模型就是 DeblurGAN 中的生成器模型。

在测试集中随机复制几张图片放到本地 test 目录下。与 train 目录结构一样,A 中放置模糊的图片,B 中放置清晰的图片。

下面编写代码来比较模型还原的效果。

代码 8-9　使用 deblur 模型

```
01 import numpy as np
02 from PIL import Image
03 import glob
04 import os
05 import tensorflow as tf          #载入模块
06 deblurmodel = __import__("代码8-7 deblurmodel")
07 generator_model = deblurmodel.generator_model
08
09 def deprocess_image(img):        #定义图片的后处理函数
10     img = img * 127.5 + 127.5
11     return img.astype('uint8')
12
13 batch_size = 4
14 RESHAPE = (360,640)              #定义要处理图片的大小
15
16 path = r'./image/test'
17 A_paths, B_paths = os.path.join(path, 'A', "*.png"), os.path.join(path, 'B',
   "*.png")
18 #获取该路径下的 png 文件
19 A_fnames, B_fnames = glob.glob(A_paths),glob.glob(B_paths)
20 #生成 Dataset 对象
21 dataset = tf.data.Dataset.from_tensor_slices((A_fnames, B_fnames))
```

```
22
23  def _processimg(imgname):         #定义函数调整图片大小
24      image_string = tf.io.read_file(imgname)      #读取整个文件
25      image_decoded = tf.image.decode_image(image_string)
26      image_decoded.set_shape([None, None, None]) #变化形状,否则下面会转换失败
27      #变化尺寸
28      img =tf.image.resize( image_decoded,RESHAPE)#[RESHAPE[0],RESHAPE[1],3])
29      image_decoded = (img - 127.5) / 127.5
30      return image_decoded
31
32  def _parseone(A_fname, B_fname):              #解析单个图片
33      #读取并预处理图片
34      image_A,image_B = _processimg(A_fname),_processimg(B_fname)
35      return image_A,image_B
36
37  dataset = dataset.map(_parseone)         #转换为有图片内容的数据集
38  dataset = dataset.batch(batch_size)      #将数据集按照batch_size划分
39  dataset = dataset.prefetch(1)
40
41  #生成数据集迭代器
42  iterator = tf.compat.v1.data.make_initializable_iterator(dataset)
43  datatensor = iterator.get_next()
44  g = generator_model(RESHAPE,False)       #构建生成器模型
45  g.load_weights("generator_499_0.h5")     #载入模型文件
46
47  #定义配置文件
48  config = tf.compat.v1.ConfigProto()
49  config.gpu_options.allow_growth = True
50  config.gpu_options.per_process_gpu_memory_fraction = 0.5
51  sess = tf.compat.v1.Session(config=config)     #建立session
52  sess.run( iterator.initializer )
53  ii= 0
54  while True:
55      try:              #获取一批次的数据
56          (x_test,y_test) = sess.run(datatensor)
57      except tf.errors.OutOfRangeError:
58          break          #如果数据取完则退出循环
59      generated_images = g.predict(x=x_test, batch_size=batch_size)
60      generated = np.array([deprocess_image(img) for img in generated_images])
61      x_test = deprocess_image(x_test)
62      y_test = deprocess_image(y_test)
63      print(generated_images.shape[0])
```

```
64      for i in range(generated_images.shape[0]):  #按照批次读取结果
65          y = y_test[i, :, :, :]
66          x = x_test[i, :, :, :]
67          img = generated[i, :, :, :]
68          output = np.concatenate((y, x, img), axis=1)
69          im = Image.fromarray(output.astype(np.uint8))
70          im = im.resize( (640*3, int( 640*720/1280)   ) )
71          print('results{}{}.png'.format(ii,i))
72          im.save('results{}{}.png'.format(ii,i))  #将结果保存起来
73      ii+=1
```

代码第 44 行，在定义生成器模型时，需要将其第 2 个参数 istrain 设为 False。这么做的目的是不使用 Dropout 层。

代码执行后，系统会自动在本地文件夹的 image/test 目录下加载图片，并其放到模型里进行清晰化处理。最终生成的图片如图 8-10 所示。

图 8-10　DeblurGAN 的处理结果

图 8-10 中有 3 个子图。左、中、右依次为原始、模糊、生成后的图片。比较图 8-10 中的原始图片（最左侧的图片）与生成后的图片（最右侧的图片）可以发现，最右侧模型生成的图片比最左侧的原始图片更为清晰。

8.5.12　练习题

如果生成器模型使用普通的归一化算法，那会是什么效果？并改写代码实验一下。

答案：将 8.5.4 节所有的 KL.SwitchNormalization 代码都替换成 KL.BatchNormalization 代码，并重新训练模型。使用普通归一化算法生成的图片如图 8-11 所示。

图 8-11　普通归一化的处理结果（扫描二维码可查看图 8-11 和图 8-12 的彩色效果）

用 SwitchableNorm 归一化处理的结果如图 8-12 所示。

图 8-12 使用 SwitchableNorm 归一化处理的结果

比较图 8-11 与图 8-12 中最右边的图片可以看出，图 8-11 中最右边图片的顶部出现了一些噪声，而图 8-12 中生成的图像（最右侧的图）质量更好（消除了噪声）。因为是黑白印刷，所以效果并不太明显。

8.5.13 扩展：DeblurGAN 模型的更多妙用

DeblurGAN 模型可以提升照片的清晰度。这是一个很有商业价值的功能。

例如，在开发智能冰箱、智能冰柜项目中，用户从冰柜里拿取商品时，一般需要通过高速相机在短时间内连续拍照，并挑选出高质量的图片送入后面的 YOLO 模型进行识别。如果应用的是 DeblurGAN 模型，则可以用相对便宜的相机来替代高速相机，而 YOLO 模型的识别率又不会有太大的损失。这个方案可以大大节省硬件成本。

另外，DeblurGAN 模型的网络结构没有将输入图片的尺寸与权重参数紧耦合，它可以处理不同尺寸的图片（请试着随意修改 8.5.11 节代码第 14 行的尺寸值，程序仍可以正常运行）。所以说，DeblurGAN 模型应用起来更加灵活。

8.6 全面了解 WGAN 模型

WGAN 模型的名字源于 Wasserstein Gan，Wasserstein 是指 W 距离。WGAN 模型的主要价值在于：它使用 W 距离作为损失函数，从某种程度上大大改善了 GAN 模型难以训练的问题。

8.6.1 GAN 模型难以训练的原因

实际训练中，GAN 模型存在着训练困难、生成器和判别器的 loss 值变化无法与训练效果同步、生成样本缺乏多样性等问题。这与 GAN 模型的机制有关。

1. 现象描述

其实 GAN 模型追求的纳什均衡只是一个理想状态，而在现实情况中我们得到的结果都是中间状态（伪平衡）。大部分情况下，随着训练的次数越来越多，则判别器 D 的效果也越来越好，从而导致总会将生成器 G 的输出与真实样本区分开。

2. 现象剖析

因为生成器 G 是从低维空间向高维空间（复杂的样本空间）映射的，其生成的样本分布空间 Pg 难以充满整个真实样本的分布空间 Pr（即两个分布完全没有重叠的部分，或者它们重叠的部分可忽略），所以判别器 D 总会将它们分开。

为什么可忽略呢？放在二维空间中会更好理解一些：二维平面中随机取两条曲线，两条曲线上的点可以代表二者的分布，要想判别器 D 无法分辨它们，则需要将两个分布融合在一起，即它们之间需要存在重叠线段，然而这样的概率为 0；另外，即使它们很可能会存在交叉点，但是相对两条曲线而言，交叉点比曲线低一个维度，长度（测度）为 0，即它只是一个点，代表不了分布情况，所以可忽略。

3. 原因分析

这种现象会带来什么后果呢？假设先将判别器 D 训练得足够好，然后固定判别器 D，再来训练生成器 G，通过实验会发现生成器 G 的 loss 值无论怎么更新也无法收敛到最小，而是无限地接近 ln2。这个 ln2 可以理解为 Pg 与 Pr 两个样本分布的距离。如果 loss 值恒定（即生成器 G 的梯度为 0），则无法再通过训练来优化整个网络。

所以在原始 GAN 模型的训练中，如果判别器 D 训练得太好，则生成器 G 的梯度会消失，生成器的 loss 值降不下去；如果判别器 D 训练得不好，则生成器 G 的梯度不准，抖动剧烈。

8.6.2 WGAN 模型——解决 GAN 模型难以训练的问题

WGAN 模型的思想是：将生成的模拟样本分布 Pg 与原始样本分布 Pr 组合起来，它们所形成的集合便是二者的联合分布。这样可以从中采样到真实样本与模拟样本，并能够计算二者的距离，还可以算出距离的期望值。这样就可以通过训练模型的方式，让网络沿着其自身分布（该网络所有可能的联合分布）期望值的下界方向进行优化（即将两个分布的集合拉到一起）。这样原来的判别器就不再是判别真伪的功能了，而是计算两个分布集合间距离的功能。所以，将其称为评论器会更加合适。另外，最后一层的激活函数 Sigmoid 也需要去掉了（参见 arXiv 网站上编号为 "1701.07875" 的论文）。

1. WGAN 模型的实现

用神经网络计算 W 距离，可以直接让神经网络去拟合，见式（8.19）。

$$|f(x_1)| - |f(x_2)| \times \leq k|x_1 - x_2| \tag{8.19}$$

$f(x)$ 可以理解成神经网络的计算,让判别器来实现将 $f(x_1)$ 与 $f(x_2)$ 的距离变换成 $x_1 - x_2$ 的绝对值乘以 k ($k \geqslant 0$)。k 代表函数 $f(x)$ 的 Lipschitz 常数,这样两个分布集合的距离就可以表示成 $D(real) - D(G(x))$ 的绝对值乘以 k 了,这个 k 可以理解成梯度,在神经网络 $f(x)$ 中 x 的梯度绝对值会小于 k。

将式(8.19)中的 k 忽略,整理后可以得到二者分布的距离公式,见式(8.20)。

$$L = D(real) - D(G(x)) \qquad (8.20)$$

现在要做的就是将 L 当成目标来计算 loss 值,G 用来将希望生成的结果 P_g 越来越接近 P_r,所以需要训练让距离 L 最小化。因为生成器 G 与第 1 项无关,所以 G 的 loss 值可以简化为式(8.21)。

$$G(loss) = -D(G(x)) \qquad (8.21)$$

而 D 的任务是区分它们,所以希望二者距离变大,loss 值需要取反,得到式(8.22)。

$$D(loss) = D(G(x)) - D(real) \qquad (8.22)$$

同样,通过 D 的 loss 值也可以看出 G 的生成质量,即 loss 值越小则代表距离越近,生成的质量越高。

2. WGAN 模型的改进

在实际训练过程中,WGAN 模型直接使用了截断(clipping)的方式来防止梯度过大或过小。每当更新完一次判别器的参数后,就检查判别器的所有参数的绝对值有没有超过一个阈值,比如 0.01,有的话就把这些参数限制在 [−0.01, 0.01] 范围内。

但这个方式太过生硬,在实际应用中仍会出现问题,所以后来又产生了其升级版 Wgan-gp。

8.6.3 WGAN 模型的原理与不足之处

WGAN 模型引入了 W 距离,由于它相对 KL 散度与 JS 散度具有优越的平滑特性,所以理论上可以解决梯度消失问题。接着通过数学变换将 W 距离写成可求解的形式,利用一个参数数值范围受限的判别器神经网络来最大化这个形式,就可以近似地求 W 距离。在近似最优判别器下优化生成器使得 W 距离缩小,就能有效拉近生成分布与真实分布。WGAN 模型既解决了训练不稳定的问题,也提供了一个可靠的训练进程指标,而且该指标确实与生成样本的质量高度相关。

1. WGAN 模型的梯度截断原理

原始 WGAN 模型使用 Lipschitz 限制的施加方式,但在实现时使用了梯度截断(weight clipping)方式进行改进。如是要了解其背后的原理,则要从 Lipschitz 限制开始。

Lipschitz 限制的本意是：当输入的样本稍微变化后，判别器给出的分数不能发生太过剧烈的变化。

梯度截断方式通过在训练过程中保证判别器的所有参数有界，保证了判别器不能对两个略微不同的样本给出天差地别的分数值，从而间接实现了 Lipschitz 限制。

2．WGAN 模型的不足

在 WGAN 模型中使用梯度截断的作用是限制原始样本和模拟样本之间的距离不能过大，而判别器的作用则是尽可能地扩大原始样本和模拟样本之间的距离，二者的作用相互矛盾。这便是 WGAN 模型的主要问题。

在判别器中希望 loss 值尽可能大，这样才能拉大真假样本的区别，这种情况会导致：在判别器中通过 loss 值算出来的梯度会沿着 loss 值越来越大的方向变大，然而经过梯度截断（weight clipping）后，每一个网络参数的值又被进行了限制（例如，取值范围只能在[-0.01, 0.01]区间）。其结果只能是，所有的参数走向极端，要么取最大值（如 0.01），要么取最小值（如-0.01），使得判别器的能力变差，经过它回传给生成器的梯度也会变差。

如果判别器是一个多层网络，则梯度截断还会导致梯度消失或者梯度爆炸问题。原因是：如果我们把梯度截断的阈值（clipping threshold）设置得稍微小了一点，每经过一层网络梯度就变小一点，则多层之后就会按指数衰减；反之，如果设置得稍微大了一点，每经过一层网络梯度变大一点，则多层之后就会按指数爆炸。然而在实际应用中很难做到设置得合适，让生成器获得恰到好处的回传梯度。

8.6.4　WGAN-gp 模型——更容易训练的 GAN 模型

WGAN-gp 模型又被叫作具有梯度惩罚（gradient penalty）的 WGAN（wasserstein GAN）。它是 WGAN 模型的升级版，可以用来全面代替 WGAN 模型。

1．WGAN-gp 模型介绍

WGAN-gp 模型中的 gp 是梯度惩罚（gradient penalty）的意思。WGAN-gp 模型引入梯度惩罚主要用来替换梯度截断（weight clipping）。WGAN-gp 模型通过直接设置一个额外的梯度惩罚项，来实现判别器的梯度不超过 k，见式（8.23）、式（8.24）。

$$\text{Norm} = \text{grad}(D(X\_inter), [X\_inter]) \quad (8.23)$$

$$\text{gradient\_penaltys} = \text{MSE}(\text{Norm}-k) \quad (8.24)$$

式（8.23）中的 X_inter 为整个联合分布空间的 x 份取样；式（8.24）中的 MSE 为平方差公式，即梯度惩罚项 gradient_penaltys 为求整个联合分布空间的 x 对应 D 的梯度与 k 的平方差。

2. WGAN-gp 模型的原理与实现

判别器尽可能拉大真假样本的分数差距,希望梯度越大越好,变化幅度越大越好,所以判别器在充分训练后,其梯度 Norm 就会在 k 附近。所以,可以把上面的 loss 值改成要求梯度 Norm 离 k 越近越好,k 可以是任何数,我们就简单地把 k 定为 1,再跟 WGAN 模型原来的判别器 loss 值加权合并,就得到新的判别器 loss 值,见式(8.25)、式(8.26)。

$$L = D(G(x)) - D(\text{real}) + \lambda \, \text{MSE}(\text{grad}\,(D(X\_\text{inter}),\,[X\_\text{inter}]\text{-}1) \qquad (8.25)$$

即:

$$L = D(G(x)) - D(\text{real}) + \lambda \, \text{gradient\_penaltys} \qquad (8.26)$$

式(8.25)中的 λ 为梯度惩罚参数,用来调节梯度惩罚的力度。

gradient_penaltys 是需要从 Pg 与 Pr 的联合空间里采样,对于整个样本空间来讲,需要抓住生成样本集中区域、真实样本集中区域,以及夹在它们中间的区域。即:先随机取一个 0~1 的随机数,令一对真假样本分别按随机数的比例加和来生成 X_inter 的采样,见式(8.27)、式(8.28)。

$$\text{eps} = \text{torch.FloatTensor(size).uniform\_}(0,1) \qquad (8.27)$$

$$X\_\text{inter} = \text{eps} \times \text{real} + (1.0 - \text{eps}) \times G(x) \qquad (8.28)$$

这样把 X_inter 代入式(8.25)中,就得到最终版本的判别器 loss。伪码如下:

```
eps = torch.FloatTensor(real_samples.size(0),1,1,1).uniform_(0,1).to(device)
X_inter = eps*real + (1. - eps)* G(x)
L= D(G(x)) - D(real) +λMSE(autograd.grad (D(X_inter), [X_inter])-1)
```

实验表明,Wgan-gp 模型中的 gradient_penaltys 能够显著提高训练速度,解决了原始 WGAN 生成器梯度二值化问题[见图 8-13(a)]与梯度消失爆炸问题[见图 8-13(b)]。

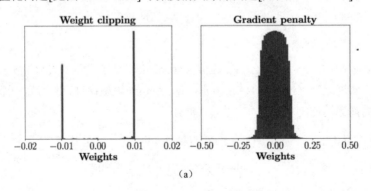

图 8-13

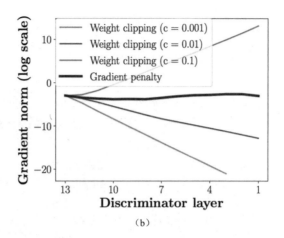

（b）

图8-13　WGAN-gp模型效果对比（该图来自于wgan-gp论文，该论文在arXiv网站上的编号为: 1704.00028）（续）

> **提示：**
> 由于对每个样本独立地施加梯度惩罚，所以在判别器的模型架构中不能使用BN算法，因为它会引入同一个批次中不同样本的相互依赖关系。如果需要使用BN算法，则可以选择其他归一化方法，如Layer Normalization、Weight Normalization和Instance Normalization，这些方法不会引入样本之间的依赖。

8.6.5　WGAN-div模型——带有W散度的GAN模型

WGAN-div模型在WGAN-gp模型的基础上从理论层面进行了二次深化。在WGAN-gp模型中，将判别器的梯度作为一个惩罚项加入判别器的loss值中。

在计算判别器梯度时，为了让X_inter从整个联合分布空间的x份取样，使用了在真假样本之间随机取样的方式来实现，保证采样区间属于真假样本的过渡区域。然而这种方案更像是一种经验方案，没有更完备的理论支撑（使用了个体采样代替整体分布，而没能从整体分布层面直接解决问题）。

1．WGAN-div模型的思路

WGAN-div模型使用与WGAN-gp截然不同的思路：不再从梯度惩罚的角度去考虑，而是从两个样本间的分布距离去考虑。

在WGAN-div模型中，引入了W散度用于度量真假样本分布之间的距离，并证明了WGAN-gp中的W距离不是散度。这意味着WGAN-gp在训练判别器时，并非总是会在拉大两个分布的距离，从而在理论上证明了WGAN-gp缺陷——会有训练失效的情况。

WGAN-div模型从理论层面对WGAN进行了补充。利用WGAN-div模型所实现的损失不再需要采样过程,并且所达到的训练效果也比 WGAN-gp 更胜一筹。更多内容请参见 arXiv 网站上编号为"1712.01026"的论文。

2. 了解 W 散度

W 散度源于一篇 *Partial differential equations and monge-kantorovich mass transfer* 文献中的一个方案(在 math.berkeley.edu 网站的~evans 路径下搜索 Monge-Kantorovich,可以找到论文链接)。

其公式转换成对抗神经网络的场景下,可以描述成式(8.29)。

$$L = D(G(x)) - D(\text{real}) + \frac{1}{2}\|\nabla T\|^2 \qquad (8.29)$$

其中,∇T 代表 2 个分布的距离。如果将式(8.29)中的常数用符号表示,则可以写成式(8.30)。

$$L = D(G(x)) - D(\text{real}) + k\|\nabla T\|^p \qquad (8.30)$$

3. WGAN-div 模型的损失函数

式(8.30)中的第 3 项可以进一步表示成式(8.31)。

$$k\|\nabla T\|^p = k(\frac{1}{2}\text{sum}(\text{real}_{\text{norm}}{}^2, 1)^{\frac{p}{2}} + \frac{1}{2}\text{sum}(\text{fake}_{\text{norm}}{}^2, 1)^{\frac{p}{2}}) \qquad (8.31)$$

提示:

sum(real_norm^2,1)表示沿着real_norm^{2}的第 1 维度求和。

式(8.31)中的real_norm^{2}与fake_norm^{2}可以理解为 $D(\text{real})$ 与 $D(G(x))$ 导数的 L2 范数。将式(8.31)代入式(8.30)即可得到 WGAN-div 模型的损失函数,用伪码表示如下:

```
real_norm = grad(outputs= D(real),inputs= real)
real_L2_norm = real_norm.pow(2).sum(1) ** (p / 2)
fake_norm = grad(outputs= D(G(x)),inputs= G(x))
fake_L2_norm = fake_norm.pow(2).sum(1) ** (p / 2)
div_gp = torch.mean(real_L2_norm** (p / 2) + fake_L2_norm** (p / 2)) * k / 2
less_d = D(G(x)) - D(real) + div_gp       #判别器的损失
less_g = -D(G(x))                          #生成器的损失
```

可以看到,WGAN-div 模型与 WGAN-gp 模型的区别仅仅在于判别器损失的梯度惩罚项部分,而生成器部分的损失算法完全一样。

通过搜索实验,发现在式(8.30)中,当 $k=2$,$p=6$ 时效果最好。

在 WGAN-div 模型中,使用了理论更完备的 W 散度来替换了 W 距离的计算方式。将原有的真假样本采样操作换成了基于分布层面的计算。

4. W 散度与 W 距离间的关系

对式（8.30）稍加变换，令分布距离 ∇T 减去一个常量，即可变为式（8.32）。

$$L = D(G(x)) - D(\text{real}) + k\|\nabla T - n\|^p \tag{8.32}$$

可以看到，当式（8.32）中的 $n=1$, $p=2$ 时，该式便与 WGAN-gp 模型中的判别式公式一致，见 8.6.4 节的式（8.25）。

8.7 实例 40：构建 AttGAN 模型，对照片进行加胡子、加头帘、加眼镜、变年轻等修改

本实例将实现一个人脸属性编辑任务的模型。该模型把自编码网络模型与对抗神经网络模型结合起来，通过重建学习和对抗性学习的训练方式，融合人脸的潜在特征与指定属性，生成带有指定属性特征的人脸图片。

8.7.1 什么是人脸属性编辑任务

人脸属性编辑任务可以将人脸按照指定的属性特征进行转换，例如：变换表情、添加胡子、添加眼镜、添加头帘等。这类任务早先是通过特征点区域像素替换方法来实现的。这种方法无法做出逼真的效果，常常将替换区域做得很夸张和卡通，可以起到娱乐的效果，所以多用于社交软件中。

随着深度学习的发展，人脸属性编辑的效果变得越来越好，逼真度越来越高。通过特定的模型可以实现以假乱真的效果。

在深度学习中，人脸属性编辑任务可以被归类为图像风格转换任务中的一种。它并不是基于像素的单一替换，而是基于图片特征的深度拟合。

实现人脸属性编辑任务大致有两种方法：基于优化的方法、基于学习的方法。

1. 基于优化方法的人脸属性编辑任务

基于优化方法的人脸属性编辑任务，主要是利用神经网络模型的优化器，通过监督式训练来不断优化节点参数，从而实现从人脸图片到目标属性的转换。例如：CNAI、DFI 等方法。

- CNAI 方法是计算人脸图片通过 CNN 模型处理后的特征与待转换的人脸属性特征间的损失值，并按照该损失最小化的方向优化网络模型，从而实现人脸属性编辑。
- DFI 方法是在损失计算过程中加入了欧式距离的测量方法。

这两种方法都需要通过大量次数的迭代训练，且效果相对较差。

2. 基于学习方法的人脸属性编辑任务

基于学习方法的人脸属性编辑任务,主要是通过对抗神经网络学习不同域之间的关系,从而实现从人脸图片到目标属性的转换。它是目前主流的实现方法。

在图像风格转换任务中用到的模型,都可以用来做人脸属性编辑任务。例如:在CycleGAN模型中加入重构损失函数,以保证图片内容的一致性(即将人脸中不需要变化的属性保持原样)。

在CycleGAN模型之后又出现了StarGAN模型。StarGAN模型是在输入图片中加入了属性控制信息,并改良了判别器模型,在GAN网络结构中,除判断输入样本真假外,还对输入样本的属性进行了分类。StarGAN模型可以通过属性控制信息实现用一个模型生成多个属性的效果。

还有效果更好的AttGAN模型。该模型在生成器模型部分嵌入了自编码网络模型(编解码器模型架构)。这样的模型可以更深层次地拟合原数据中潜在特征和属性的关系,从而使得生成的效果更加逼真。

8.7.2 模型任务与样本介绍

在本实例中,使用CelebA数据集训练AttGAN模型,使模型能够对照片中的人物进行修改,实现为照片中的人物添加胡子、添加头帘、添加眼袋、添加眼镜、年轻化处理等40项属性的处理。

1. 获取CelebA数据集

CelebA数据集是一个人脸数据集,其中包括人脸图片与人脸属性的标注信息。部分样本数据如图8-14所示。

图8-14 人脸数据集样本示例

通过本书配套资源“代码 8-7　deblurmodel”文件夹中的链接下载 CelebA 数据集。

数据集下载完后，将其中的对齐图片数据与标注数据提取出来用于训练。具体操作如下：

（1）在代码的本地文件夹下新建一个目录 data。

（2）将 CelebA\Img 下的 img_align_celeba.zip 解压缩，得到 img_align_celeba 文件夹，并将该文件夹放在 data 目录下。

（3）将 CelebA\Anno 下的 list_attr_celeba.txt 也放到 data 目录下。

2. 了解样本的标注信息

CelebA 数据集中的标注文件 list_attr_celeba.txt 记录了每张人脸图片的多个属性特征。在标注文件 list_attr_celeba.txt 中，将人脸属性划分成 40 个属性标签。如果图片中的人脸符合某个属性标签，则在该属性标签的位置上赋值 1，否则在该属性的标签上赋值–1。

这 40 种人脸属性的内容如下：

'当天的小胡茬': 0,	'拱形眉毛': 1,	'漂亮': 2,	'眼袋': 3,	'没头发': 4,
'头帘': 5,	'大嘴唇': 6,	'大鼻子': 7,	'黑发': 8,	'金发': 9,
'图片模糊': 10,	'棕色头发': 11,	'浓眉毛': 12,	'胖乎乎': 13,	'双下巴': 14,
'眼镜': 15,	'山羊胡子': 16,	'灰发': 17,	'重妆': 18,	'高颧骨': 19,
'男': 20,	'嘴微微开': 21,	'小胡子': 22,	'细眼睛': 23,	'没胡子': 24,
'椭圆形脸': 25,	'苍白皮肤': 26,	'尖鼻子': 27,	'退缩发际线': 28,	'玫瑰色脸颊': 29,
'连鬓胡子': 30,	'微笑': 31,	'直发': 32,	'波浪发': 33,	'佩戴耳环': 34,
'戴帽子': 35,	'涂口红': 36,	'戴项链': 37,	'打领带': 38,	' 年轻': 39

这里的标签标注并不是 one-hot 分类，人脸图片与这 40 个属性标签是多对多的关系，即一个图片可以被打上多个属性的分类标签，如图 8-15 所示。

```
202599
5_o_Clock_Shadow Arched_Eyebrows Attractive Bags_Under_Eyes Bald Bangs Big_Lips Big_Nose Black_Hair Blond_Hai
000001.jpg -1  1  1 -1 -1 -1 -1 -1 -1 -1 -1  1 -1 -1 -1 -1 -1 -1  1  1 -1  1 -1 -1  1 -1 -1  1 -1 -1 -1  1  1
000002.jpg -1 -1 -1  1 -1 -1 -1  1 -1 -1 -1  1 -1 -1 -1 -1 -1 -1 -1  1 -1  1 -1 -1  1 -1 -1 -1 -1 -1 -1  1 -1
000003.jpg -1 -1 -1 -1 -1 -1  1 -1 -1 -1  1 -1 -1 -1 -1 -1 -1 -1 -1 -1  1 -1 -1  1  1 -1 -1  1 -1 -1 -1 -1 -1
000004.jpg -1 -1  1 -1 -1 -1 -1 -1 -1 -1 -1 -1 -1 -1 -1 -1 -1 -1 -1 -1 -1 -1 -1 -1  1 -1 -1  1 -1 -1 -1 -1  1
000005.jpg -1  1  1 -1 -1 -1  1 -1 -1 -1 -1 -1 -1 -1 -1 -1 -1 -1  1 -1 -1 -1 -1  1  1 -1 -1  1 -1 -1 -1 -1 -1
000006.jpg -1  1  1 -1 -1 -1  1 -1 -1 -1 -1  1 -1 -1 -1 -1 -1 -1  1 -1 -1  1 -1 -1  1 -1 -1 -1 -1 -1 -1 -1 -1
000007.jpg 1 -1  1  1 -1 -1  1  1  1 -1 -1 -1  1 -1 -1 -1 -1 -1 -1 -1  1 -1 -1 -1  1 -1 -1  1 -1 -1 -1 -1  1
000008.jpg 1  1 -1  1 -1 -1  1 -1  1 -1 -1 -1 -1 -1 -1 -1 -1 -1 -1 -1  1 -1 -1 -1  1 -1 -1  1 -1 -1 -1 -1 -1
000009.jpg -1  1  1 -1 -1  1  1 -1 -1 -1 -1 -1 -1 -1 -1 -1 -1 -1  1  1 -1  1 -1 -1  1  1 -1  1 -1  1 -1  1 -1
000010.jpg -1 -1  1 -1 -1 -1 -1 -1 -1 -1 -1 -1 -1 -1 -1 -1 -1 -1  1  1 -1 -1 -1 -1  1 -1 -1 -1 -1 -1 -1 -1 -1
000011.jpg -1 -1  1 -1 -1 -1 -1 -1  1 -1 -1 -1 -1 -1 -1 -1 -1 -1 -1 -1 -1  1 -1 -1  1 -1 -1 -1 -1 -1 -1  1 -1
000012.jpg -1 -1  1  1 -1 -1 -1 -1  1 -1 -1 -1  1 -1 -1 -1 -1 -1 -1  1  1  1 -1 -1  1  1 -1 -1 -1 -1 -1  1  1
000013.jpg -1 -1 -1 -1 -1 -1 -1 -1 -1  1 -1 -1 -1 -1 -1 -1 -1 -1 -1  1  1  1 -1 -1  1  1 -1 -1 -1 -1 -1  1  1
```

图 8-15　CelebA 的标注数据

从图 8-15 中可以看出，标注文件的内容主要分为 3 种数据：

- 第 1 行是总共标注的条数。

- 第 2 行是这 40 种属性的英文标签。
- 第 3 行及以下行是每张图片对应的标签,表明该图片具体带有哪个属性(1 表示具有该属性,–1 表示没有该属性)。

8.7.3　了解 AttGAN 模型的结构

　　AttGAN 模型属于对抗神经网络模型框架下的多模型结构。它在对抗神经网络模型框架基础上,将单一的生成器模型换成一个自编码网络模型。其整体结构描述如下。

- 生成器模型:由一个自编码网络模型构成。用自编码模型中的编码器模型来提取人脸主要潜在特征,用自编码模型中的解码器模型来生成指定属性的人脸图像。
- 判别器模型:起到约束解码器模型的作用,让解码器模型生成具有指定特征属性的人脸图像。

AttGAN 模型的完整结构如图 8-16 所示。

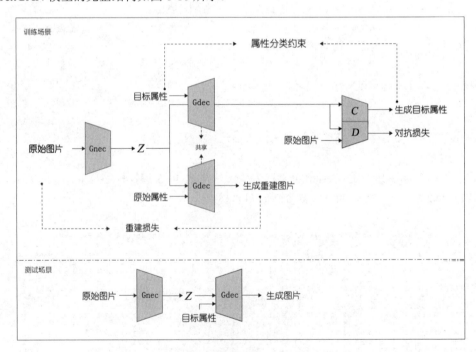

图 8-16　AttGAN 模型的完整结构

图 8-16 描述了 AttGAN 模型在两个场景下的完整结构。

- 训练场景:体现了 AttGAN 模型的完整结构。在训练自编码模型的解码器模型时,将重建过程的损失值和对抗网络模型的损失值作为整个网络模型的损失值。该损失值将参与迭代训练过程中的反向传播过程。
- 测试场景：直接用训练好的自编码模型生成人脸图片，不再需要对抗神经网络模型中的判别器模型。

1. 训练场景中模型的组成及作用

在训练场景中，模型由 3 个子模型组成：编码器模型（Genc）、解码器模型（Gdec）、判别器模型（CD）。具体描述如下。

- 编码器模型（Genc）：将真实图片压缩成特征向量 Z。
- 解码器模型（Gdec）：使用了两种训练方式。一种训练方式是将样本图片与原始标签 a 组合作为输入，重建出原始图片；另一种训练方式是将样本图片与随机制作的标签 b 组合作为输入，重建出带有标签 b 中特征的图片。
- 判别器模型（CD）：输出了两种结果。一种是分类结果（C），代表图片中人脸的属性；另一种是判断真伪的结果（D），用来区分输入的是真实图片还是生成的图片。

在 AttGAN 模型中，生成器模型的随机值并不是产生照片的随机数，而是根据原始标签变化后的标签值。照片数据在模型中只是起到重建作用。因为在人脸编辑任务中，不希望对属性之外的图像发生变化，所以重建损失可以最大化地保证个体数据原有的样子。

2. 测试场景中模型的组成及作用

在测试场景中，AttGAN 模型由两个子模型组成：
（1）利用编码器模型将图片特征提取出来。
（2）将提取的特征与指定的属性值参数一起输入编码器模型中，合成出最终的人脸图片。
更多细节参见 arXiv 网站上编号为 "1711.10678" 的论文。

8.7.4 代码实现：实现支持动态图和静态图的数据集工具类

编写数据集工具类，对 tf.data.Dataset 接口进行二次封装，使其可以兼容动态图与静态图。代码如下。

代码 8-10 mydataset

```
01 import os
02 import numpy as np
03 import tensorflow as tf
04
05
06 class Dataset(object):            #定义数据集类，支持动态图和静态图
07     def __init__(self):
```

```
08            self._dataset = None
09            self._iterator = None
10            self._batch_op = None
11            self._sess = None
12            self._is_eager = tf.executing_eagerly()
13            self._eager_iterator = None
14
15        def __del__(self):        #重载del()方法
16            if self._sess:        #在静态图中,在销毁对象时需要关闭session
17                self._sess.close()
18
19        def __iter__(self):       #重载迭代器方法
20            return self
21
22        def __next__(self):       #重载next()方法
23            try:
24                b = self.get_next()
25            except:
26                raise StopIteration
27            else:
28                return b
29        next = __next__
30        def get_next(self):       #获取下一个批次的数据
31            if self._is_eager:
32                return self._eager_iterator.get_next()
33            else:
34                return self._sess.run(self._batch_op)
35
36        def reset(self, feed_dict={}):  #重置数据集迭代器指针(用于整个数据集循环迭代)
37            if self._is_eager:
38                self._eager_iterator = tf.compat.v1.data.Iterator(self._dataset)
39            else:
40                self._sess.run(self._iterator.initializer, feed_dict=feed_dict)
41
42        def _bulid(self, dataset, sess=None):  #构建数据集
43            self._dataset = dataset
44
45            if self._is_eager:    #直接返回动态图中的数据集迭代器对象
46                self._eager_iterator = tf.compat.v1.data.Iterator(dataset)
47            else:    #在静态图中需要进行初始化,并返回迭代器的get_next()方法
48                self._iterator =
    tf.compat.v1.data.make_initializable_iterator(dataset)
```

```
49        self._batch_op = self._iterator.get_next()
50        if sess:
51            self._sess = sess
52        else:        #如果没有传入session,则需要自己创建一个
53            self._sess = tf.compat.v1.Session()
54        try:
55            self.reset()
56        except:
57            pass
58    @property
59    def dataset(self):        #返回deatset属性
60        return self._dataset
61
62    @property
63    def iterator(self):        #返回iterator属性
64        return self._iterator
65
66    @property
67    def batch_op(self):        #返回batch_op属性
68        return self._batch_op
```

整个代码相对比较好理解,就是内部维护了一套动态图和静态图各自的迭代关系。使用的都是 Python 基础语法方面的知识。如果这部分代码不是太懂,可以参考《Python 带我起飞——入门、进阶、商业实战》一书中"第 9 章 类——面向对象的编程方案"相关内容。

8.7.5 代码实现:将 CelebA 做成数据集

制作 Dataset 数据集可以分成两个主要部分:

- 函数 disk_image_batch_dataset,用来将具体的图片和标签数据拼装成 Dataset 数据集。
- 类 Celeba 继承于 8.7.4 节的 Dataset 类。在该类中实现了具体图片数据的转换函数 _map_func 与一个静态方法 check_attribute_conflict()。静态方法 check_attribute_conflict() 的作用是将标签中与指定属性冲突的标志位清零。

具体代码如下。

代码 8-10 mydataset(续)

```
69 #从指定的图片目录中读取图片,并转成数据集
70 def disk_image_batch_dataset(img_paths, batch_size, labels=None,
   filter=None,drop_remainder=True,
71                             map_func=None, shuffle=True, repeat=-1):
72
```

```python
73      if labels is None:      #将传入的图片路径与标签转成Dataset数据集
74          dataset = tf.data.Dataset.from_tensor_slices(img_paths)
75      elif isinstance(labels, tuple):
76          dataset = tf.data.Dataset.from_tensor_slices((img_paths,) +
    tuple(labels))
77      else:
78          dataset = tf.data.Dataset.from_tensor_slices((img_paths, labels))
79
80      if filter:          #支持调用外部传入的filter处理函数
81          dataset = dataset.filter(filter)
82
83      def parse_func(path, *label):   #定义数据集的map处理函数,用来读取图片
84          img = tf.io.read_file(path)
85          img = tf.image.decode_png(img, 3)
86          return (img,) + label
87
88      if map_func:        #支持调用外部传入的map处理函数
89          def map_func_(*args):
90              return map_func(*parse_func(*args))
91          dataset = dataset.map(map_func_, num_parallel_calls=num_threads)
92      else:
93          dataset = dataset.map(parse_func, num_parallel_calls=num_threads)
94
95      if shuffle:         #乱序操作
96          dataset = dataset.shuffle(buffer_size)
97      #按批次划分
98      dataset = dataset.batch(batch_size,drop_remainder = drop_remainder)
99      dataset = dataset.repeat(repeat).prefetch(prefetch_batch)#设置缓存
100     return dataset
101
102 class Celeba(Dataset):
103     #定义人脸属性
104     att_dict={'5_o_Clock_Shadow': 0,'Arched_Eyebrows': 1, 'Attractive': 2,
105              'Bags_Under_Eyes': 3, 'Bald': 4, 'Bangs': 5, 'Big_Lips': 6,
106              'Big_Nose': 7,'Black_Hair': 8, 'Blond_Hair': 9, 'Blurry': 10,
107              'Brown_Hair': 11, 'Bushy_Eyebrows': 12, 'Chubby': 13,
108              'Double_Chin': 14, 'Eyeglasses': 15, 'Goatee': 16,
109              'Gray_Hair': 17, 'Heavy_Makeup': 18, 'High_Cheekbones': 19,
110              'Male': 20, 'Mouth_Slightly_Open': 21, 'Mustache': 22,
111              'Narrow_Eyes': 23, 'No_Beard': 24, 'Oval_Face': 25,
112              'Pale_Skin': 26, 'Pointy_Nose': 27, 'Receding_Hairline': 28,
113              'Rosy_Cheeks': 29, 'Sideburns': 30, 'Smiling': 31,
```

```python
114                 'Straight_Hair': 32, 'Wavy_Hair': 33, 'Wearing_Earrings': 34,
115                 'Wearing_Hat': 35, 'Wearing_Lipstick': 36,
116                 'Wearing_Necklace': 37, 'Wearing_Necktie': 38, 'Young': 39}
117
118     def __init__(self, data_dir, atts, img_resize, batch_size,
119                  shuffle=True, repeat=-1, sess=None, mode='train', crop=True):
120         super(Celeba, self).__init__()
121         #定义数据路径
122         list_file = os.path.join(data_dir, 'list_attr_celeba.txt')
123         img_dir_jpg = os.path.join(data_dir, 'img_align_celeba')
124         img_dir_png = os.path.join(data_dir, 'img_align_celeba_png')
125
126         #读取文本数据
127         names = np.loadtxt(list_file, skiprows=2, usecols=[0], dtype=np.str)
128         if os.path.exists(img_dir_png):   #将图片的文件名收集起来
129             img_paths = [os.path.join(img_dir_png, name.replace('jpg', 'png')) for name in names]
130         elif os.path.exists(img_dir_jpg):
131             img_paths = [os.path.join(img_dir_jpg, name) for name in names]
132         print(img_dir_png,img_dir_jpg)
133         #读取每个图片的属性标志
134         att_id = [Celeba.att_dict[att] + 1 for att in atts]
135         labels = np.loadtxt(list_file, skiprows=2, usecols=att_id, dtype=np.int64)
136
137         if img_resize == 64:
138             offset_h = 40
139             offset_w = 15
140             img_size = 148
141         else:
142             offset_h = 26
143             offset_w = 3
144             img_size = 170
145
146     def _map_func(img, label):
147         #从位于(offset_h, offset_w)的图像的左上角像素开始对图像裁剪
148         img = tf.image.crop_to_bounding_box(img, offset_h, offset_w, img_size, img_size)
149         #用双向插值法缩放图片
150         img = tf.image.resize(img, [img_resize, img_resize], tf.image.ResizeMethod.BICUBIC)
```

```
151            img = tf.clip_by_value(img, 0, 255) / 127.5 - 1#归一化处理
152            label = (label + 1) // 2    #将标签变为0和1
153            return img, label
154
155        drop_remainder = True
156        if mode == 'test':      #根据使用情况决定数据集的处理方式
157            drop_remainder = False
158            shuffle = False
159            repeat = 1
160            img_paths = img_paths[182637:]
161            labels = labels[182637:]
162        elif mode == 'val':
163            img_paths = img_paths[182000:182637]
164            labels = labels[182000:182637]
165        else:
166            img_paths = img_paths[:182000]
167            labels = labels[:182000]
168        #创建数据集
169        dataset =
    disk_image_batch_dataset(img_paths=img_paths,labels=labels,
170                                    batch_size=batch_size,
    map_func=_map_func,
171                                    drop_remainder=drop_remainder,
172                                    shuffle=shuffle,repeat=repeat)
173        self._bulid(dataset, sess)    #构建数据集
174        self._img_num = len(img_paths) #计算总长度
175
176    def __len__(self):          #重载len函数
177        return self._img_num    #返回数据集的总长度
178
179    @staticmethod         #定义一个静态方法,实现将冲突类别清零
180    def check_attribute_conflict(att_batch, att_name, att_names):
181        def _set(att, value, att_name):
182            if att_name in att_names:
183                att[att_names.index(att_name)] = value
184
185        att_id = att_names.index(att_name)
186        for att in att_batch:     #循环处理批次中的每个反向标签
187            if att_name in ['Bald', 'Receding_Hairline'] and att[att_id] == 1:
188                _set(att, 0, 'Bangs') #没头发属性和退缩发际线属性与头帘属性冲突
189            elif att_name == 'Bangs' and att[att_id] == 1:
```

```
190                _set(att, 0, 'Bald')
191                _set(att, 0, 'Receding_Hairline')
192            elif att_name in ['Black_Hair', 'Blond_Hair', 'Brown_Hair',
    'Gray_Hair'] and att[att_id] == 1:
193                for n in ['Black_Hair', 'Blond_Hair', 'Brown_Hair',
    'Gray_Hair']:
194                    if n != att_name:         #头发颜色只能取一种
195                        _set(att, 0, n)
196            elif att_name in ['Straight_Hair', 'Wavy_Hair'] and att[att_id]
    == 1:
197                for n in ['Straight_Hair', 'Wavy_Hair']:
198                    if n != att_name:         #直发属性和波浪属性
199                        _set(att, 0, n)
200            elif att_name in ['Mustache', 'No_Beard'] and att[att_id] == 1:
201                for n in ['Mustache', 'No_Beard']:    #有胡子属性和没胡子属性
202                    if n != att_name:
203                        _set(att, 0, n)
204
205        return att_batch
```

在代码第 104 行中，手动定义了人脸属性的字典。该字典的属性名称与顺序要与 8.7.2 节介绍的样本标注中的一致。在整个项目中，都会用这个字典来定位图片的具体属性。

代码第 137 行是一个增强输入图片主要内容的小技巧：先按照一定尺寸将图片的主要内容裁剪下来，再将其转换为指定的尺寸，从而实现将主要内容区域放大的效果。因为本实例使用的人脸数据集是经过对齐预处理后的图片（高为 218 pixel，宽为 178 pixel），所以可以用人为调好的数值进行裁剪。

代码第 137~144 行的意思是：如果使用 64 pixel×64 pixel 大小的图片，则从原始图片的（15, 40）坐标处裁剪 148 pixel×148 pixel 大小的区域；如果使用其他尺寸大小的图片，则从原始图片的（3,26）坐标处裁剪 170 pixel×170 pixel 大小的区域。

裁剪后的图片将被用双向插值法缩放为指定大小的图片。

 提示：

更多变化图片尺寸的方法，请参考《深度学习之 TensorFlow——入门、原理与进阶实战》一书的 12.7.1 节。

8.7.6 代码实现：构建 AttGAN 模型的编码器

编码器模型由多个卷积层组成。每一层在进行卷积操作后，都会做批量归一化处理（BN）。

另外，用一个列表 zs 将每层的处理结果收集起来一起返回。

编码器模型的结果和列表 zs 中的中间层特征会在 8.7.7 节的解码器模型中被使用。

具体代码如下。

代码 8-11　AttGANmodels

```
01  import tensorflow as tf
02  import tensorflow.keras.layers as KL
03
04  MAX_DIM = 64 * 16        #卷积输出的最小维度
05  def Genc(x, dim=64, n_layers=5, is_training=True):
06      with tf.compat.v1.variable_scope('Genc',
    reuse=tf.compat.v1.AUTO_REUSE):
07          z = x
08          zs = []
09          for i in range(n_layers):    #循环卷积操作
10              d = min(dim * 2**i, MAX_DIM)
11              z = KL.Conv2D(d,4,2,activation=tf.nn.leaky_relu)(z)
12              z = KL.BatchNormalization(trainable=is_training)(z)#批量归一化处理
13              zs.append(z)
14          return zs
```

在代码第 12 行的批量归一化（BN）处理中，调用了 tf.keras 接口的 BatchNormalization 函数。该函数通过 trainable 参数来设置内部参数是否需要训练。

8.7.7　代码实现：构建含有转置卷积的解码器模型

解码器模型是由注入层、短连接层、多个转置卷积层构成的。

- 注入层：将标签信息按照解码器模型中间层的尺寸[h,w]复制 $h\times w$ 份，变成形状为 [batch,h,w,标签属性个数]的矩阵。然后用 concat 函数将该矩阵与解码器模型中间层信息连接起来，一起传入下一层进行转置卷积操作。
- 短连接：将 8.7.6 节编码器模型中间层信息与对应的解码器模型中间层信息用 concat 函数结合起来，一起传入下一层进行转置卷积操作。
- 转置卷积层：通过将卷积核转置并进行反卷积操作。该网络层具有信息还原的功能。

解码器模型中转置卷积层的数量要与编码器模型中卷积层的数量一致，各为 5 层。编码器模型与解码器模型的结构如图 8-17 所示。

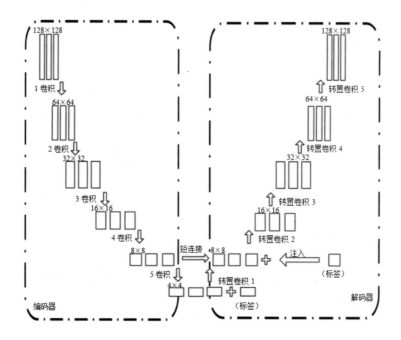

图 8-17 编码器模型与解码器模型的结构

按照图 8-17 中的结构,解码器模型的处理流程如下:

(1)将编码器模型的结果加入标签信息作为原始数据。

(2)在第 1 层进行转置卷积后加入短连接信息。

(3)将标签通过注入层与第(2)步的结果连接起来。

(4)把第(3)步的结果通过 4 层转置卷积,得到与原始图片尺寸相同(128 pixel×128 pixel)的输出。

其中,短连接层的数量与注入层的数量是可以通过参数调节的。这里使用的参数为 1,代表各使用 1 层。

具体代码如下。

代码 8-11　AttGANmodels(续)

```
15  def Gdec(zs, _a, dim=64, n_layers=5, shortcut_layers=1, inject_layers=0,
    is_training=True):
16      shortcut_layers = min(shortcut_layers, n_layers - 1) #定义短连接层
17      inject_layers = min(inject_layers, n_layers - 1)#定义注入层
18
19      def _concat(z, z_, _a):           #定义函数,实现concat操作
20          feats = [z]
```

```
21          if z_ is not None:          #追加短连接层信息
22              feats.append(z_)
23          if _a is not None:          #追加注入层的标签信息
24              #调整标签维度，与解码器模型的中间层一致
25              _a = tf.reshape(_a, [-1, 1, 1, _a.get_shape()[-1] ])
26              #按照解码器模型中间层输出的尺寸进行复制
27              _a = tf.tile(_a, [1, z.get_shape()[1],z.get_shape()[2], 1])
28              feats.append(_a)
29          return tf.concat(feats, axis=3)   #对特征进行concat操作
30
31      with tf.compat.v1.variable_scope('Gdec',
    reuse=tf.compat.v1.AUTO_REUSE):
32          z = _concat(zs[-1], None, _a)     #将编码器模型结果与标签结合起来
33          for i in range(n_layers):         #5层转置卷积
34              if i < n_layers - 1:
35                  d = min(dim * 2**(n_layers - 1 - i), MAX_DIM)
36                  z = KL.Conv2DTranspose(d,4,2,activation=tf.nn.relu)(z)
37                  z = KL.BatchNormalization(trainable=is_training)(z)
38                  if shortcut_layers > i:   #实现短连接层
39                      z = _concat(z, zs[n_layers - 2 - i], None)
40                  if inject_layers > i:     #实现注入层
41                      z = _concat(z, None, _a)
42              else:
43                  x = KL.Conv2DTranspose(3, 6, 2,activation=tf.nn.tanh)(z)    #
    对最后一层的结果进行特殊处理
44          return x
```

代码第 43 行，对最后一层的结果做了激活函数 tanh 的转换，将最终结果变成与原始图片归一化处理后一样的值域（–1~1）。

> **提示：**
> 这里分享一个在实际训练中得出的经验：激活函数 leaky_relu 配合卷积神经网络的效果要比激活函数 relu 好。所以可以看到，在 8.7.6 节中的编码器模型部分使用的是激活函数 leaky_relu，而在本节的解码器模型部分使用的是激活函数 relu。

8.7.8 代码实现：构建 AttGAN 模型的判别器模型部分

判别器模型相对简单。步骤如下：
（1）用 5 层卷积网络对输入数据进行特征提取。

（2）在第（1）步的 5 层卷积网络中，每次卷积操作后都进行一次实例归一化处理（8.4.4 节）。实例归一化可以帮助卷积网络更好地对独立样本个体进行特征提取。

（3）将第（1）步的结果分成两份，分别通过 2 层全连接网络，得到判别真伪的结果与判别分类的结果。

（4）将最终的判别真伪的结果与判别分类的结果返回。

具体代码如下。

代码 8-11　AttGANmodels（续）

```python
45 def D(x, n_att, dim=64, fc_dim=MAX_DIM, n_layers=5):
46     with tf.compat.v1.variable_scope('D', reuse=tf.compat.v1.AUTO_REUSE):
47         y = x
48         for i in range(n_layers):      #5层卷积网络
49             d = min(dim * 2**i, MAX_DIM)
50             y= KL.Conv2D(d,4,2, activation=tf.nn.leaky_relu)(y)
51             print(y.shape,y.shape.ndims)
52         if y.shape.ndims > 2:   #大于2维的，需要展开变成2维的再做全连接
53             y = tf.compat.v1.layers.flatten(y)
54         #用2层全连接辨别真伪
55         logit_gan = KL.Dense(fc_dim,activation =tf.nn.leaky_relu )(y)
56         logit_gan = KL.Dense(1,activation =None )(logit_gan)
57         #用2层全连接进行分类
58         logit_att = KL.Dense(fc_dim,activation =tf.nn.leaky_relu )(y)
59         logit_att = KL.Dense(n_att,activation =None )(logit_att)
60
61         return logit_gan, logit_att
62
63 def gradient_penalty(f, real, fake=None):   #计算WGAN-gp的惩罚项
64     def _interpolate(a, b=None):        #定义联合分布空间的取样函数
65         with tf.compat.v1.name_scope('interpolate'):
66             if b is None:
67                 beta = tf.random.uniform(shape=tf.shape(a), minval=0., maxval=1.)
68                 _, variance = tf.nn.moments(a, range(a.shape.ndims))
69                 b = a + 0.5 * tf.sqrt(variance) * beta
70             shape = [tf.shape(a)[0]] + [1] * (a.shape.ndims - 1)
71             #定义取样的随机数
72             alpha = tf.random.uniform(shape=shape, minval=0., maxval=1.)
73             inter = a + alpha * (b - a)   #联合空间取样
74             inter.set_shape(a.get_shape().as_list())
75             return inter
```

```
76
77   with tf.compat.v1.name_scope('gradient_penalty'):
78       x = _interpolate(real, fake)     #在联合分布空间取样
79       pred = f(x)
80       if isinstance(pred, tuple):
81           pred = pred[0]
82       grad = tf.gradients(pred, x)[0]  #计算梯度惩罚项
83       norm = tf.norm(tf.compat.v1.layers.flatten(grad), axis=1)
84       gp = tf.reduce_mean((norm - 1.)**2)
85       return gp
```

代码第 63 行是一个计算对抗网络惩罚项的函数。该惩罚项源于 WGAN-gp 对抗神经网络模型。如果在 WGAN 模型与 LSGAN 模型中添加了惩罚项，则分别变成了 WGAN-gp、LSGAN-gp 模型。

> **提示：**
> 关于该部分的更多知识，还可以参考《深度学习之 TensorFlow——入门、原理与进阶实战》一书中 12.5 节的 WGAN-gp 模型与 12.6 节的 LSGAN 模型的介绍。

8.7.9 代码实现：定义模型参数，并构建 AttGAN 模型

接下来进入模型训练环节。

首先，在静态图中构建 AttGAN 模型，并创建数据集。具体代码如下。

代码 8-12　trainattgan

```
01  from functools import partial   #引入偏函数库
02  import traceback
03  import re           #引入正则库
04  import numpy as np
05  import tensorflow as tf
06  import time
07  import os
08  import scipy.misc
09  tf.compat.v1.disable_v2_behavior()
10  mydataset = __import__("代码8-10 mydataset")#引入本地文件
11  data = mydataset
12  AttGANmodels = __import__("代码8-11 AttGANmodels")
13  models = AttGANmodels
14
```

```python
15 img_size = 128            #定义图片尺寸
16 #定义模型参数
17 shortcut_layers = 1       #定义短连接层数
18 inject_layers =1          #定义注入层数
19 enc_dim = 64              #定义编码维度
20 dec_dim = 64              #定义解码维度
21 dis_dim = 64              #定义判别器模型维度
22 dis_fc_dim = 1024         #定义判别器模型中全连接的节点
23 enc_layers = 5            #定义编码器模型层数
24 dec_layers = 5            #定义解码器模型层数
25 dis_layers = 5            #定义判别器模型器层数
26
27 #定义训练参数
28 mode = 'wgan'             #设置计算损失的方式，还可设为"lsgan"
29 epoch = 200               #定义迭代次数
30 batch_size = 32           #定义批次大小
31 lr_base = 0.0002          #定义学习率
32 n_d = 5                   #定义训练间隔，训练n_d次判别器模型伴随一次生成器模型
33 #定义生成器模型的随机方式
34 b_distribution = 'none'   #还可以取值：uniform、truncated_normal
35 thres_int = 0.5           #训练时，特征的上下限值域
36 #测试时特征属性的上下限值域
37 test_int = 1.0            #一般大于训练时的值域，使特征更加明显
38 n_sample = 32
39
40 #定义默认属性
41 att_default = ['Bald', 'Bangs', 'Black_Hair', 'Blond_Hair', 'Brown_Hair',
   'Bushy_Eyebrows', 'Eyeglasses', 'Male', 'Mouth_Slightly_Open', 'Mustache',
   'No_Beard', 'Pale_Skin', 'Young']
42 n_att = len(att_default)
43
44 experiment_name = "128_shortcut1_inject1_None"    #定义模型的文件夹名称
45 os.makedirs('./output/%s' % experiment_name, exist_ok=True)   #创建目录
46
47 tf.compat.v1.reset_default_graph()
48 #定义运行session的硬件配置
49 config = tf.compat.v1.ConfigProto(allow_soft_placement=True,
   log_device_placement=False)
50 config.gpu_options.allow_growth = True
51 sess = tf.compat.v1.Session(config=config)
52
```

```
53 #建立数据集
54 tr_data = data.Celeba(r'E:\newgan\AttGAN-Tensorflow-master\data',
   att_default, img_size, batch_size, mode='train', sess=sess)
55 val_data = data.Celeba(r'E:\newgan\AttGAN-Tensorflow-master\data',
   att_default, img_size, n_sample, mode='val', shuffle=False, sess=sess)
56
57 #准备一部分评估样本,用于测试模型的输出效果
58 val_data.get_next()
59 val_data.get_next()
60 xa_sample_ipt, a_sample_ipt = val_data.get_next()
61 b_sample_ipt_list = [a_sample_ipt]          #保存原始样本标签,用于重建
62 for i in range(len(att_default)):           #每个属性生成一个标签
63     tmp = np.array(a_sample_ipt, copy=True)
64     tmp[:, i] = 1 - tmp[:, i]               #将指定属性取反,去掉显像属性的冲突项
65     tmp = data.Celeba.check_attribute_conflict(tmp, att_default[i],
   att_default)
66     b_sample_ipt_list.append(tmp)
67
68 #构建模型
69 Genc = partial(models.Genc, dim=enc_dim, n_layers=enc_layers)
70 Gdec = partial(models.Gdec, dim=dec_dim, n_layers=dec_layers,
   shortcut_layers=shortcut_layers, inject_layers=inject_layers)
71 D = partial(models.D, n_att=n_att, dim=dis_dim, fc_dim=dis_fc_dim,
   n_layers=dis_layers)
```

代码第 58~66 行,根据评估样本的标签数据来合成多个目标标签。这些目标标签将被输入模型中用于生成指定的人脸图片。具体步骤如下:

(1)用数据集生成一部分评估样本及对应的标签。

(2)从默认属性 att_default(见代码第 41 行)中取出一个属性索引。

(3)用第(2)步的属性索引,在样本标签中找到对应的属性值,将其取反。

(4)将取反后的标签保存起来,完成一个目标标签的制作。

(5)用 for 循环遍历默认属性 att_default,在循环中实现第(2)~(4)步的操作,合成多个目标标签。

在合成目标标签的过程中,每个目标标签只在原来的标签上改变了一个属性。这样做可以使输出的效果更加明显。

在代码第 69~71 行,用偏函数分别对编码器模型、解码器模型、判别器模型进行二次封装,将常量参数固定起来。

8.7.10 代码实现：定义训练参数，搭建正反向模型

定义学习率、输入样本、模拟标签相关的占位符，并构建正反向模型。

1. 搭建 AttGAN 模型正向结构的步骤

8.7.3 节中 AttGAN 模型正向结构的具体实现如下：

（1）用编码器模型提取特征。

（2）将提取后的特征与样本标签一起输入解码器模型，重建输入的人脸图片。

（3）将第（1）步提取后的特征与模拟标签一起输入解码器模型，完成模拟人脸图片的生成。

（4）将第（3）步的模拟人脸图片与真实的图片输入判别器，模型进行图片真伪的判断和属性分类的计算。

1. 搭建 AttGAN 模型中的技术细节

在标签计算之前，统一进行一次值域变化，将标签的值域从 0~1 变为-0.5~0.5，见代码第 75 行。

在模拟标签部分，代码中给出了 3 种方法：直接乱序、用 uniform 随机值进行变化、用 truncated_normal 随机值进行变化，见代码第 77~82 行。

完整的代码如下。

代码 8-12　trainattgan（续）

```
72 lr = tf.compat.v1.placeholder(dtype=tf.float32, shape=[])#定义学习率占位符
73 xa = tr_data.batch_op[0]        #定义获取训练图片数据的 OP
74 a = tr_data.batch_op[1]         #定义获取训练标签数据的 OP
75 _a = (tf.cast(a,tf.float32) * 2 - 1) * thres_int    #改变标签值域
76 b = tf.random.shuffle(a)        #打乱属性标签的对应关系，用于生成器模型的输入
77 if b_distribution == 'none':    #构建生成器模型的随机值标签
78     _b = (tf.cast(b,tf.float32) * 2 - 1) * thres_int
79 elif b_distribution == 'uniform':
80     _b = (tf.cast(b,tf.float32) * 2 - 1) * tf.random.uniform(tf.shape(b)) *
    (2 * thres_int)
81 elif b_distribution == 'truncated_normal':
82     _b = (tf.cast(b,tf.float32) * 2 - 1) *
    (tf.random.truncated_normal(tf.shape(b)) + 2) / 4.0 * (2 * thres_int)
83
84 xa_sample = tf.compat.v1.placeholder(tf.float32, [None, img_size, img_size,
    3])
85 _b_sample = tf.compat.v1.placeholder(tf.float32, [None, n_att])
```

```python
86
87  #构建生成器模型
88  z = Genc(xa)              #用编码器模型提取特征
89  xb_ = Gdec(z, _b)         #将编码器模型输出的特征配合随机属性,生成人脸图片(用于对抗)
90  with tf.control_dependencies([xb_]):
91      xa_ = Gdec(z, _a)#将编码器模型输出的特征配合原有标签属性,生成人脸图片(用于重建)
92
93  #构建判别器模型
94  xa_logit_gan, xa_logit_att = D(xa)
95  xb__logit_gan, xb__logit_att = D(xb_)
96
97  #计算判别器模型损失
98  if mode == 'wgan':                    #用wgan-gp方式
99      wd = tf.reduce_mean(xa_logit_gan) - tf.reduce_mean(xb__logit_gan)
100     d_loss_gan = -wd
101     gp = models.gradient_penalty(D, xa, xb_)
102 elif mode == 'lsgan':                 #用lsgan-gp方式
103     xa_gan_loss = tf.compat.v1.losses.mean_squared_error(tf.ones_like(xa_logit_gan), xa_logit_gan)
104     xb__gan_loss = tf.compat.v1.losses.mean_squared_error(tf.zeros_like(xb__logit_gan), xb__logit_gan)
105     d_loss_gan = xa_gan_loss + xb__gan_loss
106     gp = models.gradient_penalty(D, xa)
107
108 #计算分类器模型的重建损失
109 xa_loss_att = tf.compat.v1.losses.sigmoid_cross_entropy(a, xa_logit_att)
110 d_loss = d_loss_gan + gp * 10.0 + xa_loss_att  #最终的判别器模型损失
111
112 #计算生成器模型损失
113 if mode == 'wgan':                    #用wgan-gp方式
114     xb__loss_gan = -tf.reduce_mean(xb__logit_gan)
115 elif mode == 'lsgan':                 #用lsgan-gp方式
116     xb__loss_gan = tf.compat.v1.losses.mean_squared_error(tf.ones_like(xb__logit_gan), xb__logit_gan)
117
118 #计算分类器模型的重建损失
119 xb__loss_att = tf.compat.v1.losses.sigmoid_cross_entropy(b, xb__logit_att)
120 #用于校准生成器模型的生成结果
121 xa__loss_rec = tf.compat.v1.losses.absolute_difference(xa, xa_)
```

```python
122 #最终的生成器模型损失
123 g_loss = xb__loss_gan + xb__loss_att * 10.0 + xa__loss_rec * 100.0
124
125 t_vars = tf.compat.v1.trainable_variables()    #获得训练参数
126 d_vars = [var for var in t_vars if 'D' in var.name]
127 g_vars = [var for var in t_vars if 'G' in var.name]
128 #定义优化器OP
129 d_step = tf.compat.v1.train.AdamOptimizer(lr, beta1=0.5).minimize(d_loss,
    var_list=d_vars)
130 g_step = tf.compat.v1.train.AdamOptimizer(lr, beta1=0.5).minimize(g_loss,
    var_list=g_vars)
131 #按照指定属性生成数据,用于测试模型的输出效果
132 x_sample = Gdec(Genc(xa_sample, is_training=False), _b_sample,
    is_training=False)
133
134 def summary(tensor_collection,  #定义summary处理函数
135         summary_type=['mean', 'stddev', 'max', 'min', 'sparsity',
    'histogram'],
136         scope=None):
137
138   def _summary(tensor, name, summary_type):
139     if name is None:
140       name = re.sub('%s_[0-9]*/' % 'tower', '', tensor.name)
141       name = re.sub(':', '-', name)
142
143     summaries = []
144     if len(tensor.shape) == 0:
145       summaries.append(tf.compat.v1.summary.scalar(name, tensor))
146     else:
147       if 'mean' in summary_type:
148         mean = tf.reduce_mean(tensor)
149         summaries.append(tf.compat.v1.summary.scalar(name + '/mean',
    mean))
150       if 'stddev' in summary_type:
151         mean = tf.reduce_mean(tensor)
152         stddev = tf.sqrt(tf.reduce_mean(tf.square(tensor - mean)))
153         summaries.append(tf.compat.v1.summary.scalar(name +
    '/stddev', stddev))
154       if 'max' in summary_type:
155         summaries.append(tf.compat.v1.summary.scalar(name + '/max',
    tf.reduce_max(tensor)))
156       if 'min' in summary_type:
```

```python
157                summaries.append(tf.compat.v1.summary.scalar(name + '/min',
    tf.reduce_min(tensor)))
158            if 'sparsity' in summary_type:
159                summaries.append(tf.compat.v1.summary.scalar(name +
    '/sparsity', tf.nn.zero_fraction(tensor)))
160            if 'histogram' in summary_type:
161                summaries.append(tf.compat.v1.summary.histogram(name,
    tensor))
162        return tf.compat.v1.summary.merge(summaries)
163
164    if not isinstance(tensor_collection, (list, tuple, dict)):
165        tensor_collection = [tensor_collection]
166
167    with tf.compat.v1.name_scope(scope, 'summary'):
168        summaries = []
169        if isinstance(tensor_collection, (list, tuple)):
170            for tensor in tensor_collection:
171                summaries.append(_summary(tensor, None, summary_type))
172        else:
173            for tensor, name in tensor_collection.items():
174                summaries.append(_summary(tensor, name, summary_type))
175        return tf.compat.v1.summary.merge(summaries)
176 #定义生成summary的相关节点
177 d_summary = summary({d_loss_gan: 'd_loss_gan',gp: 'gp',
178    xa_loss_att: 'xa_loss_att',}, scope='D')    #定义判别器模型日志
179
180 lr_summary = summary({lr: 'lr'}, scope='Learning_Rate') #定义学习率日志
181
182 g_summary = summary({ xb__loss_gan: 'xb__loss_gan',   #定义生成器模型日志
183    xb__loss_att: 'xb__loss_att',xa__loss_rec: 'xa__loss_rec',
184 }, scope='G')
185
186 d_summary = tf.compat.v1.summary.merge([d_summary, lr_summary])
187
188 def counter(start=0, scope=None):        #对张量进行计数
189     with tf.compat.v1.variable_scope(scope, 'counter'):
190         counter = tf.compat.v1.get_variable(name='counter',
191     initializer=tf.compat.v1.constant_initializer(start),
192                            shape=(),
193                            dtype=tf.int64)
194         update_cnt = tf.compat.v1.assign(counter, tf.add(counter, 1))
```

```
195            return counter, update_cnt
196 #定义计数器
197 it_cnt, update_cnt = counter()
198
199 #定义saver，用于读取模型
200 saver = tf.compat.v1.train.Saver(max_to_keep=1)
201
202 #定义摘要日志写入器
203 summary_writer = tf.compat.v1.summary.FileWriter('./output/%s/summaries' %
    experiment_name, sess.graph)
```

在计算损失值方面，代码第97~123行中提供了对抗神经网络模型中计算loss值的两种方式——wgan-gp与lsgan-gp。这两种方式都是对抗神经网络模型中主流的计算loss值的方式。它可以在训练过程中，使生成器模型与判别器模型很好地收敛。

代码第123行，在合成最终的生成器模型的损失时，分别为模拟标签的分类损失和真实图片的重建损失添加了10和100的缩放参数。这样做是为了使损失处于同一数量级。类似的还有代码第110行，合成判别器模型的损失部分。

> **提示：**
> AttGAN模型中各个损失值对模型的约束意义具体如下：
> - 重建损失是为了表示属性以外的信息，可以保证与属性无关的人脸部分不被改变。
> - 分类损失是为了表示属性信息，使生成器模型能够按照指定的属性来生成图片。
> - 对抗损失是为了强化生成器模型的属性生成功能，让属性信息可以显现出来。
>
> 如果没有对抗损失，则生成器模型生成的图片会很不稳定，用肉眼看去，有的具有属性，有的却没有属性。但这并不代表生成器模型生成的图片没有对应的属性，只不过是人眼无法看出这些属性而已。这时生成器模型相当于一个用于攻击模型的对抗样本生成器模型，即生成具有人眼识别不出来的图片属性。而对抗损失用真实的图片与标签进行校准，正好加固了生成器模型的分类生成功能，让生成器模型可以生成人眼可见的属性图片。

代码第121行用tf.compat.v1.losses.absolute_difference函数计算重建损失。该函数计算的是生成图片与原始图片的平均绝对误差（MAD）。相对于MSE算法，平均绝对误差受偏离正常范围的离群样本影响较小，让模型具有更好的泛化性，可以更好地帮助模型在重建方面进行收敛。但缺点是收敛速度比MSE算法慢。

代码第119行，在计算分类损失时，使用了激活函数Sigmoid的交叉熵函数sigmoid_cross_entropy。激活函数Sigmoid的交叉熵是将预测值与标签值中的每个分类各做一次Sigmoid变化，再计算交叉熵。这种方法常常用来解决非互斥类的分类问题。它不同于 softmax 的交叉熵：softmax 的交叉熵在 softmax 环节限定预测值中所有分类的概率值的"和"为 1，标签值中所有分类的概率值的"和"也为 1，这会导致概率值之间是互斥关系。所以 softmax 的交叉熵适用于互斥类的分类问题。

代码第 134~186 行实现了输出 summary 日志的功能。待模型训练结束后，可以在 TensorBoard 中查看。

8.7.11　代码实现：训练模型

首先定义 3 个函数 immerge、to_range、imwrite，用在测试模型的输出图片环节。

接着通过循环迭代训练模型。在训练的过程中，每训练判别器模型 5 次，就训练生成器模型 1 次。具体代码如下。

代码 8-12　trainattgan（续）

```
204 def immerge(images, row, col):#合成图片
205     h, w = images.shape[1], images.shape[2]
206     if images.ndim == 4:
207         img = np.zeros((h * row, w * col, images.shape[3]))
208     elif images.ndim == 3:
209         img = np.zeros((h * row, w * col))
210     for idx, image in enumerate(images):
211         i = idx % col
212         j = idx // col
213         img[j * h:j * h + h, i * w:i * w + w, ...] = image
214
215     return img
216
217 #转换图片值域，从[-1.0, 1.0] 到 [min_value, max_value]
218 def to_range(images, min_value=0.0, max_value=1.0, dtype=None):
219
220     assert np.min(images) >= -1.0 - 1e-5 and np.max(images) <= 1.0 + 1e-5 \
221         and (images.dtype == np.float32 or images.dtype == np.float64), \
222         ('The input images should be float64(32) '
223          'and in the range of [-1.0, 1.0]!')
224     if dtype is None:
225         dtype = images.dtype
226     return ((images + 1.) / 2. * (max_value - min_value) +
227         min_value).astype(dtype)
228
229 def imwrite(image, path):         #保存图片，数值为 [-1.0, 1.0]
```

```python
230    if image.ndim == 3 and image.shape[2] == 1:  #保存灰度图
231        image = np.array(image, copy=True)
232        image.shape = image.shape[0:2]
233    return scipy.misc.imsave(path, to_range(image, 0, 255, np.uint8))
234 #创建或加载模型
235 ckpt_dir = './output/%s/checkpoints' % experiment_name
236 try:
237    thisckpt_dir = tf.train.latest_checkpoint(ckpt_dir)
238    restorer = tf.compat.v1.train.Saver()
239    restorer.restore(sess, thisckpt_dir)
240    print(' [*] Loading checkpoint succeeds! Copy variables from % s!' % thisckpt_dir)
241 except:
242    print(' [*] No checkpoint')
243    os.makedirs(ckpt_dir, exist_ok=True)
244    sess.run(tf.compat.v1.global_variables_initializer())
245
246 #训练模型
247 try:
248    #计算训练 1 次数据集所需的迭代次数
249    it_per_epoch = len(tr_data) // (batch_size * (n_d + 1))
250    max_it = epoch * it_per_epoch
251    for it in range(sess.run(it_cnt), max_it):
252        start_time = time.time()
253        sess.run(update_cnt)            #更新计数器
254        epoch = it // it_per_epoch   #计算训练1次数据集所需要的迭代次数
255        it_in_epoch = it % it_per_epoch + 1
256        lr_ipt = lr_base / (10 ** (epoch // 100))  #计算学习率
257        for i in range(n_d):         #训练 n_d 次判别器模型
258            d_summary_opt, _ = sess.run([d_summary, d_step], feed_dict={lr: lr_ipt})
259        summary_writer.add_summary(d_summary_opt, it)
260        g_summary_opt, _ = sess.run([g_summary, g_step], feed_dict={lr: lr_ipt})            #训练 1 次生成器模型
261        summary_writer.add_summary(g_summary_opt, it)
262        if (it + 1) % 1 == 0:       #显示计算时间
263            print("Epoch: {} {}/{} time: {}".format(epoch, it_in_epoch, it_per_epoch,time.time()-start_time))
264
265        if (it + 1) % 1000 == 0:    #保存模型
266            save_path = saver.save(sess, '%s/Epoch_(%d)_(%dof%d).ckpt' % (ckpt_dir, epoch, it_in_epoch, it_per_epoch))
267            print('Model is saved at %s!' % save_path)
```

```
268
269            #用模型生成一部分样本,以便观察效果
270            if (it + 1) % 100 == 0:
271                x_sample_opt_list = [xa_sample_ipt, np.full((n_sample, img_size,
   img_size // 10, 3), -1.0)]
272                for i, b_sample_ipt in enumerate(b_sample_ipt_list):
273                    _b_sample_ipt = (b_sample_ipt * 2 - 1) * thres_int#标签预处理
274                    if i > 0:    #将当前属性的值域变成 [-1, 1]。如果 i 为 0, 则是原始标签
275                        _b_sample_ipt[..., i - 1] = _b_sample_ipt[..., i - 1] *
   test_int / thres_int
276                    x_sample_opt_list.append(sess.run(x_sample,
   feed_dict={xa_sample: xa_sample_ipt, _b_sample: _b_sample_ipt}))
277                sample = np.concatenate(x_sample_opt_list, 2)
278                save_dir = './output/%s/sample_training' % experiment_name
279                os.makedirs(save_dir, exist_ok=True)
280                imwrite(immerge(sample, n_sample, 1),
   '%s/Epoch_(%d)_(%dof%d).jpg' % (save_dir, epoch, it_in_epoch,
   it_per_epoch))
281    except:
282        traceback.print_exc()
283    finally:    #在程序最后保存模型
284        save_path = saver.save(sess, '%s/Epoch_(%d)_(%dof%d).ckpt' % (ckpt_dir,
   epoch, it_in_epoch, it_per_epoch))
285        print('Model is saved at %s!' % save_path)
286        sess.close()
```

代码运行后输出如下结果:

```
...
Epoch: 116 233/947 time: 10.196768760681152
Epoch: 116 234/947 time: 10.141278266906738
Epoch: 116 235/947 time: 10.229653596878052
Epoch: 116 236/947 time: 10.178789377212524
...
```

结果中只显示了训练的进度和时间。内部的损失值可以通过 TensorBoard 来参看,如图 8-18 所示。

第 8 章 生成式模型——能够输出内容的模型 | 437

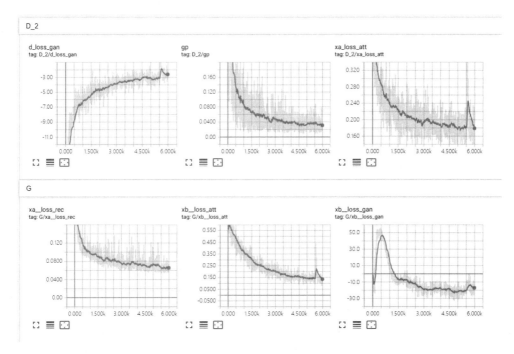

图 8-18 AttGAN 的损失值

在当前目录的 output\128_shortcut1_inject1_None\sample_training 文件下，可以看到生成的人脸图片情况，如图 8-19 所示。

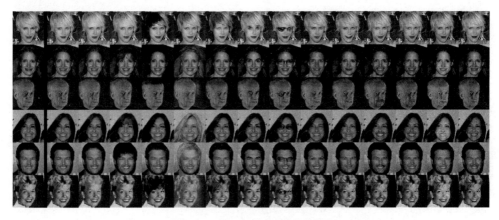

图 8-19 AttGAN 所合成的人脸图片

图 8-19 中，每一行是原始图片和按照指定属性生成的结果。其中，第 1 列为原始图片。第 2 列到最后一列是按照代码第 66 行 b_sample_ipt_list 变量中的属性标签生成的，其中包括带有

眼袋、头帘、黑头发、金色头发、棕色头发等属性的人脸图片。

代码第 274 行，在生成图片时，将每个用于显示图片主属性的值设为 1，高于训练时的特征最大值 0.5。这么做是为了让生成器模型生成特征更加明显的人脸图片。另外还可以通过该值的大小来调节属性的强弱，见 8.7.12 节。

8.7.12　为人脸添加不同的眼镜

在 AttGAN 模型中，每个属性都是通过数值大小来控制的。按照这个规则，可以通过调节某个单一的属性值，来实现在编辑人脸时某个属性显示的强弱。

下面通过编码来实现具体的实验效果。在定义参数、构建模型后，按如下步骤实现：

（1）添加代码载入模型（见代码第 1～14 行）。

（2）设置图片的人脸属性及标签强弱（见代码第 16～19 行）。

（3）生成图片，并保存。

具体代码如下。

代码 8-13　testattgan（片段）

```
01 …
02 ckpt_dir = './output/%s/checkpoints' % experiment_name
03 print(ckpt_dir)
04 thisckpt_dir = tf.train.latest_checkpoint(ckpt_dir)
05 print(thisckpt_dir)
06 restorer = tf.compat.v1.train.Saver()
07 restorer.restore(sess, thisckpt_dir)
08
09 try:      #载入模型
10     thisckpt_dir = tf.train.latest_checkpoint(ckpt_dir)
11     restorer = tf.compat.v1.train.Saver()
12     restorer.restore(sess, thisckpt_dir)
13 except:
14     raise Exception(' [*] No checkpoint!')
15
16 n_slide  =10               #生成10张图片
17 test_int_min = 0.7         #特征值从 0.7 开始
18 test_int_max = 1.2         #特征值到 1.2 结束
19 test_att = 'Eyeglasses'    #只使用1个眼镜属性
20 try:
21     for idx, batch in enumerate(te_data):#遍历样本数据
22         xa_sample_ipt = batch[0]
23         b_sample_ipt = batch[1]
```

```
24          #处理标签
25          x_sample_opt_list = [xa_sample_ipt, np.full((1, img_size, img_size // 10, 3), -1.0)]
26          for i in range(n_slide):#生成10张图片
27              test_int = (test_int_max - test_int_min) / (n_slide - 1) * i + test_int_min
28              _b_sample_ipt = (b_sample_ipt * 2 - 1) * thres_int
29              _b_sample_ipt[..., att_default.index(test_att)] = test_int
30              #用模型生成图片
31              x_sample_opt_list.append(sess.run(x_sample, feed_dict={xa_sample: xa_sample_ipt, _b_sample: _b_sample_ipt}))
32              sample = np.concatenate(x_sample_opt_list, 2)
33              #保存结果
34              save_dir = './output/%s/sample_testing_slide_%s' % (experiment_name, test_att)
35
36              os.makedirs(save_dir, exist_ok=True)
37              imwrite(sample.squeeze(0), '%s/%d.png' % (save_dir, idx + 182638))
38              print('%d.png done!' % (idx + 182638))
39      except:
40          traceback.print_exc()
41      finally:
42          sess.close()
```

代码运行后会看到，在本地 output\128_shortcut1_inject1_None\sample_testing_slide_Eyeglasses 文件夹下生成了若干张图片。以其中的一组为例，如图 8-20 所示。

图 8-20 带有不同眼镜的人脸图片

可以看到，从左到右眼镜的颜色在变深、变大，这表示 AttGAN 模型已经能够学到眼镜属性在人脸中的特征分布情况。根据眼镜属性值的大小不同，生成的眼镜的风格也不同。

8.7.13 扩展：AttGAN 模型的局限性

看似强大的 AttGAN 模型也有它的短板。AttGAN 模型的作者在用 AttGAN 模型处理跨域较大的风格转换任务时（例如，将现实图片转换成油画风格），发现效果并不理想。这表明 AttGAN 模型适用于图片纹理变化相对较小的图片风格转换任务（例如，根据风景图片生成四季的效果），但不适用于纹理或颜色变化较大的图片转换任务。这是因为，AttGAN 模型更侧重于单个样本的生成，即对单个样本进行微小改变。所以，该模型在批量数据上的风格改变效果并不优秀。在实际应用中，读者应根据具体的问题选择合适的模型。

8.8 散度在神经网络中的应用

WGAN 模型开创了 GAN 的一个新流派，使得 GAN 的理论上升到了一个新高度。在神经网络的损失计算中，采用最大/最小化两个数据分布间散度的方法，已经成为非监督模型中有效的训练方法之一。

沿着这个思路扩展，在非监督模型训练中，不仅可以使用 KL 散度、JS 散度，还可以使用其他度量分布的方法。f-GAN 找到了度量分布的规律，并使用统一的 f 散度实现了基于度量分布方法训练 GAN 模型。

8.8.1 了解 f-GAN 框架

f-GAN 框架源于对经典 GAN 模型的总结，它不是一个具体的 GAN 方法，而是一套训练 GAN 的框架。使用 f-GAN 框架可以在 GAN 模型的训练中很容易地实现各种散度的应用。即，f-GAN 框架是一个生产 GAN 模型的工厂，所生产的 GAN 模型都有一个共同特点：对要生成的样本的分布不做任何先验假设，而是使用最小化差异的度量去解决一般性的数据样本生成问题。（这种 GAN 模型常用于非监督训练。）

8.8.2 基于 f 散度的变分散度最小化方法

变分散度最小化（variational divergence minimization，VDM）方法是指，通过最小化两个数据分布间的变分距离来训练模型中参数的方法。这是 f-GAN 框架所使用的通用方法。在 f-GAN 框架中，数据分布间的距离使用 f 散度来度量。

1. 变分散度最小化方法的适用范围

在前文介绍过 WGAN 模型的训练方法，其实它也属于 VDM 方法。所有符合 f-GAN 框架的 GAN 模型都可以使用 VDM 方法进行训练。

VDM 方法不仅只适用于 GAN 模型的训练，也适用于前文介绍的变分自编码的训练。

2. 什么是 f 散度

f 散度（f-divergence）的定义如下：给定两个分布 P、Q。$p(x)$ 和 $q(x)$ 分别是 x 对应的概率函数，则 f 散度可以表示为式（8.33）。

$$D_f(P\|Q) = \int_x q(x)f(\frac{p(x)}{q(x)})dx \tag{8.33}$$

f 散度相当于一个散度工厂，在使用它之前必须为式（8.33）中的生成函数 $f(x)$ 指定具体内容。f 散度会根据生成函数 $f(x)$ 所对应的具体内容，生成指定的度量算法。

例如，令生成函数 $f(x)=x\log(x)$，将其代入式（8.33）中，则便会从 f 散度中得到 KL 散度。见式（8.34）。

$$\begin{aligned} D_f(P\|Q) &= \int_x q(x)f\left(\frac{p(x)}{q(x)}\right)dx \\ &= \int_x q(x)\left(\frac{p(x)}{q(x)}\right)\log(\frac{p(x)}{q(x)})dx \\ &= \int_x p(x)\log(\frac{p(x)}{q(x)})dx = D_{KL}(P\|Q) \end{aligned} \tag{8.34}$$

f 散度中的生成函数 $f(x)$ 是有要求的，它必须为凸函数且 $f(1)=0$。这样便可以保证当 P 和 Q 无差异时，$f\left(\frac{p(x)}{q(x)}\right) = f(1)$，使得 f 散度 $D_f=0$。

类似 KL 散度的这种方式，可以用更多的生成函数 $f(x)$ 来表示常用的分布度量算法。具体如图 8-21 所示。

Name	$D_f(P\|Q)$	Generator $f(u)$
Total Variation	$\frac{1}{2}\int \|p(x) - q(x)\|\,dx$	$\frac{1}{2}\|u - 1\|$
Kullback-Leibler	$\int p(x) \log \frac{p(x)}{q(x)}\,dx$	$u \log u$
Reverse Kullback-Leibler	$\int q(x) \log \frac{q(x)}{p(x)}\,dx$	$-\log u$
Pearson χ^2	$\int \frac{(q(x)-p(x))^2}{p(x)}\,dx$	$(u-1)^2$
Neyman χ^2	$\int \frac{(p(x)-q(x))^2}{q(x)}\,dx$	$\frac{(1-u)^2}{u}$
Squared Hellinger	$\int \left(\sqrt{p(x)} - \sqrt{q(x)}\right)^2 dx$	$(\sqrt{u} - 1)^2$
Jeffrey	$\int (p(x) - q(x)) \log \left(\frac{p(x)}{q(x)}\right) dx$	$(u - 1)\log u$
Jensen-Shannon	$\frac{1}{2}\int p(x) \log \frac{2p(x)}{p(x)+q(x)} + q(x) \log \frac{2q(x)}{p(x)+q(x)}\,dx$	$-(u+1)\log \frac{1+u}{2} + u \log u$
Jensen-Shannon-weighted	$\int p(x)\pi \log \frac{p(x)}{\pi p(x)+(1-\pi)q(x)} + (1-\pi)q(x) \log \frac{q(x)}{\pi p(x)+(1-\pi)q(x)}\,dx$	$\pi u \log u - (1-\pi+\pi u)\log(1-\pi+\pi u)$
GAN	$\int p(x) \log \frac{2p(x)}{p(x)+q(x)} + q(x) \log \frac{2q(x)}{p(x)+q(x)}\,dx - \log(4)$	$u \log u - (u+1)\log(u+1)$
α-divergence ($\alpha \notin \{0,1\}$)	$\frac{1}{\alpha(\alpha-1)}\int \left(p(x)\left[\left(\frac{q(x)}{p(x)}\right)^\alpha - 1\right] - \alpha(q(x) - p(x))\right)dx$	$\frac{1}{\alpha(\alpha-1)}(u^\alpha - 1 - \alpha(u-1))$

图 8-21　f 散度的生成函数（来源于 arXiv 网站上编号为 "1606.00709" 的论文）

8.8.3　用 Fenchel 共轭函数实现 f-GAN

在 f-GAN 中，可以用 Fenchel 共轭函数计算 f 散度。

1. Fenchel 共轭函数的定义

Fenchel 共轭（fenchel Conjugate）又被叫作凸共轭函数。它是指，对于每个满足凸函数且

是下半连续的 $f(x)$，都有一个共轭函数 f^*。f^* 的定义见式（8.35）。

$$f^*(t) = \max_{x \in \text{dom}(f)} [xt - f(x)] \quad (8.35)$$

式（8.35）中 t 是变量；x 属于 $f(x)$ 的定义域；max 是当横坐标轴取 t 时，纵坐标轴在多条 $xt - f(x)$ 直线中取值最大的那个点，如图 8-22 中最粗的线段就是 $f^*(t)$ 函数中，所有点的集合。

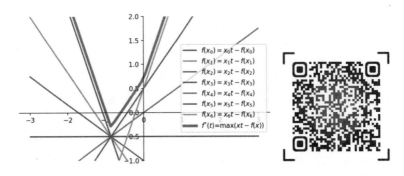

图 8-22　Fenchel 共轭函数的图形（扫描二维码可以看彩色的效果）

2. Fenchel 共轭函数的特性

图 8-22 中有 1 条粗线和若干条细直线，这些细直线是随机采样的几个 x 值所生成的 $f(x)$；粗线是生成函数的共轭函数 $f^*(t)$。

图 8-22 中的生成函数是 $f(x) = \frac{|x-1|}{2}$，该函数对应的算法是总变差（total variation，TV）算法。TV 算法常用于对图像的去噪和复原。

可以看到，f 的共轭函数 $f^*(t)$ 仍然是凸函数，而且仍然下半连续。这表明 $f^*(t)$ 仍然会有它的共轭函数，即 $f^{**}(t) = f(u)$。因此 $f(u)$ 也可以表示成式（8.36）。

$$f(u) = \max_{t \in \text{dom}(f^*)} [ut - f^*(t)] \quad (8.36)$$

3. 将 Fenchel 共轭函数运用到 f 散度中

将式（8.36）代入式（8.33）的 f 散度中，可以得到推导式（8.37）。

$$D_f(P\|Q) = \int_x q(x) f\left(\frac{p(x)}{q(x)}\right) dx = \int_x q(x) \left\{ \max_{t \in \text{dom}(f^*)} \left[\frac{p(x)}{q(x)} t - f^*(t)\right] \right\} dx \quad (8.37)$$

式（8.37）中，P、Q 代表数据分布，它们的概率函数分别是 $p(x)$ 和 $q(x)$。如果用神经网络的判别式模型 $D(x)$ 代替式（8.37）中的 t，则 f 散度可以写成式（8.38）。

$$D_f(P\|Q) \geq \int_x q(x) \left(\frac{p(x)}{q(x)} D(x) - f^*(D(x))\right) dx$$

$$= \int_x p(x)D(x)\mathrm{d}x - \int_x q(x)f^*(D(x))\mathrm{d}x \tag{8.38}$$

> **提示：**
> 式（8.38）中，右侧的 $D(x)$ 是通过神经网络生成的一个具体值，而左侧的 f 散度是所有的 $D(x)$ 所代表的直线中的最大值。所以，右侧永远小于等于左侧。

如果将式（8.38）中两个数据分布 P、Q 看成对抗神经网络中的真实样本和模拟样本，则式（8.38）可以写成（8.39）。

$$D_f(P\|Q) = \max_D \{E_{x\sim P}[D(x)] - E_{x\sim Q}[f^*(D(x))]\} \tag{8.39}$$

式（8.39）是判别器的损失函数。在训练中，将判别器沿着 f 散度最大化的方向进行优化。而生成器则需要令两个分布的 f 散度最小化，于是整个对抗神经网络的损失函数可以表示成式（8.40）。

$$\begin{aligned}Loss_{GAN} &= \arg\min_G \max_D \{D_f(P_r\|P_G)\} \\ &= \arg\min_G \max_D \{E_{x\sim P_r}[D(x)] - E_{x\sim P_G}[f^*(D(x))]\}\end{aligned} \tag{8.40}$$

式（8.40）中，P_r 表示真实样本的概率，P_G 表示模拟样本的概率。按照该方法配合图 8-21 中各种分布度量的算法，即可实现基于指定算法的对抗神经网络。

4. 用 f-GAN 生成各种 GAN

将图 8-21 中的具体算法代入式（8.40）中，便可以得到对应的 GAN。有趣的是，在通过 f-GAN 所计算出来的 GAN 中，可以找到好多已知的 GAN 模型。这种通过规律的视角来反向看待个体的模型，会使我们对 GAN 理解得更加透彻。举例如下：

- 原始 GAN 判别器的损失函数：将 JS 散度代入式（8.40）中，并令 $D(x)=\log[2D(x)]$（可以通过调整激活函数实现），即可得到。
- LSGAN 的损失函数：将卡方散度（图 8-21 中的 pearson x^2）代入式（8.40）中便可得到。
- EBGAN 的损失函数：将总变差（图 8-21 中的 Total Variation）代入式（8.40）中便可得到。

8.8.4 f-GAN 中判别器的激活函数

8.8.3 节从理论上推导了 f-GAN 损失计算的通用公式。但在具体应用时，还需要将图 8-21 中对应的公式代入式（8.40）进行推导，并不能直接指导编码实现。其实还可以从公式层面对式（8.40）进一步推导，直接得到判别器最后一层的激活函数，直接用于指导编码实现。

为了得到激活函数，需要对式（8.40）中的部分符号进行变换，具体如下：

（1）将判别器 $D(x)$ 写成 $gf(v)$，其中 gf 代表 $D(x)$ 最后一层的激活函数，v 代表 $D(x)$ 中 gf 激活函数的输入向量。

（2）将生成器和判别器中的权重参数分别设为 θ、ω。则训练 θ、ω 的模型可以定义为式（8.41）。

$$F(\theta,\omega) = E_{x \sim P_r}[gf(v)] - E_{x \sim P_G}[f^*(gf(v))] \tag{8.41}$$

（3）在原始的 GAN 模型中，损失函数的计算方法是与目标结果（0 或 1）之间的交叉熵公式，训练 θ、ω 的模型可以定义为式（8.42）。（参见 arXiv 网站上编号为"1406.2661"的论文。）

$$F(\theta,\omega) = E_{x \sim P_r}[\log(D(x))] + E_{x \sim P_G}[\log(1 - D(x))] \tag{8.42}$$

式（8.41）是从分布的角度来定义 $F(\theta,\omega)$ 的，式（8.42）是从数值的角度来定义 $F(\theta,\omega)$ 的，二者是等价的。比较式（8.41）与式（8.42）的右侧第一项，即可得出式（8.43）。

$$gf(v) = \log(D(x)) \tag{8.43}$$

由式（8.43）中可以看出，f-GAN 中的最后一层激活函数本质上就是原始 GAN 中的激活函数再加一个 log 运算。

> **提示：**
> 式（8.41）与式（8.42）的右侧各有两项，它们的第 1 项和第 2 项都是等价的。为了计算简单，只使用第 1 项进行比较，可以得出式（8.43）。如果将第 2 项拿来比较也可以得出式（8.43），只不过需要推理一下。有兴趣的读者可以把第 1 项推导的结果再代回第 2 项，会发现等式仍然成立。

有了式（8.43）后，便可以为任意计算方法定义最后一层的激活函数了。例如，在原始的 GAN 中，判别器常用 Sigmoid 作为激活函数（可以输出 0~1 之间的数）。以这种类型的 GAN 为例，将 Sigmoid=$1/(1+e^{-v})$ 的公式代入式（8.43）中，可以得到对应的最后一层激活函数 gf，见式（8.44）。

$$gf(v) = \log(D(x)) = -\log(1 + e^{-v}) \tag{8.44}$$

类似这种计算方法，可以为 f-GAN 框架所产出的各种模型定义最后一层的激活函数。如图 8-23 所示。

Name	Output activation g_f	dom$_{f^*}$	Conjugate $f^*(t)$
Total variation	$\frac{1}{2}\tanh(v)$	$-\frac{1}{2} \leq t \leq \frac{1}{2}$	t
Kullback-Leibler (KL)	v	$\mathbb{R}$	$\exp(t-1)$
Reverse KL	$-\exp(v)$	$\mathbb{R}_-$	$-1-\log(-t)$
Pearson χ^2	v	$\mathbb{R}$	$\frac{1}{4}t^2 + t$
Neyman χ^2	$1-\exp(v)$	$t < 1$	$2 - 2\sqrt{1-t}$
Squared Hellinger	$1-\exp(v)$	$t < 1$	$\frac{t}{1-t}$
Jeffrey	v	$\mathbb{R}$	$W(e^{1-t}) + \frac{1}{W(e^{1-t})} + t - 2$
Jensen-Shannon	$\log(2) - \log(1+\exp(-v))$	$t < \log(2)$	$-\log(2-\exp(t))$
Jensen-Shannon-weighted	$-\pi\log\pi - \log(1+\exp(-v))$	$t < -\pi\log\pi$	$(1-\pi)\log\frac{1-\pi}{1-\pi e^{t/\pi}}$
GAN	$-\log(1+\exp(-v))$	$\mathbb{R}_-$	$-\log(1-\exp(t))$
α-div. ($\alpha<1, \alpha\neq 0$)	$\frac{1}{1-\alpha} - \log(1+\exp(-v))$	$t < \frac{1}{1-\alpha}$	$\frac{1}{\alpha}(t(\alpha-1)+1)^{\frac{\alpha}{\alpha-1}} - \frac{1}{\alpha}$
α-div. ($\alpha>1$)	v	$\mathbb{R}$	$\frac{1}{\alpha}(t(\alpha-1)+1)^{\frac{\alpha}{\alpha-1}} - \frac{1}{\alpha}$

图 8-23　f-GAN 最后一层的激活函数（来源于 arXiv 网站上编号为 "1606.00709" 的论文）

在《深度学习之 TensorFlow——入门、原理与进阶实战》一书中，6.2.3 节介绍了一个 SoftPlus 激活函数，其定义见式（8.45）。

$$\text{SoftPlus}(x) = \frac{1}{\text{beta}}\log(1 + e^{\text{beta}x}) \tag{8.45}$$

将 SoftPlus 激活函数中的 beta 设为 1，并代入式（8.41）中，可以得到式（8.46）。

$$F(\theta, \omega) = E_{x \sim P_G}[SP(v)] - E_{x \sim P_r}[SP(-v)] \tag{8.46}$$

式（8.46）是可以直接指导 f-GAN 模型最后一层激活函数编码的最终表示，其中 SP 代表 SoftPlus(beta=1)。

> **提示：**
> 在图 8-23 的倒数第 5 行中，可以找到与 JS 散度相关的最后一层激活函数，可以发现它比倒数第 3 项 GAN 模型所对应的激活函数仅仅多了一个常数项 log(2)。
> 将 JS 散度相关的最后一层激活函数代入式（8.41）中，可以得到与式（8.46）一样的公式。这说明式（8.46）不仅适用于普通的 GAN 模型，还适用于使用 JS 散度计算的对抗神经网络。该公式会在 8.9 节最大化互信息模型中用到。

8.8.5　了解互信息神经估计模型

互信息神经估计（MINE）模型是一种基于神经网络估计互信息的方法。它通过 BP 算法来训练，对高维度连续随机变量间的互信息进行估计，可以最大或者最小化互信息，提升生成模型的对抗训练，突破监督学习分类任务的瓶颈。

1. 将互信息转化为 KL 散度

在 8.1.7 节介绍过互信息的公式，它可以表示为两个随机变量集合 X、Y 边缘分布的乘积相对于集合 X、Y 联合概率分布的相对熵，即 $I(X;Y)=D_{KL}(P(x,y)\|P(x)P(y))$，$P(x)$ 代表概率函数，x 和 y 属于集合 X、Y 中的个体。这表明互信息可以由求 KL 散度的方法进行计算。

2. KL 散度的两种对偶表示公式

在 8.1.5 节介绍过 KL 散度具有不对称性。可以将其转化为具有对偶性的表示方式进行计算。基于散度的对偶表示公式有两种。

（1）Donsker-Varadhan 表示，见式（8.47）。

$$D_{KL}(P(x)\|P(y)) = \max_{T:\Omega\to R}\{E_{P(x)}[T] - \log(E_{P(y)}[e^T])\} \qquad (8.47)$$

（2）Dual f-divergence 表示，见式（8.48）。

$$D_{KL}(P(x)\|P(y)) = \max_{T:\Omega\to R}\{E_{P(x)}[T] - E_{P(y)}[e^{T-1}]\} \qquad (8.48)$$

式（8.47）和式（8.48）中的 T 代表任意分类函数，$P(x)$ 代表概率函数。

其中，Dual f-divergence 表示相对于 Donsker-Varadhan 公式有更低的下界，会导致估计更加不准确。一般常使用 Donsker-Varadhan 公式。

3. 在神经网络中应用 KL 散度

将 KL 散度的表示式（8.47）带入互信息公式中，即可得到基于神经网络的互信息计算方式，见式（8.49）。

$$I_w(X;Y) := E_{P(x,y)}[T_w] - \log(E_{P(x)P(y)}[e^{T_w}]) \qquad (8.49)$$

式（8.49）中，T_w 代表一个带有权重参数 w 的神经网络，$P(x)$ 代表概率函数，参数 w 可以通过训练得到。根据条件概率公式可知，联合概率函数 $P(X,Y)$ 等于 $P(Y|X)P(X)$。假如集合 Y 是集合 X 经过函数 $G(x)$ 计算得来的，则在神经网络中，式（8.49）的第 1 项可以写成 $T(x, G(x))$。

将第 1 项中的联合概率 $P(X,Y)$ 换成 $P(Y|X)P(X)$，再将条件概率 $P(Y|X)$ 转换成边缘概率 $P(Y)$，便得到了第 2 项的数据分布 $P(X)P(Y)$。边缘概率可以理解成是对联合概率另一维度的积分，空间上由曲面变成曲线，降低了一个维度。所以，集合 Y 的边缘分布不再与集合 X 中的个体 x 的取值有任何关系。在神经网络中，集合 Y 中的个体 y 的值可以通过任取一些 x 输入 $G(x)$ 中以得到，这样式（8.49）的第 2 项可以写成 $T(x,G(\hat{x}))$。

> **提示：**
> 因为无法直接获得边缘概率 $P(Y)$，所以使用任取一些 x 输入 $G(x)$ 的方法来获得部分 y 代替边缘概率 $P(Y)$。这种通过样本分布来估计总体分布的方法被叫作经验分布。

经典统计推断的主要思想就是用样本来推断总体的状态。因为总体是未知的，所以只能通过多次试验的样本（即实际值）来推断总体。

$T(x,G(\hat{x}))$的做法本质上是：要保证输入 G 中的 x 与输入 T 中的 x 不同。为了计算方便，常会将一批次的 x 数据所生成的 y 使用 shuffle 函数打乱顺序，一样可以实现 $G(x)$ 中的 x 与 $T(x,G(\hat{x}))$ 中的 x 不同。

8.8.6 实例41：用神经网络估计互信息

本实例主要是将 8.8.5 节的理论内容用代码实现，即使用 MINE 方法对两组具有不同分布的模拟数据计算互信息。

1. 准备模拟样本

定义两组数据 x、y，x 数据出自由 1 和 -1 这两个数组成的集合；数据 y 在 x 基础之上再加上一个符合高斯分布的随机值。

为了训练方便，将它们封装迭代器，具体代码如下。

代码8-14 MINE

```
01 from tensorflow.keras.layers import *
02 from tensorflow.keras.models import *
03 import tensorflow as tf
04 import tensorflow.keras.backend as K
05 import numpy as np
06 import matplotlib.pyplot as plt
07
08 batch_size = 1000  #定义批次大小
09 #生成模拟数据
10 def train_generator():
11     while(True):
12         x = np.sign(np.random.normal(0.,1.,[batch_size,1]))
13         y = x+np.random.normal(0.,0.5,[batch_size,1])
14         y_shuffle=np.random.permutation(y)
15         yield ((x,y,y_shuffle),None)
16
17 #可视化
18 for inputs in train_generator():
19     x_sample=inputs[0][0]
20     y_sample=inputs[0][1]
21     plt.scatter(np.arange(len(x_sample)), x_sample, s=10,c='b',marker='o')
```

```
22      plt.scatter(np.arange(len(y_sample)), y_sample, s=10,c='y',marker='o')
23      plt.show()
24      break
```

代码第 15 行,用 yield 关键字返回一个迭代器。该返回值中包含 2 个元素,分别代表输入样本和标签。这个格式是 tf.keras 所要求的固定输入格式。因为在本实例中不需要输入标签,所以将返回值的第 2 项设为 None。

代码第 14 行,计算了乱序后的 y 数据,该数据用于模型的训练过程。

代码运行后输出结果如图 8-24 所示。

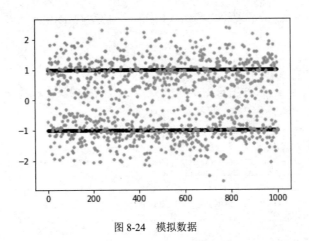

图 8-24 模拟数据

图 8-24 中两条横线部分是样本 x 数据中的点,其他部分是样本 y 数据。

2. 定义神经网络模型

定义 3 层全连接网络模型,输入是样本 x 和 y,输出是拟合结果。具体代码如下:

代码 8-14 MINE(续)

```
25  class Net(tf.keras.Model):
26      def __init__(self):
27          super(Net, self).__init__()
28          self.fc1 = Dense(10)
29          self.fc2 = Dense(10)
30          self.fc3 = Dense(1)
31
32      def call(self, x, y):
33          # x, y = inputs[0],inputs[1]
34          h1 = tf.nn.relu(self.fc1(x)+self.fc2(y))
35          h2 = self.fc3(h1)
```

```
36          return h2
37 model = Net()
38 optimizer = tf.keras.optimizers.Adam(lr=0.01)  #定义优化器
```

代码第 38 行，使用 Adam 优化器并设置学习率为 0.01。

3. 用 MINE 方法训练模型并输出结果

MINE 方法主要是在模型的训练阶段。按照 8.8.5 节中的描述使用以下步骤完成对 loss 值的计算：

（1）定义输入占位符 inputs_x 代表 X 的边缘分布 $P(X)$。

（2）定义输入占位符 inputs_y 代表条件分布 $P(Y|X)$。

（3）将第（1）、（2）步的结果放到模型中，可以得到联合分布概率 $P(X,Y) = P(Y|X)P(X)$，这个联合分布概率 $P(X,Y)$ 可以用神经网络中的期望值 pred_xy 来表示，它对应于 8.8.5 节的式（8.49）右侧的第 1 项。

（4）定义输入占位符 inputs_yshuffle 代表 Y 的经验分布，近似于 Y 的边缘分布 $P(Y)$。

（5）将第（1）和（4）步的结果放到模型中，得到边缘分布概率 $P(X)P(Y)$，这个边缘分布概率可以用神经网络中的期望值 pred_x_y 来表示，它对应于 8.8.5 节的式（8.49）右侧的第 2 项。

（6）将第（3）和（5）步的结果代入 8.8.5 节的式（8.49）中，得到互信息。

（7）在训练过程中，需要将模型权重向着互信息最大的方向优化，所以对互信息进行取反，得到最终的 loss 值。

在得到 loss 值后，便可以进行反向传播并调用优化器进行模型优化。具体代码如下。

代码 8-14　MINE（续）

```
39 #定义模型输入
40 inputs_x = Input(batch_shape=(batch_size, 1))
41 inputs_y = Input(batch_shape=(batch_size, 1))
42 inputs_yshuffle = Input(batch_shape=(batch_size, 1))
43 pred_xy = model(inputs_x,inputs_y)                    #联合分布的期望
44 pred_x_y = model(inputs_x,inputs_yshuffle)            #边缘分布的期望
45 loss = -(K.mean(pred_xy) - K.log(K.mean(K.exp(pred_x_y))))   #最大化互信息
46 #定义模型
47 modeMINE = Model([inputs_x,inputs_y,inputs_yshuffle],
48                  [pred_xy,pred_x_y,loss], name='modeMINE')
49 modeMINE.add_loss(loss)
50 modeMINE.compile(optimizer=optimizer)
51 modeMINE.summary()
52 n = 100
```

```
53 H = modeMINE.fit(x=train_generator(), epochs=n,steps_per_epoch=40, #训练模
                                                                      型
54                    validation_data=train_generator(),validation_steps=4)
55 plot_y = np.array(H.history["loss"]).reshape(-1,)    #收集损失值
56 plt.plot(np.arange(len(plot_y)), -plot_y, 'r')        #可视化
```

代码第 45 行直接将 loss 值取反，便得到最大化互信息的值。

代码第 53 行，将迭代器传入 fit()方法中进行训练，并设置每次迭代时对 40 条数据进行训练，一共迭代 100 次。

> **提示：**
> 新版的 tf.keras 接口中，fit()方法支持用迭代器对象作为样本输入，但要求迭代器中必须含有标签 y 的返回值，并且只能将迭代器传入 fit()方法中的 x 参数，不能为 y 参数传值。

代码运行后输出如下结果：

```
    ...
    40/40 [==============================] - 0s 3ms/step - loss: -0.6327 - val_loss:
-0.6285
    Epoch 99/100
    40/40 [==============================] - 0s 4ms/step - loss: -0.6158 - val_loss:
-0.6390
    Epoch 100/100
    40/40 [==============================] - 0s 3ms/step - loss: -0.6277 - val_loss:
-0.6112
```

程序运行后，生成的可视化结果如图 8-25 所示。

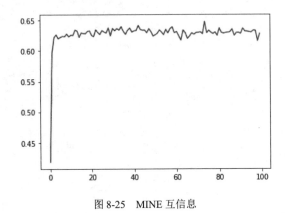

图 8-25　MINE 互信息

从图 8-25 可以看到，最终所得到的互信息值在 0.625 左右。

> **提示:**
> 本实例实现了用神经网络计算互信息。这是一个最简单的例子,目的在于帮助读者更好地理解 MINE 方法。

8.8.7 稳定训练 GAN 模型的技巧

GAN 模型的训练是神经网络中公认的难题。众多训练失败的情况主要分为两种:模式丢弃(mode dropping)和模式崩塌(mode collapsing)。

- 模式丢弃:在模型生成的模拟样本中缺乏多样性。即,生成的模拟数据只是原始数据集中的一个子集。例如,MNIST 数据一共有 0~9 共 10 个数字,而生成器所生成的模拟数据只有其中某个数字。
- 模式崩塌:生成器所生成的模拟样本非常模糊,质量很低。

下面提供几种可以稳定训练 GAN 模型的技巧。

1. 降低模型的学习率

通常在使用较大批次训练模型时,可以设置较高的学习率。但是,当模型发生模式丢弃情况时,可以尝试降低模型的学习率,并从头开始训练。

2. 标签平滑

标签平滑可以有效地改善训练中模式崩塌的情况。这种方法也非常容易理解和实现:如果真实图像的标签被设置为 1,则将它改成一个更低一点的值,比如 0.9。这个解决方案防止判别器对其分类标签过于确信,即不依赖非常有限的一组特征来判断图像是真还是假。

3. 多尺度梯度

多尺度梯度技术常用于生成较大(比如 1024 pixel×1024pixel)的模拟图像。该技术处理的方式与传统的用于语义分割的 U-Net 类似。

多尺度梯度技术在实现时,需要将真实图片通过下采样方式获得的多尺度图片,与生成器的多跳连接部分输出的多尺度向量一起送入判别器。有关这部分的详细信息,请参考 MSG-GAN 架构(参见 arXiv 网站上编号为"1903.06048"的论文)。

4. 更换损失函数

在 f-GAN 系列的训练方法中,由于散度的度量不同,会存在训练的不稳定性。这种情况下,可以在模型中使用不同的度量方法作为损失函数。

5. 善于借助互信息估计方法

在训练模型时,还可以用 MINE 方法来辅助模型训练。

MINE 方法是一个通用的训练方法。它可以用于各种模型（自编码网络、对抗神经网络）。在 GAN 的训练过程中，用 MINE 方法辅助训练模型会有更好的表现，如图 8-26 所示。

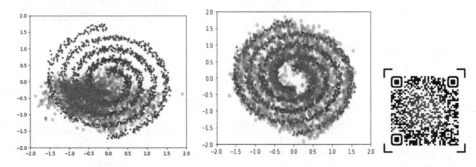

图 8-26　两种结果对比（扫描二维码可以查看彩色的效果）

在图 8-26 中，左侧是 GAN 模型生成的结果；右侧是用 MINE 辅助训练后生成的结果。可以看到，右侧图中的模拟数据（黄色的点）所覆盖的空间与原始数据（蓝色的点）更加一致。（因为是黑白印刷，所以效果不明显。）

用 GAN+MINE 方法改善模式崩塌的例子如图 8-27 所示。

（a）原始图片　　　（b）用 GAN 训练后的结果　（c）用 GAN+MINE 训练后的结果

图 8-27　MINE 改善模式崩塌

在图 8-27 中可以看到，图 8-27（c）图片的质量更接近原始图片图 8-27（a）。

> **提示：**
> MINE 方法中主要使用了两种技术：将互信息转为神经网络模型的技术和使用对偶 KL 散度计算损失技术。最有价值的是这两种技术的思想，将互信息转为神经网络模型的技术可以应用到更多的模型结构中；同时损失函数也可以根据具体任务的不同而使用不同的分布度量算法。8.9 节的 DIM 模型就是一个将 MINE 与 f-GAN 结合使用的例子。

8.9 实例42：用最大化互信息（DIM）模型做一个图片搜索器

图片搜索器分为图片的特征提取和图片的匹配两部分。其中，图片的特征提取是关键步骤。特征提取也是深度学习模型中处理数据的主要环节，也是无监督模型所研究的方向。

本节使用最大化互信息（DIM）模型提取图片信息，并用提取出来的低维特征制作图片搜索器。

8.9.1 了解DIM模型的设计思想

最大化互信息（deep infoMax，DIM）模型主要用于以无监督方式提取图片特征。在该模型中，几乎用到了本章之前的所有内容，其网络结构使用了自编码和对抗神经网络的结合；损失函数使用了MINE与f-GAN方法的结合；在此之上，又从全局损失、局部损失和先验损失3个损失出发对模型进行训练。

1. DIM模型的主要思想

好的编码器应该能够提取出样本的最独特、具体的信息，而不是单纯地追求过小的重构误差。而样本的独特信息则可以使用"互信息"（mutual information，MI）来衡量。因此在DIM模型中，编码器的目标函数不是最小化输入与输出的MSE，而是最大化输入与输出的互信息。

DIM模型中的互信息解决方案主要来自MINE方法，即先计算输入样本与编码器输出的特征向量之间的互信息，然后通过最大化互信息来实现模型的训练。

DIM模型在无监督训练中使用了以下两种约束来进行表示学习。

- 最大化输入信息和高级特征向量之间的互信息：如果模型输出的低维特征能够代表输入样本，则该特征分布与输入样本分布的互信息一定是最大的。
- 对抗匹配先验分布：编码器输出的高级特征要更接近高斯分布，判别器要将编码器生成的数据分布与高斯分布区分开来。

在实现时，DIM模型使用了3个判别器，分别从局部互信息最大化、全局互信息最大化和先验分布匹配最小化3个角度对编码器的输出结果进行约束，参见arXiv网站上编号为"1808.06670"的论文。

2. 用局部和全局互信息最大化约束的原理

许多表示学习只使用已探索过的数据空间（称为像素级别），当一小部分数据十分关心语义级别时，该表示学习将不利于训练。

因为对于图片，表示学习的相关性更多体现在局部特性中，图片的识别、分类等应该是一个从局部到整体的过程。即，全局特征更适合用于重构，局部特征更适合用于下游的分类任务。

> **提示：**
> 局部特征可以理解为卷积后得到的特征图（feature map）；全局特征可以理解为对特征图（feature map）进行编码得到的特征向量。

所以 DIM 模型从局部和全局两个角度对输入和输出做互信息计算。而先验匹配的目的是，对编码器生成向量形式的约束，使其更接近高斯分布。

3．用先验分布匹配最小化约束的原理

在变分自编码模型中，编码器的主要作用是：在将输入数据编码成特征向量的同时，还让这个特征向量服从标准的高斯分布。这种做法可以使得特征的编码空间更加规整，有利于解耦特征，便于后续学习。

在 DIM 模型的编码器与变分自编码中，编码器的作用是一样的。所以，在 DIM 模型中引入变分自编码器的作用是：将高斯分布当作先验分布，对编码器输出的向量进行约束。

8.9.2 了解 DIM 模型的结构

DIM 模型由 4 个子模型构成：1 个编码器，3 个判别器。其中，编码器的作用主要是对图片进行特征提取；3 个判别器分别从局部、全局、先验匹配 3 个角度对编码器的输出结果进行约束。总体结构如图 8-28 所示。

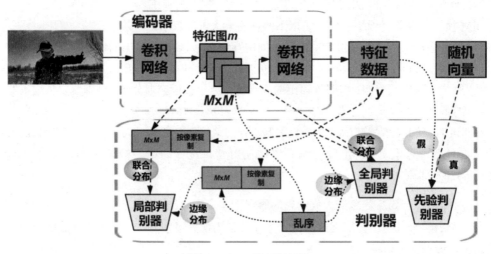

图 8-28　DIM 模型的结构

在实现过程中，DIM 模型没有直接用原始的输入数据与编码器输出的特征数据做最大化互信息计算，而是使用编码器中的特征图（feature map）与最终的特征数据做互信息计算。

根据 8.8.5 节所介绍的 MINE 方法，可以将"用神经网络计算互信息的方法"换算成"计算联合分布和边缘分布间散度的方法"。具体做法如下：

（1）将原始的特征图和特征数据输入判别器，用得到的结果当作特征图和特征数据联合分布。

（2）将乱序后的特征图和特征数据输入判别器，用得到的结果当作特征图和特征数据边缘分布。

（3）计算联合分布和边缘分布间的散度。

> **提示：**
> 第（2）步处理边缘分布的方式与 8.8.6 节实例中的处理方式不同。8.8.6 节实例中是保持原有输入不变，用乱序编码器输出的特征向量作为判别器的输入；DIM 模型中的方法是，先打乱特征图的批次顺序，然后将其与编码器输出的特征向量一起作为判别器的输入。
>
> 二者的本质是一致的，即让输入判别器的特征图与特征向量各自独立（破坏特征图与特征向量间的对应关系），详见 8.8.5 节的原理介绍。

1. 全局判别器模型

如图 8-28 所示，全局判别器的输入值有两个：特征图 m 和特征数据 y。

在计算互信息的计算中，在计算联合分布时，特征图 m 和特征数据 y 都来自编码器的输出；在计算边缘分布时，特征图是由改变特征图 m 的批次顺序得来的，而特征数据 y 还是来自编码器的输出，如图 8-29 所示。

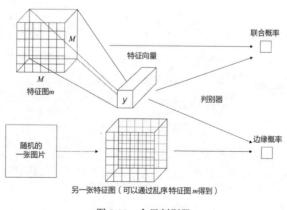

图 8-29　全局判别器

在全局判别器中，具体的处理步骤如下：

（1）使用卷积层对特征图 m 进行处理，得到其全局特征。
（2）将该全局特征与特征数据 y 用 torch.cat 函数连接起来。
（3）将连接后的结果输入全连接网络，输出判别结果（一维向量）。

其中，第（3）步全连接网络的作用是对两个全局特征进行判定。

2. 局部判别器模型

如图 8-28 所示，局部判别器的输入值是一个特殊的合成向量：将编码器输出的特征数据 y 按照特征图 m 的尺寸复制成 $m \times m$ 份。令特征图 m 中的每个像素都与编码器输出的全局特征数据 y 相连，这样就把判别器的任务转换成"计算每个像素与全局特征之间的互信息"。所以该判别器又被叫作局部判别器。

在局部判别器中，计算互信息的联合分布和边缘分布的方式与全局判别器一致，如图 8-30 所示。

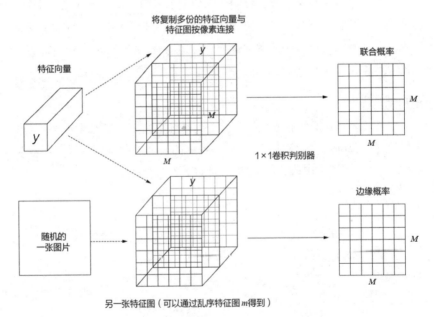

图 8-30　局部判别器

如图 8-30 所示，在局部判别器中主要使用了 1×1 的卷积操作（步长也为 1）。因为这种卷积操作不会改变特征图的尺寸（只是通道数的变换），所以判别器的最终输出也是 $m \times m$ 尺寸的向量。

局部判别器通过多层 1×1 的卷积操作，最终将通道数变成了 1，作为最终的判别结果。该过程可以理解为,同时对每个像素与全局特征进行互信息的计算。

3. 先验判别器模型

在 8.9.1 节中介绍过,先验判别器模型主要用来将辅助编码器生成的向量映射到高斯分布中。先验判别器模型的输出结果只有 0 或 1,其做法与普通的对抗神经网络一致:将高斯分布采样的数据当作真值(标签值为 1),将判定编码器输出的特征向量当作假值(标签值为 0),如图 8-31 所示。

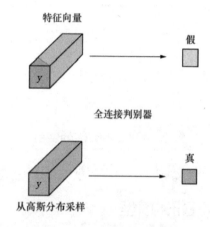

图 8-31 先验判别器模型的原理

如图 8-31 所示,先验判别器模型的输入只有特征向量一个,其结构采用的是全连接神经网络,最终会输出"真"或"假"的判定结果。

4. 损失函数

在 DIM 模型中,将 MINE 方法中的 KL 散度换成了 JS 散度来作为互信息的度量。这么做的原因是:JS 散度是有上界(ln2)的,而 KL 散度是没有上界的。相比之下,JS 散度更适合在最大化任务中使用,因为它在计算时不会产生特别大的数,而且 JS 散度的梯度是无偏的。

在 f-GAN 中可以找到 JS 散度的计算公式,见 8.8.4 节的式(8.46)。其原理在式(8.46)下方的提示部分有阐述。

先验判别器的损失函数非常简单,与原始的 GAN 模型(参见 arXiv 网站上编号为"1406.2661"的论文)的损失函数一致,见 8.8.4 节的式(8.42)。

对这 3 个判别器各自损失函数的计算结果加权求和,便得到整个 DIM 模型的损失函数。

8.9.3 代码实现:加载 MNIST 数据集

本实例使用的 MNIST 数据集与 8.3 节的一致,具体代码如下。

代码 8-15　DIM

```
01 import numpy as np
02 from tensorflow.keras.layers import *
03 from tensorflow.keras.models import *
04 import tensorflow as tf
05 import tensorflow.keras.backend as K
06 from tensorflow.keras.datasets import mnist
07 from tensorflow.keras.activations import *
08 from tensorflow.keras import optimizers
09
10 (x_train, y_train), (x_test, y_test) = mnist.load_data()
11
12 x_train = x_train.astype('float32') / 255.
13 x_test = x_test.astype('float32') / 255.
14
15 batch_size = 100          # 定义批次大小
16 original_dim = 784        # 设置MNIST数据集的维度(28×28)
```

代码第 12、13 行，将数据集中的样本转为浮点型数值。

8.9.4　代码实现：定义 DIM 模型

接下来定义编码器模型类 Encoder 与判别器类 DeepInfoMaxLoss。

- Encoder：通过多个卷积层对输入数据进行编码，生成 64 维特征向量。
- DeepInfoMaxLoss：实现全局、局部、先验判别器模型的结构，并合并每个判别器的损失函数，得到总的损失函数。

具体代码如下。

代码 8-15　DIM（续）

```
17 class Encoder(tf.keras.Model):     # 提取图片特征
18     def __init__(self, **kwargs):
19         super(Encoder, self).__init__(**kwargs)
20         self.c0 = Conv2D(64, 3, strides=1, activation=tf.nn.relu)   # 输出尺寸26
21         self.c1 = Conv2D(128, 3, strides=1, activation=tf.nn.relu)  # 输出尺寸24
22         self.c2 = Conv2D(256, 3, strides=1, activation=tf.nn.relu)  # 输出尺寸22
23         self.c3 = Conv2D(512, 3, strides=1, activation=tf.nn.relu)  # 输出尺寸20
24         self.l1 = Dense(64)
25         # 定义BN层
26         self.b1 = BatchNormalization()
27         self.b2 = BatchNormalization()
```

```python
28          self.b3 = BatchNormalization()
29
30      def call(self, x):
31          x = Reshape((28, 28, 1))(x)
32          h = self.c0(x)
33          features = self.b1(self.c1(h))      # 输出形状[批次, 24, 24, 128]
34          h = self.b2(self.c2(features))
35          h = self.b3(self.c3(h))
36          h = Flatten()(h)
37          encoded = self.l1(h)                # 输出形状[批次, 64]
38          return encoded, features
39
40  class DeepInfoMaxLoss(tf.keras.Model):  # 定义判别器类
41      def __init__(self, alpha=0.5, beta=1.0, gamma=0.1, **kwargs):
42          super(DeepInfoMaxLoss, self).__init__(**kwargs)
43          # 初始化损失函数的加权参数
44          self.alpha = alpha
45          self.beta = beta
46          self.gamma = gamma
47          # 定义编码器模型
48          self.encoder = Encoder()
49          # 定义局部判别器模型
50          self.local_d = Sequential([
51              Conv2D(512, 1, strides=1, activation=tf.nn.relu),
52              Conv2D(512, 1, strides=1, activation=tf.nn.relu),
53              Conv2D(1, 1, strides=1)       ])
54          # 定义先验判别器模型
55          self.prior_d = Sequential([
56              Dense(1000, batch_input_shape=(None, 64), activation=tf.nn.relu),
57              Dense(200, activation=tf.nn.relu),
58              Dense(1, activation=tf.nn.sigmoid),   ])
59          # 定义全局判别器模型
60          self.global_d_M = Sequential([            # 特征图处理模型
61              Conv2D(64, 3, activation=tf.nn.relu), # 输出形状[批次 64, 22, 22]
62              Conv2D(32, 3),           # 输出形状[批次, 64, 20, 20]
63              Flatten()  ])
64          self.global_d_fc = Sequential([   # 全局特征处理模型
65              Dense(512, activation=tf.nn.relu),
66              Dense(512, activation=tf.nn.relu),
67              Dense(1),    ])
68
69      def call(self, x):         # 定义全局判别器模型的正向传播
```

```
70        y, M = self.encoder(x)                    # 对特征图进行处理
71        return self.thiscall(y, M)
72
73    def thiscall(self, y, M):
74        # 连接全局特征
75        M_prime = tf.concat([M[1:], tf.expand_dims(M[0], 0)], 0)
76        y_exp = Reshape((1, 1, 64))(y)             # 输出形状[批次,1,1,64]
77        y_exp = tf.tile(y_exp, [1, 24, 24, 1])     # 输出形状[批次,24,24 64]
78        y_M = tf.concat((M, y_exp), -1)            # 输出形状[批次,24,24 192]
79        y_M_prime = tf.concat((M_prime, y_exp), -1) # 输出形状[批次,24,24 192]
80        # 计算局部互信息
81        Ej = -K.mean(softplus(-self.LocalD(y_M)))  # 联合分布
82        Em = K.mean(softplus(self.LocalD(y_M_prime))) # 边缘分布
83        LOCAL = (Em - Ej) * self.beta
84        # 计算全局互信息
85        Ej = -K.mean(softplus(-self.GlobalD(y, M))) # 联合分布
86        Em = K.mean(softplus(self.GlobalD(y, M_prime))) # 边缘分布
87        GLOBAL = (Em - Ej) * self.alpha
88        # 计算先验损失
89        prior = K.random_uniform(shape=(K.shape(y)[0], K.shape(y)[1]))
90        term_a = K.mean(K.log(self.PriorD(prior)))  # GAN 损失
91        term_b = K.mean(K.log(1.0 - self.PriorD(y))) # GAN 损失
92        PRIOR = - (term_a + term_b) * self.gamma    # 最大化目标分布
93        return GLOBAL, LOCAL, PRIOR
94    def LocalD(self, x):
95        return self.local_d(x)
96    def PriorD(self, x):
97        return self.prior_d(x)
98    def GlobalD(self, y, M):
99        h = self.global_d_M(M)
100       h = tf.concat((y, h), -1)
101       return self.global_d_fc(h)
```

代码第 58 行，在定义先验判别器模型结构 prior_d 对象时，该结构 prior_d 对象最后一层的激活函数需要用 Sigmoid。这是原始 GAN 模型的标准用法（可以控制输出的值为 0~1），它是与损失函数配套使用的。

代码第 81~83 行和第 85~87 行是互信息的计算，与 8.8.4 节的式（8.46）基本一致。只不过在代码第 83、87 行对互信息进行了"取反"操作，将最大化问题变为最小化问题。这样就可以在训练过程中使用最小化损失的方法进行参数优化了。

代码第 92 行实现了判别器的损失函数。判别器的目标是将真实数据和生成数据的分布最大化，所以也需要先对判别器的输出结果进行"取反"操作，然后通过最小化损失的方法实现。

在训练过程中，梯度可以通过损失函数直接传播给编码器模型进行联合优化。所以，不需要再额外对编码器进行损失函数的定义。

8.9.5 实例化 DIM 模型并进行训练

接下来实例化模型，并按照指定次数迭代训练。在制作边缘分布样本时，需要将批次特征图的第 1 条放到最后，这样可以使特征图与特征向量无法一一对应，实现与按批次打乱顺序等同的效果。

这部分代码相对简单，读者可以参考本书配套资源中的代码文件"8-15 DIM.py"自行查看。

代码运行后，在本地路径"training_checkpoints"中生成模型文件，同时也会输出如下的训练结果：

```
...
thisloss: 1.3787307 0.0018900502 1.3768406 7.697462e-06
thisloss: 1.3680916 0.0014069576 1.3666847 8.560792e-06
thisloss: 1.3746135 0.0017861666 1.3728274 7.143838e-06
thisloss: 1.3680246 0.0015721191 1.3664525 9.893577e-06
...
```

8.9.6 代码实现：提取子模型，并用其可视化图片特征

DIM 模型中的编码器 Encoder 类用来提取图片特征。在训练结束后，可以将其权重单独保存起来，供以后加载使用。具体代码如下。

代码 8-15　DIM（续）

```
102 inputs = Input(batch_shape=(None, original_dim))
103 y, M = dimer.encoder(inputs)
104 modeENCODER = Model(inputs, y, name='modeENCODER')   #重组子模型
105 modeENCODER.save_weights('my_model.h5')     #单独保存子模型
106
107 #加载解码器子模型
108 modeENCODER.load_weights('my_model.h5')
109 testn = 5000 #处理5000条数据
110 x_test_encoded = modeENCODER.predict(np.reshape(x_test[:testn],
111                     (len(x_test[:testn]), -1)),
    batch_size=batch_size)
```

```
112 #引入plt库将图片的特征显示出来
113 from sklearn.manifold import TSNE
114 import matplotlib as mpl
115 import matplotlib.pyplot as plt
116
117 try:
118     #降维处理
119     tsne = TSNE(perplexity=30, n_components=2, init='pca', n_iter=2000)  #
    5000
120     low_dim_embs = tsne.fit_transform(x_test_encoded)
121 except ImportError:
122     print('Please install sklearn, matplotlib, and scipy to show
    embeddings.')
123 plt.scatter(low_dim_embs[:, 0], low_dim_embs[:, 1], c=y_test[:testn])
124 plt.colorbar()
125 plt.show()
```

代码第 119 行，用 TSne 函数对图片的特征进行 PCA 算法的降维处理，使其变成二维数据以便在直角坐标系中显示。该函数中的参数 perplexity 代表困惑度；参数 n_components 代表最终维度。

代码运行后，输出如图 8-32 所示的可视化结果。

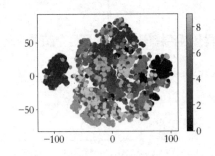

图 8-32　图片特征的可视化结果

8.9.7　代码实现：用训练好的模型来搜索图片

接下来编写代码，载入编码器模型，并对样本集中所有图片进行编码；然后随机选取 1 张图片，找出与该图片最相近的 20 张图片，并输出其对应的标签。具体代码如下。

代码 8-15　DIM（续）

```
126 import random
127 index = random.randrange(0, len(y_test[:testn]))    # 随机获取一个索引
```

```
128 mse = list(map(lambda x: ((x_test_encoded[index] - x) ** 2).sum(),
    x_test_encoded))
129 #按照距离进行排序
130 user_ranking_idx = sorted(enumerate(mse), key=lambda p: p[1])
131 findy = [y_test[i] for i, v in user_ranking_idx]
132 print(y_test[index], findy[:20])   #输出对应标签
```

代码第 127 行，从测试数据集中随机取出一张图片。

代码第 128 行，用 MSE 算法计算该图片的特征与其他图片特征之间的距离。

代码第 130 行，对距离按从小到大排序。

代码第 133 行，输出前 20 张图片所对应的标签。

代码运行后，输出结果如下：

```
0 [0, 0, 0, 0, 0, 0, 0, 0, 0, 0, 0, 0, 0, 0, 0, 0, 0, 0, 0, 0]
```

结果中，第 1 个值为随机图片对应的标签，后面的其他值为根据图片特征搜索出来的相近图片所对应的标签。

第 9 章

识别未知分类的方法——零次学习

纯监督学习在很多任务上都达到了让人惊叹的结果,但是这种基于数据驱动的算法需要大量的标签样本进行学习,而获取足够数量且合适的标签数据集的成本往往很高。即便是付出了这样的代价,所得到的模型能力仍然有限——训练好的模型只能够识别出样本所提供的类别。

例如,用猫狗图片训练出来的分类器,就只能对猫、狗进行分类,无法识别出其他的物种分类(例如鸡、鸭)。这样的模型显然不符合人工智能的终极目标。

零次学习(zero-shot Learning,ZSL)是为了让模型具有推理能力,能够通过推理来识别新的类别。即,能够从已知分类中总结出规律,通过推理识别出其从没见过的类别,实现真正的智能。其中"零次"(zero-shot)是指,对于要分类的对象之前没有学习过。

9.1 了解零次学习

零次学习(ZSL)可以被归类为迁移学习的一种,它侧重于对毫无关联的训练集和测试集进行图片分类。

本节来介绍一下零次学习(ZSL)的基础知识。

9.1.1 零次学习的原理

零次学习的思想是:基于对象的高维特征描述对图片进行分类,而不是仅仅利用训练图片得到特征图片的分类。

在零次学习中,图片类别的高维特征描述没有任何限制,可以是与类别对象有关的各个方面,例如,形状、颜色,甚至地理信息等,如图 9-1 所示。

图 9-1 图片分类的高维特征描述

如果把每个类别与其对应的高维特征描述对应起来，则可以将零次学习理解为在对象的多个特征描述之间实现一定程度的迁移学习。

在人类的理解中，某个类别的特征描述可以用文字来对应（例如：斑马可以用有黑色、有白色、不是棕色、有条纹、不在水里、不吃鱼来描述）。

在神经网络的理解中，某个类别的高维特征描述可以用被该类别文字所翻译成的词向量所代替（例如在 BERT 模型中，斑马可以用两个各包含 768 个浮点型数字的向量来表示），如图 9-2 所示。这个词向量中所蕴含的语义便是该类别的高维特征描述。

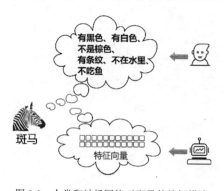

图 9-2 人类和神经网络对斑马的特征描述

人类可以通过语言描述中的属性信息,来猜出被描述对象的样子。同样,机器也可以通过比较特征向量间的距离,来分类未知类别的图片。零次学习方法就是基于这种思想进行延伸的。

1. 零次学习的一般原理

零次学习的原理可以分为如下 4 步:

(1)准备两套类别没有交集的数据集,一个作为训练集,另一个作为测试集。

(2)用训练集中的数据训练模型。

(3)借助类别的描述,建立训练集和测试集之间的联系。

(4)将训练好的模型应用在测试集上,使其能够对测试集的数据进行分类。

例如,模型对训练集数据中的马、老虎、熊猫进行学习,掌握这些动物的特征和对应的描述,然后模型可以在测试集中按照描述的要求找出斑马。其中描述的要求是:有着马的轮廓,身上有像老虎一样的条纹,而且它像熊猫一样是黑白色的动物,该动物叫作斑马,如图 9-3 所示。

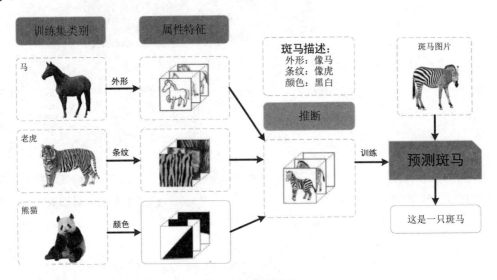

图 9-3 ZSL 的原理

如果将训练类别表示成属性向量 Y,测试类别(未知类别)表示为属性向量 Z,则图 9-3 中的具体实现步骤如下。

(1)用训练集数据训练一个图片分类模型。

(2)用该模型对每个样本图片进行特征转换,得到特征向量 A。

(3)训练一个零次学习模型,该模型用来实现特征向量 A 与训练类别的属性向量 Y 之间的对应关系。

（4）测试时，利用该分类模型可得到测试样本的特征向量 A，再使用零次学习模型将其映射成类别属性向量。用模型生成的属性向量对比测试集类别的属性向量 Z，即可预测出测试分类的结果。

以上步骤是使用图片特征转换成属性特征，并通过比较属性特征进行预测的。这种方法只是零次学习的实现方式之一。在实际操作中，还可以将属性特征转换为图片特征，并通过比较图片特征进行预测。

2. 零次学习的主要工作

具有 ZSL 功能的模型，在工作过程中需要执行如下两部分计算。
- 计算出关于类别名称的高维特征，需要使用 NLP 相关模型来完成。
- 计算出关于图片数据的高维特征，需要使用图片分类相关的模型来完成。

这两部分主要工作是 ZSL 的核心。ZSL 的效果完全依赖完成这两部分工作的模型：如果类别属性描述模型和分类器模型的性能越好，则 ZSL 对未知分类的识别能力就越强。

9.1.2 与零次学习有关的常用数据集

在 ZSL 相关的研究中，对数据集有两个要求：
- 训练数据集与测试数据集中的样本不能有重叠。
- 可见分类标签（训练数据集中的标签）与不可见分类标签（测试数据集中的标签）在语义上有一定的相关性。

如果将可见分类的样本当作源域，则不可见分类的样本就是 ZSL 需要识别的目的域，而可见分类标签与不可见分类标签之间的语义相关性就是链接源域与目的域的桥梁。用 ZSL 方法训练的模型就是完成这个桥梁的拟合工作。

在满足这两个要求的数据集中，最常用的有如下 5 种数据集。

1. Animal with Attributes（AwA）数据集

AwA 数据集中包括 50 个类别的图片（都是动物分类），其中 40 个类别是训练集，10 个类别是测试集。

AwA 数据集中每个类别的语义为 85 维，总共有 30475 张图片。但是该数据集已被 AwA2 取代。AwA2 与 AwA 类似，总共 37322 张图片。可以从本书配置资源"ZSL 数据集下载链接.txt"中找到它的下载地址。

2. 鸟类数据集（CUB-200）

鸟类数据集（CUB-200）共有两个版本，Caltech-UCSD-Birds-200-2010 与 Caltech-UCSD-Birds-200-2011。每个类别含有 312 维的语义信息。

其中，Caltech-UCSD-Birds-200-2011 相当于 Caltech-UCSD-Birds-200-2010 的扩展版本，并针对 ZSL 方法，将 200 类数据集分为 150 类训练集和 50 类测试集。

可以从本书配置资源"ZSL 数据集下载链接.txt"中找到 Caltech-UCSD-Birds-200-2011 的下载地址。

3．Sun 数据集（CUB-200）

该数据集总共有 717 个类别，每个类别有 20 张图片，类别语义为 102 维。传统的分法是训练集 707 类，测试集 10 类。可以从本书配置资源"ZSL 数据集下载链接.txt"中找到它的下载地址。

4．Attribute Pascal and Yahoo 数据集（aPY）

该数据集共有 32 个类，其中，20 个类为训练集，12 个类为测试集，类别语义为 64 维，共有 15339 张图片。可以从本书配置资源"ZSL 数据集下载链接.txt"中找到它的下载地址。

5．ILSVRC2012/ILSVRC2010 数据集（ImNet-2）

这是一个利用 ImageNet 做成的数据集，用 ILSVRC2012 数据集的 1000 个类作为训练集，ILSVRC2010 数据集的 360 个类作为测试集，有 254000 张图片。它由 4.6MB 的 Wikipedia 数据集训练而得到，共 1000 维。

在上述数据集中，1~4 数据集都是较小型数据集，5 是大型数据集。虽然在 1~4 数据集中已经提供了人工定义的类别语义，但也可以从维基语料库中自动提取出类别的语义表示，以检测自己的模型。

9.1.3 零次学习的基本做法

在 ZSL 中，把利用深度网络提取的图片特征称为特征空间（visual feature space），把每个类别所对应的语义向量称为语义空间。而 ZSL 要做的就是——建立特征空间与语义空间之间的映射。

为了识别不可见类的对象，零样本学习（ZSL）方法通常会有如下两步：

（1）学习可见类的公共语义空间和视觉空间之间的兼容投影函数。

（2）将该投影函数直接应用于不可见分类上。

9.1.4 直推式学习

直推式学习（transductive learning）常用在测试集中只有图片数据，没有标签数据的场景下。

直推式学习是一种类似于迁移学习的 ZSL 实现方法，在训练模型时，先用已有的分类模型对测试集数据计算特征向量，并将该特征向量当作测试集类别的先验知识进行后面的推理预测（参见 arXiv 网站上编号是"1501.04560"的论文）。

9.1.5 泛化的零次学习任务

泛化的 ZSL（generalized ZSL）在普通的 ZSL 基础之上提出了更高的要求：在测试模型时，测试数据集中不仅包括未知分类数据，还包含已知分类的数据。这更符合 ZSL 的实际应用情况，也更能表现出 ZSL 模型的能力。

9.2 零次学习中的常见难点

在 ZSL 的研究中常会遇到以下问题，它们是影响 ZSL 效果的主要问题。

9.2.1 领域漂移问题

领域漂移问题（domain shift problem）是指，同一种属性在不同的类别中，其视觉特征的表现可能差别很大，参见 arXiv 网站上编号是 "1501.04560" 的论文。

1. 领域漂移问题的根本原因

例如，斑马和猪都有尾巴，但是在类别的语义表示中，两者尾巴的视觉特征却相差很远，如图 9-4 所示。

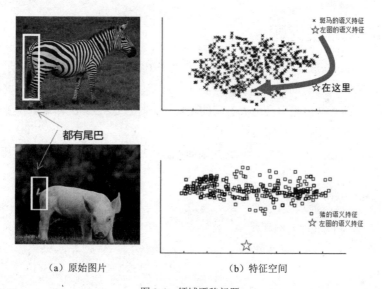

（a）原始图片　　　　　（b）特征空间

图 9-4　领域漂移问题

在图 9-4 中，右上角的图片中 "×" 代表斑马的语义特征，"☆" 代表模型对左上角图片预测后得到的语义特征。"☆" 标记在 "×" 集合的内部，表明该模型可以正确实现斑马类别图片向斑马语义的映射。

接下来，将该模型用于不可见分类（猪的图片）上，便得到在图 9-4 右下角的特征分布。其中，小正方形标记是猪的语义特征，"☆"标记是模型对左下角图片预测所得到的语义特征，可以看到，二者相距很远。这表明学习了斑马分类的模型不能对未见过的猪做出正确的预测，将可见分类模型应用在未见过的分类上出现了领域漂移问题。

因为样本的特征维度往往比语义的维度大，所以在建立从图片到语义映射的过程中，往往会丢失信息。这是领域漂移问题的根本原因。

2. 解决领域漂移问题的思路

比较通用的解决思路是：将映射到语义空间中的样本，再重建回去。这样学习到的映射就能够保留更多的信息，例如语义自编码模型（SAE），参见 arXiv 网站上编号是 "1704.08345" 的论文。

重建过程的做法与非监督训练中的重建样本分布方法完全一致，例如自编码模型的解码器部分，或是 GAN 模型的生成器部分。它可以完全使用非监督训练中重建样本分布的相关技术来实现。

在利用重建过程生成测试集的样本之后，就可以将问题转换成一个传统的监督分类任务，以增加预测的准确率。

9.2.2 原型稀疏性问题

原型稀疏性（prototype sparsity）问题是指，每个类中的样本个体不足以表示类内部的所有可变性，或无法帮助消除类间相重叠特征所带来的歧义。即，同一类别中的不同样本个体之间的差异往往是巨大的，这种差异会增大类间的相似性，导致 ZSL 分类器难以预测出正确的结果（参见 arXiv 网站上编号是 "1501.04560" 的论文）。

该问题的本质还是个体和分布之间的关系问题，9.2.1 节的解决思路同样适用于该问题。

9.2.3 语义间隔问题

语义间隔（semantic gap）问题是指：样本在特征空间中所构成的流形与语义空间中类别构成的流形不一致。

> **提示：**
> 流形是指局部具有欧几里得空间性质的空间。在数学中它用于描述几何形体。在物理中，"经典力学的相空间"和"构造广义相对论的时空模型的四维伪黎曼流形"都是流形的实例。

图片样本的特征往往是指视觉特征（比如用深度网络提取到的特征）；而基于图片内容描述上的语义表示却是非视觉的（比如基于自然语言文本或是数值属性的所提取到的特征）。当二者反映到数据上时，很容易会出现流形不一致的现象，如图 9-5 所示。

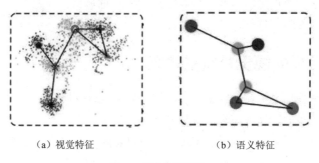

（a）视觉特征　　　　　　　（b）语义特征

图 9-5　语义间隔问题

这种现象使得直接学习两者之间的映射变得困难。

解决此问题要从将两者的流形调节一致入手。在实现时，先使用传统的 ZSL 方法将样本特征映射到语义特征上；再提取样本特征中潜在的类级流形，生成与其流形结构一致语义特征（流形对齐）；最后训练模型，实现样本特征到流形对齐后的语义特征之间的映射，如图 9-6 所示。（参见 arXiv 网站上编号是"1703.05002"的论文。）

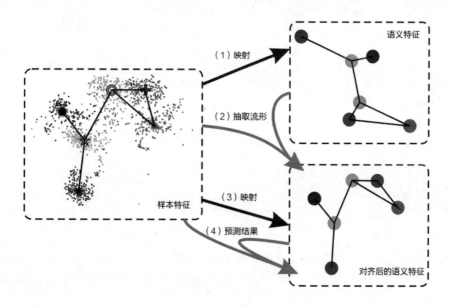

图 9-6　流形对齐

9.3 带有视觉结构约束的直推 ZSL（VSC 模型）

VSC（visual structure constraint）模型使用了一种新的视觉结构约束，以提高训练集图片特征与分类语义特征之间的投影通用性，从而缓解 ZSL 中的域移位问题。

下面就来介绍 VSC 模型所涉及的主要技术。

9.3.1 分类模型中视觉特征的本质

分类模型的主要作用之一就是计算图片的视觉特征。这个视觉特征在模型的训练过程中，会根据损失函数的约束向着体现出类别特征的方向靠拢。

从这个角度出发可以看出，分类模型之所以可以正确识别图片的分类，是因为其计算出来的视觉特征中会含有该类别的特征信息。

所以在分类模型中，即使去掉最后的输出层，单纯对图片的视觉特征进行聚类，也可以将相同类别的图片分到一起，如图 9-7 所示。

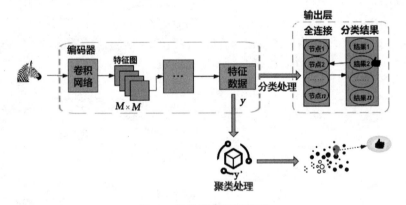

图 9-7 图像的视觉特征聚类

9.3.2 VSC 模型的原理

VSC 模型的原理可以从如下几个方面进行分解。

1．视觉特征聚类

VSC 模型以图 9-7 中所描述的理论为出发点，对训练集和测试集中所有图片的视觉特征进行聚类，使相同类别的图片聚集在一起。这样就可以将单张图片的分类问题，简化成多类图片的分类问题。

2. 直推方式的应用

通过视觉特征的聚类方法，可以将未知分类的图片分成不同的簇。下一步就是将不同的簇与未知分类的类别标签一一对应上。

在视觉特征簇与分类标签对应的工作中，使用直推 ZSL 的方式，对测试集（未知分类）的类别的属性特征和测试集的视觉特征簇中心进行对齐，从而实现识别未知分类的功能，如图 9-8 所示。

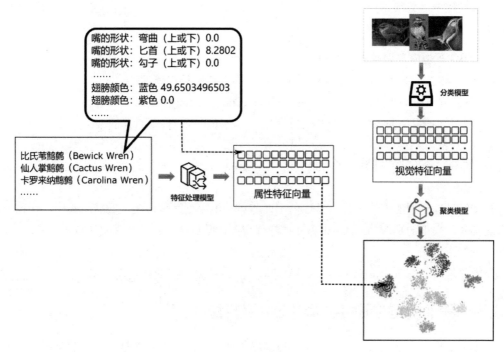

图 9-8 VSC 模型的原理

图 9-8 中涉及 3 个模型：分类模型、聚类模型、特征处理模型。整个 ZSL 的任务可以被理解成训练特征处理模型，使其对类别标签进行计算后生成的类属性特征能够与图片的视觉特征聚类中心点对齐。

如果特征处理模型能够将任意的目标类别标签转换成该类别视觉特征聚类中心点，则可以根据待测图片距离中心点的远近，来识别该图片是否属于目标类别。这便是 VSC 模型的原理。

3. VSC 模型的核心任务及关键问题

分类模型可以通过用迁移学习方法微调通用的预训练分类模型得到。而聚类算法也是传统的机器学习范畴，可以直接拿来使用。如何训练出有效的特征处理模型，是 VSC 模型的核心任务。

在本实例中，特征处理模型的输入和输出很明确。输入是数据集中带有类别标注的 312 个属性值（见 9.5.1 节）；输出是与该类别的视觉特征中心点。

在实现时，可以用一个多层全连接模型作为特征处理模型的结构。将其输入向量的维度设为 312（与类别标注的 312 个属性值对应）；将其输出向量的维度设为 2048（与视觉特征的维度相同）。

因为对图片视觉特征聚类后会产生多个簇，但并不知道每个簇与未知类别的对应关系，所以在训练过程中，必须先找到与类别对应的簇，然后才能使用损失函数拉近两个类别属性特征与簇中心点间的距离。

4. VSC 模型中关键问题的解决方法

在训练 VSC 模型时，使用了 3 种约束方法来训练特征处理模型：
- 基于视觉中心点学习的约束方法（visual center learning，VCL）。
- 基于倒角距离的视觉结构约束方法（chamfer-distance-based visual structure constraint，CDVSc）。
- 基于二分匹配的视觉结构约束方法（bipartite-matching-based visual structure constraint，BMVSc）。

在特征处理模型的训练过程中，使用了训练数据集和测试数据集的数据。其中，在使用训练数据集时，采用的是 VCL 的约束方法；在使用测试数据集时，采用的是 CDVSc 或 BMVSc 中的一种约束方法。

下面将依次介绍 VCL、CDVSc 或 BMVSc 这 3 种约束方法的内容及应用。

9.3.3 基于视觉中心点学习的约束方法

基于视觉中心点学习（VCL）的约束方法的本质是：计算类别属性特征与视觉特征簇中心点之间的平方差损失（MSE）。

由于该方法必须事先知道每个类别的属性特征与该类别的视觉特征簇之间的对应关系，所以基于 VCL 的约束方法只适用于在训练数据集上的模型（因为：在训练数据集中有每个图片的分类信息，能够实现类别和图片的一一对应）。

基于 VCL 的约束方法使用训练集中的数据，对每个类进行属性特征和视觉特征的拟合。这种方式可以使模型从已有的数据中学到属性特征与视觉特征的关系。直接将这种关系作用到测试数据集，也能够提升识别未知分类的能力。

如果在 VCL 约束方法的基础上，让模型从未知分类的数据中学到属性特征与视觉特征的对应关系，则模型的准确率还会有进一步提升。这也是在 ZSL 中采用 CDVSc 约束或 BMVSc 约束的原因。

9.3.4 基于倒角距离的视觉结构约束

基于倒角距离的视觉结构约束（CDVSc）方法作用于模型在测试集上的训练。它的作用是让多个未知分类的属性特征找到与其对应的视觉特征。

其中，类别的属性信息可以通过类属性标注文件拿到；每个类的视觉特征就是测试集中图片视觉特征的聚类中心点。

由于测试数据集中图片的类别标签未知，类的属性特征与类的视觉特征无法一一对应，所以这种拟合问题就变成了两个集合间的映射关系，即对类别的属性特征集合与类别的视觉特征集合进行拟合。

这种问题可以用处理 3D 点云任务中的损失计算方法（对称的倒角距离）来进行处理。对称的倒角距离的主要过程如下。

（1）取出当前集合的一个点 P，并且在另一个集合中找到与 P 距离最近的点。
（2）计算这两个点的距离。
（3）对当前集合的所有点按照第（1）（2）步进行操作。
（4）对第（3）步得到的多个距离分别计算平方，再将平方后的结果进行求和。

有关倒角距离的更多信息，请参见 arXiv 网站上编号为 "1612.00603" 的论文。

9.3.5 什么是对称倒角距离

倒角距离（chamfer-distance，CD）表示的意思是：先对"集合 1"中的每个点分别求出其到"集合 2"中每个点的最小距离，再将这些最小距离平方求和。

对称的倒角距离就是：在倒角距离的基础上再对"集合 2"中的每个点分别求出其到"集合 1"中每个点的最小距离，再将这些最小距离平方求和。

对称的倒角距离是一个连续可微的连续的算法。该计算方法可以被直接当作损失函数使用，因为它具有如下特性：

- 在点的位置上是可微的。
- 计算效率高，可以实现在神经网络中的反向传播。
- 对少量的离群点也具有较强的鲁棒性。

对称的倒角距离算法的特点是：能更好地保存物体的详细形状，且每个点之间是独立的，所以很容易进行分布式计算。

9.3.6 基于二分匹配的视觉结构约束

虽然 CDVSc 有助于保持两个集合的结构相似性，但也可能会产生两个集合元素间"多对一"的匹配现象。而在 ZSL 中，需要"类的属性特征"与"类的视觉特征"两个集合中的元素一一对应。

在使用 CDVSc 方法进行训练的过程中，当两个集合中元素出现"多对一"匹配情况时，属性特征中心点将被拉到错误的视觉特征中心点，从而产生对未知分类的识别错误。

为了解决这个问题，可以使用数据建模领域中的指派问题（见 9.3.7 节）的解决方案进行处理。这种方式被叫作"基于二分匹配的视觉结构约束（BMVSc）"。

9.3.7 什么是指派问题与耦合矩阵

指派问题是数学建模中的一个经典问题。接下来将通过一个具体的例子来介绍指派问题。

例如：派 3 个人去做 3 件事，每人只能做一件。这 3 个人做这 3 件事的时间可以表示为如下矩阵（矩阵的一行表示一个人，矩阵的一列表示一件事。例如第 1 行第 1 列的元素为 4，表明第 1 个人做 1 件事的时间为 4 小时；第 2 行第 1 列的元素为 5，表明第 2 个人做第 1 件事的时间为 5 小时）：

$$\begin{bmatrix} 4 & 1 & 2 \\ 5 & 3 & 1 \\ 2 & 2 & 3 \end{bmatrix}$$

问如何分配人和事之间的指派关系，以使整体的时间最短？

由于数据量比较小，可以直接看出这个问题的答案：第 1 个人做第 2 件事、第 2 个人做第 3 件事、第 3 个人做第 1 件事，因为第 1 列的最小值为 2，第 2 列的最小值为 1，第 3 列的最小值为 1。

对于数据量比较大的任务，则要使用些专门的算法来进行解决了，例如匈牙利算法（Hungarian algorithm）、最大权匹配算法（kuhn-munkres algorithm，KM）等。

在具体实现时，读者不需要详细了解算法的实现过程，直接在 Python 环境中使用 scipy 库中的 linear_sum_assignment 函数便可以对指派问题求解（linear_sum_assignment 函数使用的是 KM 算法）。具体代码如下：

```
import numpy as np
from scipy.optimize import linear_sum_assignment

task=np.array([[4,1,2],[5,3,1],[2,2,3]])
row_ind,col_ind=linear_sum_assignment(task)    #返回计算结果的行列索引
print(row_ind)                                  #输出行索引：[0 1 2]
print(col_ind)                                  #输出列索引：[1 2 0]
print(task[row_ind,col_ind])                   #输出每个人的消耗时间：[1 1 2]
print(cost[row_ind,col_ind].sum())             #输出总的消耗时间：4
```

在处理指派任务中，通常把代码中的 task 对应的矩阵叫作系数矩阵；把行列索引 row_ind、col_ind 所表示的矩阵叫作耦合矩阵 $\boldsymbol{P}$。耦合矩阵可以反映出指派关系的最终结果，该问题的耦合矩阵如下：

$$\begin{bmatrix} 0 & 1 & 0 \\ 0 & 0 & 1 \\ 1 & 0 & 0 \end{bmatrix}$$

指派问题的最优解有这样一个性质：若从系数矩阵的一行（列）各元素中分别减去该行（列）的最小元素，得到新矩阵，则以新矩阵为系数矩阵求得的最优解和用原矩阵求得的最优解相同。

利用这个性质，可将原系数矩阵变换为含有很多 0 元素的新矩阵，而最优解保持不变。

9.3.8　基于 W 距离的视觉结构约束

9.3.7 节中的指派问题的例子需要一个前提条件——每个人都是被独立派去完成一个完整的事情。从概率的角度来看，某个待分配事件被指派到某个人的概率，要么是 0，要么是 1。这种方式也被叫作"硬匹配"。

假设打破 9.3.7 节例子中的前提条件：每个人可以将精力分成多份，同时去做多件事情，每件事情只做一部分。这样从概率的角度来看，某个待分配事件被指派到某个人的概率便是 0~1 之间的小数。这种方式被叫作"软匹配"。

软匹配的方式使得分配规则更为细化。与硬匹配方式相比，它会使 3 个人完成 3 件事所消耗的总时间变得更少。

基于 W 距离的视觉结构约束（WDVSc），本质上就是一种软匹配的解决方案。

1. 软匹配的应用

在现实中，软匹配的人事安排也会提升企业的工作效率。企业中的员工一般会被同时分配多个任务，或被划分到多个项目组中去。在每天的工作中，员工要根据自己所负责的任务情况来分配每个项目所投入的精力。

在 ZSL 中，由于存在样本中的噪声和特征转换过程中的误差，所以"类的属性特征"与"类的视觉特征"两个集合的中心点不会完全按照 0、1 概率这样硬匹配。所以，在训练过程中，使用软匹配的方式会更符合实际的情况。

2. 最优传输中的软匹配

在最优传输领域中，这种软匹配的方式又被叫作推土距离（或 Wasserstein 距离），也被人们常称为 W 距离。

推土距离是指从一个分布变为另一个分布的最小代价，可以用来测量两个分布（multi-dimensional distributions）之间的距离。

在最优传输理论中，Wasserstein 距离被证明是衡量两个离散分布之间距离的良好度量，其目的是找到可以实现最小匹配距离的最佳耦合矩阵 X。其原理与指派问题的解决思路相同，但 X 表示软匹配的概率值，而不是{0, 1}（例如 9.3.7 中的耦合矩阵）。

3. WDVSc 的实现

在实现过程中，可以将"拟合类属性特征"与"类视觉特征"两个集合的约束当作最优传输问题，通过带有熵正则化的 Sinkhorn 迭代来解决。

WDVSc 算法可以用来测量两个分布之间的距离，能产生比 CD 算法更紧凑的结果，但有时会过度收缩局部结构。

9.3.9 什么是最优传输

随着神经网络的不断强大，在日渐成熟的学术环境中，想要进一步改善算法、提升性能，没有数学的支撑是不行的。而最优传输（optimal transport，OT）便是神经网络的数学理论中的重要环节。它对于改进 AI 算法有着很大的帮助。

最优传输问题最早由法国数学家 Monge 于 1780 年代提出；由俄国数学家 Kantorovich 证明了其解的存在性；由法国数学家 Brenier 建立了最优传输问题和凸函数之间的内在联系。

1. 最优传输描述

最优传输理论可以用一个例子来非正式地描述一下：把一堆沙子里的每一铲都对应到一个沙雕上的一铲沙子，怎么搬沙子最省力气。

最优传输的关键点是：要考虑怎样把多个数据点同时从一个空间映射到另一个空间，而不是只考虑一个数据点。

最优传输和机器学习之间有着千丝万缕的关系，比如 GAN 本质上就是从"输入的空间"映射到"生成样本的空间"。同时 OT 也被越来越多地用于解决成像科学（例如颜色或纹理处理）、计算机视觉和图形（用于形状操纵）和机器学习中的各种问题（用于回归、分类和密度拟合），可参见 arXiv 网站上编号是"1803.00567"的论文。

了解最优传输中的数学理论，可以更轻松地阅读前沿的学术文章、更有方向性地对模型进行改进。

2. 最优传输中的常用概念

在 9.3.7 中介绍了耦合矩阵，它反映了两个集合间元素的对应关系。在最优传输中，更确切地说，耦合矩阵 P 应该表示为，将集合 A 中的一个元素移动到集合 B 中的一个元素上所需要分配的概率质量。

为了算出质量分配的过程需要做多少功，还需要引入成本矩阵。

成本矩阵是用来描述将集合 A 中的每个元素移动集合 B 中的成本。

距离矩阵是定义这种成本的一种方式,它由集合 A 和 B 中元素之间的欧几里德距离所组成,也被称为 ground distance。

例如,将集合 $\{1, 2\}$ 移动到集合 $\{3, 4\}$ 上,其成本矩阵见式(9.1):

$$C = \begin{bmatrix} 3-1 & 4-1 \\ 3-2 & 4-2 \end{bmatrix} = \begin{bmatrix} 2 & 3 \\ 1 & 2 \end{bmatrix} \tag{9.1}$$

假设耦合矩阵 P 如下,

$$\begin{bmatrix} \frac{1}{2} & 0 \\ 0 & \frac{1}{2} \end{bmatrix}$$

则总的成本可以表示 P 和 C 之间的 Frobenius 内积,见式(9.2):

$$\langle C, P \rangle = \sum_{ij} C_{ij} P_{ij} = 1 \tag{9.2}$$

9.3.10 什么是 OT 中的熵正则化

最优传输中的熵正则化是一种正则化方法。

在《深度学习之 TensorFlow——入门、原理与进阶实战》一书的 7.4.2 节中介绍过正则化方法的原理,以及用 L2 范数来充当正则化中惩罚项的方法。而熵正则化则是使用熵作为正则化惩罚项。

1. 熵正则化原理

在 L2 正则化中,L2 范数会跟随原目标之间的损失值进行变化:损失值越大,则正则化的惩罚项 L2 范数则越大;损失值越小,则正则化的惩罚项 L2 范数则越小。

在最优传输(OT)中,最关心的是集合 A 传输到集合 B 中的成本(cost),它可以写成由 A 中每个元素到 B 中的距离矩阵与耦合矩阵之间的 Frobenius 内积,见式(9.2)。

耦合矩阵的熵也可以跟随着集合 A 传输到集合 B 中的成本进行变化,即:cost 越大,则耦合矩阵的熵则越大;cost 越小,则耦合矩阵的熵则越小。

求最优传输中的熵正则化项就是计算耦合矩阵的熵。

2. 熵正则化与集合间的重叠关系

如果集合中每个元素的质量都相等,则耦合矩阵只与集合间元素的距离有关。所以,耦合矩阵的熵也可以反映两个集合间的重叠程度,如图 9-9 所示。

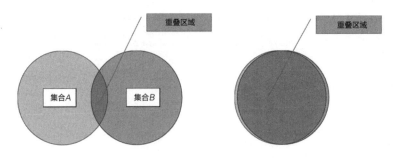

图 9-9　集合的重叠程度

在图 9-9 中，左图中的两个集合重叠区域比右图中的两个集合重叠区域小，其耦合矩阵的熵也会比右图中的耦合矩阵熵小。

3．熵正则化与最优传输方案

在 8.1 节介绍过，熵可以表示成式（9.3）：

$$H(\boldsymbol{U}) = -\sum_{i=1}^{n} p_i \log(p_i) \qquad (9.3)$$

其中，U 是集合 A 和集合 B 间的耦合矩阵，p 是耦合矩阵中集合 A 中某个元素转移到集合 B 中某个元素的概率。

由熵的极值性（见 8.1.1 节）可以推出：当代价矩阵中的 p 均匀分布时（所有 p 的概率取值都相同），U 的信息熵最大。

在元素的质量相同的情况下，如果将集合 A 中每个元素都均匀地分开，并被传输到集合 B 中每个元素的位置上，则耦合矩阵中的 p 分布将会非常均匀，此时的熵最大，表明这种做法成本最大。

相反，如果将集合 A 中每个元素都整体地传输到集合 B 中的某个位置上，则耦合矩阵中的 p 分布将会非常稀疏（没有传输的位置，p 都是 0），此时的熵最小，表明这种做法成本最小。

一个熵较低的对偶矩阵中的 p 的分布将会更稀疏，它的大部分非零值集中在几个点周围。相反，一个具有高熵的矩阵会更平滑，其中的所有元素的值接近于均匀分布。

在计算最优传输方案时，可以从对偶矩阵的熵入手，通过调节对偶矩阵中的 p 来使代价矩阵中的熵最小，从而得到最优的传输方案。这就是 Sinkhorn 迭代方法的主要思想（详见 9.4 节），在 9.3.8 节所介绍的 WDVSc 算法中也使用了该方法。

4．熵正则化在损失函数中的作用

熵正则化与 L2 正则化一样，也可以用在训练模型的反向传播中作为正则化惩罚项来使用。如果将它放到损失函数的公式里，则需要加入一个调节参数 ε，该参数用来控制正则化对损失值 loss 的影响，见式（9.4）。

$$\text{loss} = \min_{p} \langle C, P \rangle - \varepsilon H(P) \tag{9.4}$$

式（9.4）中，loss代表最终的损失值，$\langle C, P \rangle$代表真实最优传输（OT）的最小成本，$H(P)$代表耦合矩阵的熵正则化惩罚项。

同样，一个单位的质量在转移过程中使用的路径越少，则单个 p 值越大，耦合矩阵越稀疏，$H(P)$的值越小，减小loss值的幅度就越小。反之，在转移的过程中，使用的路径越多，则单个 p 值越小，减小loss值的幅度就越大。这表明：熵正则化方法鼓励模型使用流量小、数量多的路径进行传输；而惩罚模励使用流量大、数量少的路径（稀疏路径）进行传输，以达到减少计算复杂度的目的。

9.4 详解 Sinkhorn 迭代算法

Sinkhorn 算法对相似矩阵求解的方式，是将最优传输问题转换成了耦合矩阵的最小化熵问题。即，只要在众多耦合矩阵中找到熵最小的那个矩阵，就可以近似地认为该矩阵是传输成本最低的耦合矩阵。

9.4.1 Sinkhorn 算法的求解转换

Sinkhorn 算法将耦合矩阵 P 用式（9.5）表示：

$$P = \text{diag}(U) K \text{diag}(V) \tag{9.5}$$

式（9.5）中，diag 代表对角矩阵，K 代表变化后的成本矩阵。U 和 V 是 Sinkhorn 算法中用于学习的两个向量。如果将该式子展开，耦合矩阵中的每个元素p_{ij}可以表示成式（9.6）。

$$p_{ij} = f_i k_{ij} g_j \tag{9.6}$$

式（9.6）中的符号说明如下：

- i 和 j 分别代表矩阵的行和列。
- p_{ij}代表耦合矩阵中下标为 i 行 j 列的元素。
- f_i代表$e^{u_i/\varepsilon}$，其中u_i是向量 U 中下标为 i 的元素。参数 ε 对耦合矩阵进行调节。
- k_{ij}代表$e^{-c_{ij}/\varepsilon}$，其中c_{ij}是成本矩阵中下标为 i 行 j 列的元素。
- g_j代表，$e^{v_j/\varepsilon}$，其中v_i是向量 V 中下标为 j 的元素。

因为成本矩阵 C 是已知的，所以 K 矩阵也已知。

只要 Sinkhorn 算法能够算出合适的向量 U 和 V，就可以将其带入式（9.5）中，得到所求的耦合矩阵。

> **提示：**
> Sinkhorn 算法有两种实现方法：基于对数空间运算和直接运算。基于对数空间运算方法的好处是：可以利用幂的运算规则将参数中的乘法变成加法，能够大大地提升运算速度。本节所介绍的 Sinkhorn 算法就是基于对数空间运算方法实现的。

在 Sinkhorn 算法的运算过程中，参数 ε 的作用与 9.3.10 节中的一致，即当参数 ε 取值较小时，传输路径较少、较集中；当 ε 取值较大时，正则化传输的最优解变得更加"扁平"，传输路径较多、较分散。

9.4.2 Sinkhorn 算法的原理

在式（9.6）中 k 的值与成本矩阵的负值有关。这么做是为了让成本矩阵中最大的元素所对应的耦合矩阵概率最小。反之，如果要计算传输过程中的最大成本，则直接令 k_{ij} 的值为 $e^{c_{ij}/\varepsilon}$ 即可。

Sinkhorn 算法所计算的耦合矩阵是根据成本矩阵的负值得来的，即按照成本矩阵中取负后的元素大小来分配行、列方向的概率，参见 arXiv 网站上编号为 "1306.0895" 的论文。

1. 简化版 Sinkhorn 算法的举例

例如，一个成本矩阵的单行向量为[3 6 9]，则对其取负后变为[-3 -6 -9]。为了方便理解，先将 Sinkhorn 算法中的概率分配规则简化成按照每个值在整体中所占的百分比计算，则得到的概率为[1/6 1/3 1/2]。如果成本矩阵只有单行，则这个值便是其耦合矩阵。它是由单行向量中的每个元素都乘以[-1/18]得来的，这里的[-1/18]就是式（9.6）中的 f，即，f 可以理解成某一行的归一化因子（计算归一化中的分母部分）。

2. 实际中的 Sinkhorn 算法举例

实际中的 Sinkhorn 算法，对成本矩阵先做了一次数值变换，再按照简化版的方式进行求解。数值变换的方法如下：

（1）将成本矩阵中的每个值按照参数 ε 进行缩放。
（2）将缩放后的值作为 e 的指数，进行数值转换。

转后的值便可以按照简化版本的 Sinkhorn 算法进行计算了。

在 Sinkhorn 算法中，对一个成本矩阵的单行为[3 6 9]的向量进行计算时，真实的归一化分母为：$\frac{1}{(e^{-3/\varepsilon}+e^{-6/\varepsilon}+e^{-9/\varepsilon})}$，所算出的耦合矩阵单行的概率向量为：$[e^{-3/\varepsilon}/(e^{-3/\varepsilon}+e^{-6/\varepsilon}+e^{-9/\varepsilon}) \quad e^{-6/\varepsilon}/(e^{-3/\varepsilon}+e^{-6/\varepsilon}+e^{-9/\varepsilon}) \quad e^{-6/\varepsilon}/(e^{-3/\varepsilon}+e^{-6/\varepsilon}+e^{-9/\varepsilon})]$。

使用这种数值转换的方式可以增大成本矩阵中元素间的数值差距（由原始的线性距离上升到 e 的指数距离），从而使得在按照数值大小进行百分比分配时，效果更加明显，可以加快算法的收敛速度。

缩放参数ε在成本矩阵数值转换过程中,可以使元素间的数值差距的调节变得可控。这部分原理见9.4.3节。

3. Sinkhorn算法中的迭代计算过程

计算耦合矩阵的本质方法就是对成本矩阵取负,在沿着行和列的方向进行归一化操作。而 Sinkhorn 算法主要目的是计算负成本矩阵沿着行、列方向的归一化因子,即式(9.5)中的 U 和 V。

在对负成本矩阵做行归一化时,有可能会破坏列归一化的分布结构;同理,对列归一化时,也可能会破坏行归一化的分布。所以 Sinkhorn 算法通过迭代的方法,对负成本矩阵沿着行、列的方向交替进行归使得一化计算,直到得到一对合适的归一化因子(即得到最终的 U、V),见式(9.5),它可以使归一化后的负成本矩阵在行、列两个方向都满足归一化分布,这种满足条件的矩阵便是最终的耦合矩阵。

9.4.3 Sinkhorn 算法中ε的原理

Sinkhorn 算法的本质是在众多耦合矩阵中找到熵最小的那个矩阵,然后利用耦合矩阵中熵与传输成本间的正相关性,将其近似于最优传输问题中的解。

为了可以使算法可控,在算法中加入了一个手动调节参数ε,使其能够对耦合矩阵的熵进行调节,见9.4.1节的公式(9.5)。

该做法的原理是利用指数函数的曲线特性,用参数ε来缩放每行或每列中各个元素间的概率分布差距。指数函数的曲线如图9-10所示。

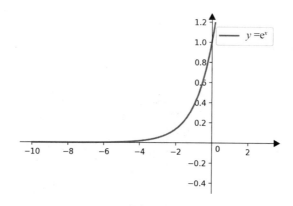

图 9-10 指数函数的曲线

参数ε在式(9.5)中,是以倒数的形式被作用在$y = \mathrm{e}^x$中的x上的,即。$\mathrm{e}^{-c_{ij}/\varepsilon}$其中 C 为成

本矩阵，其内部的元素恒大于 0。则当参数 ε 变小时，会使图 9-10 中的 x 值变小，最终导致 y 值（k_{ij}）变更小（一旦 x 值大于–6，则对应的 y 值将非常接近 0）。

而耦合矩阵 **P** 是由成本矩阵 **K** 计算而来的，**P** 中小的概率值会随着成本矩阵 **K** 中 k 值变小而变得更小，从而产生更多接近于 0 的数。这使矩阵变得更为稀疏，熵就变得更小。反之，当参数 ε 变大时，会得到更多 y 值不为 0 的数，矩阵变得更为平滑，熵就变得更大。

9.4.4 举例 Sinkhorn 算法过程

为了能够更好地理解 Sinkhorn 算法，本节将用一个具体的实例来描述 Sinkhorn 的计算过程。在本节的例子中先不涉及算法中的参数 ε。

1. 准备集合

举例，有一个集合 A 和集合 B，其内部的元素如图 9-11 所示：

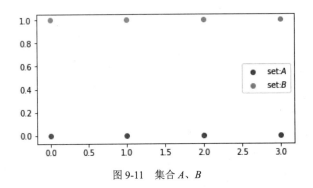

图 9-11　集合 A、B

图中的集合 A、B 各由 4 个点组成，具体数值如下：

```
A: {[0, 0], [1, 0], [2, 0], [3, 0]}
B: {[0, 1], [1, 1], [2, 1], [3, 1]}
```

2. 计算成本矩阵

集合 A 与集合 B 的成本矩阵可以由两点间的欧式距离求得，即 $d = (x_1 - x_2)^2 + (y_1 - y_2)^2$，其中两个点的坐标分别为 (x_1, y_1) 和 (x_2, y_2)。

经过计算后，集合 A 与集合 B 成本矩阵与其取负之后的矩阵如图 9-12 所示。

$$\begin{bmatrix} 1 & 2 & 5 & 10 \\ 2 & 1 & 2 & 5 \\ 5 & 2 & 1 & 2 \\ 10 & 5 & 2 & 1 \end{bmatrix} \xrightarrow{\text{取负}} \begin{bmatrix} -1 & -2 & -5 & -10 \\ -2 & -1 & -2 & -5 \\ -5 & -2 & -1 & -2 \\ -10 & -5 & -2 & -1 \end{bmatrix}$$

图 9-12　成本矩阵与负成本矩阵

3. 对行进行归一化

假设缩放参数ε的取值为1，则先对负成本矩阵进行以e为底的幂次方转换，并对转换后的矩阵进行基于行的归一化计算，最终得到满足行归一化的耦合矩阵。完整过程如图9-13所示。

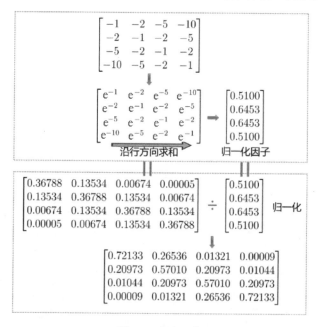

图 9-13 行归一化

图9-13中，归一化因子的倒数即公式（9.5）中的U。图9-13中最下面的矩阵便是满足行归一化的耦合矩阵，可以看到，矩阵的每行加起来都是1，但是矩阵每列加起来并不是1，所以还需要再对其进行基于列的归一化。

4. 对列进行归一化

列的归一化是在行归一化之后的耦合矩阵上进行的，具体做法如下：
（1）将行归一化之后的耦合矩阵按照列方向相加，得到列归一化因子。
（2）将耦合矩阵中每个元素除以对应列的归一化因子，完成列归一化计算。
完整过程如图9-14所示。

图9-14中归一化因子的倒数即为式（9.5）中的V，顶部带★号的部分为列归一化后的耦合矩阵，可以看到该矩阵的沿列方向的和都是1，但是沿行方向求和并不等于1，说明它破坏了沿行方向的归一化分布。

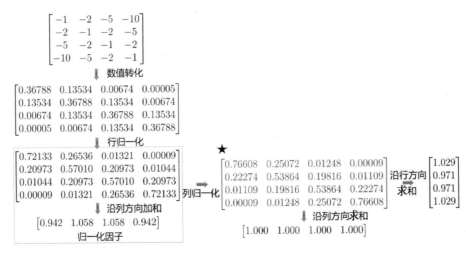

图 9-14 列归一化

5. 迭代处理

经过多次迭代，最终会得到一个行列方向都满足归一化分布的耦合矩阵，如图 9-15 所示。

图 9-15 最终结果

图 9-15 中顶部带★号的矩阵是最终的结果，可以看出，它的行、列方向求和后值都接近 1。

9.4.5 Sinkhorn 算法中的质量守恒

其实，在图 9-15 里顶端带★号的矩阵并不是 Sinkhorn 算法生成的最终结果。因为该矩阵中全部的元素加起来之后，总和等于 4，并不为 1。该矩阵只是实现了行、列两个方向的都满足归一化分布而已。这种归一化方式是基于行、列的总概率都是 1 的前提下进行的。它只显示了在将集合 A 中所有的元素运输到集合 B 中时，每个元素自身概率的分配情况。

1. 质量守恒

在实际情况中，如果将集合 A 和 B 分别作为一个整体，质量各为 1，则其内部每个元素的质量都是 1 中的一部分。所以，在最优传输中计算行归一化或列归一化时，都要在归一化后的耦合矩阵上乘以每个元素所占的质量百分比。

在没有特殊要求时，集合中元素的质量默认是平均分配的，即每个元素一般都会取值为 $1/n$，其中 n 代表集合中的元素个数。按照这种设置，则在 Sinkhorn 算法中，对应于图 9-12 的计算过程如图 9-16 所示。

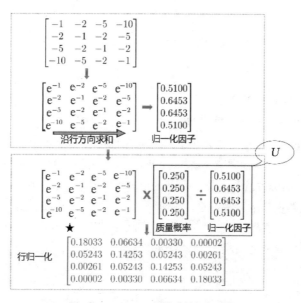

图 9-16　Sinkhorn 算法中的行归一化

图 9-16 中顶部带★号的矩阵中所有元素的和固定为 1，这便是质量守恒。同理，图 9-14 的真实过程如图 9-17 所示。

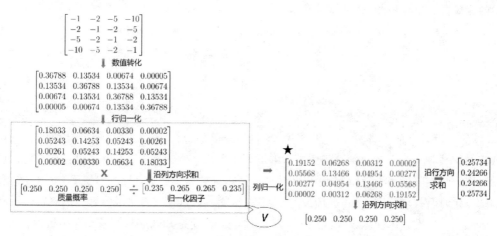

图 9-17　Sinkhorn 算法中的列归一化

经过多次迭代运算，最终可以得到满足质量守恒耦合矩阵，如图 9-18 所示。

$$\begin{matrix} \star \\ \begin{bmatrix} 0.18816 & 0.05934 & 0.00295 & 0.00002 \\ 0.05889 & 0.13723 & 0.05048 & 0.00293 \\ 0.00293 & 0.05048 & 0.13723 & 0.05889 \\ 0.00002 & 0.00295 & 0.05934 & 0.18816 \end{bmatrix} \begin{matrix} \text{沿行方向} \\ \text{求和} \end{matrix} \begin{bmatrix} 0.250 \\ 0.250 \\ 0.250 \\ 0.250 \end{bmatrix} \\ \downarrow \text{沿列方向求和} \\ \begin{bmatrix} 0.250 & 0.250 & 0.250 & 0.250 \end{bmatrix} \end{matrix}$$

图 9-18　Sinkhorn 算法最终结果

2．利用质量守恒计算 U 和 V

假设要将含有 n 个元素的集合 A 传输到含有 m 个元素的集合 B 中，则 A 中元素的质量概率可以用 n 个 $1/n$ 组成的向量表示，而 B 中元素的质量概率可以用 m 个 $1/m$ 组成的向量表示。根据最优传输中的质量守恒规则，经过 Sinkhorn 算法所得到的耦合矩阵为 n 行 m 列，其中每行的概率加一起都为 $1/n$，而每列的概率加一起都为 $1/m$。

在 Sinkhorn 算法的迭代运算中，为了迭代方便，将图 9-16 中质量概率除以归一化因子的结果当作式（9.5）中的 U；将图 9-17 中质量概率除以归一化因子的结果当作式（9.5）中的 V；n 个 $1/n$ 组成的向量叫作 a；m 个 $1/m$ 组成的向量叫作 b。则质量守恒则可以表示成式（9.7）、式（9.8）。

$$a = U \odot (KV) \tag{9.7}$$

$$b = V \odot (K^{\mathrm{T}} U) \tag{9.8}$$

式（9.7）、式（9.8）中的 $\odot$ 表示哈达马积（Hadamard product），即元素对应的乘积；括号里的运算表示矩阵相乘。K 的意义与式（9.5）中的一致。

由式（9.7）、式（9.8）可以推导出 U 和 V 的求解式，见式（9.9）、式（9.10）。

$$U = \frac{a}{KV} \tag{9.9}$$

$$V = \frac{b}{K^{\mathrm{T}} U} \tag{9.10}$$

在代码实现时，先给 V 赋一个初始值，再依据式（9.9）、式（9.10）对 U 和 V 进行交替运算。式（9.9）所计算的 U 本质上是获得对数空间中矩阵中每行元素归一化的分母；而式（9.10）所计算的 V 本质上是获得对数空间中矩阵中每列元素归一化的分母。由于式（9.9）、式（9.10）分别对同一个矩阵做基于行和列的归一化处理，所以导致做行归一化时会打破列归一化的数值，做列归一化时会打破行归一化的数值。通过多次迭代，可以使二者逐渐收敛，最终实现行和列都符合归一化标准，这便完成 Sinkhorn 算法的迭代。这便是 Sinkhorn 算法的完整过程。

判断 Sinkhorn 算法迭代停止的方法是，将式（9.9）所得到的 U 与上一次运行式（9.9）的

U 进行比较，判断是否发生变化。如果两次运行式（9.9）所得到的 U 不再发生变化，则表明式（9.10）在运行时没有破坏行的归一化分母，即矩阵的行列都符合归一化，可以退出迭代。

9.4.6　Sinkhorn 算法的代码实现

Sinkhorn 算法是一种迭代算法，它通过对矩阵的行和列交替进行归一化处理，最终收敛得到一个每行、每列加和均为固定向量的双随机矩阵（doubly stochastic matrix）。

由于 Sinkhorn 算法只包含乘、除操作，所以其完全可微，能够被用于端到端的深度学习训练中。

为了让计算简单，Sinkhorn 算法优先使用对数空间计算方法，即在矩阵中的元素相乘时，先将其转换为 e 的幂次方，再对最终结果取对数（ln）。这种方式可以借助幂的运算规则，将乘法转换为加法。

Sinkhorn 算法代码在本书配套资源中的代码文件 "9-1　Sinkhorn.py" 中。

Sinkhorn 算法的核心是循环迭代更新 U、V 部分，具体代码如下：

```
C = self._cost_matrix(x, y)        #计算成本矩阵
for i in range(self.max_iter):     #按照指定迭代次数计算行列归一化
    u1 = u                         #保存上一步 U 值

    u = epsilon * (tf.math.log(mu+1e-8) - tf.squeeze(lse(M(C,u,v))) ) + u
    v = epsilon * (tf.math.log(nu+1e-8) - tf.squeeze(
lse(tf.transpose(M(C,u,v))) ) ) + v
    err = tf.reduce_mean( tf.reduce_sum( tf.abs(u - u1),-1) )

    if err.numpy() < 1e-1:         #如果u值没有再更新，则结束
        break
```

代码中的第 4、5 行是式（9.9）、式（9.10）的实现过程。该代码较难理解，这样以第 4 行更新 u 值为例，详细介绍如下。

1. 计算指数空间的耦合矩阵

代码中的函数 M(C, u, v) 用于计算指数空间的耦合矩阵，其中，M 函数的定义如下：

```
    def M(self, C, u, v):#计算指数空间的耦合矩阵
        return (-C + tf.expand_dims(u,-1) + tf.expand_dims(v,-2)) / epsilon
```

函数中 epsilon 对应于 9.4.1 小节式（9.5）中的 ε 参数，C 为成本矩阵。

2. 计算对数空间的耦合矩阵归一化因子

代码中的函数 lse 的定义如下：

```
def lse(A):
    return tf.reduce_logsumexp(A,axis=1,keepdims=True)
```

函数 lse 主要是通过 tf.reduce_logsumexp 函数，对指数空间的耦合矩阵先进行以 e 为底的幂次方（exp）计算，再按照行方向求和，最终对求和后的向量取对数。

3. 计算对数空间的 *U*

代码片段 tf.math.log(mu+1e–8)中，变量 mu 为质量概率（$1/n$），1e-8 是防止该项为 0 的极小数。

代码片段 tf.math.log(mu+1e–8) - tf.squeeze(lse(M(C,u, v)))的意思是：按照图 9-16 中所标注的 *U* 计算方法，得到本次对数空间的 *U* 值（在对数空间中，可以将除法变成减法）。由于在计算上指数空间的耦合矩阵时，对代码中的变量 C、u、v 分别除了 epsilon，所以在计算之后还要乘上 epsilon，将其缩放空间还原。

4. 基于 *U* 的累计计算

由图 9-17 中可以看出，在交替计算 *U* 或 *V* 时，每次迭代都是在上一次计算的耦合矩阵结果基础之上进行计算的，在计算本次 *U* 值之后，需要在原始成本矩阵 *C* 上乘以将前几次的全部 *U* 值和 *V* 值，这样才能得到用于下次计算的耦合矩阵。由于整个过程是在对数空间进行的，所以用上一次的 *U* 加上本次的 *U*，即可得到在对数空间中前几次 *U* 值的累计相乘成果。

更新 *V* 值的原理与更新 *U* 值的原理一致。读者可以参考 *U* 值的介绍进行理解。

9.5 实例 43：用 VSC 模型识别图片中的鸟属于什么类别

通过对已知类别的图片进行训练，使其能过识别未知图片的分类,这便是 ZSL 的应用场景。这种方法可以实现图片的快速分类，大大减小人力成本。

本实例将用 VSC 模型来实现一个具体的任务，从已知类别与图片间的对应关系，推导出未知类别与图片间的对应关系。

9.5.1 模型任务与样本介绍

本实例使用 Caltech-UCSD-Birds-200-2011 数据集来实现，将该数据集中的鸟类图片分成两部分：一部分带有分类信息的图片作为训练集，每个类别都带有若干属性描述；另一部分不带有分类信息的图片作为测试集，只有每个类别的属性描述，没有图片与类别间的对应关系。并且，测试集中的类别与训练集中的类别互不相同。

模型的任务就是在测试集中，根据类别的属性描述，找出其所对应的图片。

按照 9.1.2 小节所介绍的数据集下载地址,下载完 Caltech-UCSD-Birds-200-2011 数据集后，可以在其 CUB_200_2011 文件夹下找到 README 文件，该文件里有数据集中各个文件的详细说明。

除数据集中的分类图片外，本实例还需要用到每个类别的属性标注信息。在 Caltech-UCSD-Birds-200-2011 数据集中有一个 attributes.txt 文件，该文件列出了每种鸟类名称所包含的属性项。该属性共有 312 种，可以作为扩展鸟类名称所代表的种类信息。部分内容如图 9-19 所示。

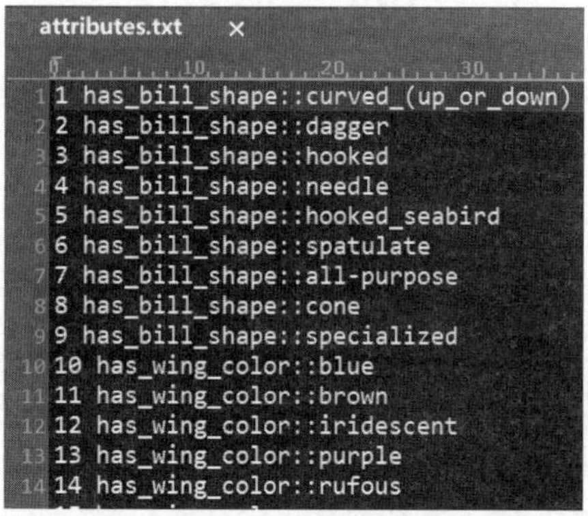

图 9-19　鸟类属性项

在 Caltech-UCSD Birds-200-2011\CUB_200_2011\attributes 目录下有一个 class_attribute_labels_continuous.txt 文件，该文件包含 200 行和 312 个以空格分隔的列。每行对应一个类（与 classes.txt 相同的顺序），每一列包含一个对应于一个属性的实数值（与 attributes.txt 相同的顺序）。在每个数字代表当前类别中符合对应属性的百分比（0～100），即每种鸟类所对应的 312 项属性的概率，如图 9-20 所示。

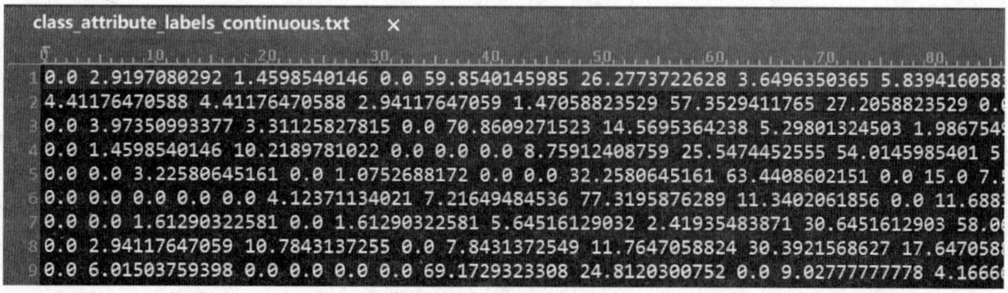

图 9-20　每种鸟类的属性值

在具体实现中，用 Caltech-UCSD-Birds-200-2011 数据集的前 150 类图片作为训练数据集，后 50 类的图片作为测试数据集。

本实例的任务可以进一步细分成：先用训练数据集训练模型，并通过 ZSL 方法将其识别能力进行迁移；然后通过 class_attribute_labels_continuous.txt 文件中对未知鸟类（后 50 种未知参与训练的鸟类）的属性描述，去测试数据集中找到对应的图片。

9.5.2 用迁移学习的方式获得训练集分类模型

借助于 7.3 节分类模型实例中的代码，使用 9.5.1 小节的鸟类数据集重新训练模型，使其能够只对 CUB-200 数据集中前 150 个类别进行识别。后 50 个类别作为不可见的类别用于测试。

在实现时，使用的预训练模型为 ResNet101，具体代码请参考本书配置资源的"代码 9-2 finetune_resnet.py"文件。

程序运行之后，可以得到模型文件 resnet.h5。该模型文件会在提取图片视觉特征（见 9.5.3 小节）的环节使用。

9.5.3 用分类模型提取图片的视觉特征

在这个环节中，需要得到两个层面的视觉特征。
（1）图片层面：使用模型对每个具体图片进行处理，得到其视觉特征。
（2）类别层面：使用均值和聚类两种方式获取每个类别的视觉特征。

图片层面的视觉特征相对简单，直接调用模型对单张图片进行处理即可。下面重点介绍类别层面视觉特征的获取方式。

1. 用均值方式获取类别层面的视觉特征

根据数据集中类别与图片的对应关系，对每个类别中图片的视觉特征取平均值。分别得到训练集（前 150 类）和测试集（后 50 类）中每个分类的视觉特征。

在实际情况中是得不到测试集中分类与图片的关系的，所以用均值方式获取的类别特征只能在训练集中使用。

2. 用聚类方式获取类别层面的视觉特征

将测试集（后 50 类）中所有图片的视觉特征进行聚类，形成 50 个簇，可以得到这 50 个未知类别的视觉特征。如果能使这 50 个未知类别的视觉特征与其属性特征一一对应，则可以完成最终的分类任务。

3. 使用程序抽取特征

直接运行本书配置资源中的代码文件"代码 9-3　feature_extractor"，便可以得到要提取视觉特征的文件，这些文件分别放在以下两个文件夹中。

- 文件夹 CUBfeature：按照原有数据集的类别结构，放置每个图片的视觉特征文件。每个子文件夹代表一个类别，每个类别里有一个 JSON 文件。文件里放置的是该类别中所有图片的视觉特征。
- 文件夹 CUBVCfeature：包含两个 JSON 文件，ResNet101VC.json 和 ResNet101VC_testCenter.json，分别存放的是以均值方式和聚类方式获得的类视觉特征。完整的文件结构如图 9-21 所示。

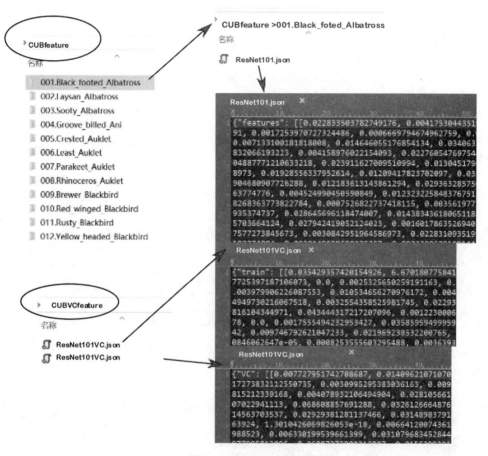

图 9-21　特征抽取后的文件结构

9.5.4　代码实现：训练 VSC 模型，将类属性特征转换成类视觉特征

搭建一个多层的全连接模型，并用 VSC 模型的训练方法进行训练，使每一个类属性特征经过全连接变换，生成与类视觉特征维度相同的数据。具体代码如下。

代码9-4　ZSL_train

```
01  import json
02  import numpy as np
03  import os
04  import tensorflow as tf
05  SinkhornDistance = __import__("代码9-1 Sinkhorn")    #引入Sinkhorn算法
06
07  class FC(tf.keras.Model):#定义多层全连接模型，将属性特征从312维映射至2048维
08      def __init__(self):
09          super(FC, self).__init__()
10          self.flatten = tf.keras.layers.Flatten()
11
12          self.dense1 = tf.keras.layers.Dense(1024, input_shape=(1,), name = 'dense1')
13          self.dense2 = tf.keras.layers.Dense(2048, name = 'dense2')
14
15          self.outputlayer = tf.keras.layers.Dense(2048, name = 'outputlayer')
16          self.activation = tf.keras.layers.LeakyReLU(alpha=0.2)
17
18      def call(self, input_tensor):
19          x = self.dense1(input_tensor)
20          x = self.activation(x)
21          x = self.dense2(x)
22          x = self.activation(x)
23          x = self.outputlayer(x)
24          return x
```

代码第7行实现的多层全连接模型，输入是312维数据，输出是2048维数据。该模型仅用于演示实例。在真实项目中，可以用拟合效果更好的网络模型（例如，卷积神经网络模型或5.3节的wide_deep模型）进行替换。

9.5.5　代码实现：基于W距离的损失函数

在9.3节介绍过VSC模型有3种约束策略可选，这些策略都可以被当作损失函数，用于训练9.5.4小节的VSC模型。

这里选择基于W距离的视觉结构约束策略来训练模型。在实现时，用Sinkhorn迭代算法计算输出特征与视觉特征之间的W距离，并将该距离作为损失值来优化模型权重。具体代码如下。

代码9-4　ZSL_train（续）

```
25  def WDVSc(x,y,epsilon,niter,no_use_VSC=False):   #定义损失函数
26      sum_ = 0
27      for mask_idx in range(150):
28          sum_ += (x[mask_idx] - y[mask_idx]) ** 2
29      L2_loss = tf.reduce_sum(sum_) / (150 * 2)    #计算可见类的L2损失
30      A = x[150:]
31      B = y[150:]
32      if no_use_VSC:
33          WD_loss=0.
34          P=None
35          C=None
36      else:
37          WD_loss,P,C = SinkhornDistance.sinkhorn_loss(A,B,epsilon,niter,reduction = 'sum')
38      lamda=0.001
39      tot_loss=L2_loss+WD_loss*lamda
40      return tot_loss
```

损失函数 WDVSc 实现了以下两种损失。

- 基于训练集的 L2 损失：让可见类（训练集中的类）的属性特征经过全连接模型所输出的结果向视觉特征靠近。
- 基于 W 距离的损失：让不可见类（测试集的类）的属性特征经过全连接模型所输出的结果向聚类的中心点靠近。

经过测试发现，基于 W 距离的损失乘以 0.001 后再与训练集的 L2 损失合并，可以得到最优的效果。

当函数参数 no_use_VSC 为 True 时，表明只对训练集做 L2 损失，即 VCL 损失（见 9.3.3 小节）。

9.5.6　加载数据并进行训练

读取数据集中的类属性标注文件 class_attribute_labels_continuous.txt，将每个类的 312 个属性载入，并将 9.5.3 节制作好的 ResNet101VC.json 和 ResNet101VC_testCenter.json 文件载入，其中：

- ResNet101VC.json 文件的内容是训练集每个类的视觉特征，在训练过程中用作训练集类别属性特征的标签。
- ResNet101VC_testCenter.json 文件的内容是测试集中聚类后的类视觉特征，在训练过程

中用作测试集类别属性特征的标签。

在模型的训练过程中，使用了退化学习率配合 Adam 优化器。迭代次数为 5000 次。运行之后，可以得到测试集中每个未知类别属性所对应的视觉特征。该特征数据会被保存在文件 Pred_Center.npy 中。

该部分代码可以参考"代码 9-4　ZSL_train.py"文件中模型训练的片段。

9.5.7　代码实现：根据特征距离对图片进行分类

在得到类属性对应的视觉特征后，便可以根据每张图片与类属性之间的视觉特征距离远近来对其进行分类。

在实现时，先将特征数据文件 Pred_Center.npy 载入，再从中找到离待测图片视觉特征最近的类别，将该类作为图片最终的分类结果。具体代码如下。

代码 9-5　ZSL_test　（片段）

```
01 centernpy = np.load("Pred_Center.npy")      #载入特征文件
02 center=dict(zip(classname,centernpy))       #获取全部中心点
03 subcenter = dict(zip(classname[-50:],centernpy[-50:]))  #获取未知分类中心点
04
05 vcdir= os.path.join(r'./CUBVCfeature/',"ResNet101VC.json")
06 obj=json.load(open(vcdir,"r"))              #加载视觉中心点特征
07 VC=obj["train"]                             #获得可见类的中心点
08 VCunknown = obj["test"]                     #获得不可见类的中心点
09 allVC = VC+VCunknown                        #视觉中心点
10 vccenter = dict(zip(classname,allVC))       #全部中心点
11
12 cur_root = r'./CUBfeature/'
13 allacc = []
14 for target in classname[classNum-unseenclassnum:]:   #遍历未知类的特征数据
15     cur=os.path.join(cur_root,target)
16     fea_name=""
17     url=os.path.join(cur,"ResNet101.json")
18     js = json.load(open(url, "r"))
19     cur_features=js["features"]             #获取该类图片的视觉特征
20
21     correct=0
22     for fea_vec in cur_features:            #遍历该类中的所有图片
23         fea_vec=np.array(fea_vec)
24         ans=NN_search(fea_vec,subcenter)    #查找距离最近的分类
25
```

```
26          if ans==target:
27              correct+=1
28
29      allacc.append( correct * 1.0 / len(cur_features) )
30      print( target,correct)
31 #输出模型的准确率
32 print("准确率: %.5f"%(sum(allacc)/len(allacc)))
```

代码运行后输出的结果如下：

```
151.Black_capped_Vireo 22
152.Blue_headed_Vireo 2
…
199.Winter_Wren 48
200.Common_Yellowthroat 26
准确率: 0.51364
```

从结果中可以看到，模型在没有未知类别的训练样本情况下，实现了对图片基于未知类别的分类。本例主要用于学习，在实际应用中精度还有很大的提升空间。

9.6 提升零次学习精度的方法

9.5 节的例子中，使用 VSC 模型实现了一个完整的零次学习任务。通过该例子可以了解到，零次学习任务的主要工作就是跨域的特征匹配。而在整个训练环节中涉及多个模型的结果组合，其中的任意一个模型都会对整体的精度造成影响。

本节在 9.5 节基础之上介绍一些提升零次学习精度的方法。

9.6.1 分析视觉特征的质量

在 9.3 节介绍过 VSC 模型的出发点，它是建立在相同类别图片的视觉特征可以被聚类到一起的基础上实现的，这也是 ZSL 中的常用思路。

ZSL 模型的精度会与图片的视觉特征息息相关。某种程度上，它可以标志着 ZSL 模型精度的上限。即，如果用图片与类别视觉特征间的距离作为分类方法，则该方法得到的准确度即整个 ZSL 模型的最大准确度。

因为 ZSL 模型本身就是用图片与类别视觉特征间的距离来作为分类方法的，所以在这个基础之上还要进行类别属性向类别视觉特征的跨域转换。因为由类别属性转换而成的视觉特征本身就不如类别原始的视觉特征，所以 ZSL 模型的整体精度必定小于用类别的原始视觉特征距离进行分类的精度。

可以在 9.5 节例子的基础上，使用可见类别（训练集中类别）的视觉特征进行基于距离的分类，以测试该例子所使用的视觉特征质量，从而了解该模型所能够提升的最大精度。具体操作如下。

修改 9.5.7 小节的代码第 14、24 行，使用全部类别的视觉特征 vccenter 在训练集上做基于距离的分类。具体代码如下。

代码 9-5　ZSL_test（片段）

```
14  for target in classname [:classNum-unseenclassnum]:    #遍历训练集类别
15      cur=os.path.join(cur_root,target)
16      fea_name=""
17      url=os.path.join(cur,"ResNet101.json")
18      js = json.load(open(url, "r"))
19      cur_features=js["features"]       #获取该类图片的视觉特征
20
21      correct=0
22      for fea_vec in cur_features:              #遍历该类中的所有图片
23          fea_vec=np.array(fea_vec)
24          ans=NN_search(fea_vec, vccenter)      #查找距离最近的分类
```

代码第 14 行，对训练数据集中的图片进行测试，依次查找与其距离最近类别。如果图片的视觉特征足够优质，则所有的图片都可以通过该方法正确地找到自己所属的分类。

代码运行后，输出结果如下：

```
001.Black_footed_Albatross 54
002.Laysan_Albatross 53
...
147.Least_Tern 49
148.Green_tailed_Towhee 58
149.Brown_Thrasher 55
150.Sage_Thrasher 52
准确率：0.85184
```

从输出结果中可以看出。使用模型输出的视觉特征通过距离的方式进行分类，在训练集上的精度只有 85%。这表明，使用该视觉特征所完成的 ZSL 任务，最高精度不会超过 85%。

要想提高 ZSL 任务的精度上限，则必须找到更好的视觉特征抽取模型。

为了能够得到更好的视觉特征抽取模型，可以在微调模型时训练出分类精度更高的模型，或是尝试使用更好的分类模型，或者使用其他手段来增大不同类别之间视觉特征的距离。

9.6.2 分析直推式学习的效果

在 9.5.5 节使用 W 距离实现了对类属性转换（直推式学习）模型的训练。该方法训练出的模型质量，并不能完全通过训练过程的损失值来衡量。最好的衡量方式是——直接用测试集的类视觉特征来代替模型输出的特征，以测试未知分类的准确度。

修改 9.6.1 小节的代码第 14、24 行，使用类的视觉特征 vccenter 来进行测试。具体代码如下。

代码 9-5　ZSL_test（片段）

```
14 for target in classname [classNum-unseenclassnum:]: #遍历测试集类别
15     cur=os.path.join(cur_root,target)
16     fea_name=""
17     url=os.path.join(cur,"ResNet101.json")
18     js = json.load(open(url, "r"))
19     cur_features=js["features"]           #获取该类图片的视觉特征
20
21     correct=0
22     for fea_vec in cur_features:          #遍历该类中的所有图片
23         fea_vec=np.array(fea_vec)
24         ans=NN_search(fea_vec, vccenter)  #查找距离最近的分类
```

该代码运行后，输出结果如下：

```
151.Black_capped_Vireo 33
152.Blue_headed_Vireo 24
…
198.Rock_Wren 47
199.Winter_Wren 51
200.Common_Yellowthroat 41
准确率: 0.70061
```

结果显示，直接使用数据集中类视觉特征的分类精度为 70%，远远高于 9.5.7 节的结果 51%。这表明模型在类属性特征转换（直推式学习）过程中损失了很大的精度。接下来用 9.6.3 节的方法分析直推模型的能力。

9.6.3 分析直推模型的能力

测试直推模型的能力，可以通过该模型输出的测试集结果与测试集的标签（测试数据集中类别的视觉特征）进行比较。

在 9.5.7 小节的代码后面添加如下代码，可以实现对直推模型的能力进行评估。

代码 9-5　ZSL_test　（续）

```
33  #在模型的输出结果中，查找与测试数据集类别视觉特征最近的类别
34  for i,fea_vec in enumerate(VCunknown):    #遍历测试数据集中真实类别的视觉特征
35      fea_vec=np.array(fea_vec)
36      ans=NN_search(fea_vec,center)         #在模型输出的结果中查找最近距离的分类
37      if classname[150+i]!=ans:
38          print(classname[150+i],ans)       #输出不匹配的结果
```

代码运行后，输出结果如下：

```
152.Blue_headed_Vireo 153.Philadelphia_Vireo
154.Red_eyed_Vireo 178.Swainson_Warbler
162.Canada_Warbler 168.Kentucky_Warbler
163.Cape_May_Warbler 162.Canada_Warbler
168.Kentucky_Warbler 167.Hooded_Warbler
169.Magnolia_Warbler 163.Cape_May_Warbler
171.Myrtle_Warbler 169.Magnolia_Warbler
176.Prairie_Warbler 163.Cape_May_Warbler
179.Tennessee_Warbler 153.Philadelphia_Vireo
180.Wilson_Warbler 182.Yellow_Warbler
```

结果输出了 10 条数据。这表明模型在将 50 个类别属性特征转换成视觉特征过程中出现了 10 个错误，相当于精度损失了 20%。

造成这种现象可能的原因如下：

- 模型本身的拟合能力太弱。这种情况可以从模型的训练方法（VCL、BMVSc、WDVSc 等）上进行分析，寻找更合适的训练方法。
- 数据集中的标签不准。在测试数据集中，标签（类别的视觉特征）是通过聚类方式得到的，并不能保证其聚类结果与测试集中类别的真实标签完全一致，二者之间可能存在误差。该误差会直接影响未知类别的属性特征与视觉特征之间的匹配关系。

在实际情况中，因为数据集中的标签不准而导致模型精度下降的情况更为常见，对于这方面的分析见 9.6.4 节。

9.6.4　分析未知类别的聚类效果

对未知类别的聚类效果是决定 ZSL 任务整体精度的关键。可以通过比较测试集中类别的类结果与类别的视觉特征之间的距离，来评估未知类别的聚类效果。

1. 评估聚类效果

在 9.5.7 节的代码后面添加如下代码，来实现对聚类效果的评估。

代码9-5 ZSL_test （续）

```
33 result = {}              #保存匹配结果
34 for i,fea_vec in enumerate(test_center):      #遍历测试数据的聚类中心点
35     fea_vec=np.array(fea_vec)
36     ans=NN_search(fea_vec,vccenter)    #查找离聚类中心点最近的类别
37     classindex = int(ans.split('.')[0])
38     if classindex<=150:          #如果聚类中心点超出范围,则聚类错误
39         print("聚类错误的类别",i,ans)
40     if classindex not in result.keys():
41         result[classindex]=i
42     else:               #如果两个聚类结果匹配到相同类别,则聚类重复
43         print("聚类重复的类别",i,result[classindex],ans)
44 for i in range(150,200):      #查找聚类失败的类别
45     if i+1 not in result.keys():
46         print("聚类失败的类别: ",classname[i])
```

代码运行后,输出了如下结果:

```
聚类错误的类别 0 135.Bank_Swallow
聚类重复的类别 30 21 177.Prothonotary_Warbler
聚类重复的类别 35 26 163.Cape_May_Warbler
聚类重复的类别 36 11 188.Pileated_Woodpecker
聚类重复的类别 38 6 179.Tennessee_Warbler
聚类重复的类别 41 14 197.Marsh_Wren
聚类重复的类别 43 40 195.Carolina_Wren
聚类重复的类别 44 32 166.Golden_winged_Warbler
聚类重复的类别 46 7 155.Warbling_Vireo
聚类失败的类别: 152.Blue_headed_Vireo
聚类失败的类别: 157.Yellow_throated_Vireo
聚类失败的类别: 161.Blue_winged_Warbler
聚类失败的类别: 167.Hooded_Warbler
聚类失败的类别: 170.Mourning_Warbler
聚类失败的类别: 176.Prairie_Warbler
聚类失败的类别: 178.Swainson_Warbler
聚类失败的类别: 182.Yellow_Warbler
聚类失败的类别: 184.Louisiana_Waterthrush
```

结果中显示了3种聚类出错信息：聚类错误的类别、聚类重复的类别和聚类失败的类别。这便是导致9.5.7节模型准确度不高的真实原因。

2. 分析聚类不好的原因

造成聚类效果不好的因素主要有两点：

- 提取视觉特征的模型不好，没有将每个图片的同类特征很好地提取出来，导致同类特征距离不集中，或类间特征距离不明显。
- 测试数据集中的样本过于混杂，测试数据集中的样本可能包含有已知、未知的分类，甚至不在待识别分类中的其他噪音数据。

3. 聚类效果不好时应采取的方案

当测试出聚类效果不好时，可以从以下 3 个方面进行优化：

- 使用更好的特征提取模型，按照 9.6.1 节中的模型选取方案，更换或重新训练更好的模型来提取特征。
- 对测试数据集进行清洗，具体清洗方法见 9.6.5 节。
- 拆分任务，保留模型聚类成功的类别特征。利用这些类别，用 VSC 模型的训练方式生成一个具有部分分类能力的模型。该方法虽然不能将所有的 50 个未知分类分开，但可以保证模型能对部分未知分类做出正确的预测。

9.6.5 清洗测试数据集

在实际情况下，测试数据集中可能存在许多不属于任何已定义类的不相关图像。如果直接对所有这些未过滤的图像执行聚类，则得到的中心点有可能与该类本身的中心点出现偏差，从而影响后续的训练效果。

为了解决测试数据集中样本"不纯净"的问题，可以先使用如下步骤对测试数据集进行清洗：

（1）采取 VCL 方法，用训练数据集训练一个全连接网络，实现类属性特征到类视觉特征中心点的映射。

（2）利用该模型对测试集的未知类属性进行处理，得到其对应的类视觉特征中心点（即未知分类的中心点）。

（3）在训练集中每个分类样本里找出两个特征距离最远的点，并求出它们的最大值 D_{Max}。

（4）在测试集中找出距离中心点 C 小于 $D_{Max}/2$ 的样本。

（5）对这些样本进行基于视觉结构约束的训练。

这种方式相当于先借助训练集的中心点预测模型，找到测试集中的中心点；然后根据测试集中样本离中心点的距离来筛选出可能为相同类别的纯净测试样本；有了这些纯净样本后再对其提取视觉中心点，进行视觉特征与属性特征的匹配训练，就可以得到更好的效果。

9.6.6 利用可视化方法进行辅助分析

除上述分析方法外,还可以用可视化方法进行辅助分析。通过对数据分布及中心点的可视化,可以帮助开发人员更直观地调试和定位问题。

例如,将本例测试集中的 50 个未知分类进行可视化处理,如图 9-22 所示。

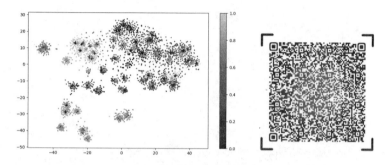

图 9-22　测试集的可视化结果(扫描二维码可以看彩色的效果)

图 9-22 中显示了测试集中基于图片视觉特征的可视化结果。红色圆点是每个类别视觉特征,蓝色"+"号是对图片视觉特征进行聚类后的 50 个聚类中心点,黄色"★"号是 VSC 模型对 50 个预测类别所计算出的视觉特征,这 50 个视觉特征是由类别属性特征转换而来。

整体来看图 9-22:

- 左上区域的图片特征分布较平均,类间边界模糊,VSC 模型的输出和聚类结果相对于真实的类视觉特征误差较大。
- 左下角和中间区域中的图片特征分布较集中,类间边界清晰,VSC 模型输出的结果与真实的类视觉特征误差较小。

另外,可视化结果还可以对在调试代码过程中发现数据逻辑层面的问题有很大帮助。例如从图 9-23 中可以很容易看出聚类的环节出现了错误。

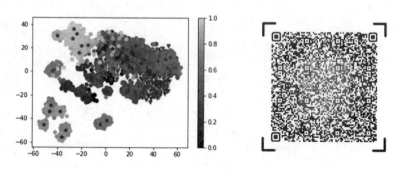

图 9-23　聚类错误的可视化结果(扫描二维码可以看彩色的效果)

图 9-23 中，"★"是每个类别的中心点，"▼"号是聚类后的结果。可以看到，大部分的聚类结果都集中在中部偏右的位置，并没有分布在每个类别中心点附近。这表明，聚类环节的代码出现了数据逻辑错误。

后记——让技术更好地商业化落地

科技源于生活，用于生活。好的科研成果诞生于实验室，再应用于社会，造福人类。而商业化是科研成果流到社会的重要途径。希望读者在掌握本书中的知识后，能够灵活应用、举一反三，让自己在人工智能商业化大潮中真真切切地发挥作用。

在此，为读者列举一些本书所讲技术的扩展应用，这些扩展应用都源于代码医生工作室的真实案例，希望能够帮助读者增长眼界、开阔思路。

扩展应用 1：特征匹配技术的应用

特征匹配技术可以被理解为表示学习的一个应用方向。第 9 章所介绍的零次学习本质上也是基于表示学习的原理实现的，即利用图片分类模型的输出特征作为数据源进行后续的处理。

通过表示学习所得到的特征，还可以直接作为样本的另一种形态进行比较和匹配等操作。基于单一个体进行匹配识别的任务（例如人脸识别、商标识别、步态识别等），都是使用特征匹配技术来实现的。

在使用特征匹配技术时，特征间的匹配规则可以有多种，例如欧式距离、夹角余弦、相似度等。而特征也可以通过多种方式对模型进行训练得到，例如使用损失函数 triplet-loss 进行有监督训练的方式，使用最大化互信息模型进行无监督训练的方式（在第 8 章中介绍了），或直接使用分类模型的输出特征（在第 9 章中介绍了）。

在特征匹配技术的实现上，一般习惯在最后的特征结果上做基于 L2 范数的归一化处理。这种做法可以使后续的匹配规则更为平滑，因为一组向量一旦都被 L2 范数归一化处理后，它们的欧式距离和余弦相似度是等价的。另外，在卷积网络的归一化算法选择上，优先使用 SwitchableNorm 归一化算法（见 8.4 节），它可以帮助模型实现更好的性能。

扩展应用 2：BERTology 系列模型的更多应用

本书中第 6 章所介绍的 BERTology 系列模型属于入门级别，可以帮助读者了解 NLP 领域目前的顶级技术体系，以及可以快速上手的 NLP 项目。

在实际应用中，BERTology 系列模型还可以发挥更大的用处。下面以 3 个项目举例。

1. 兴趣点文本分类项目

该项目本质上是情感分类项目（见 6.2 节）的升级版。

在情感分类项目中，模型要从用户的留言中分析出该用户对商品的满意度。然而它并不能告诉产品经理用户因为什么不满意、有哪些需要改进。

而兴趣点文本分类项目则是要从用户的留言中找出有价值的评论语句。它就相当于一个漏斗，从海量留言中过滤出产品经理最希望得到的反馈信息，大大提升收集用户反馈信息的效率。

2. 文本纠正项目

该项目本质上属于完形填空应用（见 6.7.4 小节）的升级。

在实际场景中，需要进行完形填空的工作并不多，然而需要进行文章校对的工作却不少。大到出版社会有专门人员进行校对，小到个人写完文档后要进行自我检查。可以说任何一篇文档，在写完之后都需要有校对环节。

只要在完形填空模型的基础上稍加修改，便可以将其用在文本校对项目中。显然，能够进行文本校对的模型更有实用价值。

3. 指代关系提取

如果将句子中每个词的词性及彼此间的依存关系导入，则 BERTology 系列模型可以配合图神经网络精准地确定句子中代词所指代的内容，从而实现更深层度的语义理解。该技术将是突破当前对话机器人技术瓶颈的关键。（在笔者的后续图书中还会对该技术进行详细介绍。）

扩展应用 3：配合图神经网络进行非欧式空间数据的应用

深度学习主要擅长处理结构规整的多维数据（欧式空间的数据）。

但在现实生活中还会有很多不规整的数据，例如在社交、电商、交通等领域中，大都是以庞大的节点与复杂的交互关系为基础所形成了图结构数据（或被称为拓扑结构数据）。这些数据被称为非欧氏空间数据，它们并不适合用深度学习模型进行处理。

图神经网络使得模型，在处理样本时能借助样本之间的关系；在处理序列语言能借助于语法规则间的信息；在处理图片时能借助于与其相关的描述信息……借助于图神经网络的多领域特征融合模型会有更强劲的拟合效果，也会有更大的发展空间。

在未来，越来越多的模型都会综合使用到欧式空间数据和非欧式空间数据进行计算。这种综合数据的模型可以用于图像处理领域、NLP 领域、数值分析领域、推荐系统领域，以及社群分析领域。它需要使用深度学习和图神经网络两方面的知识才能完成，这是下一代人工智能的技术趋势。在未来的 AI 应用中，会有更多的问题需要使用多领域特征融合的方式进行计算。（在笔者的后续图书中，会介绍更多有关图神经网络的技术及实战应用，敬请期待。）